JN205943

560 Tips to Use C/C++ Better!

現場ですぐに使える!

C/C++

Windows / Linux / UNIX対応

逆引き大全 560の極意

増田智明 著

秀和システム

サンプルプログラムのダウンロードサービス

本書で使用しているサンプルプログラムは、以下の秀和システムのWebサイトからダウンロードできます。

http://www.shuwasystem.co.jp/support/7980html/5427.html

注意

商標

はじめに

2000年も既に18年が過ぎようとしています。20年前と言えば、C言語、C++、Visual Basic、それにスクリプト言語ではPerlが主流でしたが、ここ10年間は、Java、C#、Ruby、Python、PHP、Go、Swift、Kotlinなどなど、様々なプログラム言語が使われるようになりました。

1972年生まれのC言語、1983年生まれのC++は、これらのプログラム言語に大きな影響を与えています。C言語の関数呼び出し、コンパイラによる型チェックは、C++に引き継がれ、その光景としてのC#やJavaを生み出しています。また、オブジェクト指向言語としてスタートしたC++は、Javaと切磋琢磨をし、C#に影響を与えつつ、テンプレートクラスやラムダ式を駆使しつつ、現役で使われている言語です。

型チェックをしないスクリプト言語がWebサイトの構築に使われる一方で、クライアント・サーバー方式の情報システム開発や、家電に組み込まれるソフトウェアの開発では、まだまだC言語やC++が使われています。特に、組み込みシステムと呼ばれる厳しい実行環境（メモリ容量が小さい、CPUの能力が低い）では、主にC言語が使われています。電子工作で使われるArduinoではC++が使われています。

これは、ガベージコレクションを使うVM（Virtual Machine）を組み込む余裕が実行環境にない場合には、JavaやC#で実装することは難しく、同時に組み込みシステムでは一般にパソコンに搭載されているCPUよりも低い能力であるため、CPUにより即したプログラム言語を使う必要があるためです。OSに近いデバイスドライバーの開発や、外部機器をリアルタイムで操作するためのI/Oを直接利用する場合も、C言語やC++を使います。

さらに、CPUやGPUの能力十分に引き出すために機械学習やOpenCVなどの画像認識、VR、ブロックチェーンではC++が使われています。スクリプト言語やVMを使った言語とは異なり、多少の手間が掛かってもコンピューターの能力を最大限に活かせるのがC++の良いところです。

これらの要求の厳しい実行環境では、C言語のポインタの知識や、高速化や安全性を高めるためのノウハウが欠かせません。開発者には、基本的なC言語やC++の使い方だけでなく、実務に即したプログラミング能力が求められています。

本書『**現場ですぐに使える! C/C++逆引き大全 560の極意**』では、C言語の基本的な文法と関数を中心にして実践的な資料例を多く載せました。C++では、STL(Standard Template Library)の主要なクラスであるvectorやlistを中心にして各種のメソッドの使い方を紹介し、スマートポインタやラムダ式を含めています。単体試験を行うために必須となっているCppUnitの章も加えました。

このため、かなり分厚い本になってしまいましたが、机の上に常備していただき、目的の関数やメソッドをぱらぱらと眺めてみてください。きっと、有益なヒントが見つかると思います。

最後になりましたが、この膨大な原稿を整理してくださった編集者およびDTPの方々に感謝いたします。そして、この本を利用していただける読者の方にも感謝を。

2018年3月

増田 智明

本書の使い方

本書では、みなさんの疑問・質問、「～する」「～とは」といった困ったときに役立つ極意（Tips）を探すことができます。必要に応じた「極意」を目次や索引などから探してください。

なお、本書は、以下のような構成になっています。本書で使用している表記、アイコンについては、下記を参照してください。

極意（Tips）の構成

極意の番号

目次で見つけた「極意」をすぐに見つけることができます。

Level

レベルには「初級●」「中級●●」「上級●●●」の3レベルがあります。テクニックの難易度の目安にしてください。

対応アイコン

左からC言語、C++、Visual C++、g++に対応していることを表します。

極意の詳細

この極意(Tips)を詳しく説明しています。手順は、ステップを追って実行できるようになっています。

リスト

サンプルのコードなどを示しています。

プログラミング上の要望・質問

「～したい」「～するには」といった要望や質問を示しています。自分のやりたいことを探してください。

ポイント

プログラミングの考え方や手順、使用するメソッドなど一言で説明しています。

画面

実際のプログラムの参考になるように、サンプル実行後の画面などを示しています。

ファイル名

本書のサポートサイトからダウンロードできるサンプルのファイル名を示しています。

さらにワンポイント

この極意(Tips)の補足説明を示しています。

2-5 プリプロセッサ

Tips **124** ほかのファイルを取り込む①

▶Level ●
▶対応 C C++ VC g++

ここがポイントです! #include（インクルードパス探索）

文法の極意

C言語やC++では、ほかのソースファイルを取り込むことができます。通常これをヘッダファイルと呼びます。#includeで読み込んだファイルは、その場所に展開されます。

「<>」を使って指定するときは、コンパイラで指定されている標準のインクルードパスからファイルを検索します。

▼画面1 Visual Studio Code

▼画面2 Visual Studio 2017

リスト1 ほかのファイルを取り込む（ファイル名：grm124.cpp）

```
#include <stdio.h>

void main( void )
{
    printf( "include stdio.h¥n" );
}
```

リスト2 実行結果

```
include stdio.h
```

インクルードファイルには、プロトタイプ宣言やプログラムコードで使われるシンボルが定義されています。C++の場合は、型チェックが厳密なために適切なインクルードファイルを読み込まなければ、関数のコンパイルができません。

Column ポインタの勘所

初心者がC言語やC++で最初につまずくところは「ポインタ」と言われています。Visual BasicやJavaの場合には、ポインタがなく（JavaやC#の場合は、ポインタの概念を理解しない

181

Column

C言語やC++で知っておきたい知識を簡潔にまとめてあります。

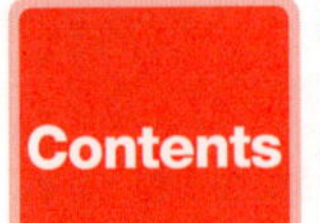

現場ですぐに使える！
C/C++
逆引き大全 560の極意
目次

2-3　制御文

第3章　標準関数の極意

3-1　高水準ストリーム

3-2　低水準ストリーム

3-3 ファイル操作

3-4 文字列操作

4-2　string

4-5　map

4-6　algorithm

第6章 CppUnitの極意

6-1 ユニットテスト

第7章 動作環境の極意

7-1 環境

コラム

第1部

スタンダード・プログラミングの極意

C/C++の基礎

1-1 C/C++の基本

C言語とは

ここがポイントです！ **簡素な文法とCコンパイラの高い移植性**

C言語は、もともとOSの移植を可能にするように開発された言語です。このため、アセンブラに近い言語仕様でありつつ、異なるCPU上でもコンパイラ開発が容易なように文法が小さくまとめられています。

現在において、様々なオブジェクト指向言語（C++、C#、Javaなど）と比べると、C言語だけを使って複雑で大きなアプリケーションを組むのにC言語は向いていません。しかし、逆にCPUに直結する部分やハードウェアに近いデバイスドライバーの記述、少ないメモリ上での動作を要求される組み込みシステムにおいて、C言語はよく使われます。

機械学習やゲームプログラミングの高速化しなければいけないロジックの部分は、C言語のようにメモリを直接アクセスできる言語が使われます。メモリをポインタを使って直接アクセスすることによって、CPUが実行するマシン語に変換したときの無駄を排除します。

逆に言えば、ロジックの高速化が求められる部分のみをC言語で記述してライブラリ化し、このライブラリをほかの言語（PythonやC#、Javaなど）から呼び出してソフトウェア開発全体の効率化を求めることができます。

IoTやロボット制御などCPUに直結するOSの動きを知るためにも、学んでおいて損はない言語の1つと言えるでしょう。

C++とは

ここがポイントです！ **オブジェクト指向言語としてのC++**

C++は、ストロヴストルップ氏がC言語にオブジェクト指向を組み込んだプログラム言語です。その当時、C++のプログラムコードは、C言語の文法そのままで記述することもできました（C99あたりから、C++とは異なる成長を遂げていますが）。このため、C++のコンパイラでは、C言語で書かれたプログラムコードをそのままコンパイルすることができ、C言語で作ったコードをC++に少しずつ移植することが容易でした。

C++は最初から現在のような形ではなく、1990年に途中でテンプレートや例外処理などが追加されています。その後も、STL（Standard Template Liberary）やキャストの記述などの追加が行われ標準化が改良され続けています。

これにより、少し古めのC++のコードを最新のC++規格でコンパイルすると、コンパイルの警告や時にはエラーが発生します。この場合は、コンパイラのスイッチを利用して以前のC++規格を通すようにしてコンパイルするとよいでしょう。

C++でのオブジェクト指向は、カプセル化、継承、多態（ポリモーフィズム）から成り立っています。

カプセル化は、クラス内部に持つ変数やメソッドをprivate/publicでアクセス権を制御することによってクラスを内部を隠蔽化します。

継承は、あるクラスを別のクラスで引き継ぐことによってメソッドの重複記述を減らすことができます。

多態は、メソッドのオーバーロードやインターフェース機能を使うことによってクラス外部から見えるメソッドの名称を統一化し、動作を想像しやすくします。

これらのC++のオブジェクト指向の機能を利用することにより、C言語よりも複雑な機能を実現しやすくなっています。

C言語プログラムの構造

ここがポイントです！ **プロトタイプ宣言と関数定義**

C言語では、関数単位でプログラムを記述します。

ファイルの先頭に、関数のプロトタイプ宣言などが記述されたヘッダファイルを読み込むためのインクルード文を記述します。これはファイルごと読み込まれます。プロトタイプ宣言をした後に、関数の定義を記述します。

main関数では、宣言済みの関数を使います。関数の引数の数や型を合わせるためにC言語ではプロトタイプ宣言が必要になります。

リスト1では、main関数でprintmessage関数を利用しています。main関数よりも前に関数定義が記述されている場合は、プロトタイプ宣言を省略できます。

リスト2では、main関数の後にprintmessage関数の定義を記述します。この場合はmain関数の前にプロトタイプ宣言が必要になります。

リスト1 C言語の構造（ファイル名：basic003.c）

```
#include <stdio.h>                          // インクルード文
#include <stdlib.h>

void printmessage( const char *lang );      // プロトタイプ宣言

void printmessage( const char *lang )       // 関数の定義
```

```
{
    printf( "Hello %s world, again.", lang );
}
int main( void )                          // main関数
{
    puts("Hello C world.");
    printmessage( "C" );
}
```

リスト2 関数定義を後に書く例（ファイル名：basic003a.c）

```
#include <stdio.h>
#include <stdlib.h>

void printmessage( const char *lang );  // プロトタイプ宣言

int main( void )                          // main関数
{
    puts("Hello C world.");
    printmessage( "C" );
}

void printmessage( const char *lang )  // 関数の定義
{
    printf( "Hello %s world, again.", lang );
}
```

リスト3 実行結果

```
Hello C world.
Hello C world, again.
```

C++プログラムの構造

ここがポイントです！ **クラス定義と実装**

C++では、クラス単位でプログラムを記述します。

ファイルの先頭に、関数のプロトタイプ宣言などが記述されたヘッダファイルを読み込むためのインクルード文を記述します。C言語と同じようにファイルごと読み込まれます。プロトタイプ宣言をした後に、関数やクラスの定義を記述します。

main関数では、宣言済みの関数やクラスを使います。

クラス定義は、リスト1のように直接classに記述する方法のほかに、リスト2のようにクラスの構造の定義部分と実際に動作する実装部分を分けて記述することができます。クラス定義部分を分けることによって、複数のファイルで同じクラスを利用できます。クラスの実装部分は更に複数ファイルに分けることが可能です。

リスト1　C++の構造（ファイル名：basic004.c）

```
#include <iostream>   // インクルード文
#include <string>
class A {             // クラス定義
private:
    std::string _lang;
public:
    A( const char *lang ) {     // メソッドの実装
        _lang = std::string( lang );
    }
    void print() {
        std::cout << "Hello " << _lang << " world, again." << std::endl;
    }
};

int main( void ) {
    std::cout << "Hello C++ world." << std::endl;
    A hello( "C++" );
    hello.print();
}
```

リスト2　クラスの定義と実装を分離（ファイル名：basic004a.c）

```
#include <iostream>
#include <string>

class A {
private:
    std::string _lang;
public:
    A( const char *lang );
    void print();
};

int main( void ) {
    std::cout << "Hello C++ world." << std::endl;
    A hello( "C++" );
    hello.print();
}

A::A( const char *lang ) {
    _lang = std::string( lang );
}
void A::print() {
    std::cout << "Hello " << _lang << " world, again." << std::endl;
}
```

リスト3 実行結果

```
Hello C++ world.
Hello C++ world, again.
```

C/C++とライブラリ

ここがポイントです！ **コンパイラ、オブジェクトファイル、リンク**

C言語とC++は、プログラムコードをコンパイルして実行形式に直します。実行形式のファイルはOSで直接起動できるマシン語のファイルになります。

C/C++は、C#やJavaのようなVM（Virtual Machine）を使うプログラム言語や、PythonやRubyなどのインタープリターで動作する言語とは異なり、直接コンピューターで動作できるマシン語のファイルを作成します。このとき、**コンパイル**と**リンク**という2つの作業が行われます。

C/C++のコードをコンパイルすると**オブジェクトファイル**と呼ばれるマシン語あるいはアセンブラで書かれた中間ファイルが作成されます。このファイルはバイナリファイルですが、関数の呼び出し位置などのアドレスが仮の状態となっています。

コンパイル後のオブジェクトファイルを１つにまとめて実行形式に直すのがリンクの作業になります。リンクをすることにより、相互に呼び出しアドレスが決定しコンピューターで動作する実行形式のファイルができあがります。

C/C++では、コンパイル時間を減らすために、あらかじめコンパイルしたオブジェクトファイルをひとまとめにして**ライブラリ**として保存することができます。コンパイル済みのライブラリをほかのコンピューターに配布することで、プログラムコードの変更部分のみコンパイルをして、修正部分のオブジェクトファイルとライブラリをリンクして実行形式のファイルを作成できます。

このようにC/C++では、適切なライブラリを作成し配布することによって、異なるコンピューターの実行環境であってもコンパイル時間を短くする工夫がなされています。

C言語とほかのプログラム言語の連携

ここがポイントです！ **C言語呼び出し**

すべてのプログラムを同じプログラム言語で書けるならば、ライブラリを連結してビルドをするだけで目的に実行ファイルを作れるかもしれません。しかし、現実にはプログラム言語によって得手不得手があり、相互に結合を試みながらソフトウェア開発をする必要があります。

LinuxやWindowsなどで使われる**共有ライブラリ**（動的リンクのライブラリ）は、主にC言語のインターフェースを持っています。ライブラリ自体はC/C++で記述されることが多いのですが、ライブラリを利用するときのインターフェースは、C言語での呼び出しが使われます。

このため、PythonやC#、Javaなどから利用するときに共有ライブラリにC言語のインターフェースがあると呼び出しやすくなります。

例えば、画像ライブラリであるOpenCVはC++で作られており、C++から呼び出すのが一番効率の良い方法ですが、C言語での呼び出しもサポートしています。この**C言語呼び出し**を利用することで、間接的にPythonやC#などのほかのプログラム言語からOpenCVの機能呼び出しを実現できます。

また、C++の共有ライブラリを呼び出すために、SWIGなどのラッパーを作成するツールを利用する方法もあるので検討してみてください。

Column C言語の歴史

C言語は、1972年のAT&Tベル研究所で生まれました。C言語は、OS（オペレーションシステム）を記述する言語として、Unixを中心に広まっています。このため機械語（マシン語）と呼ばれるCPUを直接操作する言語に、非常に近くなっています。

CPUを直接扱うマシン語やアセンブラを使うと、そのCPUを扱うコンピュータでしか動かないソフトウェアになってしまいますが、C言語の場合は、マシン語の違いを吸収して動くように、ソースコードレベルで互換を持つようになっています。このため、コンパイルを行い、ネイティブのマシン語に変換した後にソフトウェアを動作させます。

1983年に生まれたC++やMac OSで使われるObjective-Cは、C言語の後継になります。それぞれ独自の拡張をしていますが、基本的なところはC言語と同じです。C言語を習得した後だと、C++のクラス構造や、Objective-CのCocoaフレームワークの理解が早まります。

文法の極意

2-1 データ型

型とは

ここがポイントです！ **組み込み型とメモリの関係**

C言語では、数値を扱うためのint/long型、実数を扱うためのdouble/float型、文字を扱うためのchar/wchar_t型があります。C言語には、1つの文字（アルファベットやワイド文字）を扱うための型はありますが、文章のような「文字列」を扱う場合は、char/wchar_t型の配列を使う必要があります。

プログラム言語では、数値や文字、文字列などを「型（データ型）」という概念を使って表すことが多いのですが、C言語やC++では、数値（int/long）や文字（char/wchar_t）がメモリ上に配置されていることが前提になります。このため、これらの型が8ビットで表される**バイト**という単位を使い、何バイト数で表されるのか、あるいはどのようなバイト配置になるのかが重要視されます。これはもともとC言語がOSを記述するために作られた言語でもあり、低レベルの言語（ハードウェアに近いという意味で「低レベル」を使います）であるアセンブラ並みの細かい記述やタイミング、組み込みプログラミングのようなハードウェアに備わっているI/Oを直接操作できることを目標としているためです。記憶媒体への読み書きやネットワークのプロトコルレベルでは、このC/C++による細かいメモリの記述や知識が役に立ちます。

●整数型

一般的に**整数型**は、short/int/longを使い分けます。一番よく使われるint型は、処理系によってバイト数が異なり、一番高速に動くサイズになっています。大抵の場合はCPUのレジスタの幅と同じになります。

構造体などでデータを保管する場合には、データのサイズが重要になります。この場合は、shortやlongのようにデータサイズが決まっているものを使います。また、int32_tのようにサイズが規定されているものを使います。ただし、int32_tはコンパイラによって定義されていないものがあるので、利用には注意が必要です。C言語の場合は「stdint.h」、C++の場合は「cstdint」をインクルードします。

●実数型

科学計算のような小数点を使う計算を行う場合には、**実数型**であるfloat/doubleを使います。float型は32ビット（4バイト）で10進数での有効桁数が7桁程度、doubleは64ビット（8バイト）で有効桁数は約16桁になります。以前のCPUでは、データサイズの関係上float型が使われることが多かったのですが、最近のPCでは64ビットCPUが主流のためdouble型のほうが高速に動作します。

●文字型

一般的なアルファベットと数値を文字として扱う場合は、char型を使います。1バイトのデータを明示的に扱い対場合は符号なしのunsigned charを使います。

日本語のような多言語を扱う場合は、いくつかの方法があります。シフトJISやEUCコードのまま扱いたいときはunsigned char型の配列を使い、Unicodeを使う場合はwchar_t型を使います。wchar_t型は処理系によって2バイトと4バイトが混在するため、明示的に文字コードを指定するときはchar16_t/char32_tを利用します。

●真偽型

真偽型は、C++のみ定義されています。WindowsプログラミングなどでI使われるBOOL型（int型の別名としてtypedefされている）のTRUE/FALSEは、定義されているものなので、bool型とは異なることに注意してください。

C/C++では、ifなどの条件文の場合、0を偽として扱い、0以外を真として扱うようになっています。このため、C++でのbool型は、intにキャストをすると、falseは0、trueは1に変換されます。

これらの組み込みの型をひとまとめに扱えるようにした構造体や、C++のオブジェクト指向で使われるクラスも「型」として扱います。C/C++では、構造体のデータをそのままストレージ（ハードディスクやファイルなど）に保存したり、ネットワークのプロトコル/パケットとして組み込んだりするため、それぞれの型のサイズやパディング（処理系が高速に扱えるようにするためにサイズを調節すること）に注意して作成します。この注意は、C/C++がプログラム言語として直接メモリをアクセスすることによって、高速化しやすいこととのうまいトレードオフにもなっています。

整数型の種類

型	用途とサイズ
short	符号付き2バイト
unsigend short	符号なし2バイト
int	符号付き整数
unsigned int	符号なし整数
long	符号付き4バイト
unsigned long	符号なし4バイト
int16_t	符号付き2バイト
int32_t	符号付き4バイト
int64_t	符号付き8バイト

実数型の種類

型	用途とサイズ
float	単精度の実数
double	倍精度の実数

文字型の種類

型	用途とサイズ
char	1バイトの文字
unsigned char	1バイトの文字（符号なし）
wchar_t	ワイド文字
char16_t	UTF-16の文字
char32_t	UTF-32の文字

真偽型の種類

型	用途とサイズ
bool	真（true）と偽（false）

数値を扱う

int

int型は、符号付きの整数を表します。通常は、動作しているコンピュータの1ワード分（一番効率のよいビット数）のサイズを持ちます。このため、32ビットのCPUでは4バイト、64ビットのCPUでは8バイトになります。

整数のサイズが移植時に重要になるときは、サイズが固定化されているshort型（2バイト）やlong型（4バイト）を使います。

int型の最小値と最大値は、limits.hで定義されています。32ビットCPUの場合には、最小値（INT_MIN）は「-2147483648」、最大値（INT_MAX）は「2147483647」になります。

int型を使った変数の定義の構文は、次のようになります。

```
int n ;
```

変数の定義と初期化の構文は、次のようになります。

```
int n = 0;
```

```
int n(0);
```

配列の定義の構文は、次のようになります。

```
int n[100];
```

サイズの取得の構文は、32bit CPUの場合、次のようになります。

```
sizeof(int) == 4 ;
```

リスト1は、int型を使って、数値を扱うプログラム例です。

リスト1 数値を扱う（ファイル名：grm008.cpp）

```
#include <stdio.h>
#include <stdlib.h>

void main( void )
{
    // 符号付きint型
    int x1 = 10;
    int x2 = INT_MAX ;
    int x3 = INT_MIN ;

    printf( "sizeof int: %d¥n", sizeof(int));
    printf( "x1: %d¥n", x1 );
    printf( "x2 max: %d %x¥n", x2, x2 );
    printf( "x3 min: %d %x¥n", x3, x3 );

    // 符号無しint型
    unsigned int y1 = 10;
    unsigned int y2 = UINT_MAX ;
    unsigned int y3 = 0; // UINT_MIN ;

    printf( "y1: %u¥n", y1 );
    printf( "y2 max: %u %x¥n", y2, y2 );
    printf( "y3 min: %u %x¥n", y3, y3 );
}
```

符号なしのint型を指定するときは「unsigned int」を使います。この場合、最小値が「0」となり、最大値が「4294967295」になります。

16ビットで数値を扱う

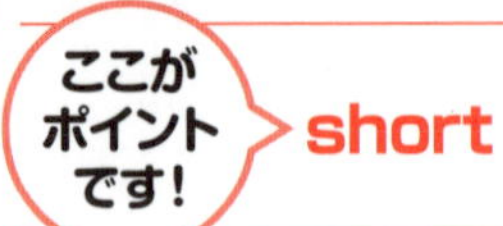

short型は、符号付きの整数を表します。shortのサイズは2バイト（16ビット）と決まっているため、int型よりも小さな領域に抑えたいときに使います。

short型の最小値と最大値は、limits.hにて定義されています。最小値（SHRT_MIN）は「-32768」、最大値（SHRT_MAX）は「32767」になります。

なお、符号なしのshort型を指定するときは「unsigned short」を使います。この場合、最小値が「0 」となり、最大値が「65535」になります。

short型を使った変数の定義の構文は、次のようになります。

```
short n ;
```

変数の定義と初期化の構文は、次のようになります。

```
short n = 0;
```

```
short n(0);
```

配列の定義の構文は、次のようになります。

```
short n[100];
```

サイズ取得の構文は、次のようになります。

```
sizeof(short) == 2 ;
```

リスト１は、short型を使って、16ビットで数値を扱うプログラム例です。

リスト1　16ビットで数値を扱う（ファイル名：grm009.cpp）

```
#include <stdio.h>
#include <stdlib.h>

void main( void )
{
    // 符号付きshort型
    short x1 = 10;
    short x2 = SHRT_MAX ;
```

```
    short x3 = SHRT_MIN ;

    printf( "sizeof short: %d¥n", sizeof(short));
    printf( "x1: %d¥n", x1 );
    printf( "x2 max: %d %x¥n", x2, x2 );
    printf( "x3 min: %d %x¥n", x3, x3 );

    // 符号無しshort型
    unsigned short y1 = 10;
    unsigned short y2 = USHRT_MAX ;
    unsigned short y3 = 0; // USHRT_MIN ;

    printf( "y1: %u¥n", y1 );
    printf( "y2 max: %u %x¥n", y2, y2 );
    printf( "y3 min: %u %x¥n", y3, y3 );
}
```

32ビットで数値を扱う

ここがポイントです！ long

long型は、符号付きの整数を表します。longのサイズは4バイト（32ビット）と決まっているため、サイズを固定したいときに使います。

long型の最小値と最大値は、limits.hにて定義されています。最小値（LONG_MIN）は「-2147483648」、最大値（LONG_MAX）は「2147483647」になります。

long型を使った変数の定義の構文は、次のようになります。

```
long n ;
```

変数の定義と初期化の構文は、次のようになります。

```
long n = 0;
```

```
long n(0);
```

配列の定義の構文は、次のようになります。

```
long n[100];
```

サイズ取得の構文は、次のようになります。

```
sizeof(long) == 4 ;
```

リスト1は、long型を扱うプログラム例です。

リスト1 32ビットで数値を扱う（ファイル名：grm010.cpp）

```
#include <stdio.h>
#include <stdlib.h>

void main( void )
{
    // 符号付きlong型
    long x1 = 10;
    long x2 = LONG_MAX ;
    long x3 = LONG_MIN ;

    printf( "sizeof long: %d¥n", sizeof(long));
    printf( "x1: %d¥n", x1 );
    printf( "x2 max: %d %x¥n", x2, x2 );
    printf( "x3 min: %d %x¥n", x3, x3 );

    // 符号無しlong型
    unsigned long y1 = 10;
    unsigned long y2 = ULONG_MAX ;
    unsigned long y3 = 0; // ULONG_MIN ;

    printf( "y1: %u¥n", y1 );
    printf( "y2 max: %u %x¥n", y2, y2 );
    printf( "y3 min: %u %x¥n", y3, y3 );
}
```

リスト2 実行結果

```
sizeof long: 4
x1: 10
x2 max: 2147483647 7fffffff
x3 min: -2147483648 80000000
y1: 10
y2 max: 4294967295 ffffffff
y3 min: 0 0
```

符号なしのlong型を指定するときは「unsigned long」を使います。この場合、最小値が「0」となり、最大値が「4294967295」になります。

64ビットで数値を扱う

ここがポイントです！ long long

long long型は、8バイト(64ビット)の整数です。long型よりも大きな数を扱う場合に使います。

long long型を使った変数の定義の構文は、次のようになります。

```
long long ll ;
```

変数の定義と初期化の構文は、次のようになります。

```
long long ll = 0 ;
```

```
long long ll(0) ;
```

サイズ取得の構文は、次のようになります。

```
sizeof(long long) == 8
```

リスト1は、long long型を使って、64ビットで数値を扱うプログラム例です。

リスト1 64ビットで数値を扱う（ファイル名：grm011.cpp）

```
#include <stdio.h>
#include <stdlib.h>

void main( void )
{
    // long long 型
    long long x1 = 10;
    long long x2 = _I64_MAX ;
    long long x3 = _I64_MIN ;

    printf( "sizeof long long: %d¥n", sizeof(long long));
    printf( "x1: %lld¥n", x1 );
    printf( "x2: %lld %llx¥n", x2, x2 );
    printf( "x2: %lld %llx¥n", x3, x3 );
}
```

リスト2　実行結果

```
sizeof long long: 8
x1: 10
x2: 9223372036854775807 7fffffffffffffff
x2: -9223372036854775808 8000000000000000
```

コンパイラによっては、long long型がサポートされていないので注意してください。

単精度の実数を扱う

ここがポイントです！　float

float型は、単精度の実数を表します。倍精度のdouble型よりもサイズが小さいため、メモリ量を抑えたいときに使います。

最小精度（FLT_MIN）は「1.175494e-038」、最大値（FLT_MAX）は「3.402823e+038」になります。

float型を使った変数の定義の構文は、次のようになります。

```
float n ;
```

変数の定義と初期化の構文は、次のようになります。

```
float n = 0;
```

```
float n(0);
```

配列の定義の構文は、次のようになります。

```
float n[100];
```

サイズ取得の構文は、次のようになります。

```
sizeof(float) == 4 ;
```

リスト1は、float型を使って単精度の実数を扱うプログラム例です。

リスト1　単精度の実数を扱う（ファイル名：grm012.cpp）

```
#include <stdio.h>
#include <float.h>

void main( void )
{
    // float型
    float x1 = 100.23 ;
    float x2 = FLT_MAX ;
    float x3 = FLT_MIN ;

    printf( "sizeof float: %d¥n", sizeof(float));
    printf( "x1: %f¥n", x1 );
    printf( "x2 max: %f %e¥n", x2, x2 );
    printf( "x3 min: %f %e¥n", x3, x3 );
}
```

リスト2　実行結果

```
sizeof float: 4
x1: 100.230003
x2 max: 340282346638528860000000000000000000000.000000 3.402823e+038
x3 min: 0.000000 1.175494e-038
```

最近のCPUでは、double型のまま計算をするためにfloat型を使うと、若干オーバーヘッドがあります。

Tips 013 ▶Level ●○○ ▶対応 C C++ VC g++

倍精度の実数を扱う

ここがポイントです！ double

double型は、倍精度の実数を表します。最小精度（DBL_MIN）は「2.225074e-308」、最大値（DBL_MAX）は「1.797693e+308」になります。

double型を使った変数の定義の構文は、次のようになります。

```
double n ;
```

変数の定義と初期化の構文は、次のようになります。

```
double n = 0;
```

```
double n(0);
```

配列の定義の構文は、次のようになります。

```
double n[100];
```

サイズ取得の構文は、次のようになります。

```
sizeof(double) == 4 ;
```

リスト1は、double型を使って倍精度の実数を扱うプログラム例です。

リスト1 倍精度の実数を扱う（ファイル名：grm013.cpp）

```
#include <stdio.h>
#include <float.h>

void main( void )
{
    // double型
    double x1 = 100.23 ;
    double x2 = DBL_MAX ;
    double x3 = DBL_MIN ;

    printf( "sizeof double: %d¥n", sizeof(double));
    printf( "x1: %f¥n", x1 );
    printf( "x2 max: %e¥n", x2 );
    printf( "x3 min: %e¥n", x3 );
}
```

リスト2 実行結果

```
sizeof double: 8
x1: 100.230000
x2 max: 1.797693e+308
x3 min: 2.225074e-308
```

double型やfloat型は、小数点以下で計算誤差が発生するため、金額計算（複利計算など）には向いていません。金額計算をするためには、money用のライブラリを利用するか、整数部、小数部を別に扱うクラスを自作する必要があります。

符号付きの整数であることを修飾する

ここがポイントです！ signed修飾子

符号付きの整数であることを修飾するには、signedを使います。

通常は「int」と「signed int」は同じなので、省略してかまいません。符号付きであることを明示的に指定したいときに使います。

signedを使った構文は、次のようになります。

```
signed int n ;    // 整数値
signed char ch ; // 文字
signed short sh; // 整数
signed long l;    // 整数
```

リスト1は、符号付きの整数を扱うプログラム例です。

リスト1　符号付きの整数であることを修飾する（ファイル名：grm014.cpp）

```
#include <stdio.h>
#include <stdlib.h>

void main( void )
{
    // 符号付きint型
    int x1 = 10;
    int x2 = INT_MAX ;
    int x3 = INT_MIN ;

    printf( "sizeof int: %d¥n", sizeof(int));
    printf( "x1: %d¥n", x1 );
    printf( "x2 max: %d %x¥n", x2, x2 );
    printf( "x3 min: %d %x¥n", x3, x3 );

    // 符号付きint型を明示的に指定する
    signed int y1 = 10;
    signed int y2 = INT_MAX ;
    signed int y3 = INT_MIN ;

    printf( "y1: %d¥n", y1 );
    printf( "y2 max: %d %x¥n", y2, y2 );
    printf( "y3 min: %d %x¥n", y3, y3 );
}
```

リスト2 実行結果

```
sizeof int: 4
x1: 10
x2 max: 2147483647 7fffffff
x3 min: -2147483648 80000000
y1: 10
y2 max: 2147483647 7fffffff
y3 min: -2147483648 80000000
```

符号なしの整数であることを修飾する

ここがポイントです！ unsigned修飾子

符号なしの整数であることを修飾するには、unsignedを使います。数値の最小値が0になります。

それぞれの型の最大値は、limits.hで定義されています。

unsignedを使った構文は、次のようになります。

```
unsigned int n ;   // 整数値
unsigned char ch ; // 文字
unsigned short sh; // 整数
unsigned long l;   // 整数
```

リスト1は、符号なしの整数を扱うプログラム例です。

リスト1 符号なしの整数であることを修飾する（ファイル名：grm015.cpp）

```
#include <stdio.h>
#include <stdlib.h>

void main( void )
{
    // 符号無しint型
    unsigned int x1 = 10;
    unsigned int x2 = UINT_MAX ;
    unsigned int x3 = 0 ; // UINT_MIN ;

    printf( "sizeof unsigned int: %d¥n", sizeof(unsigned int));
    printf( "x1: %u¥n", x1 );
    printf( "x2 max: %u %x¥n", x2, x2 );
    printf( "x3 min: %u %x¥n", x3, x3 );
```

```
    // unsigned int でマイナス値を代入する
    unsigned int y1 = -10;
    printf( "y1: %u¥n", y1 );
}
```

実行結果

```
sizeof unsigned int: 4
x1: 10
x2 max: 4294967295 ffffffff
x3 min: 0 0
y1: 4294967286
```

さらにワンポイント　リスト1のようにunsigned型の数値にマイナスの値を入れると、自動的にキャストされます。

文字を扱う

ここがポイントです！　char

char型は、符号付きの文字を表します。サイズは1バイト（8ビット）なので、サイズを固定したいときにも利用できます。

char型の最小値と最大値は、limits.hにて定義されています。最小値（CHAR_MIN）は「-128」、最大値（CHAR_MAX）は「127」になります。

char型を使った変数の定義の構文は、次のようになります。

```
char n ;
```

変数の定義と初期化の構文は、次のようになります。

```
char n = 0;
```

```
char n(0);
```

配列の定義の構文は、次のようになります。

```
char n[100];
```

サイズ取得の構文は、次のようになります。

```
sizeof(char) == 1 ;
```

リスト1は、char型を使って文字を扱うプログラム例です。

リスト1 文字を扱う（ファイル名：grm016.cpp）

```
#include <stdio.h>
#include <stdlib.h>

void main( void )
{
    // 符号付きchar型
    char x1 = 'C';
    char x2 = CHAR_MAX ;
    char x3 = CHAR_MIN ;

    printf( "sizeof char: %d¥n", sizeof(char));
    printf( "x1: %c¥n", x1 );
    printf( "x2 max: %d %x¥n", x2, x2 );
    printf( "x3 min: %d %x¥n", x3, x3 );

    // 符号無しchar型
    unsigned char y1 = 'C';
    unsigned char y2 = UCHAR_MAX ;
    unsigned char y3 = 0; // UCHAR_MIN ;

    printf( "y1: %c¥n", y1 );
    printf( "y2 max: %u %x¥n", y2, y2 );
    printf( "y3 min: %u %x¥n", y3, y3 );
}
```

符号なしのchar型を指定するときは、「unsigned char」を使います。この場合、最小値が「0」となり、最大値が「255」になります。

32ビットで文字を扱う

wchar_t

wchar_tは、ワイド文字の型を表します。

wchar_tのサイズは2バイト（16ビット）と決まっているため、サイズを固定したいときにも利用できます。

変数の定義の構文は、次のようになります。

```
wchar_t n ;
```

変数の定義と初期化の構文は、次のようになります。

```
wchar_t n = 0;
```

```
wchar_t n(0);
```

配列の定義の構文は、次のようになります。

```
wchar_t n[100];
```

サイズ取得の構文は、次のようになります。

```
sizeof(wchar_t) == 2 ;
```

リスト1は、wchar_tを使いワイドキャラクタを扱うプログラム例です。

リスト1　32ビットで文字を扱う（ファイル名：grm017.cpp）

```
#include <stdio.h>
#include <locale.h>

void main( void )
{
    setlocale(LC_CTYPE, "");

    char s[] = "masuda";
    wchar_t w[] = L"増田智明";

    printf( "name: %s¥n", s );
    printf( "name: %S¥n", w );
```

```
}
```

実行結果

```
name: masuda
name: 増田智明
```

printf関数でワイドキャラクタを表示するときは、setlocale関数でロケールを指定しておきます。

Tips
018 真偽を扱う

▶Level ●
▶対応 C++ VC g++

ここがポイントです! bool

bool型は、C++で導入されている、真(true)と偽(false)のみを扱う論理型です。
bool型を使った変数の定義の構文は、次のようになります。

```
bool b ;
```

変数の定義と初期化の構文は、次のようになります。

```
bool b = false ;
```

```
bool b(false) ;
```

リスト1は、bool型を使って真偽を扱うプログラム例です。

リスト1 真偽を扱う(ファイル名:grm018.cpp)

```
#include <stdio.h>
#include <stdlib.h>

void main( void )
{
    // bool型
    bool x1 = true;
    bool x2 = false;

```

```
    printf( "sizeof bool: %d¥n", sizeof(bool));
    printf( "x1: %d¥n", x1 );
    printf( "x2: %d¥n", x2 );
}
```

実行結果

```
sizeof bool: 1
x1: 1
x2: 0
```

リスト1のように、trueは「1」、falseは「0」と定義されています。if文の条件式は、真を「0以外」としているので、そのままbool値を条件式に指定できます。

Tips 019

型が指定されていないことを表す

▶Level ●

▶対応 C C++ VC g++

ここがポイントです！ void

void型は、型がないことを示す型になります。

C言語では関数に戻り値を指定しないときは、デフォルトで「int型」として扱われますが、C++では型が厳格に区別されるために「void」を指定して型がないことを示します。同様に引数がない場合も「void」を明示的に指定します。

このほかに、型がないポインタを示すときに「void*」を使います。int型やchar型のデータを混在させるときに使われます。

なお、メモリを取得するmalloc関数の戻り値は、voidポインタです。このデータを扱う場合には、明示的にcharポインタ型にキャストする必要があります。

戻り値がない場合の構文は、次のようになります。

```
void func();
```

引数がない場合の構文は、次のようになります。

```
int func(void);
```

型なしのポインタの場合の構文は、次のようになります。

```
void *p;
```

リスト1は、voidを使うプログラム例です。

リスト1　型が指定されていないことを表す（ファイル名：grm019.cpp）

```
#include <stdio.h>
#include <stdlib.h>
#include <string.h>

// 引数がない関数
int func1( void )
{
    puts("in func1");
    return 1;
}
// 戻り値がない関数
void func2( int x )
{
    printf("in func2 [%d]¥n", x );
}

void main( void )
{
    int ret = func1();
    printf("in main [%d]", ret );

    func2(1);

    // 型を指定しないポインタ
    void *mem = malloc(10);
    memset( mem, 0, 10 );
    printf( "mem[0]: %x", ((unsigned char*)mem)[0] );
    free( mem );
}
```

ポインタを扱う

ここがポイントです！　ポインタ

int型などのポインタを定義する場合は、型名に「*」を付けます。変数や構造体からポインタを得るときは、&演算子を使います。逆にポインタの示すメモリの値を取得する場合は、*演算子を使います。

ポインタは、データを保持しているアドレスを示す値です。メモリを高速に処理したり、関数の内部でメモリに値を書き込んだりするときに使います。

int型のポインタの構文は、次のようになります。

```
int *p;
```

クラスのポインタの構文は、次のようになります。

```
class *cls;
```

リスト1は、ポインタを扱うプログラム例です。

リスト1 ポインタを扱う（ファイル名：grm020.cpp）

```
#include <stdio.h>

void func( int *v )
{
    // 値を変更する
    *v = 10;
}
void main( void )
{
    int n = 0;

    printf("n: %d¥n", n );
    func( &n );
    printf("n: %d¥n", n );

    char str[] = "Hello C++ World.";
    for ( char *p = str; *p != '¥0'; p++ ) {
        printf( "[%c]", *p );
    }
}
```

リスト2 実行結果

```
n: 0
n: 10 ; 関数内で値を変更する
[H][e][l][l][o][ ][C][+][+][ ][W][o][r][l][d][.]
```

イテレータを扱う

iterator

イテレータは、反復子とも呼ばれ、STLで扱うコンテナのポインタを示します。

コンテナには、最初と最後を示す特別なイテレータがあります。vectorコンテナの場合は、begin関数で先頭のイテレータ、end関数で最終のイテレータを取得できます。このイテレータを使って、for文などで繰り返し処理が行えます。

扱う構文は、次のようになります。

```
vector<int>::iterator it ;
```

リスト1は、vectorクラスのイテレータを扱うプログラム例です。

リスト1 イテレータを扱う(ファイル名:grm021.cpp)

```
#include <stdio.h>
#include <vector>
using namespace std ;

void func1( vector<int>::iterator it )
{
    // 値を変更する
    *it = 99;
}

void func2( vector<int>::iterator b, vector<int>::iterator e )
{
    while ( b != e ) {
        (*b)++;
        b++;
    }
}

void main( void )
{
    vector<int> v;
    for ( int i=0; i<10; i++ ) {
        v.push_back( i );
    }

    vector<int>::iterator it;
    for ( it = v.begin(); it != v.end(); it++ ) {
```

```
            printf("[%d]", *it );
        }
        printf("¥n");

        it = v.begin(); ++it;
        func1( it );
        for ( it = v.begin(); it != v.end(); it++ ) {
            printf("[%d]", *it );
        }
        printf("¥n");

        func2( v.begin(), v.end() );
        for ( it = v.begin(); it != v.end(); it++ ) {
            printf("[%d]", *it );
        }
        printf("¥n");
}
```

リスト2 実行結果

```
[0][1][2][3][4][5][6][7][8][9]
[0][99][2][3][4][5][6][7][8][9]
[1][100][3][4][5][6][7][8][9][10]
```

配列を扱う

ここがポイントです！ 配列

配列は、指定した型を連続した領域で確保します。なので、先頭から領域が連続して確保されるためのポインタが使えます。

配列では、[]演算子と添え字と呼ばれる数値で、配列内のデータにアクセスすることもできます。

int型の配列を定義する構文は、次のようになります。

```
int n[100];
```

文字列で初期化する構文は、次のようになります。

```
char str[] = "Hello";
```

配列の初期化の構文は、次のようになります。

```
int m[] = {0,1,2};
```

リスト1は、配列を扱うプログラム例です。

リスト1 配列を扱う(ファイル名:grm022.cpp)

```
#include <stdio.h>

void main( void )
{
    // 文字列
    char str[] = "Hello";
    printf( "str: %s¥n", str );
    // 数値
    int ary[5] = {0,1,2,3,4};
    for ( int i=0; i<5; i++ ) {
        printf( "[%d]", ary[i] );
    }
    printf("¥n");
    for ( int *p = ary, i=0; i<5; p++, i++ ) {
        printf( "[%d]", *p );
    }
    printf("¥n");
}
```

リスト2 実行結果

```
[0][1][2][3][4]
[0][1][2][3][4]
```

配列へのアクセスは、ポインタを使ってもできます。先頭あるいは最後から順序良くアクセスするときにはポインタを使うほうが高速にアクセスできます。

Tips 023

2次元以上の配列を扱う

▶Level ●●○
▶対応 C C++ VC g++

ここがポイントです！ 多次元配列

C言語やC++では、多次元配列を[]演算子を使って表せます。

配列と同様に、連続したメモリが確保されるので、ポインタを使って連続的にアクセスできます。連続したメモリは、多次元配列の左の括弧から使われます。

3次元配列の構文は、次のようになります。

```
int xyz[10][10][10];
```

リスト1は、多次元配列を扱うプログラム例です。

リスト1　2次元以上の配列を扱う（ファイル名：grm023.cpp）

```
#include <stdio.h>
#include <memory.h>

void main( void )
{
    int xyz[3][3][3];

    memset( xyz, 0, 3*3*3 * sizeof(int) );
    printf("memset¥n");
    for ( int x=0; x<3; x++ ) {
        for ( int y=0; y<3; y++ ) {
            for ( int z=0; z<3; z++ ) {
                printf("xyz[%d][%d][%d]: %d¥n", x, y, z, xyz[x][y][z] );
            }
        }
    }

    int *p = (int*)xyz;
    for ( int i=0; i<3*3*3; i++ ) {
        *p = i;
        p++;
    }
    printf("多次元配列¥n");
    for ( int x=0; x<3; x++ ) {
        for ( int y=0; y<3; y++ ) {
            for ( int z=0; z<3; z++ ) {
                printf("xyz[%d][%d][%d]: %d¥n", x, y, z, xyz[x][y][z] );
            }
```

```
        }
    }
}
```

リスト1では、3次元配列をmemset関数を使って一気に初期化しています。また、ポインタを使って数値を代入しています。

ポインタの配列を使う

ここがポイントです！ ポインタ配列

C言語やC++では、配列の中身はint型やchar型だけでなく、ポインタにすることができます。通常の配列のように[]演算子を使い、連続的にアクセスが可能です。

よく使われるポインタ配列は、リスト1のように文字列の配列です。C言語での文字列は、char型の配列（あるいは、char*型）となるため、文字列の集まりは、charのポインタの配列になります。

int型のポインタ配列の構文は、次のようになります。

```
int *ary[];
```

cha型のポ･インタ配列の構文は、次のようになります。

```
char *lst[];
```

リスト1は、文字列のポインタの配列を使うプログラム例です。

リスト1 ポインタの配列を使う（ファイル名：grm024.cpp）

```
#include <stdio.h>

void main( void )
{
    char *lang[] = { "C", "C++", "Java", "C#", NULL };

    for ( char **p = lang; *p != NULL; p++ ) {
        printf("[%s]¥n", *p );
    }
```

```
}
```

リスト2 実行結果

```
[C]
[C++]
[Java]
[C#]
```

リスト1では、ポインタの配列を定義しておき、終端をNULLにしています。for文での判定文をNULL以外にすることで、繰り返し処理が終了できます。

Tips 025

ヌルポインタを利用する

▶Level ●●○

▶対応 C++ VC g++

ここがポイントです！ **nullptr**

C++では、C言語のNULLの代わりに、**nullptr**を使えます。nullptrは、明示的にヌルを示すポインタを表しています。

従来のC/C++では、ヌルポインタとして「NULL」が使われていますが、これはヘッダファイルで「0」として定義されています。このため、テンプレートクラスを作成するときや予期せぬポインタからの変換などで問題が起こります。C/C++では「0」の値が数値としてもポインタとしても扱われるための問題になります。

このため、C++では「nullptr」を利用して、ポインタであることを強調させます。

```
int *p = nullptr ;
```

リスト1では、NULLとnullptrの違いを示しています。NULLはどちらの関数にも渡せますが、nullptrはポインタを指定する関数にしか渡せず、コンパイルエラーになります。

リスト1 NULLとnullptrの違い（ファイル名：grm025.cpp）

```
#include <stdio.h>
#include <iostream>
using namespace std;
int funcNum( int n ) {
    cout << "in funcNum" << endl;
    return 0;
}
```

```
int funcStr( const char *p ) {
    cout << "in funcStr" << endl;
    return 0;
}

int main( void )
{
    // NULL
    funcNum( NULL );
    funcStr( NULL );
    // nullptr
    // funcNum( nullptr ); // compile error
    funcStr( nullptr );
    return 0;
}
```

リスト2 実行結果

```
in funcNum
in funcStr
in funcStr
```

推論を利用する

ここがポイントです！ auto

C/C++では、変数を扱うために、必ず定義が必要になります。このとき、組み込み型は単純な型の場合には指定しやすいのですが、複雑なポインタやSTLのイテレータ、ラムダ式などを設定するときの型指定は、かなり煩雑になります。

C++では**auto**を使い、型を推論させることができます。

次のautoは「const char*」と推論されます。

```
auto str = "hello C++ world.";
```

次の例のように、従来ならば「vector<int>::iterator」と指定する箇所を、autoを使って書き表せます。

```
vector<int> vec ;
auto it = vec.begin();
```

リスト1は、autoを使い、推論を行うプログラム例です。charのポインタとvectorクラスのイテレータの型指定に利用しています。

リスト1 推論を利用する(ファイル名:grm026.cpp)

```
#include <stdio.h>
#include <vector>
using namespace std;

void main( void )
{
    auto str = "Hello world.";
    // use pointer
    for ( auto p = str; *p != '¥0'; p++ ) {
        printf( "[%c],", *p );
    }
    printf("¥n");

    vector<int> v ;
    for ( int i=0; i<10; i++ ) {
        v.push_back( i );
    }
    // use iterator
    for ( auto it = v.begin(); it != v.end(); it++ ) {
        printf( "%d,", *it );
    }
}
```

リスト2 実行結果

```
[H],[e],[l],[l],[o],[ ],[w],[o],[r],[l],[d],[.],
0,1,2,3,4,5,6,7,8,9,
```

2-2 演算子

Tips 027

演算子とは

▶Level ●

▶対応 C C++ VC g++

ここがポイントです! **式、二項演算子、単項演算子、キャスト演算子**

C/C++では、式と文(ステートメント)を組み合わせて処理を記述していきます。式は「1」や「"abc"」のような数値や文字列のほかにも、「1+2」のような計算した結果も含んでいます。関数やクラスのメソッドの呼び出しも式の1つです。

式は入れ子にすることができ、式で計算した値を別の式に入れ込むことができます。この文法を使って、より複雑な式がC/C++では可能となっています。

ただし、特別に値を返さない関数やメソッド（戻り値がvoid）だけは式に入れ込むことができず、コンパイルエラーになります。

計算した結果や関数やメソッドの実行結果は、「=」（イコール）記号を使って変数に代入させることができます。また「=」も演算子の1つであり、式としてひとまとまりの式として使えます。if文やwhile文でよく使われる「変数に代入しながら判別する」方法は、この演算子と式との組み合わせです。

```
char ch ;
while ((ch = getchar()) != EOF ) {
 ...
}
```

この例では、標準入力から文字を受け取り、変数chに代入すると同時に、EOF(-1)の判定を行っています。コマンドラインでのファイルリダイレクトによく使われます。

●二項演算子

二項演算子は、左右に値を持ち、真ん中に演算子を記述する方法です。主に「1+2」のような四則演算で利用されます。ほかにもビット演算子（「<<」や「>>」）のように、値をシフトする演算子や、論理演算子（「&」や「¦」）のように真偽式を使った演算子もあります。

左右を比べるための比較演算子（「==」や「!=」など）も二項演算子の一種です。比較した結果をif文などの制御文で使えるだけでなく、そのまま変数に代入することも可能です。

この結果をint型の変数に代入すると真（1）と偽（0）になります。

●単項演算子

単項演算子は、数値の符号を表すための「-2」のような演算子のほかに、「a++」や「a--」のようなインクリメントとデクリメントをする演算子があります。

インクリメントは、値を1つだけ増やし、デクリメントは1つだけ減らします。整数の場合は1ずつ増えますが、文字列のポインタや構造体の配列の場合には、それぞれの型にあった数だけアドレスを進めます。

インクリメントとデクリメントの演算子は、「++a」と「a++」のように前置型と後置型があります。単体の式として使う場合はどちらも変わりがありませんが、変数に直接代入するときには、前置型の「++a」はaに1を加えた値が代入され、後置型の「a++」はaを変数に代入した後にaが1つ増えるための注意が必要です。

●キャスト演算子

キャスト演算子は、1つの型を別の型に変換するための演算子で丸括弧（「(」と「)」）を使い、「(int)a」のように記述します。C/C++の場合、型が拡張するような場合は自動的にキャストされますが、型が制限される場合には明示的なキャストが必要です。

C++では、int型のような組み込み型のキャストとは別に、あるクラスから別のクラスに変換するためのキャストがあります。const_castやdynamic_castを使ったキャストは、

Tips084「型を変更する①」などを参考にしてください。

加算する

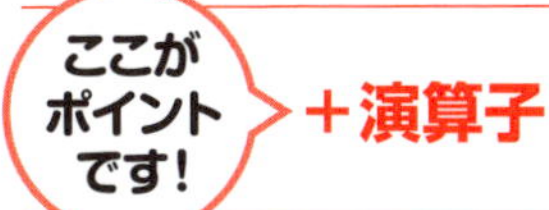

2項演算子である+演算子は、2つの数値を加算します。

変数がstring型のときは、2つの文字列を結合します。

なお、数値を加算するときに、より大きい型に自動的に拡張されます。例えば、int型とdouble型の変数を加算した場合は、double型に拡張されます。

数値を加算する場合の構文は、次のようになります。

```
int x, n, m ;
x = n + m ;
```

文字列を結合する場合の構文は、次のようになります。

```
string str1, str2, str3 ;
str3 = str1 + str3 ;
```

リスト1は、+演算子を使って数値や文字列を扱うプログラム例です。

リスト1 加算する(ファイル名:grm028.cpp)

```
#include <stdio.h>
#include <string>
#include <iostream>
using namespace std;

void main( void )
{
    int m, n;

    m = 10;
    n = 20;

    // 数値の加算
    printf( "m + n = %d¥n", m + n );

    // 文字列の結合
```

```
    string s, s1, s2;
    s1 = "Hello ";
    s2 = "C++ World.";
    s  = s1 + s2;
    cout << "s1 + s2 = " << s << endl;
}
```

リスト2　実行結果

```
m + n = 30
s1 + s2 = Hello C++ World.
```

減算する

2項演算子である-演算子は、2つの数値を減算します。
次の例では、減算しています。

```
int x, n, m ;
x = n - m ;
```

リスト1は、-演算子を使って、数値の減算を行うプログラム例です。

リスト1　減算する（ファイル名：grm029.cpp）

```
#include <stdio.h>

void main( void )
{
    int x, m, n;

    m = 20;
    n = 10;

    printf( "m - n = %d¥n", m - n );
}
```

リスト2　実行結果

```
m - n = 10
```

さらにワンポイント 数値を減算するときも、＋演算子と同様に、より大きい型に自動的に拡張されます。例えば、int型とdouble型の変数を加算した場合は、double型に拡張されます。符号なしの数値（unsigned int型など）を使い、計算結果がマイナス値になったときは、符号付きの型に変換されます。

Tips 030

▶Level ●○○

▶対応 C C++ VC g++

乗算する

ここがポイントです！ ＊演算子

２項演算子である＊演算子は、２つの数値を乗算します。
次の例では、乗算しています。

```
int x, n, m ;
x = n * m ;
```

リスト１は、＊演算了を使って、乗算するプログラム例です。

リスト1 乗算する（ファイル名：grm030.cpp）

```
#include <stdio.h>

void main( void )
{
    int x, m, n;

    m = 20;
    n = 10;

    printf( "m * n = %d¥n", m * n );
}
```

リスト2 実行結果

```
m * n = 200
```

*演算子は、2項演算子の乗算と、ポインタから値を得る単項演算子の2種類があります。可読性を高めるために、優先順位が明確に分かりづらい場合は、括弧を使うとよいでしょう。

除算する

ここがポイントです! **/演算子**

2項演算子である/演算子は、2つの数値を除算します。数値が整数型(int型など)の場合には、計算結果は整数になるように小数点以下が切り捨てられます。

実数として結果を得たい場合は、double型やfloat型を使います。

次の例では、除算しています。

```
int x, n, m ;
x = n / m ;
```

リスト1は、/演算子を使って、除算するプログラム例です。

リスト1 除算する(ファイル名:grm031.cpp)

```
#include <stdio.h>

void main( void )
{
    int m = 10, n = 3;
    printf( "m / n = %d¥n", m / n );

    double x = 10.0, y = 3.0;
    printf( "x / y = %f¥n", x / y );
}
```

リスト2 実行結果

```
m / n = 3
x / y = 3.333333
```

コンピュータによる実数の計算には計算誤差があります。特に除算を行って割り切れなかった場合には誤差が大きくなります。金額の計算（複利計算など）を行う場合は、小数点が固定された数値ライブラリを使うとよいでしょう。

Tips 032

余りを計算する

▶Level ●○○
▶対応 C C++ VC g++

%（パーセント）演算子

２項演算子である％演算子は、２つの数値から余りを計算します。
次の例では、％演算子を使って余りを計算しています。

```
int x, n, m ;
x = n % m ;
```

リスト１は、％演算子を使って、除算の余りを計算するプログラム例です。

リスト1 余りを計算する（ファイル名：grm032.cpp）

```
#include <stdio.h>

void main( void )
{
    int m = 10, n = 3;
    printf( "m / n = %d¥n", m / n );
    printf( "m %% n = %d¥n", m % n );
}
```

リスト2 出力結果

```
m / n = 3
m % n = 1
```

整数型（int型など）の場合には、余りを計算しますが、実数型（double型）の場合には、コンパイルエラーが発生します。実数型で余りを計算するときは、fmod関数を使います。

プラスの数値であることを示す

ここがポイントです！ ＋演算子（単項）

単項の＋演算子は、数値がプラスであることを示します。通常は使われませんが、明示的にプラスであることを示す（例. +10など）ときに使います。

明示的にプラスを示す構文は、次のようになります。

```
int x, n ;
x = + n ;
```

リスト1は、＋演算子を使って、プラスの数値を示すプログラム例です。

リスト1 プラスの数値であることを示す（ファイル名：grm033.cpp）

```
#include <stdio.h>

void main( void )
{
    int m = 10;

    printf( "+ m    = %d¥n", + m );
}
```

リスト2 実行結果

```
+ m = 10
```

単項の＋演算子は、2項の＋演算子よりも高い優先順位を持ちます。例えば、「n + + m」は「n」と「+m」の加算になります。

Tips 034

マイナスの数値であることを示す

▶Level ●○○
▶対応 C C++ VC g++

ここがポイントです！ -演算子（単項）

単項の-演算子は、数値がマイナスであることを示します。変数に使う場合は、-1を掛けることと同じです。

次の例では、マイナスを表しています。

```
int x, n ;
x = - n ;
```

リスト1は、-演算子を使って、マイナスの数値であることを示すプログラム例です。

リスト1　マイナスの数値であることを示す（ファイル名：grm034.cpp）

```
#include <stdio.h>

void main( void )
{
    int m = 10;

    printf( "+ m    = %d¥n", - m );
}
```

リスト2　実行結果

```
- m = 10
```

単項の-演算子は、2項の-演算子よりも高い優先順位を持ちます。例えば、「n - - m」は「n」と「-m」の減算になります。

1つ加算する

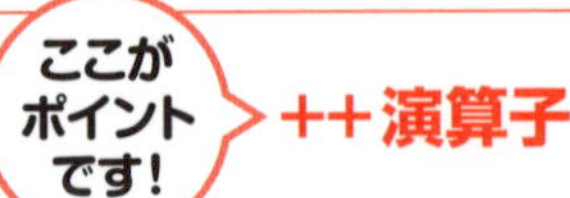

++演算子

数値を加算する++演算子は、変数の前と後ろのどちらかに指定します。
前に指定する「前置型」の場合は、変数を先にインクリメントします。

```
int x, n ;
x = ++n ;
```

後に指定する「後置型」の場合は、変数を後でインクリメントします。

```
int x, n ;
x = n++ ;
```

リスト1は、++演算子を使いインクリメントするプログラム例です。

リスト1 1つ加算する（ファイル名：grm035.cpp）

```
#include <stdio.h>

void main( void )
{
    int x = 0;
    printf( "++x: %d¥n", ++x );
    printf( "x  : %d¥n", x );
    printf( "x++: %d¥n", x++ );
    printf( "x  : %d¥n", x );
}
```

リスト2 実行結果

```
++x: 1
x : 1
x++: 1
x : 2
```

前置型と後置型の++演算子は、関数と同時に使うと副作用が出やすいものです。if文などの条件式で使うときは十分注意して使ってください。

1つ減算する

ここがポイントです！ --演算子

数値を減算する--演算子は、変数の前と後ろのどちらかに指定します。

前に指定する「前置型」の場合は、変数を先にデクリメントします。後に指定する「後置型」の場合は、変数を後でデクリメントします。

デクリメントした後、代入する構文は、次のようになります。

```
int x, n ;
x = --n ;
```

代入した後、デクリメントする構文は、次のようになります。

```
int x, n ;
x = n-- ;
```

リスト1は、--演算子を使って、デクリメントを行うプログラム例です。

リスト1　1つ減算する（ファイル名：grm036.cpp）

```
#include <stdio.h>

void main( void )
{
    int x = 0;
    printf( "--x: %d¥n", --x );
    printf( "x  : %d¥n", x );
    printf( "x--: %d¥n", x-- );
    printf( "x  : %d¥n", x );
}
```

リスト2　実行結果

```
--x: -1
x : -1
x--: -1
x : -2
```

++演算子と--演算子はアセンブラの「inc」と「dec」に対応しています。このアセンブラコードが、代入を行う「mov」の前にあれば前置型、後にあれば後置型になります。

左シフトする

<<演算子は、ビット単位で左シフトする演算子です。データ転送を行うときに、データのエンコード／デコードなどで使われます。

変数mをnビット左シフトする構文は、次のようになります。

```
int x, m, n ;
x = m << n ;
```

リスト1は、<<演算子を使って、左シフトするプログラム例です。

▼左シフト

リスト1　左シフトする（ファイル名：grm037.cpp）

```
#include <stdio.h>

void main( void )
{
    int x = 1, y;
    // 1ビット左シフト
    y = x << 1;
    printf( "x:%d, y:%d¥n", x, y );
}
```

リスト2　実行結果

```
x:1, y:2
```

左シフトは、2倍、4倍などの2の倍数を掛けるときにも使われます。「x << 1」と「x * 2」は同じ結果が得られます。乗算の計算が遅いために、ビットシフトを使って高速化しますが、最近のコンパイラの最適化では、自動的に2の倍数の乗算はビットシフトに変換されています。

Tips 038 ▶Level ●● ▶対応 C C++ VC g++

右シフトする

>>演算子

>>演算子は、ビット単位で右シフトする演算子です。データ転送を行うときに、データのエンコード／デコードなどで使われます。

変数mをnビット右シフトする構文は、次のようになります。

```
int x, m, n ;
x = m >> n ;
```

リスト1は、>>演算子を使って、右シフトするプログラム例です。

▼右シフト

リスト1 右シフトする（ファイル名：grm038.cpp）

```
#include <stdio.h>

void main( void )
{
    int x = 64, y;
    // 1ビット右シフト
    y = x >> 1;
    printf( "x:%d, y:%d¥n", x, y );
}
```

リスト2　実行結果

```
x:64, y:32
```

右シフトは、2分の1、4分の1などの2の倍数で割るときにも使われます。「x >> 1」と「x/ 2」は同じ結果が得られます。ビット単位でデータを扱うと、扱いが少し難しくなりますが、劇的にデータ量が減ります。例えば、8つのデータをint型で扱うと、32ビットのコンピュータでは32バイト消費してしまいますが、1ビット単位で扱えば1バイトで済みます。

Tips **039**

▶Level ●○○

▶対応 C C++ VC g++

代入する

ここがポイントです！ ＝演算子

＝演算子は、右にある変数や値を左の変数に代入します。＝演算子は、式になるので、繋げることで複数の変数に同時に代入できます。

代入の構文は、次のようになります。

```
int x, m, n ;
x = m ;        // 変数xにmの値を代入する
x = m = n ;    // 変数mにnの値を代入した後、xにも代入する
```

リスト1は、＝演算子を使って、値を代入するプログラム例です。

リスト1　代入する（ファイル名：grm039.cpp）

```
#include <stdio.h>

void main( void )
{
    int x, m, n;

    x = 10;
    // 代入
    m = x;
    printf( "x:%d m:%d¥n", x, m );
    // 同じ値を代入
    n = m = 20;
```

```
    printf( "m:%d n:%d¥n", m, n );
}
```

リスト2 実行結果

```
x:10 m:10
m:20 n:20
```

＝演算子の右側は、単一の数値だけとは限りません。構造体や配列の初期化にも利用できます。

▼構造体の初期化

```
struct RGB {
    int r,g,b;
};

// r, g, b の順に指定する
RGB rgb = { 255, 0, 0 };
```

▼配列の初期化

```
// 全ての要素を初期化
int array[3] = { 0,1,2 };
// 0で初期化
int array[100] = {0};
```

値が同じかを判定する

ここがポイントです！ ==演算子

==演算子は、左右の変数や値が等しいか評価します。

C++の場合、等しい場合は真(1)、異なる場合は偽(0)を返すので、そのままbool型の変数に代入することも可能です。

xとyを比較する構文は、次のようになります。

```
if (x == y)
```

比較結果を代入する構文は、次のようになります。

```
bool b = (x == y);
```

リスト1は、==演算子を使って、値が比較するプログラム例です。

リスト1 値が同じかを判定する（ファイル名：grm040.cpp）

```
#include <stdio.h>

void main( void )
{
    int x, y;

    x = y = 10;
    printf( "x:%d y:%d¥n", x, y );
    if ( x == y ) {
        printf( "x と y は等しい¥n" );
    } else {
        printf( "x と y は等しくない¥n" );
    }
    y = 20;
    printf( "x:%d y:%d¥n", x, y );
    if ( x == y ) {
        printf( "x と y は等しい¥n" );
    } else {
        printf( "x と y は等しくない¥n" );
    }
}
```

リスト2 実行結果

```
x:10 y:10
x とy は等しい
x:10 y:20
x とy は等しくない
```

==演算子は、論理演算子（&&演算子、||演算子）よりも優先順位が低いので、括弧を付けずに複数の条件を比較できます。

値が異なるか判定する

ここがポイントです！ **!=演算子**

!=演算子は、左右の変数や値が異なるかを判定します。

C++の場合、等しい場合は真(1)、異なる場合は偽(0)を返すので、そのままbool型の変数に代入することも可能です。

!=演算子を使って、xとyを比較する構文は、次のようになります。

```
if (x ! = y)
```

比較結果を代入する構文は、次のようになります。

```
bool b = (x ! = y);
```

リスト1は、!=演算子を使って、値が異なるか判定するプログラム例です。

リスト1 値が異なるか判定する（ファイル名：grm041.cpp）

```
#include <stdio.h>

void main( void )
{
    int x, y;

    x = y = 10;
    printf( "x:%d y:%d¥n", x, y );
    if ( x != y ) {
        printf( "x と y は等しくない¥n" );
    } else {
        printf( "x と y は等しい¥n" );
    }
    y = 20;
    printf( "x:%d y:%d¥n", x, y );
    if ( x != y ) {
        printf( "x と y は等しくない¥n" );
    } else {
        printf( "x と y は等しい¥n" );
    }
}
```

リスト2　実行結果

```
x:10 y:10
x とy は等しい
x:10 y:20
x とy は等しくない
```

!=演算子は、==演算子の否定形です。クラスによっては、==演算子しか定義されていない場合があります。この場合は、論理式を変換して「x != y」から「!(x == y)」を使います。

加算して代入する

ここがポイントです！ +=演算子

プログラムでは、変数に加算して代入する操作が多く出てきます。+=演算子では、左の変数の値を加算します。

次の例では、xにmを加えて代入しています。

```
int x, m ;
x += m ;
```

また、stringクラスを使うと、文字列を追加できます。

リスト1は、+=演算子を使って、文字列を末尾に追加するプログラム例です。

リスト1　加算して代入する（ファイル名：grm042.cpp）

```
#include <stdio.h>
#include <string>
#include <iostream>
using namespace std;

void main( void )
{
    int m = 10;
    m += 20;

    printf( "m = %d¥n", m );

```

```
    string s ;
    s = "Hello ";
    s += "C++ World.";
    cout << "s = " << s << endl;
}
```

リスト2 実行結果

```
m = 30
s = Hello C++ World.
```

さらにワンポイント　+=演算子は、単純に加算と代入を重ねたものではなく、アセンブラに即した演算子です。「x = x + m」の場合には、右と左の変数xが記述されるために一時的に別のレジスタが使われますが、「x += m」の場合には、変数xがレジスタならば直接mov命令が使え高速に動きます。

Tips 043

減算して代入する

▶Level ●○○

▶対応 C C++ VC g++

ここがポイントです！ -=演算子

-=演算子では、左の変数の値を減算します。
次の例では、xにmを減じて代入しています。

```
int x, m ;
x -= m ;
```

リスト1は、-=演算子を使って、減算しながら代入するプログラム例です。

リスト1 減算して代入する（ファイル名：grm043.cpp）

```
#include <stdio.h>

void main( void )
{
    int m = 10;
    m -= 20;

    printf( "m = %d¥n", m );
}
```

リスト2　実行結果

```
m = -10
```

符号なしの整数型で-=演算子を使うときには少し注意が必要です。計算結果も符号なしの変数に代入するために、結果がマイナスになるときは正しく値が取れません（unsignedにキャストした値になります）。

ビット単位で論理和する

ここがポイントです！　|（or）演算子

|演算子は、変数や値をビット単位で論理和の計算をします。
xにmとnの論理和を代入する構文は、次のようになります。

```
int x, m, n ;
x = m | n ;
```

リスト1は、¦演算子を使って、論理和するプログラム例です。

▼論理和

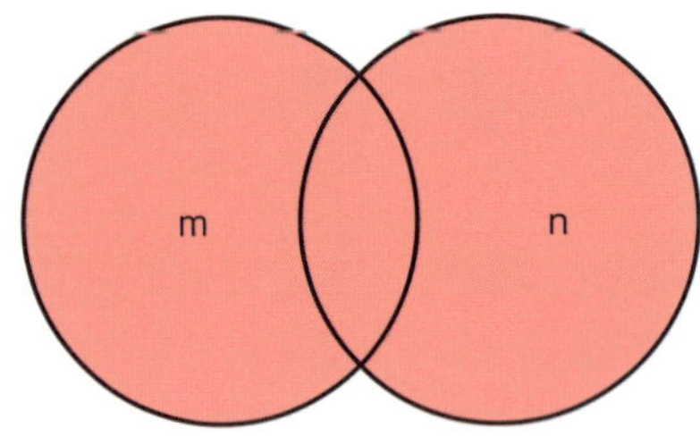

論理値の和

m	n	x
1	1	1
1	0	1
0	1	1
0	0	0

リスト1　ビット単位で論理和する（ファイル名：grm044.cpp）

```
#include <stdio.h>

void main( void )
{
    unsigned int x, y;
```

```
    x = 0xFFFF0000;
    y = 0xFF00FF00;

    printf( "x:%08X, y:%08X¥n", x, y );
    printf( "x | y = %08X¥n", x | y );
}
```

リスト2 実行結果

```
x:FFFF0000, y:FF00FF00
x | y = FFFFFF00
```

変数のビットのいずれかが立っている状態を調べるには、0と比較すると計算が早くなります。

```
int flag = READ || WRITE;
if ( flag != 0 ) {
    // いずれかのビットが立っている
}
```

Tips 045 ▶Level ●●○ ▶対応 C C++ VC g++

ビット単位で論理積する

ここがポイントです！ &(AND)演算子

&演算子は、変数や値をビット単位で論理積の計算をします。
xにmとnの論理積を代入する構文は、次のようになります。

```
int x, m, n ;
x = m & n ;
```

リスト1は、&演算子を使って、ビット単位で論理積するプログラム例です。

▼論理積

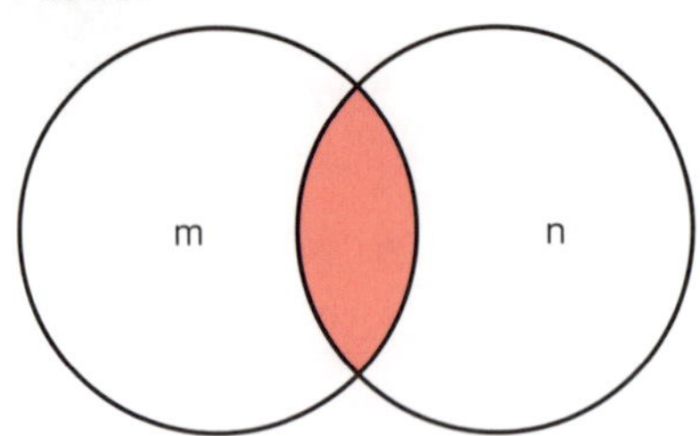

論理積の値

m	n	x
1	1	1
1	0	0
0	1	0
0	0	0

リスト1　ビット単位で論理積する（ファイル名：grm045.cpp）

```
#include <stdio.h>

void main( void )
{
    unsigned int x, y;

    x = 0xFFFF0000;
    y = 0xFF00FF00;

    printf( "x:%08X, y:%08X¥n", x, y );
    printf( "x & y = %08X¥n", x & y );
}
```

リスト2　実行結果

```
x:FFFF0000, y:FF00FF00
x & y = FF000000
```

さらにワンポイント　変数のビットのすべてが立っている状態を調べるには、-1と比較すると計算が早くなります。

```
unsigned int flag ;
if ( flag == (unsigned int)-1 ) {
    // すべてのビットが立っている
}
```

ビット単位で排他論理和する

ここがポイントです！ ^（XOR）演算子

^演算子は、変数や値をビット単位で排他論理和の計算をします。
xにmとnの排他論理和を代入する構文は、次のようになります。

```
int x, m, n ;
x = m ^ n ;
```

リスト1は、^演算子を使って、ビットを排他論理和するプログラム例です。

▼排他的論理和

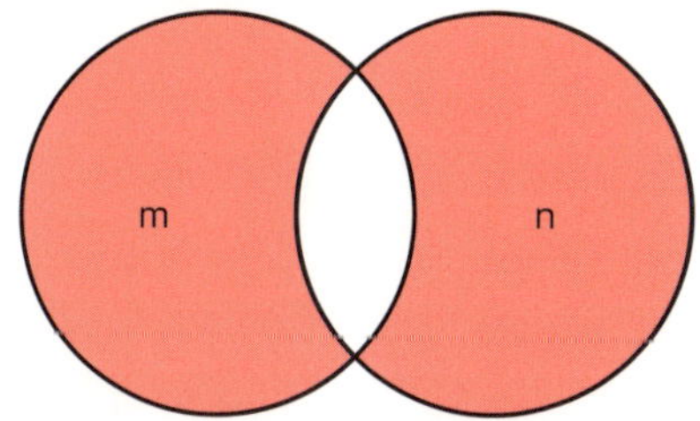

反転前と反転後の値

m	n	x
1	1	0
1	0	1
0	1	1
0	0	0

リスト1　ビット単位で排他論理和する（ファイル名：grm046.cpp）

```
#include <stdio.h>

void main( void )
{
    unsigned int x, y;

    x = 0xFFFF0000;
    y = 0xFF00FF00;

    printf( "x:%08X, y:%08X¥n", x, y );
    printf( "x ^ y = %08X¥n", x ^ y );
}
```

リスト2　実行結果

```
x:FFFF0000, y:FF00FF00
x ^ y = 00FFFF00
```

排他論理和は、2回同じ値で演算すると元の値に戻ります。画像の反転などで使われます。

```
int x, m, n ;
x = m ^ n ;
if ( m == x ^ n ) {
    // もう一度、排他論理和を計算すると元に戻る
}
```

Tips 047 Level ●●○ 対応 C C++ VC g++

ビット単位で否定する

ここがポイントです！ ~（チルダ）演算子

~演算子は、変数や値をビット単位で反転させます。
xにnの否定を代入する構文は、次のようになります。

```
int x, m ;
x = ~ m ;
```

リスト1は、~演算子を使って、ビットを反転するプログラム例です。

反転前と反転後の値

反転前	反転後
m	x
1	0
0	1

リスト1　ビット単位で否定する（ファイル名：grm047.cpp）

```
#include <stdio.h>

void main( void )
{
    unsigned int x ;
    x = 0xFFFF0000;

    printf( "x:%08X¥n", x );
    printf( "~ x    = %08X¥n", ~ x );
}
```

リスト2　実行結果

```
x:FFFF0000
~ x = 0000FFFF
```

ビット演算の否定を使うと、変数に対するビット操作の可読性が良くなります。

▼否定を使わない場合

```
unsigned char x = 3;
x = x & ~0x01 ; // 1ビット目を下ろす
```

▼否定を使う場合

```
unsigned char x = 3;
x = x & 0xFE ; // 1ビット目を下ろす
```

2つの式の論理和を取る

ここがポイントです！　||演算子

||演算子は、主にif文やwhile文の条件式で利用します。左右の条件式のいずれかが真(0以外)の場合に、真(0以外)になります。

なお、論理演算子は、ビット演算子よりも優先順位が低いため、評価順序を調節するために括弧を使います。

mとnのいずれかが真の場合に真となる構文は、次のようになります。

```
x = m || n ;
```

mとnのいずれかが0の場合に真となる構文は、次のようになります。

```
if ( m == 0 || n == 0 )
```

リスト1は、||演算子を使って、2つの式の論理和をチェックするプログラム例です。

リスト1　2つの式の論理和を取る（ファイル名：grm048.cpp）

```
#include <stdio.h>
#include <ctype.h>
```

```
void main( void )
{
    char ch1, ch2;

    printf( "2文字入力: " );
    scanf( "%c%c", &ch1, &ch2 );

    if ( isalpha( ch1 ) && isalpha( ch2 ) ) {
        printf( "[%c][%c] は両方アルファベット¥n", ch1, ch2 );
    } else {
        printf( "[%c][%c] はその他の文字¥n", ch1, ch2 );
    }
}
```

リスト2 実行結果

```
$ grm048
2文字入力: ab
[a][b] はどちらかがアルファベット

$ grm048
2文字入力: a1
[a][1] はどちらかがアルファベット

$ grm048
2文字入力: 12
[1][2] はその他の文字
```

2つの式の論理積を取る

ここがポイントです！ &&演算子

&&演算子は、主にif文やwhile文の条件式で利用します。左右の条件式の両方が真（0以外）の場合に、真（0以外）になります。

なお、論理演算子は、ビット演算子よりも優先順位が低いため、評価順序を調節するために括弧を使います。

&&演算子を使って、mとnのどちらも真の場合に真となる構文は、次のようになります。

```
x = m && n ;
```

mとnのどちらも0の場合に真となる構文は、次のようになります。

```
if ( m == 0 && n == 0 )
```

リスト1は、&&演算子を使って、2つの式の論理積を取るプログラム例です。

リスト1 2つの式の論理積を取る（ファイル名：grm049.cpp）

```
#include <stdio.h>
#include <ctype.h>

void main( void )
{
    char ch1, ch2;

    printf( "2文字入力: " );
    scanf( "%c%c", &ch1, &ch2 );

    if ( isalpha( ch1 ) || isalpha( ch2 ) ) {
        printf( "[%c][%c] はどちらかがアルファベット¥n", ch1, ch2 );
    } else {
        printf( "[%c][%c] はその他の文字¥n", ch1, ch2 );
    }
}
```

リスト2 実行結果

```
$ grm049
2文字入力: ab
[a][b] は両方アルファベット

$ grm049
2文字入力: a1
[a][1] はその他の文字

$ grm049
2文字入力: 12
[1][2] はその他の文字
```

指定した条件式の否定を取る

ここがポイントです！ !(NOT)演算子

!演算子は、主にif文やwhile文の条件式で利用します。

指定した条件式の否定を取ります。つまり、真（0以外）の場合は偽（0）となり、偽（0）の場合は真（0以外）になります。

!演算子を使って、xが0のとき、真となる構文は、次のようになります。

```
if ( !x )
```

func関数の値が0のときに真となる構文は、次のようになります。

```
if ( !func() )
```

リスト1は、!演算子を使って、指定した条件式の否定でチェックするプログラム例です。

リスト1 指定した条件式の否定を取る（ファイル名：grm050.cpp）

```
#include <stdio.h>
#include <ctype.h>

void main( void )
{
    char ch;

    printf( "1文字入力: " );
    scanf( "%c", &ch );

    if ( !isalpha( ch ) ) {
        printf( "[%c] はアルファベットではない", ch );
    } else {
        printf( "[%c] はアルファベット¥n", ch );
    }
}
```

さらにワンポイント

!演算子は、「〜ではない」という形で使います。次のように複雑なORを簡潔に示せます。

▼複数の条件式

```
if ( x != 'A' || x != 'B' || x != 'C' ) {
    // xがA,B,C以外のとき
}
```

▼否定を使って表す

```
if ( !( x == 'A' && x == 'B' && x == 'C' )) {
    // xがA,B,C以外のとき
}
```

Tips 051

式を繋げる

Level ●●○

対応 C C++ VC g++

ここがポイントです！

,（カンマ）演算子

,演算子は、式を繋げます。主に、「for」文で複数の初期化式などを使うときに利用します。

,演算子で繋げたときには、1つの式になります。このため、「;」を使った文にしたくないときに利用できます。

複数の条件式を繋げる構文は、次のようになります。

```
for (i=0, ch='a'; i<10; i++, ch++)
```

式を繋げて1つの式にする構文は、次のようになります。

```
z = (x=0, y=0) ;
```

リスト1は、,演算子を使って、式を連結するプログラム例です。

リスト1　式を繋げる（ファイル名：grm051.cpp）

```
#include <stdio.h>
#include <ctype.h>

void main( void )
{
    char ch;
```

```
    int i;

    for ( i=0, ch='a'; i<10; i++, ch++ ) {
        printf( "[%c]", ch );
    }
}
```

リスト2　実行結果

```
[a][b][c][d][e][f][g][h][i][j]
```

,演算子は、左から順に評価され、一番右の式が全体の式の値になります。

```
x = ( n = 0, m = 1 );
    // xの値は1になる
```

Tips 052
▶Level ●●
▶対応 C C++ VC g++

ポインタが示す値を取得する

ここがポイントです！　*（アスタリスク）演算子

ポインタが示す領域の値を得る場合は、*演算子を使います。ポインタのポインタを使っている場合は「**p」のように、「*」を重ねます。

ポインタが示す領域の値を取得する構文は、次のようになります。

```
int n = 0;
int *p = &n;   // 変数nのポインタ
int m = *p;    // ポインタpを示す値を代入
```

リスト1は、*演算子を使って、ポインタが示す値（文字）を取得するプログラム例です。

リスト1　ポインタが示す値を取得する（ファイル名：grm052.cpp）

```
#include <stdio.h>

void main( void )
{
    char *str1 = "Hello";
    printf( "str1: %s¥n", str1 );
```

```
    char str2[] = "Hello";
    printf( "str2: " );
    for ( char *p = str2; *p != '¥0'; p++ ) {
        putchar( *p );
    }
    putchar( '¥n' );
}
```

リスト2　実行結果

```
str1: Hello
str2: Hello
```

さらにワンポイント　リスト1では、str2の内容を1文字ずつ出力しています。このとき、ポインタの内容を得るために「*p」とします。

Tips 053 ▶Level ●●○ ▶対応 C C++ VC g++

変数のポインタを取得する

ここがポイントです！　**&（アンパサンド）演算子**

変数のポインタを得るには、&演算子を使います。

同様に、変数の参照を使うときにも、&演算子を使います。「参照」とは、見掛け上、異なる名前が付いていますが、実体は同じアドレスを示す変数のことです。必ず、初期化が必要なために、ポインタよりも安全に扱うことができます。

&演算子を使って、変数のポインタを取得する構文は、次のようになります。

```
int n = 0;
int *p = &n;   // 変数nのポインタ
int &m = n;    // 変数nの参照
```

リスト1は、&演算子を使って、変数のポインタを取得するプログラム例です。

リスト1　変数のポインタを取得する（ファイル名：grm053.cpp）

```
#include <stdio.h>

void main( void )
{
```

```
    int n;
    char ch;

    printf("数値と1文字: ");
    scanf("%d %c", &n, &ch );
    printf( "[%d][%c]¥n", n, ch );

    int &m = n;     // 参照を使う
    m = 0;
    printf( "n:[%d] m:[%d]¥n", n, m );
}
```

リスト2 実行結果

```
数値と1文字: 10 c
[10][c]
n:[0] m:[0]
```

scanf関数を使い、標準入力から値を取得する場合にはポインタを指定します。このときに&演算子を使います。リスト1では、変数mが変数nの参照になります。mに0を代入したときには、同じアドレスを示しているため、nも同時に0になります。

構造体のメンバを参照する

ここがポイントです! .(ドット)演算子

構造体のメンバにアクセスするためには、.演算子を使います。
メンバを参照する構文は、次のようになります。

```
POINT pt;
int n = pt.x ;
```

リスト1は、.演算子を使って、構造体のメンバを参照するプログラム例です。

リスト1 構造体のメンバを参照する(ファイル名:grm054.cpp)

```
#include <stdio.h>

struct POINT {
```

```
    int x, y ;
};
void main( void )
{
    POINT pt = { 10, 20 };

    printf( "point: %d %d¥n", pt.x, pt.y );
}
```

リスト2 実行結果

```
point: 10 20
```

.演算子は、構造体を示す変数だけでなく、ポインタを使っても表せます。次の3つの式は、同じことを示しています。

```
POINT pt, *p;
n = pt.x ;
n = (*p).x;
n = p->x;
```

ポインタからメンバを取得する

ここがポイントです！ ->（アロー）演算子

ポインタの構造体のメンバやクラスのメンバ（変数やメソッド）にアクセスするためには、->演算子を使います。

メンバ変数の構文は、次のようになります。

```
POINT *pt;
int n = pt->x ;
```

メソッド呼び出しの構文は、次のようになります。

```
class *p;
p->method();
```

リスト1は、->演算子を使って、オブジェクトのメンバを呼び出すプログラム例です。

リスト1　ポインタからメンバを取得する（ファイル名：grm055.cpp）

```
#include <stdio.h>
#include <string>
#include <iostream>
#include <sstream>
using namespace std;

struct POINT {
    int x, y ;
};

class Person {
private:
    string _name;
    int _age;
public:
    Person( string name, int age )
    {
        _name = name;
        _age = age;
    }
    string ToString()
    {
        stringstream s;
        s << _name << "(" << _age << ")";
        return s.str();
    }
};

void func( POINT *pt )
{
    printf( "point: %d %d¥n", pt->x, pt->y );
}

void main( void )
{
    POINT pt = { 10, 20 };
    func( &pt );

    Person *me = new Person("masuda",41);
    cout << me->ToString() << endl;
}
```

リスト2　実行結果

```
point: 10 20
masuda(41)
```

リスト１では、POINT構造体とPersonクラスの各メンバにアクセスしています。ポインタの値がNULLや不正なアドレスを示しているときは、実行時エラーになるので注意しましょう。

ポインタからメンバポインタを取得する

ここがポイントです！ ->*演算子

->*演算子は、クラスのメンバのポインタを取得します。関数ポインタと同じ使い方ができます。

ポインタからメンバポインタを取得する構文は、次のようになります。

```
string (Person::*to_s)() = &Person::ToString;
(me->*to_s)();
```

リスト１は、->*演算子を使って、オブジェクトポインタからメンバポインタを扱うプログラム例です。

リスト１　ポインタからメンバポインタを取得する（ファイル名：grm056.cpp）

```
#include <stdio.h>
#include <string>
#include <iostream>
#include <sstream>
using namespace std;

class Person
{
private:
    string _name;
    int _age;
public:
    Person( string name, int age )
    {
        _name = name;
        _age = age;
    }
    string ToString()
    {
```

```
        stringstream s;
        s << _name << "(" << _age << ")";
        return s.str();
    }
};

void main( void )
{
    Person *me = new Person("masuda",41);
    cout << me->ToString() << endl;

    string (Person::*to_s)() = &Person::ToString;
    cout << (me->*to_s)() << endl;
}
```

1つの式でif文を表す

ここがポイントです！ ?:演算子（3項演算子）

if文はブロックとして使いますが、これを式で使えるようにしたのが、?:演算子です。

条件式の後に「?」を指定することで、真（0以外）と偽（0）の値を記述することができます。文を簡潔に書くときに使います。

```
条件式？ 真のとき： 偽のとき
```

?:演算子を使って、1つの式でif文を表す構文は、次のようになります。

```
x == 0? 1: -1
```

リスト1は、?:演算子を使った三項演算子の利用例です。

リスト1　1つの式でif文を表す（ファイル名：grm057.cpp）

```
#include <stdio.h>

void main( void )
{
    int n = 1;

    if ( n == 0 ) {
```

```
        printf( "n is zero.¥n" );
    } else {
        printf( "n iz not zero.¥n" );
    }

    printf("n is %s.¥n",
        ( n == 0 )? "zero": "not zero" );
}
```

リスト2　実行結果

```
n iz not zero.
n is not zero.
```

if文を使っても、?:演算子を使っても同様な記述ができます。「?」の前の条件式は、分かりやすいように括弧で括ったほうがよいでしょう。

スコープを明確に示す

ここがポイントです！　::（スコープ）演算子

::演算子は、変数や定数が利用される名前空間を制御します。

例えば、std名前空間に定義されている「endl」という定数を使う場合、「std::endl」と記述します。名前空間を指定しない場合は、グローバル変数（大域変数）を示します。

これを利用することにより、変数の競合を避けることが可能です。

グローバル変数を示す構文は、次のようになります。

```
::n
```

std名前空間を示す構文は、次のようになります。

```
std::endl
```

リスト1は、::演算子を使って、グローバルスコープを利用するプログラム例です。

リスト1　スコープを明確に示す（ファイル名：grm058.cpp）

```
#include <stdio.h>
```

```
int x = 10;
void main( void )
{
    int x = 20;

    printf( "local x = %d¥n", x );
    printf( "global x = %d¥n", ::x );
}
```

リスト2 出力結果

```
local x = 20
global x = 10
```

リスト1では、内部変数（局所変数）とグローバル変数（大域変数）の両方で変数xを使っています。これを区別するために::演算子を利用します。

演算子の優先順位

ここがポイントです！ 演算子の優先順位

各演算子の優先順位は、下の表の通りです。優先順位の高い順に示します。
ただし、単項演算子の+,-,*は二項演算子よりも高い優先順位を持ちます。

演算子の優先順位

演算子	結合規則
() [] ->.	→（左から右）
! . ++ -- + - *(ポインタ) & (キャスト) sizeof	←（右から左）
* / %	→（左から右）
+ -	→（左から右）
<< >>	→（左から右）
< <= > >=	→（左から右）
== !=	→（左から右）
&	→（左から右）
^	→（左から右）
|	→（左から右）

<table>
<tr><td>&&</td><td>→（左から右）</td></tr>
<tr><td>||</td><td>→（左から右）</td></tr>
<tr><td>?:</td><td>→（左から右）</td></tr>
<tr><td>= += -= *= /= %= &= ^= |= &= <<= >>=</td><td>←（右から左）</td></tr>
<tr><td>,</td><td>→（左から右）</td></tr>
</table>

2-3 制御文

制御文とは

ここがポイントです！ **文、条件分岐、反復処理**

C/C++では、複数の式を組み合わせて文を作ります。普通の文章では、改行単位で文となりますが、C/C++では文末に「;」（セミコロン）を付けて文（ステートメント）の区切りとなります。

このため、エディタでプログラムコードを記述するときに、1つの行にセミコロンで区切って複数の文を置くことができます。逆に改行を付け、複数行にわたって1つの文を記述することもできます。

▼複数の文の例

```
int a; a = 10; a++ ;
```

▼1つの文の例

```
int a = 1,
    b = 2,
    c = 3 ;
```

制御文は、条件式に従っていくつかの文（あるいはブロック）を実行する処理になります。

●条件分岐

条件に従って処理を分ける記述は、if文やswitch文を使います。

if文では、条件式を指定して、それに続く処理を実行するか否かを決めます。

switch文は、条件式を指定して、その結果により分岐先を決めることができます。これはif文を複数重ねた条件分岐と同じです。

if文やswitch文に渡す条件式は、複数の式を組み合わせたものが指定できます。複数の比較演算子を使った条件や、関数やクラスのメソッドの戻り値を直接条件式として指定することができます。

●反復処理

反復処理は、for文やwhich文を使い、繰り返し条件を満たすまでブロック内の文を実行するための処理です。

for文では、繰り返しをする前の初期値や繰り返しを行うときの計算（変数のインクリメントなど）を指定します。また、コレクションを使ったfor文では、コレクションに含まれるすべての要素に対して同じ処理を行えます。

while文では、繰り返し時の条件だけを指定します。for文から繰り返し前の初期化と繰り返しをするときの計算を抜いたものになります。

どちらの反復処理でも、途中で繰り返しをやめるための「break」と、途中から一気に次の繰り返しにジャンプするための「continue」が用意されています。ジャンプするときの条件をif文で記述し、適宜break/continueを使います。

条件式を指定し、ブロックを実行する

ここがポイントです！ if文

if文は、条件式を指定し、式が真（0以外）あるいは偽（0）のときに各ブロックを実行します。

ブロックは、セミコロンで区切られた1つの文、あるいは中括弧（「{」と「}」）で囲まれた複数の文で表します。複数のif文を連ねる場合は、else文を使って繋げます。

ブロックが1つの場合の構文は、次のようになります。

```
if (条件式)
   ブロック
```

ブロックが真と偽の2つの場合の構文は、次のようになります。

```
if (条件式)
   ブロックA
else
   ブロックB
```

複数のif文を重ねる構文は、次のようになります。

```
if (条件式1)
   ブロックA
else if (条件式2)
```

```
    ブロックB
else
    ブロックC
```

リスト1は、if文を使って、条件式に従ってブロックを実行するプログラム例です。

▼ブロックが1つ

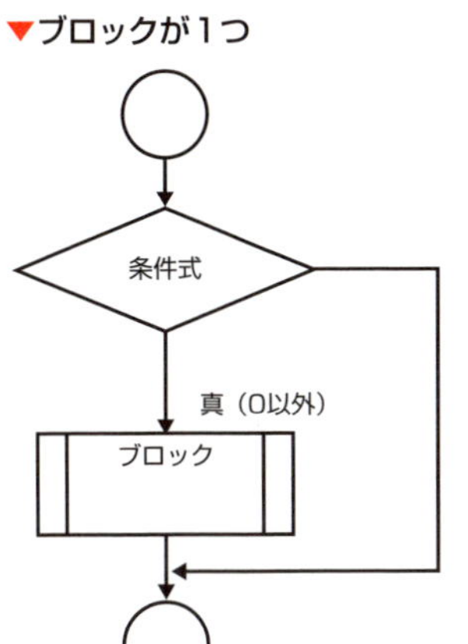

▼ブロックが真と偽の2つ

条件式
真（0以外）
偽（0）
ブロックA
ブロックB

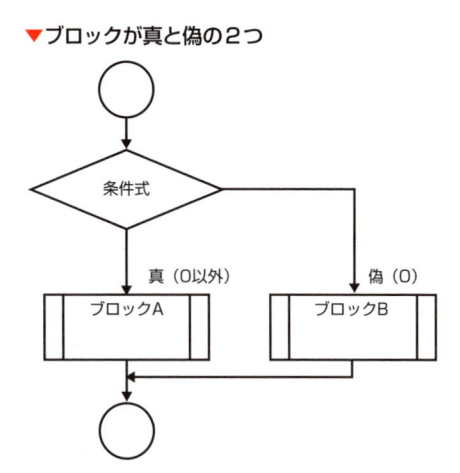

▼複数のif文を重ねる

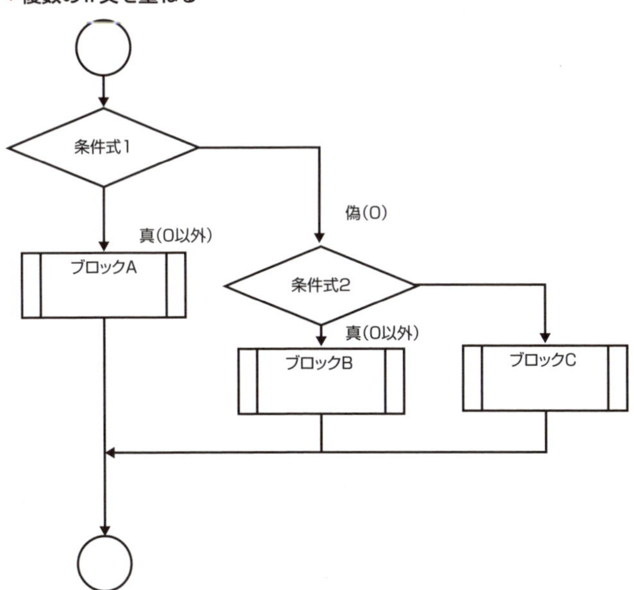

リスト1 条件式の結果で分岐する(ファイル名:grm061.cpp)

```
#include <stdio.h>
#include <ctype.h>

void main( void )
{
    int ch;

    printf( "文字入力: " );

    ch = fgetc( stdin );

    if ( isalpha( ch ) ) {
        printf( "[%c] はアルファベット¥n", ch );
    } else if ( isdigit( ch ) ) {
        printf( "[%c] は数値¥n", ch );
    } else {
        printf( "[%c] はその他の文字¥n", ch );
    }
}
```

C言語やC++では、セミコロンで区切られた文が1つのブロックになります。このため、if文に続けてブロックを指定するときは中括弧は必要ありません。しかし、可読性や後の修正を考えたときには、副作用を避けるために中括弧を付けたブロックにするとよいでしょう。

if条件内で関数を使う

ここがポイントです! if文

if文の条件式では関数を直接取り扱うことができます。このとき、通常の条件式と同様に関数の値が真(0以外)のときは、指定したブロックが実行されます。

関数の戻り値がbool型の場合は、trueの場合に真となります。

if条件内で関数を使う構文は、次のようになります。

```
if (関数)
    ブロック
```

リスト1は、if文を使って、条件式で関数を使うプログラム例です。

リスト1 if条件内で関数を使う（ファイル名：grm062.cpp）

```
#include <stdio.h>
#include <ctype.h>

int func( char ch )
{
    if ( isalpha( ch ) || isdigit( ch ) ) {
        return 1;
    } else {
        return 0;
    }
}

void main( void )
{
    char ch;
    printf( "1文字入力: " );
    scanf( "%c", &ch );

    if ( func( ch ) ) {
        printf( "func が真(true)¥n" );
    } else {
        printf( "func が偽(false)¥n" );
    }
}
```

if文の条件式では、0であるか0以外であるかが偽と真の条件になります。ただし、.NETで使われるC#の条件式は、bool値であるので移行する場合は違いに注意しましょう。

if条件内の評価順序を指定する

ここがポイントです！ **if分（複数条件）**

if文では、論理演算子（「&&」や「||」）を使って複数の条件を指定できます。
論理演算子を使う場合、2つの条件が実行される順序が異なります。
論理積を表す&&演算子を指定した場合は、条件Aの次の条件Bが実行されます。このため、条件Aが偽 (0) の場合には、条件Bは実行されません。

&&演算子を使って、if条件内の評価順序を指定する構文は、次のようになります。

```
if (条件A && 条件B)
  ブロック
```

論理和を表す||演算子を指定した場合は、条件A、条件Bの順に実行されますが、条件Aが真(0以外) のときは、条件Bは実行されません。

||演算子を使って、if条件内の評価順序を指定する構文は、次のようになります。

```
if (条件A || 条件B)
  ブロック
```

リスト1は、&&演算子と||演算子を使って、if条件内の評価順序を確認した例です。

リスト1　if条件内の評価順序を指定する (ファイル名：grm063.cpp)

```
#include <stdio.h>
#include <ctype.h>

int func1( char ch )
{
    printf( "in func1¥n" );
    if ( isalpha( ch ) ) return 1;
    return 0;
}
int func2( char ch )
{
    printf( "in func2¥n" );
    if ( isdigit( ch ) ) return 1;
    return 0;
}

void main( void )
{
    char ch;
    printf( "1文字入力: " );
    scanf( "%c", &ch );

    if ( func1( ch ) && func2( ch ) ) {
        printf( "&&演算子: true¥n" );
    } else {
        printf( "&&演算子: false¥n" );
    }

    if ( func1( ch ) || func2( ch ) ) {
        printf( "||演算子: true¥n" );
    } else {
```

```
            printf( "||演算子: false¥n" );
        }
}
```

リスト2　実行結果

```
$ grm063
1文字入力: a
in func1
in func2
&&演算子: false
in func1
||演算子: true

$ grm063
1文字入力: 1
in func1
&&演算子: false
in func1
in func2
||演算子: true
```

さらにワンポイント　リスト1では、入力した文字が「a」あるいは「1」のときの評価順序を示しています。入力文字が「a」のとき、func1関数が真となるために、||演算子を使った場合にはfunc2関数が実行されません。逆に入力文字が「1」のとき、&&演算子を使った場合にはfunc2関数が実行されません。関数内でグローバル変数などを更新する場合は、動きに注意してください。

Tips 064

if、while条件内で変数に値を代入する

▶Level ●○○

▶対応 C C++ VC g++

ここがポイントです！　**if文/while文**

if文やwhile文の条件には、比較と同時に変数に代入することができます。これを利用することで、コードを短くすることができます。

if条件内で変数に値を代入する構文は、次のようになります。

```
if (変数 = 関数)
    ブロック
```

```
if ((変数 = 関数) ! = 0)
  ブロック
```

while条件内で変数に値を代入する構文は、次のようになります。

```
while ((変数 = 関数) ! = 0)
  ブロック
```

リスト1は、if文とwhile文を使って、条件内で変数に値を代入するプログラム例です。

リスト1 条件内で変数に値を代入する（ファイル名：grm064.cpp）

```
#include <stdio.h>
#include <ctype.h>

int main( void )
{
    FILE *fp;
    int ch;

    if ( (fp = fopen("sample.txt","r")) == NULL ) {
        printf( "ファイルを開けません¥n" );
        return 0;
    }
    while ( (ch = fgetc(fp)) != EOF ) {
        printf( "[%c]", ch );
    }
    fclose( fp );
    return 1;
}
```

リスト1では、sample.txtというファイルを開いて1文字ずつコンソールに出力しています。ファイルから文字を出力するfgetc関数を使うと1文字取得できます。このときの変数を、EOF（ファイルの終端）と比較する条件と、文字の出力の両方に使っています。

繰り返し処理をする①

ここがポイントです！ do文

do文は、while文と一緒に使い、繰り返し処理をする制御文です。while文との違いは、終了の判定がブロックの後にあることです。ブロックを必ず1回実行するときに使います。

また、ブロックの処理結果から終了条件を判定するときに使います。

繰り返し処理をする構文は、次のようになります。

```
do
  ブロック
while (条件式)
```

リスト1は、do文を使って、繰り返し処理をするプログラム例です。

▼do文の繰り返し処理

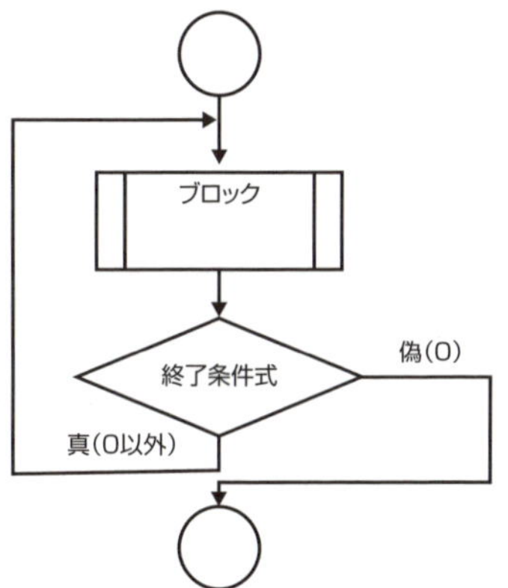

リスト1　繰り返し処理をする（ファイル名：grm065.cpp）

```
#include <stdio.h>

void main( void )
{
    int i;

    i = 0;
    do {
        printf( "[%d],", i );
```

```
        i++;
    } while ( i < 10 );
    printf( "¥n" );
}
```

リスト2 実行結果

```
[0],[1],[2],[3],[4],[5],[6],[7],[8],[9],
```

繰り返し処理をする②

for文は、繰り返し処理を行う制御文です。for文では3つの式を指定します。

変数の初期化を行うための「初期化式」、変数をチェックして終了条件を調べる「終了条件式」、そして、変数を増減させるための「反復式」です。

繰り返し処理を行う構文は、次のようになります。

```
for (初期化式; 終了条件式; 反復式)
    ブロック
```

なお、C言語では、初期化式で定義することはできませんが、C++の場合は次のように、変数の定義と初期化を指定することが可能です。

```
for (int i=0; i<10; i++)
```

この場合、変数iはfor文のブロックの外側では参照できないので注意してください。

リスト1は、for文を使って、繰り返し処理を行うプログラム例です。

▼for文の繰り返し処理

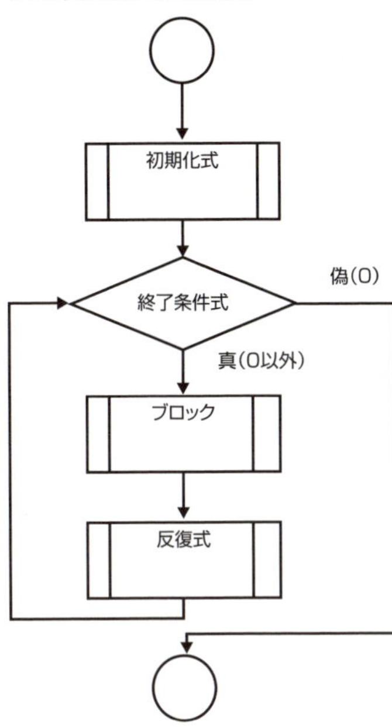

リスト1 繰り返し処理を行う（ファイル名：grm066.cpp）

```
#include <stdio.h>
#include <vector>
using namespace std;

void main( void )
{
    int val = 0;
    // 変数を使う
    int i;
    for ( i=1; i<=10; i++ ) {
        val += i;
    }
    printf( "1 ～ 10 までの合計: %d¥n", val );

    char str[] = "Hello world.";
    // ポインタを使う
    char *p;
    for ( p = str; *p != '¥0'; p++ ) {
        printf( "[%c],", *p );
    }
    printf("¥n");

    vector<int> v ;
    for ( i=0; i<10; i++ ) {
```

```
            v.push_back( i );
        }
        // イテレータを使う
        vector <int>::iterator it;
        for ( it = v.begin(); it != v.end(); it++ ) {
            printf( "%d,", *it );
        }
}
```

実行結果

```
1 ～ 10 までの合計: 55
[H],[e],[l],[l],[o],[ ],[w],[o],[r],[l],[d],[.],
0,1,2,3,4,5,6,7,8,9,
```

リスト1では、変数iを使った繰り返し、ポインタをインクリメントする繰り返し、そして、イテレータを使った繰り返しを示しています。

Tips 067 Level ● 対応 C C++ VC g++

反復式を使う

ここがポイントです！ for文（反復式）

for文では、反復式は変数のインクリメント（1ずつ増やす）、デクリメント（1ずつ減らす）ほかにも、指定した数ずつ増減させることができます。

また、増減させる関数を作成することで、自由に反復させることが可能です。

変数iをインクリメントする構文は、次のようになります。

```
for (i = 0; i < MAX; i++)
```

変数iをデクリメントする構文は、次のようになります。

```
for (i = MAX; i > = 0; i--)
```

変数iを2ずつ増加させる構文は、次のようになります。

```
for (i = 0; i < MAX; i += 2)
```

リスト1は、for文の反復式を使った例です。

リスト1　反復式を使う（ファイル名：grm067.cpp）

```
#include <stdio.h>

void main( void )
{
    int i;

    // 1つずつ増加
    for ( i=0; i<10; i++ ) {
        printf("%d,", i );
    }
    printf("¥n");

    // 1つずつ減少
    for ( i=10; i>0; i-- ) {
        printf( "%d,", i );
    }
    printf("¥n");

    // 2つずつ増加
    for ( i=0; i<10; i += 2 ) {
        printf( "%d,", i );
    }
    printf("¥n");
}
```

リスト2　実行結果

```
0,1,2,3,4,5,6,7,8,9,
10,9,8,7,6,5,4,3,2,1,
0,2,4,6,8,
```

Tips 068 ▶Level ● ▶対応 C C++ VC g++

終了条件式を使う

ここがポイントです！　for文（複数の終了条件）

for文の終了条件式には、複数の条件式が使えます。この場合、論理和（&&演算子）や論理和（|| 演算子）を使います。評価順序は、
f文と同様です。

論理積を使った場合の書式は、次のようになります。

```
for (初期化式; 条件式1 && 条件式2; 反復式)
```

論理和を使った場合の書式は、次のようになります。

```
for (初期化式; 条件式1 || 条件式2; 反復式)
```

リスト1は、for文の終了条件を使った例です。

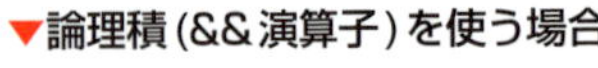

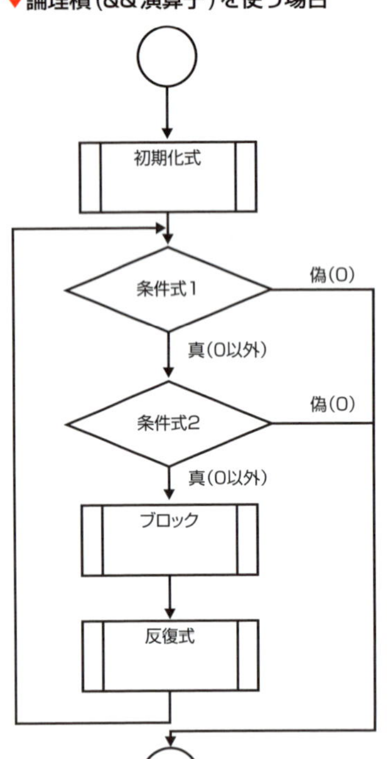

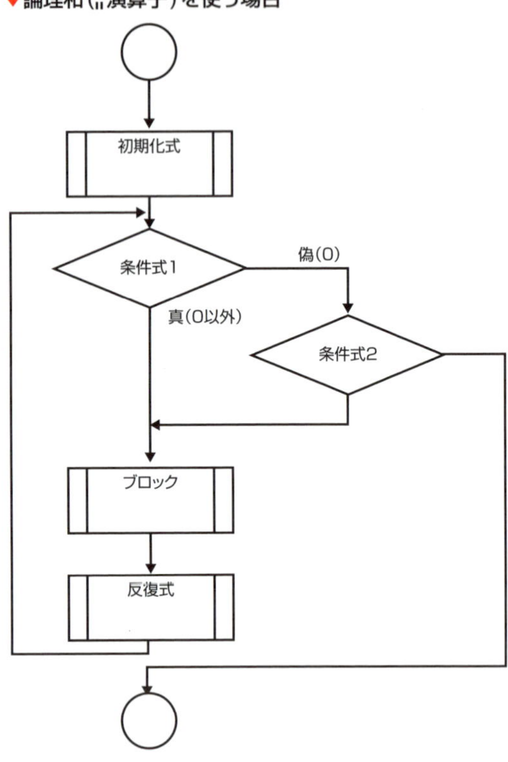

リスト1　終了条件式を使う(ファイル名:grm068.cpp)

```
#include <stdio.h>

int main( void )
{
    FILE *fp;
    int i, ch;

    if ( (fp=fopen("grm053.cpp","r")) == NULL ) {
```

```
        printf( "ファイルが開けない¥n" );
        return 0;
    }

    // 10 文字になるまで出力
    for ( i=0; i < 10 && (ch=fgetc(fp)) != EOF; i++ ) {
        printf( "%d:[%c],", i, ch );
    }
    fclose( fp );
    return 1;
}
```


リスト2　実行結果

```
0:[#],1:[i],2:[n],3:[c],4:[l],5:[u],6:[d],7:[e],8:[ ],9:[<],
```

for文と同様に、while文の条件式にも複数の式を指定できます。このように複数の条件式を使うことができますが、複雑な条件式を指定すると可読性が悪くなります。この場合は、素直にfor文のブロックにif文を使って流れを制御するとよいでしょう。

複数の初期化式を使う

ここがポイントです！ **for文（複数の初期化）**

for文では、初期化式を複数指定することができます。この場合は、「,」(カンマ) を使って初期化式を区切ります。

複数の初期化式を使う書式は、次のようになります。

```
for （初期化式1, 初期化式2; 終了条件式; 反復式）
```

リスト1は、for文を使って、複数の初期化式を使うプログラム例です。

リスト1　複数の初期化式を使う (ファイル名 : grm069.cpp)

```
#include <stdio.h>

void main( void )
{
    int i, ch;
```

```
    for ( i=0, ch='A'; i<10; i++, ch++ ) {
        printf( "%d:[%c],", i, ch );
    }
}
```

リスト2　実行結果

```
0:[A],1:[B],2:[C],3:[D],4:[E],5:[F],6:[G],7:[H],8:[I],9:[J],
```

リスト1では、数を数える変数iと、文字を出力する変数chを同時に初期化しています。for文では、変数の初期化と宣言を同時にできますが、複数の初期化式を使う場合は、次のように、変数の型が同じ必要があります。
型が異なる場合は、宣言と初期化を同時に行えないので注意してください。

```
for ( int i=0, ch='A'; i<10; i++, ch++ )
```

Tips 070 ▶Level ●● ▶対応 C C++ VC g++

複数の反復式を使う

ここがポイントです！ for文（複数の反復）

for文では、反復式を複数指定することができます。この場合は、「,」（カンマ）を使って初期化式を区切ります。

複数の反復式を使う書式は、次のようになります。

```
for （初期化式； 終了条件式； 反復式1, 反復式）
```

リスト1は、for文を使って、複数の反復式を利用する例です。

リスト1　複数の反復式を使う（ファイル名：grm070.cpp）

```
#include <stdio.h>

void main( void )
{
    char str[] = "Hello";

    char *p;
    int i;
    for ( i = 0, p = str; *p != '¥0'; i++, p++ ) {
```

```
        printf( "%d:[%c],", i, *p );
    }
}
```

リスト2　実行結果

```
0:[H],1:[e],2:[l],3:[l],4:[o],
```

リスト1では、数を数える変数iと、文字を出力するためのポインタpを同時にインクリメントしています。

Tips 071 ▶Level ●○○ ▶対応 C C++ VC g++

条件が真の間、ブロックを繰り返す

ここがポイントです！ while文

　while文は、for文と同様に繰り返し処理をする制御文です。while文では、終了条件だけを指定し、条件が真（0以外）の間、ブロックを繰り返します。

　終了条件はfor文と違い、反復式が決まった場所にないので若干可読性は落ちますが、自由に反復式を記述できます。

　while文を使って、条件が真の間はブロックを繰り返す構文は、次のようになります。

```
while (条件式)
    ブロック
```

　リスト1は、while文を使って、ブロックを繰り返すプログラム例です。

▼ブロックが1つ

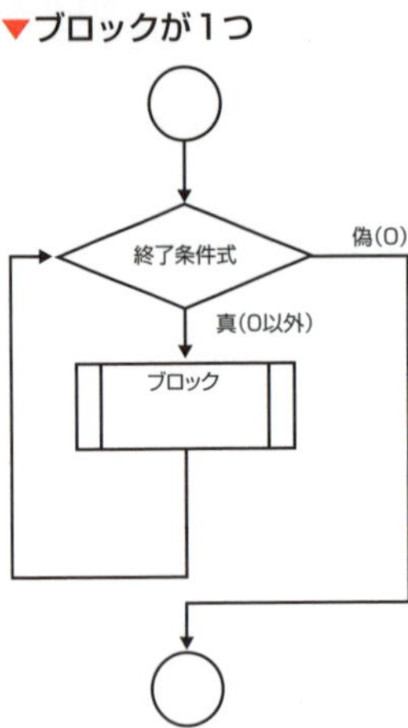

リスト1 条件が真の間、ブロックを繰り返す(ファイル名:grm071.cpp)

```
#include <stdio.h>

void main( void )
{
    int i;

    i = 0;
    while ( i < 10 ) {
        printf( "[%d],", i );
        i++;
    }
    printf( "¥n" );
}
```

リスト2 実行結果

```
[0],[1],[2],[3],[4],[5],[6],[7],[8],[9],
```

無限ループを使う

ここがポイントです! for文/while文

for文やwhile文を使って、無限ループを定義することができます。

for文の場合は、初期化式などを空欄にして無限ループを使います。

```
for (;;)
  ブロック
```

while文の場合は、条件式が常に真(0以外)になるようにします。

```
while (1)
  ブロック
```

また、C++の場合は、bool型で「true」を設定することもできます

```
while (true)
  ブロック
```

リスト1は、for文あるいはwhile文を使い、無限ループを作る例です。

リスト1　無限ループを使う(ファイル名:grm072.cpp)

```
#include <stdio.h>

void main( void )
{
    int i;

    i = 0;
    for ( ;; ) {
        if ( i >= 10 ) break;
        printf( "[%d],", i );
        i++;
    }
    printf( "¥n" );

    i = 0;
    while ( 1 ) {
        if ( i >= 10 ) break;
        printf( "[%d],", i );
        i++;
    }
    printf( "¥n" );
}
```

無限ループの場合は、if制御文を使い、途中でループを止める処理を必ず入れます。リスト1のように変数iを反復子にして、インクリメントなどを忘れないようにしましょう。

繰り返し途中で最初に戻る

for文やwhile文のような繰り返し制御で、途中でループの先頭に戻る場合は、continueを使います。

for文でcontinueを使う構文は、次のようになります。

```
for (i=0; i<MAX; i++) {
  ...
  if (条件式)
    continue ;
  ...
}
```

while文でcontinueを使う構文は、次のようになります。

```
while (i<MAX) {
  ...
  if (条件式)
    continue ;
  ...
}
```

▼for文でcontinueを使う

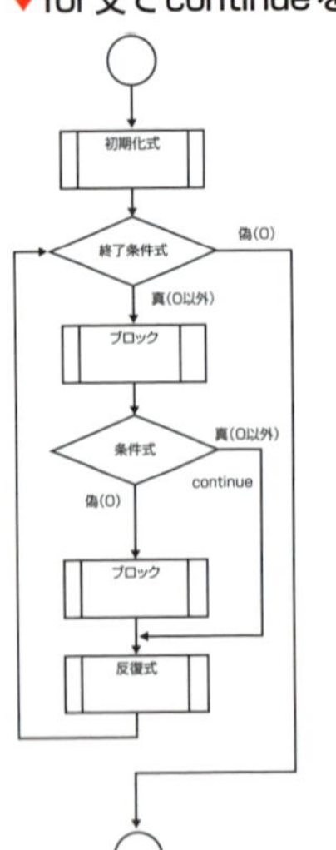

▼while文でcontinueを使う

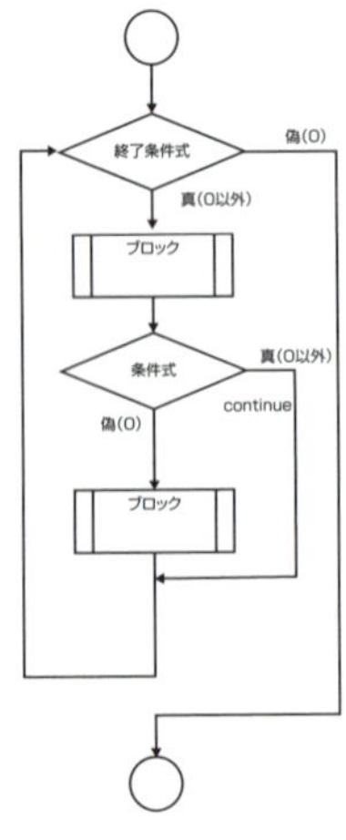

リスト1は、for文を使って、繰り返し途中でブロックの先頭に戻る例です。

リスト1 繰り返し途中で最初に戻る（ファイル名：grm073.cpp）

```
#include <stdio.h>

void main( void )
{
    int i;

    for ( i=0; i<10; i++ ) {
        // 偶数の場合は以下の処理を飛ばす
        if ( i % 2 == 0 ) continue;
        printf( "[%d],", i );
    }
    printf( "¥n" );
}
```

リスト2 実行結果

```
[1],[3],[5],[7],[9],
```

ある条件にマッチしたときにループの先頭に戻ります。
for文の場合は、反復式（変数のインクリメントなど）が実行されますが、while文の場合はcontinueの前後により、変数がインクリメントされないので注意してください。

繰り返し途中で終える

for文やwhile文のような繰り返し制御で、途中でループを終えるには、break文を使います。

```
for (i=0; i<MAX; i++) {
  ...
  if (条件式)
    break ;
  ...
}
```

```
while (i<MAX) {
  ...
  if (条件式)
    break ;
  ...
}
```

▼for文でbreakを使う

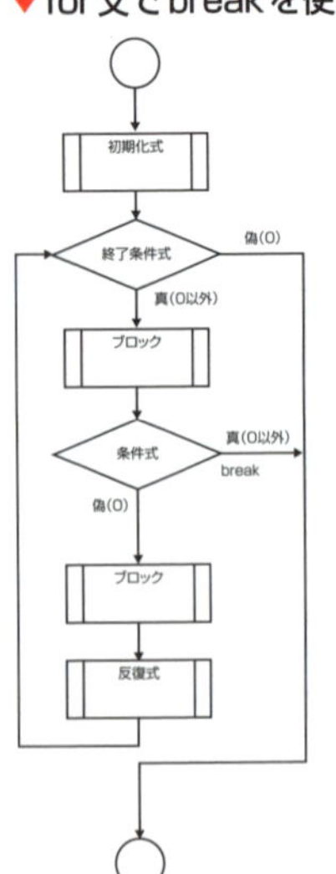

▼while文でbreakを使う

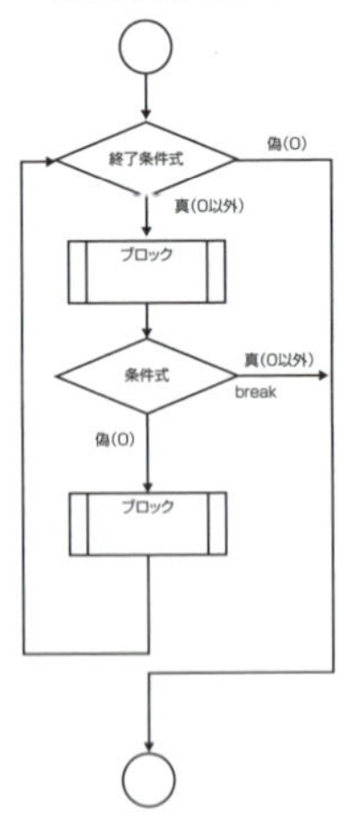

リスト１は、for文を使って、繰り返し処理を途中で終える例です。

リスト１　繰り返し途中で終える（ファイル名：grm074.cpp）

```
#include <stdio.h>

void main( void )
{
    int i;

    for ( i=0; i<10; i++ ) {
        // 5のときにループをやめる
        if ( i == 5 ) break;
        printf( "[%d],", i );
    }
    printf( "¥n" );
}
```

リスト１　実行結果

```
[0],[1],[2],[3],[4],
```

さらにワンポイント　ある条件にマッチしたときにループを途中で終えます。
リスト１では、変数iが5の場合にループを終えています。ただし、コードの安全性を高くするならば、5以上「if (i >= 5)」のように指定するとよいでしょう。こうすると、コードの改変により変数iの増加数が変わったときでもそのまま対応が可能です。

コレクションを利用する

ここがポイントです！ for文、コレクション

C++では、配列やコレクションのすべての要素にアクセスするためのfor文を使うことができます。

```
for ( 一時変数 : コレクション ) {
   ...
}
```

リスト1は、for文を使ってfor文ですべての要素にアクセスする例です。

リスト1 for文ですべての要素にアクセスする（ファイル名：grm075.cpp）

```
#include <stdio.h>
#include <vector>
using namespace std;

void main( void )
{
    int ary[] = { 0,1,2,3,4,5,6,7,8,9 };
    for ( auto x : ary ) {
        printf( "%i,", x );
    }
    printf("¥n");

    vector<int> vec ;
    for ( int i=0; i<10; i++ ) {
        vec.push_back( i );
    }
    // use iterator
    for ( auto it : vec ) {
        printf( "%d,", it );
    }
    printf("¥n");
}
```

リスト2 実行結果

```
0,1,2,3,4,5,6,7,8,9,
0,1,2,3,4,5,6,7,8,9,
```

Tips 076

▶Level ●○○

▶対応 C C++ VC g++

繰り返しを入れ子にする

ここがポイントです! for文/while文

for文やwhile文のような繰り返し制御は、入れ子にできます。この入れ子になったループを一気に抜ける場合は、goto文を使うとよいでしょう。

for文で繰り返しを入れ子にする構文は、次のようになります。

```
for (i=0; i<MAX_I; i++) {
  for (j=0; j<MAX_J; j++) {
    ...
  }
}
```

while文で繰り返しを入れ子にする構文は、次のようになります。

```
while (i<MAX_I) {
  while (i<MAX_J) {
    ...
  }
}
```

リスト1は、for文を入れ子にした例です。

リスト1　繰り返しを入れ子にする(ファイル名:grm076.cpp)

```
#include <stdio.h>

void main( void )
{
    int i, j;

    for ( i=1; i<10; i++ ) {
        for ( j=1; j<10; j++ ) {
            // 20 以上の時 goto 文でループを抜ける
            if ( i*j > 20 ) goto loopend;
            printf( "[%d],", i*j );
        }
    }
loopend:
    printf( "¥n" );
}
```

ただし、C++の場合はクラスのオブジェクトを考慮して、抜け出し用のフラグを用意するか、入れ子を部分関数にしておき、一気にreturnで抜けます。こうすることにより、スコープ外に出るときに正常にクラスのデストラクタが呼び出されます。

複数に条件分岐する

複数の条件分岐は、switch文を使ってまとめることができます。switch文で指定した条件式の結果を、各case文で評価します。

case文には、定数（数値や1文字のアルファベットなど）が指定できます。

▼switch文のシーケンス

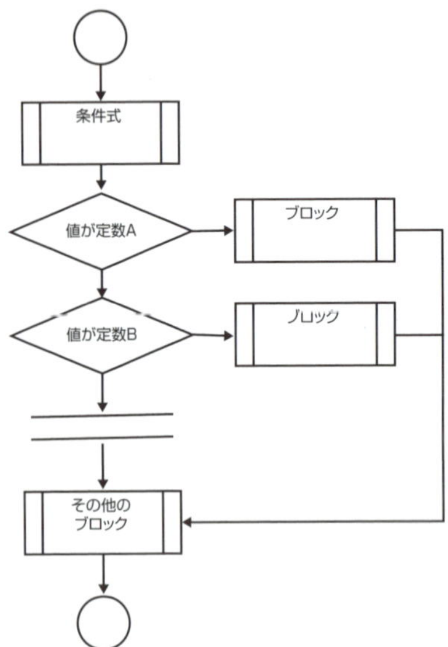

複数に条件分岐する構文は、次のようになります。

```
switch ( 条件式) {
  case 定数A:
    seブロック
```

```
      break ;
   case 定数B:
      ブロック
      break ;
   ...
   default:
      ブロック
      break;
}
```

リスト1は、switch文とcase文を使って、条件分岐するプログラム例です。

リスト1 複数に条件分岐する（ファイル名：grm077.cpp）

```
#include <stdio.h>

void main( void )
{
    int ch;

    printf( "入力文字: " );
    ch = getc( stdin );

    switch ( ch ) {
    case 'A':
        printf( "文字 A¥n" );
        break;
    case 'B':
        printf( "文字 B¥n" );
        break;
    case 'C':
        printf( "文字 C¥n" );
        break;
    default:
        printf( "それ以外" );
        break;
    }
}
```

リスト2 実行結果

```
$ grm077
入力文字: B
文字B

$ grm077
入力文字: X
それ以外
```

リスト1では、コンソールから1文字入力して、その文字をswitch文で評価しています。指定した文字以外の場合は「default」ラベルを使います。C#などと違い、case文には文字列などは指定できません。文字列と比較する場合には、一度、数値に直す関数を使って、それを条件式に入れるとよいでしょう。

▼関数を利用する場合

```
enum lang {
    LANG_OTHER,
    LANG_C, LANG_CPP, LANG_JAVA,
};

int conv( string lang )
{
    if ( lang == string("C") ) return LANG_C;
    if ( lang == string("C++") ) return LANG_CPP;
    if ( lang == string("Java") ) return LANG_JAVA;
    return LANG_OTHER ;
}

int main( void )
{
    string lang = "C++" ;
        ...
    switch ( conv(conv)) {
        case LANG_C:
            ...
        case LANG_CPP:
            ...
        case LANG_JAVA:
            ...
        default:
            ...
    }
}
```

Tips 078 ▶Level ●○○ ▶対応 C C++ VC g++

複数の条件文（case）を使う

ここがポイントです！ **switch文/case文（複数）**

複数のcase文で同じブロックを共有することができます。

通常はcase文の最後にbreak文を入れて、次のcase文が実行されないようにしますが、このbreak文を書かないことで、同じブロックを共有することが可能です。

複数の条件文（case）を使う構文は、次のようになります。

```
switch ( 条件式) {
  case 定数A:
  case 定数B:
    ブロック
    break ;
    ...
  default:
    ブロック
    break;
}
```

リスト1は、switch文とcase文を使って、複数の条件をまとめて扱う例です。

▼同じブロックを共有する

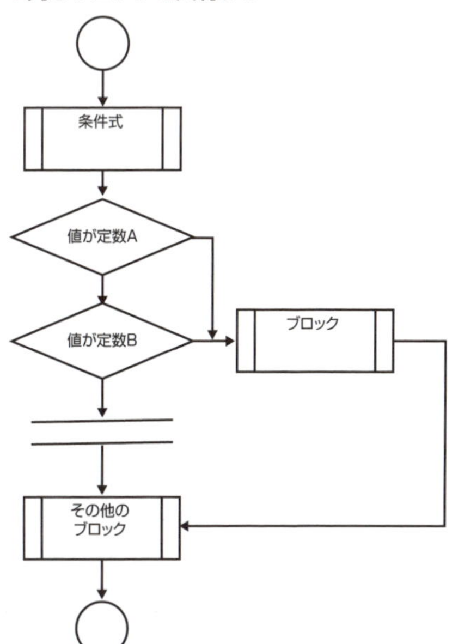

リスト1　複数の条件文を使う（ファイル名：grm078.cpp）

```
#include <stdio.h>

void main( void )
{
    int ch;

    printf( "入力文字: " );
    ch = getc( stdin );

    switch ( ch ) {
    case 'A':
    case 'B':
    case 'C':
        printf( "文字 A,B,C¥n" );
        break;
    default:
        printf( "それ以外" );
        break;
    }
}
```

リスト2　実行結果

```
$ grm078
入力文字: A
文字A,B,C

$ grm078
入力文字: B
文字A,B,C

$ grm078
入力文字: X
それ以外
```

複数のブロックを共有する場合は、if文を使っても簡単に書けます。可読性を考慮して使い分けてください。

▼if文を使う場合

```
if ( ch == 'A' || ch == 'B' || ch == 'C' ) {
    printf( "文字A,B,C¥n" );
} else {
    printf( "それ以外" );
}
```

Tips **079**

▶Level ●●●

▶対応 C C++ VC g++

case文で内部変数を使う

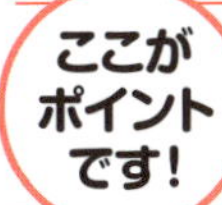

switch文/case文、スコープ定義

case文のブロックでは、通常では内部変数が使えません。このままだと、条件分岐をした後にクラスのデストラクタが正しく呼び出されないときがあります。

このような場合は、中括弧（「{」と「}」）を使って、スコープを分けます。こうすることにより閉じ括弧のときにデストラクタが呼び出されます。

内部変数を定義する構文は、次のようになります。

```
switch ( 条件式) {
  case 定数:
    {
      int n ;
      ...
    }
    break;
  ...
}
```

リスト1は、caseブロック内で局所変数を扱う例です。

リスト1 内部変数を使う（ファイル名：grm079.cpp）

```
#include <stdio.h>

void func( void )
{
    // func 関数内の内部変数であり、
    // main 関数で定義されている変数とはスコープが異なる
    int x, y;
    x = 10; y = 20;
    printf( "func x:%d y:%d¥n", x, y );
}

void main( void )
{
    int x, y;
    x = 1; y = 2;
    printf( "main x:%d y:%d¥n", x, y );
    func();
    printf( "main x:%d y:%d¥n", x, y );
}
```

switch文で条件にマッチしない場合を書く

ここがポイントです！ switch文/case文/default文

switch文で、すべてのcase文にマッチしないときはdefault文のブロックが実行されます。default文は省略可能なので、それ以外の処理が必要ないときは書かなくてもかまいません。

条件にマッチしない場合を書く構文は、次のようになります。

```
switch ( 条件式) {
case 定数A:
  ...
  break;
    ...
default;
  ...
  break;
}
```

リスト1は、条件にマッチしない場合にdefaultを利用する例です。

リスト1 条件にマッチしない場合を書く（ファイル名：grm080.cpp）

```
#include <stdio.h>

void main( void )
{
    int ch;

    printf( "入力文字: " );
    ch = getc( stdin );

    switch ( ch ) {
    case '1':
    case '2':
    case '3':
        printf( "文字 [%c]¥n", ch );
        break;
    default:
        printf( "それ以外" );
        break;
    }
}
```

default文は習慣的に、switch文の最後に書かれますが、途中に書くこともできます。

指定位置にジャンプする

goto文

指定位置にジャンプするときはgoto文を使います。ジャンプ先のラベルは、ラベル名の後に「:」を付けます。

構文は、次のようになります。

```
goto ラベル
   ...

ラベル:
```

リスト1は、goto文を使って、指定位置に無条件ジャンプするプログラム例です。

リスト1 指定位置にジャンプする(ファイル名:grm081.cpp)

```
#include <stdio.h>

void main( void )
{
    int i, j;

    for ( i=1; i<10; i++ ) {
        for ( j=1; j<10; j++ ) {
            // 20 以上の時 goto 文でループを抜ける
            if ( i*j > 20 )
                goto loopend;
            printf( "[%d],", i*j );
        }
    }
loopend:
    printf( "¥n" );
}
```

リスト2 実行結果

```
[1],[2],[3],[4],[5],[6],[7],[8],[9],[2],[4],[6],[8],[10],[12],[14],[16],
[18],[3],[6],[9],[12],[15],[18],
```

見通しが悪くなるのでgoto文を多用しないほうが良いのですが、深い入れ子を抜ける場合や、条件文のブロックの見通しが悪くなるときはgoto文を使ったほうが可読性が高くなります。
ただし、C++で使う場合には、クラスのデストラクタが呼び出されないために注意して利用してください。

2-4 スコープ

Tips 082

スコープとは

▶Level ●○○

▶対応 C C++ VC g++

ここがポイントです！ **局所変数、大域変数、名前空間**

C/C++では、中括弧(「{」と「}」)を使って各種のスコープを限定させます。スコープは変数や関数などが参照できる範囲です。プログラムが長くなったり、複数名でソフトウェアを開発しようとするとき、変数名や関数名が重複しないようにするためにうまくスコープを定義します。

例えば、大域変数(グローバル変数)として定義されている変数は、プログラムのどこから呼び出すことができますが、関数内で定義している内部変数/局所変数は、関数の外では使えません。関数の中でのみ有効になります。

これは、C/C++の内部変数がスタック上に作られることと、うまく同期しています。C言語では、変数名の重複を避けるために使われるスコープですが、C++では関数内やブロック内で定義したオブジェクトがスコープを抜ける時点(関数を終了する時点)でメモリを解放させることができます。

この性質を利用することで、メモリの取得や解放をGC(ガベージコレクション)を使わずに、局所的に調節することが可能です。

●局所変数

局所変数は、関数やクラスのメソッド内で定義するだけなく、if文やfor文などの制御文で使われるブロックでも定義が可能です。中括弧で囲まれたブロックの中では、外側で定義された変数とは異なる扱いになります。

```
int x ;              ①
if ( 条件式 ) {
    int x ;          ②
}
```

この例では、①と②で定義した変数xは別のメモリを示します。C言語では、このようなスコープを狭めた変数の定義は名前の重複を避ける場合のみ使われますが、C++でクラスを利用したとき、②のブロックを抜けるときに利用していたメモリが自動的に解放されます。

●大域変数

一般に大域変数（グローバル変数）は、局所変数/内部変数よりも長い命名が使われます。これは関数内で変数を定義したときに、大域変数を隠してしまうのを避けるためです。

また、C/C++では、変数は必ず宣言してから使うようにできているので、短い大域変数が使われいたときにタイピングミスなどで思わぬ大域変数を操作しかねません。このために、それと分かるような大域変数は長い名前が使われています。

●名前空間

C言語でのスコープは、ブロック単位、関数/メソッド単位、ファイル単位のように記述ができますが、C++ではもう１つ名前空間（namespace）単位でスコープの定義ができます。

C++で使われるSTLは、「std」という名前空間を共有しています。これにより、ファイル単位よりもより広い範囲で、スコープを定義しています。

ライブラリ作成時などには、適切に名前空間を定義することによって、ほかのライブラリとクラス名や関数名が重複していても、namespaceを変えることによって同時に利用することが可能となっています。

内部変数を使う

ここがポイントです！ 内部変数

内部変数（局所変数とも言います）は、ブロック内で定義される局所的な変数です。関数の外から参照することはできません。

内部変数は、関数の中だけで使える変数なので、名前の重複を避けられます。一般的に、内部変数では短い名前、グローバル変数では長い名前が付けられています。

xを関数内でのみ有効にする構文は、次のようになります。

```
func() {
    int x ;
```

```
    ...
}
```

リスト1は、内部変数を使う例です。

リスト1 内部変数を使う（ファイル名：grm083.cpp）

```
#include <stdio.h>

void func( void )
{
    // func 関数内の内部変数であり、
    // main 関数で定義されている変数とはスコープが異なる
    int x, y;
    x = 10; y = 20;
    printf( "func x:%d y:%d¥n", x, y );
}

void main( void )
{
    int x, y;
    x = 1; y = 2;
    printf( "main x:%d y:%d¥n", x, y );
    func();
    printf( "main x:%d y:%d¥n", x, y );
}
```

リスト2 実行結果

```
main x:1 y:2
func x:10 y:20
main x:1 y:2
```

すべてのスコープで使える変数を定義する

ここがポイントです！ グローバル変数

グローバル変数（大域変数とも言います）は、ブロック外で定義される変数です。ファイル内で記述されていれば、どこでも参照や更新が可能です。

異なるファイルに定義されている場合は「extern」を使って参照できるようにします。

グローバル変数を参照する構文は、次のようになります。

```
int x ;
func() {
  x = 0 ;
  ...
}
```

リスト1は、グローバル変数を使って、すべてのスコープで使える変数を定義するプログラム例です。

リスト1 すべてのスコープで使える変数を定義する（ファイル名：grm084.cpp）

```
#include <stdio.h>
int x, y;                    // グローバル変数

void func( void ) {
    int x = 10;              // 内部変数
    y = 20;                  // グローバル変数を変更
    printf( "func x:%d y:%d¥n", x, y );
}

void main( void )
{
    x = 1; y = 2;
    printf( "main x:%d y:%d¥n", x, y );
    func();
    printf( "main x:%d y:%d¥n", x, y );
}
```

リスト2 実行結果

```
main x:1 y:2
func x:10 y:20
main x:1 y:20
```

グローバル変数は、どこの関数でも使える変数のため名前が重複していると使えません。このために、プログラム内で一意になるように長い名前が付けられます。

ブロックで変数のスコープを制御する

ここがポイントです！ ブロック、スコープ定義

変数の有効範囲をさらに制限するためにブロック（「{」と「}」）を使えます。if文やfor文内で、変数を宣言するとブロック内でしか利用できません。

if文のブロック内でのみ有効にする構文は、次のようになります。

```
if ( ... ) {
  int x ;
  ...
}
```

for文のブロックでのみ有効にする構文は、次のようになります。

```
for ( int i=0; i<MAX; i++ ) {
  ...
}
```

ブロックを定義する構文は、次のようになります。

```
{
  int x = 0;
  ...
}
```

リスト1は、ブロックを使って、変数のスコープを制御するプログラム例です。

リスト1 ブロックで変数のスコープを制御する（ファイル名：grm085.cpp）

```
#include <stdio.h>

void main( void )
{
    int x, y;
    x = 1; y = 2;
    printf( "main x:%d y:%d¥n", x, y );

    if ( x == 1 ) {
        // ブロック内での変数宣言
        int x = 10;
        printf( "if-block x:%d y:%d¥n", x, y );
```

```
    }
    // ここで参照される変数 x は main 関数で宣言したもの
    printf( "main x:%d y:%d¥n", x, y );
}
```

ブロックは、クラスのデストラクタを制御するためにも使えます。ブロックを明示的に記述することで、関数の終わり以外でもオブジェクトの解放を制御できます。

式を利用する

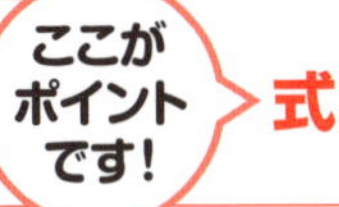

式

C言語やC++の「式」は、常に値を持ちます。式の値は、関数の戻り値や比較演算子の結果(真偽)になります。これらを利用することで、簡潔なコードを書くことが可能です。

mとnが両方とも0のときに、1(真)になる構文は、次のようになります。

```
int x, m, n ;
x = (m == 0) && (n == 0) ;
```

リスト1は、式を利用した例です。

リスト1 式を利用する(ファイル名:grm086.cpp)

```
#include <stdio.h>
#include <ctype.h>

void main( void )
{
    char ch1, ch2;

    printf( "2文字入力: " );
    scanf( "%c%c", &ch1, &ch2 );

    int r = ( isalpha( ch1 ) && isalpha( ch2 ) );
    if ( r ) {
        printf( "[%c][%c] は両方アルファベット¥n", ch1, ch2 );
    } else {
        printf( "[%c][%c] はその他の文字¥n", ch1, ch2 );
    }
```

```
}
```

リスト1では、if文で直接比較をする代わりに一度変数に代入しています。この使い方の利点は、変数をデバッグ出力し、値を確認できることです。また、デバッガ（Visual Studioなど）を利用すると、関数の戻り値に関わらず条件式を変えることが可能です。

変数のアドレスを1つにする

ここがポイントです！ **static修飾子**

staticの使い方は、2つあります。

グローバル変数（大域変数）の修飾として使うときは、ほかのファイルからの参照ができなくなります。

関数内の内部変数（局所変数）の修飾として使うときは、関数が終了した後でも変数に値が残ります。変数のアドレスは、内部変数のようにスタック上ではなく、データ領域上に置かれます。

変数のアドレスを1つにする構文は、次のようになります。変数xは、同一のファイルでのみ参照できます。

```
static int x ;
```

次の例では、変数yは、初回のみ0に初期化されます。

```
func() {
  static int y = 0;
...
}
```

リスト1は、staticを使って関数内の変数を固定にする例です。

リスト1　変数のアドレスを1つにする（ファイル名：grm087.cpp）

```
#include <stdio.h>
static int x;

void func( void )
{
```

```
    static int z = 0;
    z++;
    printf( "func z:%d¥n", z );
}

void main( void )
{
    x = 1;
    printf( "main x:%d¥n", x );
    func();
    func();
    func();
    printf( "main x:%d¥n", x );
}
```

グローバル変数で使われるstaticは、ほかのファイルと変数の名前が競合することを防ぎます。独立したライブラリを作成するときに、ほかのライブラリの変数と競合しないように使います。

変数をほかでも利用できるようにする

ここがポイントです！ **extern修飾子**

ほかのファイルや、ほかのブロックで定義されているグローバル変数（大域変数）を参照できるようにします。
externが指定されない場合は、内部変数となります。

ほかのファイルで定義された変数を参照する構文は、次のようになります。

```
extern int x ;
```

ほかのブロックで定義された変数を参照する構文は、次のようになります。

```
func() {
  extern int y ;
  ...
}
```

リスト1は、externを使って、定義済みの変数をほかの関数内でも利用できるようにする例です。
　リスト2は、ほかのブロックで定義された変数を参照する例で。

リスト1 変数をほかでも利用できるようにする（ファイル名：grm088.cpp）

```
#include <stdio.h>
static int x;
int y;
void func2( void );

void func( void )
{
    static int z = 0;
    z++;
    printf( "func z:%d¥n", z );
}

void main( void )
{
    x = 1; y = 2;
    printf( "main x:%d y:%d¥n", x, y );
    func();
    func();
    func();
    func2();
    printf( "main x:%d y:%d¥n", x, y );
}
```

リスト2 ほかのブロックで定義された変数を参照する（ファイル名：grm088sub.cpp）

```
#include <stdio.h>
void func2( void )
{
    extern int y;
//      extern int x;      // エラーになり参照できない
    y = 10;
    printf( "func2 y:%d¥n", y );
}
```

リスト3 実行結果

```
main x:1 y:2
func z:1
func z:2
func z:3
func2 y:10
main x:1 y:10
```

externで修飾しても、staticで修飾されたグローバル変数は参照できません。

Tips 089

変数を変更できないようにする

▶Level ●●○

▶対応 C C++ VC g++

const修飾子

const文は、その変数が変更できない定数であることを示します。関数の引数に使うことで、その変数（ポインタなど）が変更されないことを保証します。

不用意に変数の内容が変更されては困るときに使います。

変数を変更できないようにする例は、次のようになります。それぞれ、変数x、変数str、変数maxは変更できません。

```
const int x = 0;
```

```
const char str[] = "C++";
```

```
func(counst int max) {
   ...
}
```

リスト1は、const文を使って、変数を変更できないようにするプログラム例です。

リスト1 変数を変更できないようにする（ファイル名：grm089.cpp）

```
#include <stdio.h>
const int x = 0;      // 変更できない
int y = 0;            // 変更可能

void main( void )
{
// x = 10; // コンパイルエラー
    y = 20;
    printf( "main x:%d y:%d¥n", x, y );
}
```

リスト2 実行結果

```
main x:0 y:20
```

constで修飾された変数を変更しようとすると、コンパイルエラーになります。定数にすることで、複数名でプログラミングをするときに不用意な変更を抑制できます。

固定値を列記する

ここがポイントです！ enum

enumは、列挙型の定数を定義します。最初の定数の値が0になります。値を指定しない場合は、1ずつ自動でインクリメントされます。途中で値を変更したい場合は、数値を使って変更できます。

なお、列挙型（enum）では、数値しか扱えません。このため、文字列を指定したい場合は「#define」を使い、1つずつ定義します。

固定値を列記する構文は、次のようになります。

```
enum COLOR {
  red,     // red == 0となる
  blue,    // blue == 1
  green,   // green == 2
  yellow = 10,
  ...
};
```

リスト1は、enumに固定値を割り当てる例です。

リスト1 固定値を列記する（ファイル名：grm090.cpp）

```
#include <stdio.h>

enum COLOR {
    white = 0,
    red, blue, yellow,
    black = 10,
    green,
    pink,
};

void main( void )
{
    enum COLOR x ;
```

```
        x = red;
        printf( "main x:%d red:%d¥n", x, red );
        printf( "main black:%d green:%d¥n", black, green );
}
```

リスト2 実行結果

```
main x:1 red:1
main black:10 green:11
```

関数のプロトタイプを記述する

ここがポイントです！ プロトタイプ宣言

関数の引数をチェックするためにプロトタイプ宣言があります。C言語では必須ではありませんが、C++の場合は未定義の関数を使うとコンパイルエラーになります。

通常は、複数のファイルで共有される関数をヘッダファイルという別のファイルに記述します。

プロトタイプ宣言の構文は、次のようになります。

```
int func(int x);
```

関数を定義する構文は、次のようになります。

```
int func(int x)
{
    ...
}
```

リスト1は、関数のプロトタイプを記述するプログラム例です。

リスト1 関数のプロトタイプを記述する（ファイル名：grm091.cpp）

```
#include <stdio.h>

// プロトタイプ宣言
// C++ の場合はこの2つの関数は区別される
void func( int x );
void func( char ch );
```

```
void main( void )
{
    int  x  = 10;
    char ch = 'A';

    func( x );
    func( ch );
}

void func( int x )
{
    printf( "func x:%d¥n", x );
}
void func( char ch ) {
    printf( "func ch:%c¥n", ch );
}
```

C++では、関数のオーバーロード（複数の宣言）が有効になっています。リスト1のように、int型の引数の関数とchar型の引数の関数は区別されます。この機能により、引数を組み合わせて簡潔な名前で関数を定義することが可能です。

構造体を記述する

ここがポイントです！ **struct**

構造体は、複数の変数をまとめて扱うためのデータ構造です。C++では、クラスでデータ構造を扱うこともできますが、データ転送などのように配置が決められている場合は構造体を使います。

structを使って、構造体を定義する構文は、次のようになります。

```
struct tagname {
  int x, y, z ;
  char name[20];
};
```

構造体の変数を定義する構文は、次のようになります。

```
struct tagname v;
```

また、C++では、この構文も使えます。

```
tagname w;
```

リスト1は、structを使って、構造体を記述するプログラム例です。

リスト1 構造体を記述する(ファイル名:grm092.cpp)

```
#include <stdio.h>
#include <stdlib.h>
#include <string.h>

struct point {
    int x, y, z;
    char name[10];
    struct point *next;
};

void main( void )
{
    point top;
    struct point *p;

    top.x = top.y = 0;
    strcpy( top.name, "top" );
    top.next = NULL;
    p = &top;
    for ( int i=1; i<=5; i++ ) {
        p->next = (struct point*)malloc( sizeof(struct point));
        p = p->next;
        p->x = p->y = i;
        sprintf( p->name, "num%d", i );
        p->next = NULL;
    }

    for ( p = &top; p != NULL; p = p->next ) {
        printf( "x:%d y:%d name:%s¥n", p->x, p->y, p->name );
    }
    for ( p = top.next; p != NULL; ) {
        struct point *q = p->next;
        free( p );
        p = q;
    }
}
```

リスト2 実行結果

```
x:0 y:0 name:top
x:1 y:1 name:num1
x:2 y:2 name:num2
```

```
x:3 y:3 name:num3
x:4 y:4 name:num4
x:5 y:5 name:num5
```

さらにワンポイント データ転送を行う構造体を定義するときには、パディングを注意する必要があります。パディングはコンピュータが高速に扱えるように4バイト単位などにデータの区切りを揃えることです。異なるCPUやCコンパイラでデータ転送を行う場合には、1バイト単位のパディングを利用するか、パディングを考慮した配列を行います。

Tips 093

Level ●●○

対応 C C++ VC g++

共有体を記述する

union

共用体は、変数や構造体を1つの記憶領域に割り当てます。同時に扱うことがない変数をまとめることで、使用されるデータ量を減らします。

なお、共用体は、使用データ量を減らすほかにも、リスト1のようにデータを分かりやすく整える機能にも使えます。例えば、IPv4アドレスは4バイトですが、1バイトずつに区切ることによって、見やすく変換ができます。

共用体を定義する構文は、次のようになります。

```
union tagname {
  int x ;
  short y[2];
  char s[4];
}
```

リスト1は、unionを使って、共有体を記述するプログラム例です。

リスト1 共有体を記述する（ファイル名：grm093.cpp）

```
#include <stdio.h>

union ipaddr {
    unsigned long ip;
    struct _num {
        unsigned char ip1, ip2, ip3, ip4;
    } n;
};
```

```
void main( void )
{
    union ipaddr addr;

    addr.n.ip1 = 127;
    addr.n.ip2 = 0;
    addr.n.ip3 = 0;
    addr.n.ip4 = 1;

    printf( "ip: %d.%d.%d.%d¥n",
        addr.n.ip1, addr.n.ip2, addr.n.ip3, addr.n.ip4 );
    printf( "ip: %08X¥n",
        addr.ip );
}
```

リスト2　実行結果

```
ip: 127.0.0.1
ip: 0100007F
```

型を分かりやすい名前で定義する

ここがポイントです！　typedef

型を別名で定義するには、typedefを使います。構造体や共用体、複雑なポインタなどを分かりやすい名前で定義し直します。

typedefを使って、型を別名で定義する構文は、次のようになります。

```
struct point {
  int x, y;
};
typedef struct point POINT ;  // 別名で定義
POINT pt;                     // 別名を使う
```

リスト1は、typedefを使って、型を分かりやすい名前で再定義する例です。

リスト1　型を分かりやすい名前で定義する（ファイル名：grm094.cpp）

```
#include <stdio.h>

typedef unsigned int UINT;
```

```
typedef struct {                    // 構造体
    int x;
    int y;
} POINT;
typedef void FUNC( int );           // int 型を引数に持つ関数ポインタ

void func( int x )
{
    printf( "func x:%d¥n", x );
}


void main( void )
{
    POINT pt;
    FUNC *f;
    void (*f2)(int);        // FUNC 型と同じ

    pt.x = pt.y = 0;
    printf( "pt.x:%d pt.y:%d¥n", pt.x, pt.y );

    f = func;
    f( pt.x );
    f2 = func;
    f2( pt.x );
}
```

変数を別の型に変更する

ここがポイントです！ キャスト

変数やポインタを別の型に変換することを「キャスト」と言います。型を括弧で括って、キャストを行います。

なお、C++では、できるだけキャストを使わないコーディングが勧められていますが、void型のポインタなど、キャストは不可欠な存在です。

また、long型からchar型にデータ長を縮小する場合にもキャストが使われます。

符号なしのint型にキャストする構文は、次のようになります。

```
int x = 0;
unsigned int y = (unsigned int)x;
```

ポインタにキャストする構文は、次のようになります。

```
int x = 0;
char *p = (char*)x;
```

リスト1は、変数を別の型に変更するプログラム例です。

リスト1　変数を別の型に変更する（ファイル名：grm095.cpp）

```
#include <stdio.h>
#include <stdlib.h>

void setstring( void *data, int size )
{
    char *p = (char*)data;

    for ( int i=0; i<size-1; i++, p++ ) {
        *p = '*';
    }
    *p = '¥0';
}

void main( void )
{
    void *p;

    p = malloc( 10 );
    setstring( p, 10 );

    printf( "[%s]¥n", p );
}
```

リスト2　実行結果

```
[*********]
```

Tips 096

Level ●●○

対応 C C++ VC g++

型を変更する①(static_cast)

ここがポイントです！　static_cast

暗黙の型変換ができるときだけ、キャストをします。
不正な型変換を行った場合はコンパイル時にエラーになります。

```
static_cast<型>(変換する変数);
```

戻り値は、キャストした変数を返します。
リスト1は、static_castを使って、型を変更するプログラム例です。

▼数値型のキャスト

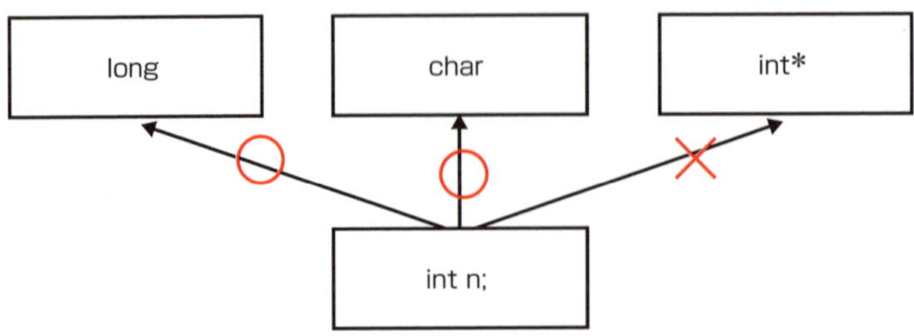

▼クラスのキャスト

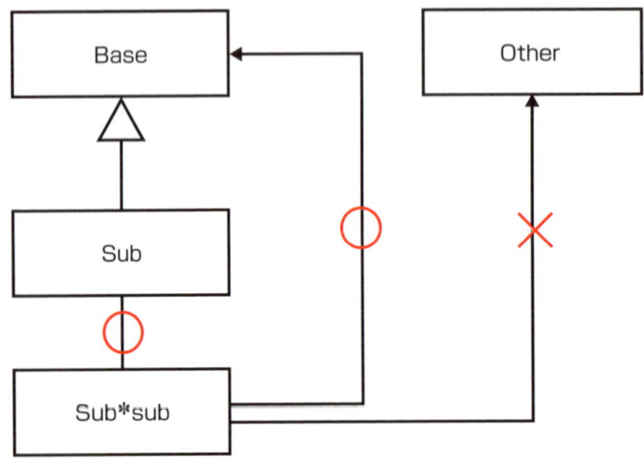

リスト1　型を変更する(ファイル名：grm096.cpp)

```
#include <stdio.h>

class Base {};
class Sub : public Base {};
class Other {};

void main( void )
{
    int v = 0;

    long d = static_cast<long>( v ); // キャスト可能
    char c = static_cast<char>( v ); // キャスト可能
```

```
//     int *p = static_cast<int*>( v ); // キャスト不可

    Base *sub = new Sub();
    Other *other = new Other();
    Sub *s1 = static_cast<Sub*>( sub );  // キャスト可能
//     Sub *s2 = static_cast<Sub*>( other );// キャスト不可
    delete sub ;
    delete other ;
}
```

リスト1では、int型からlong型やchar型に型変換しています。このとき、static_castでのキャストは成功します。int*型のように不正な変換を行ったときには、コンパイルエラーとなり、キャストできません。同様に、クラスを使ったキャストのチェックもできます。Baseクラスを継承したSubクラスに対してキャストは可能ですが、継承していないOtherクラスへのキャストは失敗します。

Tips 097 ▶Level ●●○ ▶対応 C++ VC g++

型を変更する②(const_cast)

ここがポイントです！ const_cast

const修飾されている型のconstだけを外します。

変更できない文字列や数値の型を、変更できるように変換します。ただし、型のみの変換であるので、実際に変更できるかどうかはデータの定義によります。

型を変換する構文は、次のようになります。

```
const_cast<型>(変換する変数);
```

戻り値は、キャストした変数を返します。

リスト1は、const_cast演算子を使って、型を変更するプログラム例です。

▼const外し

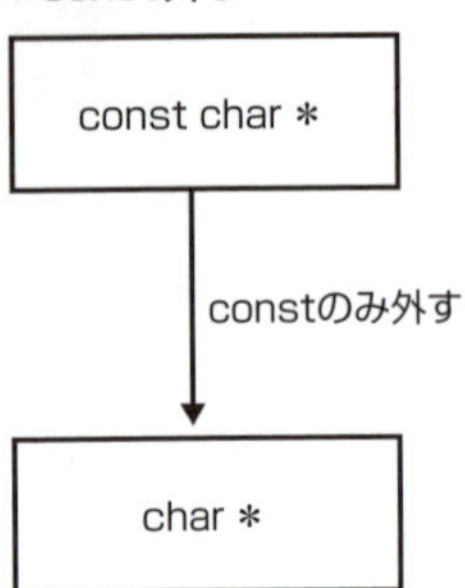

リスト1 型を変更する（ファイル名：grm097.cpp）

```
#include <stdio.h>

void main( void )
{
    const char *str = "Hello C/C++ World.";

//    char *s = str;          // そのままでキャストできない
    char *s = const_cast<char*>( str );
}
```

リスト1のように、const修飾された文字列は、char*型に直接代入できません。この場合は、const_castを使って型の変換を行います。

型を変更する③（reinterpret_cast）

ここがポイントです！ reinterpret_cast

reinterpret_castでのキャストは、static_castではキャストできない型変換を強制的にキャストします。

C言語の括弧を使ったキャスト（「(int)n」など）と同様のキャストが用意されています。

型を変更する構文は、次のようになります。

```
reinterpret_cast<型>(変換する変数);
```

戻り値は、キャストした変数を返します。
リスト1は、reinterpret_castを使って、型を変更するプログラム例です。

リスト1 型を変更する（ファイル名：grm098.cpp）

```
void main( void )
{
    long v = 0;

//    int *p = static_cast<int*>( v );          // キャスト不可
    int *p = reinterpret_cast<int*>( v );     // キャスト可能

//    long x = static_cast<long>( &v );         // キャスト不可
    long x = reinterpret_cast<long>( &v );    // キャスト可能
}
```

リスト1のように、ポインタを扱うときにint型やlong型を使うときにreinterpret_castを利用します。古いプログラムや32ビットCPUと64ビットCPUの両方を扱うときには、ポインタの型を直接扱えないため、long型やlong long型（__int64型）をあえて指定します。

Tips 099 ▶Level ●●○ ▶対応 C++ VC g++

型を変更する④（dynamic_cast）

ここがポイントです！ dynamic_cast

dynamic_castでのキャストは、実行時にキャストができるかどうかをチェックします。
例えば、Baseクラスを継承したSubクラスの場合、Subクラスから生成したオブジェクトは、Baseクラスにキャストが可能ですが、Baseクラスから生成したオブジェクトはSubクラスへはキャストできません。
dynamic_castを使うときは、仮想関数（virtual）が1つ以上必要になります。
型を変更する構文は、次のようになります。

```
dynamic_cast<型>変換する変数);
```

戻り値は、キャストした変数を返します。
リスト1は、dynamic_cast演算子を使って、型を変更するプログラム例です。

▼動的なキャスト

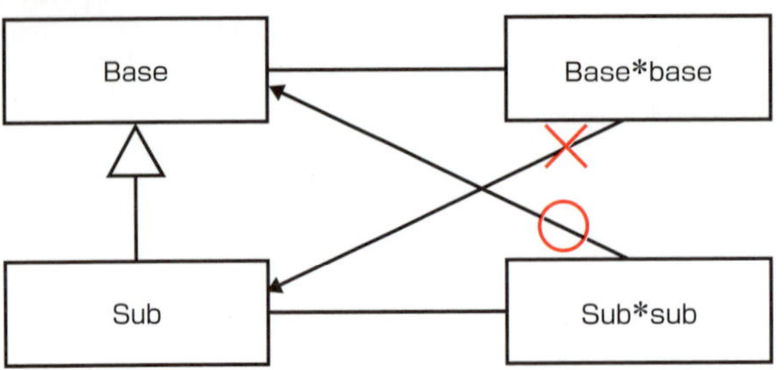

リスト1　型を変更する（ファイル名：grm099.cpp）

```
class Base {
public:
    virtual void func() {}
};
class Sub : public Base {
public:
    virtual void func2() {}
};
class Other {};

void main( void )
{
    Base *sub = new Sub();
    Base *base = new Base();
    Other *other = new Other();

    Sub *s1 = static_cast<Sub*>( sub );   // キャスト可能
    Sub *b1 = static_cast<Sub*>( base ); // キャスト可能？
//    Sub *o1 = static_cast<Sub*>( other );// キャスト不可

    Sub *s2 = dynamic_cast<Sub*>( sub );   // キャスト可能
    Sub *b2 = dynamic_cast<Sub*>( base ); // キャスト可能？
    // gccの場合はコンパイルエラー
    // VCの場合は実行エラーになる
    b2->func();
//    Sub *o2 = dynamic_cast<Sub*>( other );// キャスト不可

}
```

dynamic_castでのキャストはVCとgccで動作が異なります。特にVisual C++では、VC6.0のコンパイラと、最新のVCコンパイラ（Visual C++ 2017など）では実装が異なっているため、互換を保つには動作確認が必要なので注意してください。

Tips
100
Level ●●●
対応 C++ VC g++

参照する変数を使う

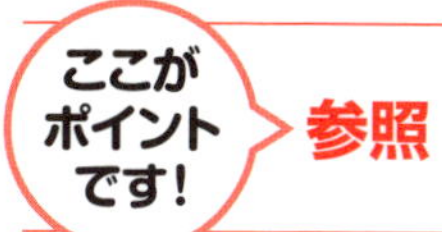

参照

C言語では関数内で値を変更する場合は主にポインタが使われますが、C++では参照を使うと安全に値の変更ができます。

ポインタの場合は、不正なアドレスやNULLポインタを示していないかをチェックする必要がありますが、参照を使うと、常に初期化をされているためにNULLポインタを示す危険がなくなります。

変数nを参照する構文は、次のようになります。

```
int n = 0;
int &m = n;
```

リスト1は、参照を使った例です。

リスト1 参照を使う(ファイル名:grm100.cpp)

```
#include <stdio.h>

// 参照を利用
void calc( int x, int &y )
{
    y += x;
}
// ポインタを利用
void calc( int x, int *p )
{
    *p += x;
}
void main( void )
{
    int x, y, i;

    // 参照バージョン
    x = y = 1;
    for ( i=0; i<10; i++ ) {
        calc( x, y );
        printf( "%d,", y );
        x = y;
    }
    printf( "¥n" );
```

```
    // ポインタバージョン
    x = y = 1;
    for ( i=0; i<10; i++ ) {
        calc( x, &y );
        printf( "%d,", y );
        x = y;
    }
    printf( "¥n" );
}
```

リスト2　実行結果

```
2,4,8,16,32,64,128,256,512,1024,
2,4,8,16,32,64,128,256,512,1024,
```

リスト1では、calc関数を参照とポインタを使って作成しています。参照の場合は、普通の変数のように関数の引数として渡すことができます。

関数の引数を定義する

ここがポイントです！　**仮引数**

関数の引数を「仮引数」と言います。仮引数は、関数の内部変数（局所変数）と同様に関数内だけで使える変数です。このため、関数内で変数の値を変えても、呼び出し側の変数には影響がありません。

関数で計算した値を呼び出し側に返すためには、関数の戻り値（return値）か、ポインタが使われます。

関数の引数を定義する構文は、次のようになります。

```
void func(int n);
```

リスト1は、関数の引数を定義するプログラム例です。

リスト1　関数の引数を定義する（ファイル名：grm101.cpp）

```
#include <stdio.h>

void func( int x, int *y )
{
```

```
    printf( "func %d %d¥n", x, *y );
    x++; (*y)++;
    printf( "func %d %d¥n", x, *y );
}

void main( void )
{
    int x = 10;
    int y = 20;

    printf( "main %d %d¥n", x, y );
    func( x, &y );
    printf( "main %d %d¥n", x, y );
}
```

リスト2　実行結果

```
main 10 20
func 10 20
func 11 21
main 10 21
```

さらにワンポイント　リスト1では、仮引数に普通の変数（値型）を使った場合とポインタ（参照型）を使った場合を比較しています。値型の場合には呼び出し側の値は変更されません。関数の仮引数はスタック上に確保されます。このため、配列を関数に渡すとスタックのメモリが足りなくなる可能性があります。このような場合はポインタを関数に渡して、配列の内容を変更します。

Tips 102 関数の戻り値を定義する

Level ●○○

対応 C C++ VC g++

ここがポイントです！ **return文**

関数の戻り値を設定する場合には、return文を使います。return文は、関数の戻り値を返すだけでなく、関数を途中で終わらせることができます。

このため、複雑なif文やfor文を使ったときに途中で関数を終わらせるときにも使われます。

return文を使って関数の戻り値を定義する構文は、次のようになります。

```
int func(int n) {
  int ret ;
```

```
    ...
    return ret;
}
```

```
void func(void) {
    ...
    return ;
}
```

リスト1は、return文を使って、関数の戻り値を返す例です。

リスト1　関数の戻り値を定義する（ファイル名：grm102.cpp）

```
#include <stdio.h>
#include <stdlib.h>

int calc( int op, int x, int y )
{
    int ret = 0;

    switch( op ) {
    case '+': ret = x + y; break;
    case '-': ret = x - y; break;
    case '*': ret = x * y; break;
    case '/': ret = x / y; break;
    case '%': ret = x % y; break;
    default:  ret = -1;
    }
    return ret;
}

int main( int argc, char *argv[] )
{
    int x, y, op, ret;

    if ( argc != 4 ) return -1;
    x = atoi( argv[1] );
    y = atoi( argv[3] );
    op= argv[2][0];
    ret = calc( op, x, y );
    printf( "return: %d", ret );
    return ret;
}
```

リスト2　実行結果

```
$ grm102 10 + 20
return: 30
```

リスト1では、数値を計算して戻り値に設定しています。main関数の戻り値に設定すると、プログラムを実行した後の値としてシェルプログラミングで使えます。

ファイル単位でスコープを設定する

ここがポイントです！ **extern/static修飾子**

C言語やC++では、グローバル変数（大域変数）として定義した変数は、プログラムのどこからでも参照が可能です。ただし、参照する場合には「extern」を指定して、型のチェックを行います。

また、ほかのファイルから参照されたくない変数を記述する場合は「static」で修飾します。

変数xを定義する構文は、次のようになります。

```
int x ;
```

変数xを参照する構文は、次のようになります。

```
extern int x;
```

ファイル単位で変数xを利用する構文は、次のようになります。

```
static int x;
```

リスト1とリスト2は、ファイル単位のスコープの例です。

リスト1 ファイル単位で変数を参照する（ファイル名：grm103.cpp）

```
#include <stdio.h>
static int x;
int y;
void func2( void );

void func( void )
{
    static int z = 0;
    z++;
    printf( "func z:%d¥n", z );
}
```

```
void main( void )
{
    x = 1; y = 2;
    printf( "main x:%d y:%d¥n", x, y );
    func();
    func();
    func();
    func2();
    printf( "main x:%d y:%d¥n", x, y );
}
```

リスト2　参照される外部ファイル（ファイル名：grm075sub.cpp）

```
#include <stdio.h>
static int x = 0;     // 定義可能
extern int y;         // 参照可能

void func2( void )
{
    y = 10;
    printf( "func2 y:%d¥n", y );
}
```

リスト3　実行結果

```
main x:1 y:2
func z:1
func z:2
func z:3
func2 y:10
main x:1 y:10
```

staticとexternを使い分けることによって、グローバル変数のスコープを自由に制御できます。C++では、さらにnamespace（名前空間）を利用することで、細かく変数のスコープを制御できます。

```
namespace A {
    int x;
}
namespace B {
    int x;
}
```

また、関数をstaticで修飾することで、そのファイルだけで利用できる関数を作れます。

```
static void localfunc( int n ) {
    ...
}
```

ラムダ式を利用する

ここがポイントです！ ラムダ式

C++のアルゴリズムには比較関数を渡しますが、ここでラムダ式を使うことができます。

ラムダ式は、新たな関数を作る代わりに、関数名を付けずにその場所で関数を作れます。

ラムダ式の構文は次のようになります。キャプチャリストはラムダ式の外側で指定された変数などをラムダ式で使うときに使われます。ラムダ式の戻り値の型は大抵の場合は推論ができるため省略されています。

```
[ キャプチャリスト ]( 引数 ) 戻り値の型 { 関数の本体 }
```

ラムダ式を使うと、局所的に関数を定義できるため、関数名を利用するスコープを狭めることができます。特にアルゴリズムの関数に適用関数を渡す場合、グローバルな領域に関数を指定する必要あり、関数名が重複しないように注意する必要があります。この場合、ラムダ式を使うと限定された関数やクラスのメソッド内だけでおさまるため、適用関数名などが重複する心配はありません。

リスト1は、sort関数にラムダ式を渡して、順序を変更するプログラム例です。

リスト1 ラムダ式を利用する（ファイル名：grm104.cpp）

```
#include <iostream>
#include <list>
using namespace std;

int main( void )
{
    list <int> lst;
    for ( int i=0; i<10; i++ )
        lst.push_back( 10-i );
    cout << "lst: " ;
    for ( auto it : lst )
        cout << it << "," ;
    cout << endl;

    // sort
    lst.sort( [](int x, int y){ return x < y;});
    cout << "lst: " ;
    for ( auto it : lst )
        cout << it << "," ;
    cout << endl;
    // reverse
```

```
    lst.sort( [](int x, int y){ return x > y;});
    cout << "lst: " ;
    for ( auto it : lst )
        cout << it << "," ;
    cout << endl;
    return 0;
}
```

リスト2 実行結果

```
lst: 10,9,8,7,6,5,4,3,2,1,
lst: 1,2,3,4,5,6,7,8,9,10,
lst: 10,9,8,7,6,5,4,3,2,1,
```

ラムダ式のキャプチャリストを利用する

ここがポイントです! ラムダ式（キャプチャリスト）

ラムダ式にはキャプチャリストを使うことにより、ラムダ式の外側で使われている変数を利用できます。ラムダ式のキャプチャリストは「[」と「]」の間に指定します。

明示的にキャプチャする変数を指定する例です。

```
[&ans]( int x, int y ) { ans = x + y ; }
```

クラスのthisポインタを利用する例です。

```
[this]() { return this->func(); }
```

キャプチャの記述方法

キャプチャ	説明
[]	キャプチャをしない
[&]	すべての変数をキャプチャする（変更可能）
[=]	すべての変数をコピーしてキャプチャする（変更不可）
[&n]	指定した変数をキャプチャする（変更可能）
[n]	指定した変数をコピーしてキャプチャする（変更不可）
[this]	クラスのthisポインタを参照する

リスト1は、sort関数にラムダ式を渡して、合計値を計算する例です。

リスト1　ラムダ式のキャプチャを利用する（ファイル名：grm105.cpp）

```
#include <iostream>
#include <list>
#include <algorithm>
using namespace std;

int main( void )
{
    list <int> lst;
    for ( int i=0; i<10; i++ )
        lst.push_back( 10-i );
    cout << "lst: " ;
    for ( auto it : lst )
        cout << it << "," ;
    cout << endl;

    // sum
    int sum = 0;
    for_each(
        lst.begin(),
        lst.end(),
        [&sum]( int x ) { sum += x; });
    cout << "sum: " << sum << endl;
    return 0;
}
```

リスト2　実行結果

```
lst: 10,9,8,7,6,5,4,3,2,1,
sum: 550
```

Tips 106
Level ●●●
対応 C++ VC g++

ラムダ式を再利用する

ここがポイントです！　ラムダ式、auto

アルゴリズムの比較関数などに直接ラムダ式を指定することもできますが、autoキーワードを利用してラムダ式をあらかじめ定義しておくことができます。
次の例では、ラムダ式をfuncという変数に代入しています。

```
auto func = [](int x) { return x*x; }
```

この代入した変数は通常の関数と同じように「func(10)」のように利用ができます。

クラスの内部変数として保存しておくことでメソッドのポインタとしても活用が可能です。リスト1は、ラムダ式を作成して値を表示するためのprint関数を作成する例です。

リスト1 ラムダ式を再利用する（ファイル名：grm106.cpp）

```
#include <iostream>
#include <list>
using namespace std;

int main( void )
{
    list <int> lst;
    for ( int i=0; i<10; i++ )
        lst.push_back( 10-i );
    cout << "lst: " ;
    for ( auto it : lst )
        cout << it << "," ;
    cout << endl;

    // lambda function
    auto func1 = [](int x, int y){ return x < y;};
    auto func2 = [](int x, int y){ return x > y;};
    auto print = [](list<int> &l) {
        for ( auto it : l )
            cout << it << "," ;
        cout << endl;
    };
    // sort
    lst.sort( func1 );
    cout << "lst: "; print( lst );
    // reverse
    lst.sort( func2 );
    cout << "lst: "; print( lst );

    return 0;
}
```

リスト2 実行結果

```
lst: 10,9,8,7,6,5,4,3,2,1,
lst: 1,2,3,4,5,6,7,8,9,10,
lst: 10,9,8,7,6,5,4,3,2,1,
```

2-5 プリプロセッサ

プリプロセッサとは

ここがポイントです！ **テキストベースによる変換**

C/C++は、テキスト形式のプログラムコードをコンパイルと、実行形式のバイナリファイルを作るリンクという2つの作業に分かれています。この中でプリプロセッサは、コンパイルするときの前処理を行う作業になります。

普段、コンパイルをするときにプリプロセッサが動作していることをほとんど気に掛けることはありません。インクルードファイル（#include）の記述で、目的のファイルを読み込んでくれます。

ここで「読み込む」という単語を使いましたが、実際は複数のプログラムコードも含めて、1つの大きなファイルに繋げ直すイメージをするとよいでしょう。数々の定義（#define）や関数のプロトタイプ、テンプレートなども含めて一つながりのファイルを仮想的に作り、最初から順番にコンパイルの処理を行うことになります。

●定義（#define）

複数のソースコードで共有する定数や文字列などを定義しておきます。#defineには、引数を付けて関数のように使えるマクロ定義も作れます。ただし、マクロ定義は、文字列の置き換えだけを行うため定義の書き方によっては副作用が起こってしまいます。C++ではテンプレートによる関数定義が推奨されています。

実行時の高速化のため、関数呼び出しの負担を避けるように、かつては#defineを使って処理を埋め込むことが行われていましたが、最近のC/C++では「static inline」を使うことにより、関数呼び出しが行われないようにできます。

●プロトタイプ宣言

C/C++では、関数名をヘッダファイルでプロトタイプ宣言しています。関数の呼び出し側と呼び出される側（先にコンパイル済みのライブラリを含む）の整合性を合わせるためにプロトタイプ宣言がされています。

関数呼び出しをするときの変数は、スタックに積まれるため、呼び出し元と呼び出し先の変数の数や型が異なると実行時のエラーとなってしまいます。これを避けるためです。

C++では、標準関数も含めて関数呼び出しにはプロトタイプ宣言が必要となっています。適切なヘッダファイルをインクルードしてコンパイル時のエラーが出ないようにします。

●条件文（#ifdefなど）

コンパイル時に条件分岐をさせることができます。C/C++のソースコードは様々なプラットフォームやOSで動作させることが目標となっています（状況によっては、ピンポイントのコードでも十分です)。

このとき、コンパイル環境やコンパイラの種類、実行環境などによって、ソースコードで実行部分を変える必要が出てきます。対応する実行環境に備えるために、適切な定義(#define)を行い、コンパイルするコードの領域を変えていきます。

●テンプレート

C++では、テンプレートプログラミング(template)によって、型に依存しないアルゴリズムを記述する方法が用意されています。C#やJavaで使われるジェネリック(総称的プログラミング)と似ていますが、少し違いがあります。

C++のテンプレートは、先のプリプロセッサの機能を応用したもので、指定した型に沿ってテンプレートコードがテキストで展開されます。かつては、コンパイル時のスピードが遅くなるため、プリコンパイルや別途ライブラリなどで回避されたものですが、最近の高速になったCPUではそれほど問題にならなくなっています。STLをはじめとした様々なアルゴリズムがC++ではテンプレート化されています。

文字列や数値を分かりやすい名前で定義する

ここがポイントです! #define

C言語やC++は、プリプロセッサという機能を使って、テキストの置換が行えます。この機能を有効に利用することで、コンパイラの動きを制御したり、プログラムコードの可読性を上げたりできます。

例えば、最大値が「256」である数値を、そのままプログラムコードに書いてしまっては何を意味するか分かりません。しかし、「MAX」という名前にしておけば「最大値」という意味が分かります。

定義のみの構文は、次のようになります。

```
#define DEBUG
```

数値を定義する構文は、次のようになります。

```
#define MAX 256
```

文字列を定義する構文は、次のようになります。

```
#define NAME "masuda"
```

リスト1は、#defineを使って、文字列や数値を分かりやすい名前で定義するプログラム例です。

リスト1 文字列や数値を分かりやすい名前で定義する（ファイル名：grm108.cpp）

```
#include <stdio.h>

#define DEBUG

#define LANG_C          1
#define LANG_CPP        2
#define LANG_JAVA       3

void main( void )
{
#ifdef DEBUG
    printf("debug message¥n");
#endif

    printf("langage c++: %d¥n", LANG_CPP );
}
```

リスト2 実行結果

```
debug message
langage c++: 2
```

リスト1では、#defineを使いコンパイラを制御しています。「DEBUG」を定義したときのみ、「debug message」というメッセージが表示されます。

Tips 109 ▶Level ●○○ ▶対応 C C++ VC g++

引数を付けたマクロを定義する

ここがポイントです！ **#define 引数付きマクロ**

C言語やC++で使われるマクロ関数（#defineで定義された関数）は、引数を持つことができます。

マクロ関数の名前に続いて、置換する本体を記述します。このとき、引数の変数名がマクロ関数の本体に展開されます。

マクロ関数は通常の関数と違い、コードに展開されるため実行時にはスタックを消費しません。しかしコード量が若干多くなるので注意して使ってください。

引数を付けたマクロを定義する構文は、次のようになります。

```
#define MACRO(引数)
```

```
#define MACRO(引数1,引数2)
```

リスト1は、#defineを使って、引数を付けたマクロを定義するプログラム例です。

リスト1　引数を付けたマクロを定義する（ファイル名：grm109.cpp）

```
#include <stdio.h>
#define ISZERO(_x)     ((_x == 0)? 1: 0)

void main( void )
{
    int x = 0;

    printf("x is zero?: %d¥n", ISZERO(x) );
}
```

リスト2　実行結果

```
x is zero?: 1
```

リスト1では、ISZEROという名前のマクロ関数を定義しています。マクロ関数の引数に式を指定したときには、思わぬ副作用があります。これを防ぐために、引数を「(_x)」のように括弧で括って使うとよいでしょう。

マクロの引数と同じ名前を、マクロ関数で使うとうまく展開できません。引数は「_x」のように普段使われない変数名にしておくとよいでしょう。

Tips 110

▶Level ●●○

▶対応 C C++ VC g++

内部変数を扱うマクロを定義する

ここがポイントです！　#define マクロ名{ ... }

マクロ関数内で、内部変数（局所変数）を使うことができます。

「{}」を利用してブロックにすることで、外部とのスコープを区切ります。これにより、マクロ関数の中だけで利用できる変数を定義できます。

内部変数を扱うマクロを定義する構文は、次のようになります。

```
#define MACRO ¥
  {int x; ...}
```

リスト1は、#defineを使って、内部変数を扱うマクロを定義するプログラム例です。

リスト1 内部変数を扱うマクロを定義する（ファイル名：grm110.cpp）

```
#include <stdio.h>
#define PRINT(_max)                     ¥
{                                       ¥
    int i;                              ¥
    for ( i=0; i<_max; i++ ) {          ¥
        printf("[%d]", i );             ¥
    }                                   ¥
}

template <class T> void PR( T max )
{
    int i;
    for ( i=0; i<max; i++ ) {
        printf("[%d]", i );
    }
}

void main( void )
{
    PRINT(10);
    PR(10);
}
```

リスト2 実行結果

```
[0][1][2][3][4][5][6][7][8][9]
```

リスト1では、変数iをマクロ関数内で定義して、for文で使っています。ただし、C++ではマクロ関数を使うよりも、関数テンプレート（template function）を使うほうが適しています。

```
template <class T> void PRINT( T max )
{
    int i;
    for ( i=0; i<max; i++ ) {
        printf("[%d]", i );
    }
}
```

Tips 111

指定した変数を文字列にする

▶Level ●●●

▶対応 C C++ VC g++

#define #

マクロ関数の引数を、そのまま文字列に変換できます。指定した文字の前後に「"」を代入するので、メッセージの記述などに便利です。

指定した変数を文字列にする構文は、次のようになります。

```
#define MACRO(_x) #_x
```

リスト1は、#defineを使い指定した変数を文字列に直す例です。

リスト1 指定した変数を文字列にする（ファイル名：grm111.cpp）

```
#include <stdio.h>
#define PRINT(_n)    printf( "name: %s¥n", #_n )

void main( void )
{
    PRINT( masuda tomoaki );
}
```

リスト2 実行結果

```
name: masuda tomoaki
```

文字列内の「"」も正しく「¥"」に変換されるため、printf関数で使えます。

指定した文字を繋げるマクロを定義する

ここがポイントです！ **#define ##**

マクロ関数の引数を、別の文字列に繋げることができます。あるルールに則った定義を作っておき、その一部を指定して名前を新しく作成することが可能です。

指定した文字を繋げるマクロを定義する構文は、次のようになります。

```
#define MACRO(_x, _y) _x##_y
```

リスト1は、#defineを使って、指定した文字を繋げる例です。

リスト1　指定した文字を繋げるマクロを定義する（ファイル名：grm112.cpp）

```
#include <stdio.h>
#define LANG(_x)    LANG_##_x

enum {
    LANG_C = 0,
    LANG_CPP,
    LANG_JAVA
};

void main( void )
{
    printf( "lang: %d¥n", LANG( CPP ));
}
```

リスト2　実行結果

```
lang: 1
```

ファイル名と行番号を使い、ユニークな名前を作成することができます。ファイル名が「grm112.cpp」、行番号が「100」の場合は、「PRE_grm112.cpp_100」になります。

```
#define UNIQNAME PRE_##__FILE__##_##__LINE__
```

シンボルが定義されているかチェックする

ここがポイントです！ #ifdef

コンパイルを制御するためにシンボルを使うことができます。コンパイラで指定したシンボルが定義されているかどうかを、プログラムコードで参照する場合は、#ifdefを使います。シンボルが定義されていれば真となります。

シンボルが定義されているかをチェックする構文は、次のようになります。

```
#ifdef SYMBOL
  ...
#endif
```

リスト1は、#ifdefを使って、コンパイラで指定したシンボルをチェックするプログラム例です。

リスト1 シンボルが定義されているかチェックする（ファイル名：grm113.cpp）

```
#include <stdio.h>

#define DEBUG

void main( void )
{
#ifdef DEBUG
    printf("debug mode¥n" );
#else
    printf("release mode¥n" );
#endif
}
```

リスト2 実行結果

```
debug mode
```

リスト1では、プログラムコード内でDEBUGシンボルを定義していますが、コンパイラの引数として指定することも可能です。Visual C++では次のように指定できます。

```
cl /DDEBUG
```

Tips 114 ▶Level ●● ▶対応 C C++ VC g++

シンボルが定義されていないかチェックする

ここがポイントです！ #ifndef

コンパイルを制御するためにシンボルを使うことができます。コンパイラで指定したシンボルが定義されていないことをチェックするときには、#ifndefを使います。シンボルが定義されているときは偽になります。

#ifndefを使って、シンボルが定義されていないかチェックする構文は、次のようになります。

```
#ifndef SYMBOL
  ...
#endif
```

リスト1は、#ifndefを使って、コンパイラで指定したシンボルをチェックするプログラム例です。

リスト1　シンボルが定義されていないかチェックする（ファイル名：grm114.cpp）

```
#include <stdio.h>

#define DEBUG

void main( void )
{
#ifndef DEBUG
    printf("release mode¥n" );
#else
    printf("debug mode¥n" );
#endif
}
```

リスト2　実行結果

```
debug mode
```

シンボルをコンパイラで指定することにより、makefileなどにより実行ファイルの作成を制御できます。デバッグモード、リリースモードなどの実行ファイルを作成できます。

シンボルの値をチェックする

ここがポイントです！ #if

シンボルの値によって、コンパイルを制御できます。シンボルを使った条件式を記述して、真であれば続くブロックをコンパイルします。

シンボルの値をチェックする構文は、次のようになります。

```
#if SYMBOL == 0
  ...
#endif
```

リスト1は、#ifを使って、コンパイラで指定したシンボルの値をチェックするプログラム例です。

リスト1 シンボルの値をチェックする（ファイル名：grm115.cpp）

```
#include <stdio.h>
#define VERSION 3

void main( void )
{

#if VERSION >= 3
    printf("version %d¥n", VERSION );
#else
    printf("sorry. not use this version.¥n" );
#endif
}
```

リスト2 実行結果

```
version 3
```

リスト1では、VERSIONシンボルの値が3以上のときにコンパイルできるように制御しています。Visual C++のコンパイラを使う場合は、次のように記述します。

```
cl /DVERSION=3
```

Tips 116

▶Level ●●○

▶対応 C C++ VC g++

シンボルを未定義にする

ここがポイントです！ #undef

#undefは、既に定義されているシンボルを未定義の状態にします。あらかじめ定義されているシンボルやマクロ関数などを無効にするときに使います。

構文は、次のようになります。

```
#undef SYMBOL
```

リスト1は、#undefを使って、シンボルを未定義にするプログラム例です。

リスト1 シンボルを未定義にする（ファイル名：grm116.cpp）

```
#include <stdio.h>
#define DEBUG

void main( void )
{
#undef DEBUG     // 未定義にする

#ifdef DEBUG
    printf("debug mode¥n" );
#else
    printf("release mode¥n" );
#endif
}
```

リスト2 実行結果

```
release mode
```

定義されていないシンボルを#undefで未定義にしようとすると、コンパイラが警告を発するときがあります。これを消す場合には、あらかじめ#ifdefでシンボルの定義をチェックしてから未定義にするとよいでしょう。

```
#ifdef SYMBOL
#undef SYMBOL
#endif
```

コンパイラを制御する

ここがポイントです！ #pragma

コンパイラの動きを細かく制御する場合には、#pragmaを使います。

```
#pragma pack(1)
```

#pragmaは、コンパイラ特有の動きを制御するので、詳細はそれぞれのコンパイラのマニュアルを参照してください。

リスト1は、#pragmaを使って、コンパイラを制御する例です。

リスト1 コンパイラを制御する（ファイル名：grm117.cpp）

```
#include <stdio.h>
#pragma pack(1)

struct S
{
    int i;
    short sh;
    double d;
};
void main( void )
{
    printf( "sizeof S: %d¥n", sizeof(S));
}
```

リスト2 実行結果

```
sizeof S: 14
```

リスト1は、Visual C++でコンパイラで#pragmaを使い、構造体のパディングを調節しています。#pragma pack(n)を使って、パディングをするバイト数を調節します。

Tips 118
Level ●●○
対応 C C++ VC g++

コンパイルを中止する

ここがポイントです！ #error

シンボルなどが未定義の場合にコンパイルを中止するには、#errorを使います。

例えば、バージョンが低い場合にはコンパイルを中止して、エラーメッセージを表示することができます。

コンパイル時にエラーメッセージを出力して、コンパイルを終了する構文は、次のようになります。

```
#error メッセージ
```

リスト1は、#errorを使って、コンパイルを中止するプログラム例です。

リスト1 コンパイルを中止する（ファイル名：grm118.cpp）

```
#include <stdio.h>
#define VERSION 1

#if VERSION < 3
#error "version error. need ver.3"
#endif

void main( void )
{
    printf( "version: %d¥n", VERSION );
}
```

リスト2 実行結果

```
$ cl grm118.cpp
Microsoft(R) 32-bit C/C++ Optimizing Compiler Version 15.00.30729.01 for
80x86
Copyright (C) Microsoft Corporation. All rights reserved.

grm118.cpp
grm118.cpp(5) : fatal error C1189: #error : "version error. need ver.3"
```

リスト1は、Visual C++のコンパイラを使ってコンパイルしたときのエラーメッセージです。VERSIONシンボルが3未満の場合は、メッセージを表示してコンパイルを中止します。

定義済みのシンボルでコンパイルを制御する

ここがポイントです！ **定義済みシンボル**

利用するコンパイラ（Visual C++、gccなど）によって、コンパイルを制御したい場合があります。このような場合は、既に定義されている定義済みのシンボルを使います。

コンパイラや実行環境によって定義済みのシンボルが決まっていますので、これらを利用します。

構文は、次のようになります。

```
#ifdef __cplusplus
  ...
#endif
```

リスト1は、定義済みのシンボルでコンパイルを制御するプログラム例です。

定義済みシンボル

環境	定義済みシンボル
C++	__cplusplus
Visual C++	_MSC_VER
gcc	__GNUC__
linux環境	__linux__
Windows環境	_WIN32

リスト1　定義済みのシンボルでコンパイルを制御する（ファイル名：grm119.cpp）

```
#include <stdio.h>

void main( void )
{
#ifdef __cplusplus
    printf( "c++ compiler¥n" );
#else
    printf( "c compiler¥n" );
```

```
#endif
}
```

リスト2　実行結果

```
c++ compiler
```

リスト1では、C++とC言語のコンパイラを区別しています。C言語とC++では、リンカーに引き渡す関数名が異なります。このようなときには、__cplusplusシンボルの定義状態を調べてコンパイルを制御します。

Tips 120

Level ●○○

対応 C C++ VC g++

ファイル名を取得する

ここがポイントです！ __FILE__

コンパイルをしているファイル名は、__FILE__シンボルを使うと取得できます。デバッグ出力を行うときに、実行しているファイル名を表示するときに使います。

構文は、次のようになります。

```
printf("%s", __FILE__ );
```

リスト1は、__FILE__を使って、ファイル名を取得するプログラム例です。

リスト1　ファイル名を取得する（ファイル名：grm120.cpp）

```
#include <stdio.h>
#include <string.h>

void main( void )
{
    printf( "file: %s¥n", __FILE__ );
}
```

リスト2　実行結果

```
file: grm120.cpp
```

__FILE__シンボルは、コンパイル時にファイル名に置換されます。これを利用することで、strrchr関数などを使い、拡張子を取り除くことも可能です。

```
char file[] = __FILE__;
*strrchr( file, '.' ) = '¥0';
printf( "file: %s¥n", file );
```

Tips 121

行番号を取得する

▶Level ●○○

▶対応 C C++ VC g++

ここがポイントです! __LINE__

コンパイルをしているときの行番号は、__LINE__シンボルを使うと取得できます。デバッグ出力を行うときに、実行している行番号を表示するときに使います。

構文は、次のようになります。

```
printf("%d", __LINE__ );
```

リスト1は、__LINE__を使って、行番号を取得するプログラム例です。

リスト1 行番号を取得する(ファイル名:grm121.cpp)

```
#include <stdio.h>

void main( void )
{
    printf( "line: %d¥n", __LINE__ );
}
```

リスト2 実行結果

```
line: 5
```

さらにワンポイント __FILE__シンボルと組み合わせることで、有効なデバッグ情報が取得できます。

```
printf("%s(%d)¥n", __FILE__, __LINE__ );
```

デバッグメッセージと組み合わせるときは、次のようなマクロ関数を使うとよいでしょう。

```
#define DMSG(_msg) { ¥
    printf( "%s(%d) ", __FILE__, __LINE__ ); ¥
    printf _msg; }

DMSG(("変数の値%d¥n", n ));
```

コンパイルした日付を取得する

ここがポイントです！ __DATE__

　コンパイルをした時点の日付は、__DATE__シンボルを使うと、取得できます。実行ファイルを作ったときの日付を表示するときに使います。
　構文は、次のようになります。

```
printf("%s", __DATE__ );
```

　リスト1は、__DATE__を使って、コンパイルした日付を取得するプログラム例です。

リスト1　コンパイルした日付を取得する（ファイル名：grm122.cpp）

```
#include <stdio.h>

void main( void )
{
    printf( "date: %s¥n", __DATE__ );
}
```

リスト2　実行結果

```
date: Jan 11 2018
```

日付のフォーマットは、asctime関数と同じ出力「Mmm dd yyyy」になります。

コンパイルした時刻を取得する

ここがポイントです！ __TIME__

コンパイルをした時点の時刻は、__TIME__シンボルを使うと取得できます。実行ファイルを作ったときの時刻を表示するときに使います。

構文は、次のようになります。

```
printf("%s", __TIME__ );
```

リスト1は、__TIME__を使って、コンパイルした時刻を取得するプログラム例です。

リスト1 コンパイルした時刻を取得する（ファイル名：grm123.cpp）

```
#include <stdio.h>

void main( void )
{
    printf( "time: %s¥n", __TIME__ );
}
```

リスト2 実行結果

```
time: 17:59:49
```

日付のフォーマットは、asctime関数と同じ出力「hh:mm:ss」になります。

Tips 124 ▶Level ●○○ ▶対応 C C++ VC g++

ほかのファイルを取り込む①

ここがポイントです！ **#include（インクルードパス探索）**

C言語やC++では、ほかのソースファイルを取り込むことができます。通常これをヘッダファイルと呼びます。#includeで読み込んだファイルは、その場所に展開されます。

「<>」を使って指定するときは、コンパイラで指定されている標準のインクルードパスからファイルを検索します。

```
#include <stdio.h>
```

リスト1は、#includeを使って、ヘッダファイルを取り込むプログラム例です。

リスト1 ほかのファイルを取り込む（ファイル名：grm124.cpp）

```
#include <stdio.h>

void main( void )
{
    printf( "include stdio.h¥n" );
}
```

リスト2 実行結果

```
include stdio.h
```

インクルードファイルには、プロトタイプ宣言やプログラムコードで使われるシンボルが定義されています。C++の場合は、型チェックが厳密なために適切なインクルードファイルを読み込まなければ、関数のコンパイルができません。

ほかのファイルを取り込む②

ここがポイントです！ **#include（カレントフォルダー探索）**

#includeでファイルを取り込むときに「"」（ダブルクォート）で括ると、優先的にカレントディレクトリからファイルを検索します。主に、プログラムコードに特有の処理や、データなどを読み込むときに使います。

```
#include "local.h"
```

リスト1は、#includeを使って、テキストファイルを取り込むプログラム例です。
リスト2と3は、取り込まれるファイルです。

リスト1 ほかのファイルを取り込む（ファイル名：grm125.cpp、grm125.h）

```
#include <stdio.h>
#include "grm101.h"

void main( void )
{
    printf( "lang: %d¥n", LANG_CPP );

    char *lang[] = {
#include "grm101.txt"
    };

    for ( char **p = lang; *p != NULL; p++ ) {
        printf( "lang: %s¥n", *p );
    }
}
```

リスト2 取り込まれるファイル1（ファイル名：grm125.h）

```
enum {
    LANG_C,
    LANG_CPP,
    LANG_JAVA,
};
```

リスト3 取り込まれるファイル2（ファイル名：grm125.txt）

```
"C",
"C++",
"Java",
```

```
"C#",
NULL
```

リスト4　実行結果

```
lang: 1
lang: C
lang: C++
lang: Java
lang: C#
```

リスト1のように、データを別のファイルに書き出すことにより、プログラムコードとは分離してデータを保持することが可能です。データをスクリプトなどで自動作成するときに有効な方法です。
インクルードファイルは、2度読み込まれると二重定義になってしまいます。このような場合は、インクルードファイルに適当なシンボルを付けて制御します。

```
#ifndef _GRM101_H_
#define _GRM101_H_
...
#endif
```

Visual C++の場合は、先頭に「#pragma once」を指定して、1回だけコンパイルされるようにもできます。

Tips 126
Level ●●●
対応 C++ VC g++

関数テンプレートを使う

ここがポイントです！ template

マクロ関数を使うと、変数が2度利用されたときに副作用が出ます。これを防ぐためには、templateを使って関数を作成します。マクロ関数と同様に、その場に展開されるためスタックを消費しません。

構文は、次のようになります。

```
template <class T> int func() {
  ...
}
```

リスト1は、templateを使って、関数テンプレートを作成するプログラム例です。

リスト1　関数テンプレートを使う（ファイル名：grm126.cpp）

```
#include <stdio.h>
#include <string>
using namespace std;

template<class T>
int CMP( T x, T y )
{
    if ( x > y ) {
        return 1;
    } else if ( x == y ) {
        return 0;
    } else {
        return -1;
    }
}
void main( void )
{
    int x = 0, y = 1;
    printf( "max int: %d¥n", CMP( x, y ));

    string n = "bbb", m = "aaa";
    printf( "max string: %d¥n", CMP( n, m ));
}
```

リスト1のように、比較関数をテンプレートで作成すると、int型やstring型の両方に対応できます。

Tips 127
クラステンプレートを使う

▶Level ●●●
▶対応　C++　VC　g++

ここがポイントです！　template

クラスの内部で使う型に依存しないクラスを作成する場合に、クラステンプレートを利用します。

構文は、次のようになります。

```
template <class T> class {
   ...
};
```

例えば、整数値（int型）でも文字列（string型）でも同じようにリストの挿入や削除をするためのリストクラス（list）がありますが、これはクラステンプレートを利用して作られています。

テンプレート化されたクラスを利用する場合には、「<」と「>」を使います。

```
list <int> int_list ;
```

```
list <string> str_list ;
```

リスト1は、templateを使って、クラステンプレートを作成するプログラム例です。

リスト1　クラステンプレートを使う（ファイル名：grm127.cpp）

```
#include <stdio.h>

template <class T>
class INC
{
private:
    T _n ;
public:
    INC() { _n = 0; }
    T inc() {
        _n++;
        return _n;
    };
    T dec() {
        _n--;
        if ( _n < 0 ) _n = 0;
        return _n;
    }
};

void main( void )
{
    class INC<int> inc_int;

    printf( "n: %d¥n", inc_int.inc() );
    printf( "n: %d¥n", inc_int.inc() );
    printf( "n: %d¥n", inc_int.dec() );
    printf( "n: %d¥n", inc_int.dec() );
}
```

2-6 クラス

クラスとは

ここがポイントです！ クラス内変数、メソッド、継承と委譲

C++は、C言語の拡張版とも言えるので、クラスによるオブジェクト指向プログラミングと関数を使った手続き型のプログラミングの両方を混在させられます。グローバルに定義した関数や構造体は、そのままC++のクラス内でも利用ができます。

オブジェクト指向の1つの役割に、データをひとまとめにして扱い、そのデータを扱う操作メソッドを明示的にひとまとめにできるというものがあります。

委譲やパターンを使うことにより、データの扱いは必ずしもひとまとまりにならない場面も多くありますが、基本的なクラス利用の発端はデータをまとまりとして扱うことです。

●クラス内変数

クラス内だけで定義した変数は、基本はクラス内で定義したメソッドだけがアクセスできます。関数内で定義した変数がその関数内でスコープを持つように、クラス内の変数はクラスの範囲というスコープを持ちます。ちょうど、C言語で定義されている大域変数と局所変数と同じ関係がクラス内変数とメソッドにはあります。

```
class A {
    int _a ;
public:
    void init() { _a = 0; }
    void inc() { _a++; }
    void dec() { _a--; }
};
```

クラスAの中で、クラス内変数_aへのアクセスを3つのメソッド（init/inc/dec）が共有しています。内部で扱うデータをスコープとして局所的にとどめることがクラスの役割になります。

●メソッド

クラス内変数を扱うためのメソッドは、単純にデータを操作するための役割だけではありません。メソッドを外部に公開（public）するか非公開（private）にするか否かで、データの操作を局所化できます。

C言語では、バラバラに存在するデータと関数との関係をクラス化によって関連のあるものとして扱えるようになります。

実際のアプリケーション設計でC++を使う場合は、このデータをまとまりとして扱うためのクラスと、データを手順よく操作するためのクラスあるいは関数を分離していきます。

どちらもクラスという設計になりますが、APIとしての単一のライブラリ設計とそれらのライブラリを組み合わせて複雑な動作をする設計との違いになります。

●継承と委譲

C++のクラス解説では「継承」が主眼となることが多いのですが、過剰なスーパー基底クラス（なんでも詰め込んで肥大化したクラス）を避けるために「委譲」パターンも同時に学ぶとよいでしょう。

委譲は、クラス内で行う動作を別のクラスやメソッドにゆだねることです。もともとはクラス内での動作を外部から切り替えて扱うための方法でしたが、クラスをほどよく分離するための手段としても利用できます。

C++の場合は、関数ポインタやラムダ式を使って委譲パターンを使っていきます。かつてのJavaでは、リスナークラスなどのインターフェースを使った委譲パターンが多かったのですが、C++ではグローバルに定義できる関数を利用できるため委譲を使うときの手順が楽になっています。

なお、最近のJava8やC#の場合はラムダ式や無名クラスを使います。

基底クラスを作成する

ここがポイントです！ class

C++ではクラスを作って、オブジェクト指向プログラミングができます。

クラスには、継承元となる基底クラス（ベースクラス）と継承先のクラス（サブクラス）があります。

C++のクラスでは、変数とメソッドを記述できますが、公開するメソッドは「public:」に続けて記述します。C++のクラスでは既定が「private:」となっているために、非公開のメソッドになります。

基底クラスを作成する構文は、次のようになります。

```
class CLASS
{
  ...
};
```

リスト1は、classを使って、基底クラスを作成するプログラム例です。

リスト1　基底クラスを作成する（ファイル名：grm129.cpp）

```
#include <iostream>
using namespace std;

class Base {
private:
    int m_val;
public:
    Base() { m_val = 0; }
    ~Base() {;}
    int getValue() {
        return m_val;
    }
    int setValue( int v ) {
        return m_val = v;
    }
};
void main( void )
{
    Base b;

    cout << "val: " << b.getValue() << endl;
    b.setValue( 10 );
    cout << "val: " << b.getValue() << endl;
}
```

さらにワンポイント

クラスからオブジェクトを作成するときは、int型などと同じように自動変数として使うことができます。このとき、ブロック（「{}」で囲まれた部分）から抜け出すときに、デストラクタが実行されます。new演算子を使ってオブジェクトを作成したときには、delete演算子を使い明示的にオブジェクトを解放します。

Tips 130 単一のクラスを継承したクラスを作成する

▶Level ●○○

▶対応 C++ VC g++

ここがポイントです！ class、public/private、単一継承

クラスを継承するときは「:」を使います。このとき、「public」を指定すると基底クラス（ベースクラス）の各メンバが公開になります。

基底では「private」となり、非公開のメンバとなります。

構文は、次のようになります。

```
class SUB : public BASE
{
  ...
};
```

リスト1は、単一のクラスを継承したクラスを作成するプログラム例です。

▼単一の継承

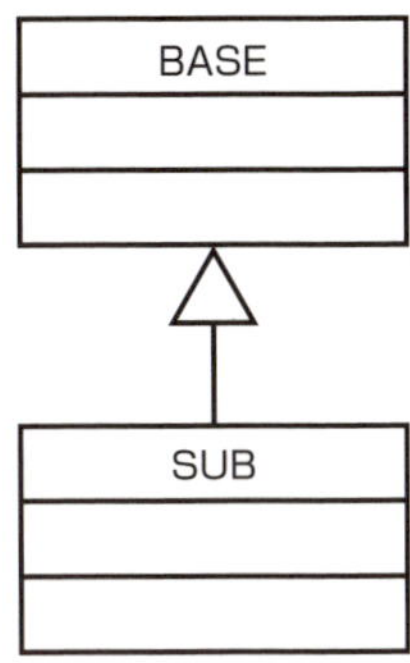

リスト1 単一のクラスを継承したクラスを作成する（ファイル名：grm130.cpp）

```
#include <iostream>
using namespace std;

class Base {
protected:
    // 継承先のクラスで使うように protected にしておく
    int m_val;
public:
    Base() { m_val = 0; }
    ~Base() {;}
    int getValue() {
        return m_val;
    }
    int setValue( int v ) {
        return m_val = v;
    }
};

// Base クラスのメソッドを使うので public で継承する
class Sub : public Base
{
public:
    Sub(){;}
    int addValue( int x ) {
        // Base クラスのメンバ変数を変更
        return m_val += x;
```

```
    }
};

void main( void )
{
    Sub  sub;

    cout << "val: " << sub.getValue() << endl;
    sub.setValue( 10 );
    cout << "val: " << sub.getValue() << endl;
    sub.addValue( 10 );
    cout << "val: " << sub.getValue() << endl;
}
```

リスト2 実行結果

```
val: 0
val: 10
val: 20
```

基底クラスでprivateで指定されたメンバは、継承先のクラスでは利用できません。継承先で利用する可能性があるメソッドは、protectedにして継承したクラスだけが利用できるようにしておきます。

複数のクラスを継承したクラスを作成する

ここがポイントです！ **class、public/private、多重継承**

C++では、継承先のクラスを2つ以上選べます。JavaやC#ではない「多重継承」という機能です。継承元のクラスは、通常のクラス以外にも純粋関数を含むインターフェイスのクラスも指定できます。

構文は、次のようになります。

```
class SUB : public BASE1, public BASE2
{
  ...
};
```

リスト1は、classを使って、多重継承したクラスを作成するプログラム例です。

▼多重継承

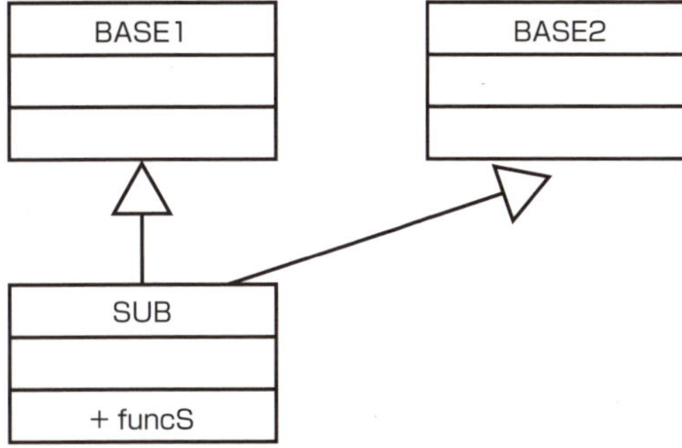

リスト1 複数のクラスを継承したクラスを作成する（ファイル名：grm131.cpp）

```
#include <iostream>
using namespace std;

class Base1 {
protected:
    int m_val;
public:
    Base1() { m_val = 0; }
    ~Base1() {;}
    int getValue() { return m_val; }
    int setValue( int v ) { return m_val = v; }
};

class Base2 {
protected:
    int m_val;
public:
    Base2() { m_val = 0; }
    ~Base2() {;}
    int addValue( int x ) { return m_val += x; }
};


class Sub : public Base1, public Base2
{
public:
    Sub(){;}
};

void main( void )
{
    Sub  sub;

    cout << "val: " << sub.getValue() << endl;
    sub.setValue( 10 );
```

```
    cout << "val: " << sub.getValue() << endl;
    int v = sub.addValue( 10 );
    cout << "val: " << v << endl;
}
```

リスト2 実行結果

```
val: 0
val: 10
val: 10
```

さらにワンポイント 多重継承は、継承元のメンバの重複の問題があり、避けられているオブジェクト指向の機能の1つです。しかし、インターフェイスとクラスとを区別せずにできるシームレスなC++の機能と言えます。メンバの重複を避けるために、継承の数を深くしないように注意して使ってください。

Tips 132 ▶Level ●○○ ▶対応 C++ VC g++

クラスのメンバを公開する

ここがポイントです！ publicラベル

クラスのメンバ（変数やメソッド）を公開するには「public」を使います。ラベルのように「public:」と記述し、それに続くメンバが公開の対象になります。

```
class CLASS
{
public:
   int x ;       // 公開する変数
   int func();   // 公開するメソッド
};
```

UMLのクラス図では、「+」を付けて表します。

リスト1は、publicを使って、クラスのメンバを公開するプログラム例です。

▼パブリックメンバ

CLASS
+ x:int
+ func():int

リスト1　クラスのメンバを公開する（ファイル名：grm132.cpp）

```
#include <iostream>
using namespace std;

class Base {
private:
    int m_val;

    void Reset() {
        m_val = 0;
    }

public:
    Base() { m_val = 0; }
    ~Base() {;}
    int getValue() {
        return m_val;
    }
    int setValue( int v ) {
        return m_val = v;
    }
};
void main( void )
{
    Base b;

    cout << "val: " << b.getValue() << endl;
    b.setValue( 10 );
    cout << "val: " << b.getValue() << endl;
    // b.Reset(); // コンパイルエラーになる
}
```

リスト2　実行結果

```
val: 0
val: 10
```

C++のクラスでは既定が非公開（private）になっています。非公開のメンバをアクセスしようとすると、コンパイルエラーになります。

クラスのメンバを非公開にする

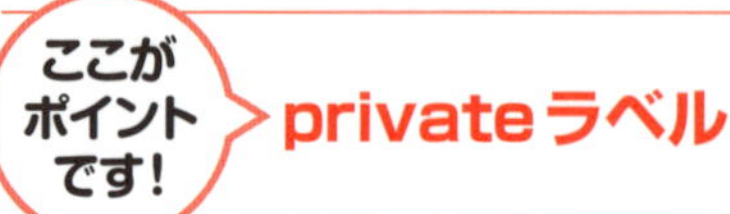

privateラベル

クラスのメンバ（変数やメソッド）を非公開にするには、privateを使います。クラスの内部だけで使う変数やメソッドに対して利用します。

```
class CLASS
{
private:
    int x ;        // 非公開の変数
    int func();    // 非公開のメソッド
};
```

UMLのクラス図では「-」を付けて表します。
リスト1は、privateを使って、クラスのメンバを非公開にするプログラム例です。

▼プライベートメンバ

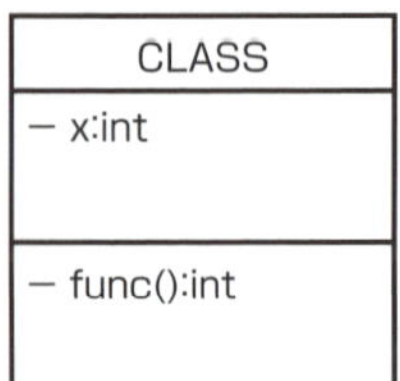

リスト1　クラスのメンバを非公開にする（ファイル名：grm133.cpp）

```
#include <iostream>
using namespace std;

class Base
{
    int m_val;          // プライベートメンバ

public:
```

```
    Base() { m_val = 0; }

    int getValue( void ) { return m_val; }
    int setValue( int v ) { return m_val = v; }

private:
    void calc( void ) { m_val *= 2; }
public:
    int Calc( void ) {
        calc();
        return m_val;
    }
};


void main( void )
{
    Base a;

//    a.m_val = 10;                              // エラー
//    cout << "val: " << a.m_val << endl; // エラー
    a.setValue( 10 );
    cout << "val: " << a.getValue() << endl;

//    a.calc();                                   // エラー
    a.Calc();
    cout << "val: " << a.getValue() << endl;
}
```

リスト2 実行結果

```
val: 10
val: 20
```

非公開のメンバにアクセスしようとするとコンパイルエラーになります。このため、プログラムのコーディング時にアクセスの制限を行うことができます。

クラスのメンバを継承先にのみ公開する

ここがポイントです！ protectedラベル

クラスのメソッドを非公開（private）で指定すると、継承先のクラスではそれらのメンバにアクセスできません。クラスの外には非公開であるが、継承先のクラスにだけ公開したいときに、protectedを使います。

UMLのクラス図では「#」を付けて表します。

```
class CLASS
{
protected:
   int x ;        // 継承先のみ公開
   int func();    // 継承先のみ公開
};
```

UMLのクラス図では「#」を付けて表します。

リスト1は、protectedを使って、クラスのメンバを継承先にのみ公開するプログラム例です。

▼プロテクトメンバ

CLASS
x:int
func():int

リスト1　クラスのメンバを継承先にのみ公開する（ファイル名：grm134.cpp）

```
#include <iostream>
using namespace std;

class Base {
private:
    int m_val;                                   // 継承不可能

protected:
    int getValue() { return m_val; }             // 継承可能
protected:
```

```
    int setValue(int v) { return m_val = v; }     // 継承可能
public:
    Base() {
        m_val = 0;
    }
};

class Sub : public Base {
public:
    Sub() {;}
//    int nouseGetValue() { return m_val; }                 // エラー
//    int nouseSetValue( int v ) { return m_val = v; }     // エラー
    int useGetValue() { return getValue(); }
    int useSetValue(int v) { return setValue(v); }
};

void main( void )
{
    Sub a;

//    a.m_val = 10;            // エラー
//    a.setValue( 10 );        // エラー
    a.useSetValue( 10 );
    cout << "useGetValue: " << a.useGetValue() << endl;
}
```

リスト2　実行結果

```
useGetValue: 10
```

さらにワンポイント　継承される可能性があるクラスは、できるだけprotectedで指定しておきます。不用意に非公開（private）で指定してしまうと、継承したときにメンバにアクセスしにくくなり、無駄に公開メソッドを利用することになります。ただし、protectedのメンバにすると、その変数は継承先で不意に変更される可能性が出てきます。protectedを利用する場合は、変数の扱いに注意していきましょう。

公開されるクラスを指定する

通常、継承元の非公開メンバ（privateメンバ）は、継承先のクラスでは利用できません。しかし、あらかじめクラス名が分かっていれば「friend」を指定することで、指定したクラスにのみ公開が可能です。

```
class BASE
{
friend class SUB;
private:
  int x;
  ...
};
```

```
class SUB : BASE
{
  int func() {
    int n = x;  // 規定クラスのメンバを利用

  }
  ...
};
```

リスト1は、friendを使って、公開対象となるクラスを指定する例です。

リスト1　公開されるクラスを指定する（ファイル名：grm135.cpp）

```
#include <iostream>
using namespace std;

class Base {
    friend class SubA;
private:
    int m_val;                                          // 継承不可能
private:
    int setValue( int v ) { return m_val = v; }
public:
    int getValue() { return m_val; }
public:
    Base() {
        m_val = 0;
```

```
    }
};

class SubA : public Base {
public:
    SubA() { ; }

    int useGetValue() { return m_val; }
    int useSetValue(int v) { return m_val = v; }
};
class SubB : public Base {
public:
    SubB() { ; }

//    int useGetValue() { return m_val; }     // エラー
//    int useSetValue(int v) { return m_val = v; }     // エラー
};

void main( void )
{
    SubA a;
    SubB b;

    cout << "a.getValue: " << a.getValue() << endl;
//    a.setValue( 10 );          // エラー
    a.useSetValue( 10 );
    cout << "a.useGetValue: " << a.useGetValue() << endl;
}
```

リスト2 実行結果

```
a.getValue: 0
a.useGetValue: 10
```

さらにワンポイント リスト1では、基底のBaseクラスをSubAとSubBの2つのクラスで継承しています。ただし、BaseクラスでSubAクラスをfriend指定しているために、非公開のメンバ「m_val」を利用できます。friend指定されていないSubBクラスでは、変数m_valを使うと、コンパイルエラーになります。

継承先のメソッドを呼び出す

ここがポイントです！ virtual修飾子

継承先のクラスでメソッドをオーバーライドしたときには、継承先のメソッドが呼び出されます。しかし、new演算子を利用して作成したオブジェクトを基底クラスにキャストしたときには、publicで指定しただけでは基底クラスのメソッドが呼び出されてしまいます。

これを継承先のメソッドを呼び出すようにするためには、「virtual」を指定します。

```
class BASE
{
public:
  virtual int func() {
    ...
  }
    ...
};
```

```
class SUB : BASE
{
public:
  int func() {
    ...
  }
};
```

リスト1は、virtualを使って、継承先のメソッドを呼び出すプログラム例です。

リスト1　継承先のメソッドを呼び出す（ファイル名：grm136.cpp）

```
#include <iostream>
#include <string>
using namespace std;

class Base
{
public:
    void func(void) {
        cout << "func in Base" << endl;
    }
    virtual void vfunc(void) {
        cout << "vfunc in Base" << endl;
    }
```

```
};

class Sub : public Base
{
public:
    void func(void) {
        cout << "func in Sub" << endl;
    }
    void vfunc(void) {
        cout << "vfunc in Sub" << endl;
    }
};

void main( void )
{
    Sub a;
    a.func();
    a.vfunc();

    Base *b = new Sub();     // 基底クラスで受ける
    b->func();               // 基底クラスのメソッド呼び出し
    b->vfunc();              // 継承先クラスのメソッド呼び出し
    delete b;
}
```

リスト2 実行結果

```
func in Sub
vfunc in Sub
func in Base
vfunc in Sub
```

さらにワンポイント リスト1では、publicのみで指定されたfunc関数と、virtual指定されたvfunc関数を定義しています。これを継承したときには、自動変数aでは、継承先のメソッドが呼び出されます。しかし、new演算子を使い、Baseクラスを使ったときには動作が異なります。Javaや C#の場合には、常に継承先のメソッドが呼び出されるので、移植時には注意してください。あらかじめメソッドがオーバーライドされて使われることを想定している場合は、virtual指定しておくと便利です。

クラスに固定化された変数を指定する

ここがポイントです！ **static修飾子（クラス変数）**

通常、クラスのメンバ（変数やメソッド）はオブジェクトごとに作成されますが、static指定をすることで、唯一のメンバになります。

```
class CLASS
{
public:
  static int x;
  ...
};
```

変数の場合には、「クラス変数」と呼ばれ、シングルトンのパターンに使われます。
リスト1は、staticを使って、クラス変数を作成する例です。

リスト1　クラスに固定化された変数を指定する（ファイル名：grm137.cpp）

```
#include <iostream>
using namespace std;

class Base {
    static int m_inst;
    int m_val;
public:
    Base() { m_val = m_inst++ ;}
    int getValue() { return m_val; }
};

int Base::m_inst = 0;

void main( void )
{
    Base a[3];

    cout << "a[0].getValue: " << a[0].getValue() << endl;
    cout << "a[1].getValue: " << a[1].getValue() << endl;
    cout << "a[2].getValue: " << a[2].getValue() << endl;
}
```

リスト１では、Baseクラスのオブジェクトを３つ作成していますが、getValueメソッドを呼び出したとき、内部のメンバが１ずつ加算されています。

クラスに固定化されたメソッドを指定する

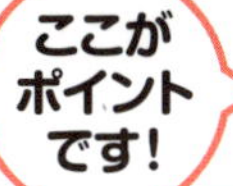

static修飾子（クラスメソッド）

クラスに固有のメソッドを作成するには、staticで修飾します。「CLASS::func()」のように、「スタティックメソッド」あるいは「静的関数」と呼ばれ、通常の関数と同様に使えます。

```
class CLASS
{
public:
    static int func() {
      ...
   }
   ...
};
```

リスト１は、staticを使って、クラスメソッドを作成する例です。

リスト１　クラスに固定化されたメソッドを指定する（ファイル名：grm138.cpp）

```
#include <iostream>
using namespace std;

class Base {
    int m_val;
public:
    Base() { m_val = 0; }

    int setValue( int v ) { return m_val = v; }
    int getValue() { return m_val; }
    static int plus( int x, int y ) { return x+y; }
};
void main( void )
{
    Base a;

    a.setValue( 10 );
```

```
    cout << "a.getValue: " << a.getValue() << endl;
    cout << "a.plus: " << a.plus( 10, 20 ) << endl;
    // クラス名を使って static method を使う
    cout << "Base::plus: " << Base::plus( 10, 20 ) << endl;
}
```

さらにワンポイント

リスト1では、2種類のスタティックメソッドの使い方を示しています。局所変数を使って「a.plus(...)」のように指定する方法と、「Base::plus(...)」のようにクラス名を指定する方法です。どちらの方法でも同じメソッドが呼び出されます。

Tips 139

▶Level ●○○

▶対応 C++ VC g++

クラスの生成時にメソッドを作成する

ここがポイントです！ **コンストラクタ**

クラスからオブジェクトを作成するときに、コンストラクタという特別なメソッドが呼び出されます。

コンストラクタは、引数のないものだけではなく、引数を持つコンストラクタも作れます。

```
class CLASS
{
public:
  CLASS() {
    ...
  }
  ...
};
```

リスト1は、コンストラクタを使って、クラスの生成時にメソッドを作成するプログラム例です。

リスト1 クラスの生成時にメソッドを作成する（ファイル名：grm139.cpp）

```
#include <iostream>
using namespace std;

class Base {
    int m_val;
public:
    Base() {
```

```
        cout << "Base::constractor" << endl;
        m_val = 0; }
    Base( int v ) {
        cout << "Base::constractor v: " << v << endl;
        m_val = v; }
    int setValue( int v ) { return m_val = v; }
    int getValue() { return m_val; }
};
void main( void )
{
    Base a;
    cout << "a.getValue: " << a.getValue() << endl;

    Base b( 10 );
    cout << "b.getValue: " << b.getValue() << endl;

//     Base b( "val" );          // エラー
}
```

リスト2 実行結果

```
Base::constractor
a.getValue: 0
Base::constractor v: 10
a.getValue: 10
```

リスト1では、引数がないコンストラクタと、内部変数を初期化するための引数を指定するコンストラクタの2種類を定義しています。コンストラクタで、内部変数を初期化する場合には、次のように書くことができます。

```
class Base {
        int m_val;
public:
    Base(), m_val(0) {}
    ...
};
```

Tips 140 ▶Level ●○○ ▶対応 C++ VC g++

クラスの消滅時のメソッドを作成する

ここがポイントです！ デストラクタ

クラスのオブジェクトが解放されるときには、デストラクタという特別なメソッドが呼び出されます。

デストラクタは、自動変数がブロックから外れるとき、あるいはdelete演算子でオブジェクトが解放されたときに呼び出されます。

```
class CLASS
{
public:
   ~CLASS() {
      ...
   }
   ...
};
```

リスト1は、デストラクタを使って、クラスの消滅時に処理を実行する例です。

リスト1　クラスの消滅時のメソッドを作成する（ファイル名：grm140.cpp）

```
#include <iostream>
using namespace std;

class Base {
     int m_val;
public:
     Base() {
          cout << "Base::constractor" << endl;
           m_val = 0; }
     ~Base() {
          cout << "Base::destractor" << endl;
     }
     int setValue( int v ) { return m_val = v; }
     int getValue() { return m_val; }
};
void main( void )
{
     Base a;
     cout << "a.getValue: " << a.getValue() << endl;

     Base *b = new Base();
```

```
    cout << "b->getValue: " << b->getValue() << endl;
    delete b;
}
```

実行結果

```
Base::constractor
a.getValue: 0
Base::constractor
b->getValue: 0
Base::destractor
Base::destractor
```

リスト1を見ると、デストラクタが2回呼び出されていることが分かります。1つは「Base a;」で定義された局所変数が自動的に解放されるとき、もう1つがdelete演算子でオブジェクトを解放したときになります。

Tips 141

継承先でメソッドをオーバーライドする

▶Level ●●○
▶対応 C++ VC g++

ここがポイントです！ オーバーライド

継承元のメソッドと同じ名前のメソッドを作成することを「オーバーライド」と言います。同じ名前を指定することで、メソッドの動きを変更できます。

```
class BASE
{
public:
  int func() {...}
};
```

関数のオーバーライドは、次のようになります。

```
class SUB : public BASE
{
public:
  int func() {...}
}
```

なお、同じ名前のメソッドをprivateで指定することで、継承元で公開されているメソッドを非公開にできます。

リスト1は、継承先でメソッドをオーバーライドするプログラム例です。

リスト1 継承先でメソッドをオーバーライドする(ファイル名：grm141.cpp)

```
#include <iostream>
using namespace std;

class Base {
protected:
    // 継承先のクラスで使うように protected にしておく
    int m_val;
public:
    Base() { m_val = 0; }
    ~Base() {;}
    int getValue() {
        return m_val;
    }
    int setValue( int v ) {
        return m_val = v;
    }
};

// Base クラスのメソッドを使うので public で継承する
class Sub : public Base
{
public:
    Sub(){;}
    int addValue( int x ) {
        // Base クラスのメンバ変数を変更
        return m_val += x;
    }
    // 関数のオーバーライド
    int setValue( int v ) {
        if ( v < 0 ) v = 0;
        m_val = v;
        return m_val;
    }
};

void main( void )
{
    Sub  sub;

    cout << "val: " << sub.getValue() << endl;
    sub.setValue( 10 );
    cout << "val: " << sub.getValue() << endl;
    sub.addValue( -10 );
    cout << "val: " << sub.getValue() << endl;
}
```

リスト2 実行結果

```
val: 0
val: 10
val: 0
```

リスト1では、Baseクラスで定義されているsetValueメソッドを、Subクラスでオーバーライドしています。このように、メソッドの動きを変えることができます。なお、名前が同じで引数が異なるメソッドを定義することを「オーバーロード」あるいは「多重定義」と言います。

Tips 142 ▶Level ●●● ▶対応 C++ VC g++

継承先で演算子をオーバーライドする

ここがポイントです！ operator

C++では、「+」や「-」のような演算子もオーバーライド（再定義）できます。
演算子を再定義することで、プログラムのコードが簡潔に表せます。

```
class CLASS
{
public:
  CLASS & operator = ( int n ) { ... }
  ...
};
```

リスト1は、operatorを使って、演算子をオーバーライドする例です。

リスト1 継承先で演算子をオーバーライドする（ファイル名：grm142.cpp）

```
#include <iostream>
#include <strstream>
#include <string>
using namespace std;

class Base {
private:
    string m_val;
public:
    Base() { m_val = ""; }
    Base & operator = ( char *v ) {
```

```
        m_val = v; return *this; }
    Base & operator + ( char *v ) {
        m_val += v; return *this; }
    Base & operator + ( int n ) {
        strstream s;
        s << n << ends;
        m_val += s.str();
        return *this;
    }
    string getValue() {
        return m_val; }
};

void main( void )
{
    Base a;

    a = "Hello, ";
    cout << a.getValue() << endl;
    a = a + "world.";
    cout << a.getValue() << endl;
    a = a + 1;
    a = a + "st?";
    cout << a.getValue() << endl;
}
```

リスト2 実行結果

```
Hello,
Hello, world.
Hello, world.1st?
```

リスト1では、=演算子と+演算子をオーバーライドしています。演算子のオーバーライドは、コードが簡潔になる反面、想像しにくい演算子の使い方をすると却って可読性が悪くなります。
演算子をオーバーライドするときは、+演算子ならば「加算」をイメージさせるもの、=演算子ならば代入をイメージさせるもの、というように、もともとの演算子の意味から想像できる使い方に留めましょう。

Tips 143 ▶Level ●○○ ▶対応 C++ VC g++

クラスからオブジェクトを作成する

ここがポイントです！ new演算子

クラスからオブジェクトを作成するときに、new演算子を使います。

new演算子では、クラスのデフォルトコンストラクタ（引数なしのコンストラクタ）や、引数のあるコンストラクタを指定できます。

構文は、次のようになります。

```
CLASS *p = new CLASS();
CLASS *p = new CLASS(10);
```

リスト1は、new演算子を使って、クラスからオブジェクトを作成するプログラム例です。

リスト1　クラスからオブジェクトを作成する（ファイル名：grm143.cpp）

```
#include <iostream>
using namespace std;

class Base {
private:
    int m_val;
public:
    Base() { m_val = 0; }                // デフォルトコンストラクタ
    Base( int n ) {    m_val = n; }      // 引数を持つコンストラクタ
    ~Base() { ; }                        // デストラクタ

    int getValue() { return m_val; }
    int setValue( int v ) { return m_val = v; }
    int addValue( int v ) { return m_val += v; }
};

void main( void )
{
    Base *a = new Base();
    Base *b = new Base(10);

    cout << "a->getValue: " << a->getValue() << endl;
    cout << "b->getValue: " << b->getValue() << endl;

    a->addValue( 20 );
    cout << "a->getValue: " << a->getValue() << endl;
    cout << "b->getValue: " << b->getValue() << endl;
```

```
    delete a, b;
}
```

new演算子で取得したオブジェクトは、自動では解放されません。必ずdelete演算子使って解放してください。

オブジェクトを破棄する

delete演算子

new演算子で取得したオブジェクトは、delete演算子で解放します。

```
CLASS *p = new CLASS();
delete p;
```

オブジェクトの配列を取得した場合は、「delete []」で解放します。

```
CLASS *p = new CLASS[10]();
delete [] p;
```

リスト1は、delete演算子を使って、オブジェクトを破棄するプログラム例です。

リスト1 オブジェクトを破棄する(ファイル名:grm144.cpp)

```
#include <iostream>
using namespace std;

class Base {
private:
    int m_val;
public:
    Base() { m_val = 0; }                  // デフォルトコンストラクタ
    Base( int n ) {    m_val = n; }        // 引数を持つコンストラクタ
    ~Base() {                              // デストラクタ
        cout << "Base::~Base()" << endl;
    }
```

```
    int getValue() { return m_val; }
    int setValue( int v ) { return m_val = v; }
    int addValue( int v ) { return m_val += v; }
};

void main( void )
{
    Base *a = new Base();
    a->setValue(0);
    delete a;      // 解放

    Base *b = new Base[5]();
    for ( int i=0; i<5; i++ )
    {
        b[i].setValue(0);
    }
    // 解放
    delete [] b;
}
```

クラス内で自分自身を示すポインタを利用する

ここがポイントです！ thisポインタ

クラス内で自分自身のポインタを利用する場合は、thisポインタを使います。メソッドの内部変数と、メンバ変数を区別するためにthisポインタを利用するとよいでしょう。

メンバ変数を参照する構文は、次のようになります。

```
this->m_member ;
```

メンバ関数を呼び出す構文は、次のようになります。

```
this->func() ;
```

また、Visual C++のような統合開発環境では、thisポインタを使うとソースコードの保管機能を利用できるため、タイピングミスを減らすこともできます。

リスト1は、thisポインタを使って、クラス内で自分自身のポインタを利用するプログラム例です。

リスト1　クラス内で自分自身のポインタを利用する（ファイル名：grm145.cpp）

```
#include <iostream>
using namespace std;

class Base {
private:
    int m_val;

public:
    Base() { m_val = 0; }
    int getValue() {
        return this->m_val;
    }
    int setValue( int v ) {
        return this->m_val = v;
    }
};
void main( void )
{
    Base b;

    cout << "val: " << b.getValue() << endl;
    b.setValue( 10 );
    cout << "val: " << b.getValue() << endl;
}
```

リスト2　実行結果

```
val: 0
val: 10
```

さらにワンポイント クラスを継承している場合に、親クラスのメソッドを呼び出すときは、「親クラス名::関数名」のように親クラスの名前を付けて呼び出します。

```
class Base {
public:
    void func() { ... }
};
class Sub : public Base {
public:
    void func() { ... }

    void call() {
        // 自分のメソッドを呼び出す
        this->func();
        // 親クラスのメソッドを呼び出す
        Base::func();
    }
}
```

継承先で作成すべきメソッドを指定する

ここがポイントです！ **純粋関数/virtual**

JavaやC#のインターフェイスのように、継承先でメソッドの定義を強制させるときには、純粋関数を使います。virtual指定を行い、関数のプロトタイプの後に「= 0」を記述します。

```
class CLASS
{
public:
  virtual int func() = 0;
  ...
};
```

このクラスを継承して実クラスにするときは、純粋関数を定義しなければいけません。関数定義をしない場合は、コンパイルエラーになります。

リスト1は、virtualを使って、純粋関数を作成する例です。

リスト1 継承先で作成すべきメソッドを指定する（ファイル名：grm146.cpp）

```
#include <iostream>
```

```
using namespace std;

class Base {
public:
    // 継承先のクラスのインターフェースを記述する
    virtual int getValue( void ) = 0;
    virtual int setValue( int v ) = 0;
};

class Sub : public Base {
private:
    int m_val;
public:
    Sub() { m_val = 0; }

    int getValue( void ) { return m_val; }
    int setValue( int v ) { return m_val = v; }
};

void main( void )
{
    Sub a;
    a.setValue( 10 );
    cout << "a.getValue: " << a.getValue() << endl;

    // インターフェースを利用してアクセスも可能
    Base *b = new Sub();
    b->setValue( 20 );
    cout << "b->getValue: " << b->getValue() << endl;
    delete b;
}
```

リスト2 実行結果

```
a.getValue: 10
b->getValue: 20
```

リスト1では、Baseクラスでメソッドの宣言を行った後、継承先のSubクラスで書くメソッドを定義しています。

2-7 例外

例外処理とは

ここがポイントです！
try/catch、throw、noexcept

C++で使われる例外処理は、ブロック内で発生したエラーを「例外」として取り扱うことができます。

関数やクラスのメソッドを呼び出したときに、処理をしているうちにエラーが発生したかどうかを戻り値で判断もできますが、ほとんどの場合には正常動作をする（ほとんどエラーが発生しない）ときには例外処理を使います。

例外のブロックは、処理手順を順序良く並べるための良い記述方法ではありますが、一般に例外処理は実行時に行われるため、処理コストの高いコードとなるので使い分けが必要です。

▼エラーを戻り値で判別

```
if ( 処理1(...) != OK ) {
   // 例外処理
} else if ( 処理2(...) != OK ) {
   // 例外処理
} else if ( 処理3(...) != OK ) {
   // 例外処理
}
```

▼エラーを例外で処理する

```
try {
   処理1(...);
   処理2(...);
   処理3(...);
} catch (例外) {
   // 例外処理
}
```

C/C++のライブラリに合わせて処理が変わることに注意しましょう。

●例外を捕らえる（try-catch）

例外が発生するライブラリや関数をtryブロック内に指定して、例外の発生時にcatchブロックで処理をします。tryブロックは、通常のブロック（「{」と「}」の範囲）と同じようにスコープとして扱われます。このため、tryブロック内で定義した変数やオブジェクトはtryブロックの外側では使うことができません。

tryブロックで取得した処理結果をcatchブロック内で使いたいときには、これらのブロックで変数などを定義する必要があります。

●例外を投げる（throw）

関数やクラスのメソッドで例外を発生させるためにthrowを使います。例外をthrowで発生させると関数をただちに抜き出します。そして例外オブジェクトを関数の呼び出し元に渡します。

▼例外の発生

```
void func()
{
    ...
    throw overflow_error("オーバーフローが発生");
    ...
}
```

その関数やクラスのメソッドがどのような例外を発生するかを、プロトタイプ宣言で定義できます。プロトタイプ宣言の後ろにthrowで発生する例外を記述することにより呼び出し元の関数でtry-catch処理を行うことを求めています。

▼発生する例外を宣言

```
void func() throw( overflow_error )
```

コンパイルする処理系にもよりますが、throwで指定した以外の例外を発生したときの動作がVCとg++では異なるので注意してください。g++の場合は、terminalが呼び出されプログラムが停止されますが、Visual C++の場合は無視されてプログラムが続行します。

●例外を発生しない（noexcept）

一般に例外処理は実行コストの高い処理なので、明示的に例外が発生しないことを示すことにより、コンパイラが最適化できます。

```
void func() noexcept ;
```

プロトタイプ宣言で、noexceptを指定することによって関数内で例外が発生しないことを示します。関数内でthrowを使い、例外を発生させていたときは、コンパイルエラーが発生します。

Tips
148

▶Level ●○○
▶対応 C++ VC g++

例外処理を記述する

ここがポイントです！ **try/catch**

C++は、JavaやC#と同じように構造化例外が利用できます。

例外が発生する可能性のあるコードをtryブロックで囲み、例外が発生した場合はcatchブロックで処理をします。

```
try {
   ...
} catch ( exception &ex ) {
   ...
}
```

リスト1は、tryとcatchを使って、例外処理を記述するプログラム例です。

リスト1　例外処理を記述する（ファイル名：grm148.cpp）

```
#include <iostream>
#include <string>
using namespace std;

class Base {
private:
    int m_val;
public:
    Base() { m_val = 0; }                  // デフォルトコンストラクタ
    ~Base() { ; }                          // デストラクタ

    int getValue() { return m_val; }
    int setValue( int v ) throw ( string * ) {
        if ( v < 0 || v > 10 ) {
            throw new string("parameter is over number.");
        }
        return m_val = v;
    }
    int addValue( int v ) throw ( string * ) {
        if ( m_val + v < 0 || m_val + v > 10 ) {
            throw new string("parameter is over number.");
        }
        return m_val += v;
    }
```

```
};

void main( void )
{
    Base a;

    // 例外は発生しない
    try {
        a.setValue( 5 );
        a.addValue( 3 );
        cout << "a.getValue: " << a.getValue() << endl;
    } catch ( string *e ) {
        cout << "exception: " << *e << endl;
    }

    // 例外が発生する
    try {
        a.setValue( 5 );
        a.addValue( 10 );
        cout << "a.getValue: " << a.getValue() << endl;
    } catch ( string *e ) {
        cout << "exception: " << *e << endl;
    }
}
```

リスト2 実行結果

```
a.getValue: 8
exception: parameter is over number.
```

さらにワンポイント リスト1では、addValueメソッドを実行したとき値が一定値よりも大きければ、例外を発生させています。例外の情報をcatch文で取得できますが、これがポインタの場合にはdelete演算子などで解放することを忘れないでください。JavaやC#と違い、自動で解放されないため、例外時にnew演算子でメモリを確保したときはメモリリークが発生します。

例外を発生させる

例外を発生させるためには、throw文を使います。例外を発生するときの情報は、throwに

引き続き記述することができます。この情報は、catch文で受け取ります。
　また、例外が発生するメソッドであることを示すために、メソッド名の後にthrowを記述できます。
　なお、Javaではメソッドのthrow記述は必須ですが、C++では必須ではありません。
　例外のみを発生させる構文は、次のようになります。

```
throw ;
```

　数値で例外を発生させる構文は、次のようになります。

```
throw num;
```

　string型で例外を発生させる構文は、次のようになります。

```
throw string("error");
```

　例外が発生することを示す場合は、次のようになります。

```
void func() throw 型{
  ...
}
```

　リスト1は、throwを使って、例外を発生させるプログラム例です。

リスト1　例外を発生させる（ファイル名：grm149.cpp）

```
#include <iostream>
#include <stdexcept>
using namespace std;

class Base {
private:
    int m_val;
public:
    Base() { m_val = 0; }

    int getValue() { return m_val; }
    int setValue( int v )  {
        if ( v < 0 || v > 10 )
            throw out_of_range("parameter must be between 0 and 9.");
        return m_val = v; }
    int addValue( int v ) throw( overflow_error & ) {
        if ( m_val+v < 0  || m_val+v > 10 )
            throw overflow_error("overflow value.");
        return m_val += v; }
};
```

```
void main( void )
{
    Base a;

    // 例外が発生
    try {
        a.setValue(5);
        a.addValue(10);
        cout << "a.getValue: " << a.getValue() << endl;
    } catch ( out_of_range &e ) {
        cout << "Exception: " << e.what() << endl;
    } catch ( overflow_error &e ) {
        cout << "Exception: " << e.what() << endl;
    }
}
```

リスト2 実行結果

```
Exception: overflow value.
```

リスト1では、out_of_rangeクラスとoverflow_errorクラスを使い例外を発生させています。この2つの例外は、stdexceptで事前に定義されている例外クラスです。これらのクラスは、リスト1のようにwhatメソッドで情報を取得できます。

stdexceptで定義されている例外クラス

例外クラス	説明
domain_error	ドメインが異なる
invalid_argument	引数が異常である
length_error	配列などの長さが異常である
logic_error	ロジックが間違っている
out_of_range	指定したインデックスが範囲を超えている
overflow_error	最大値を超えている
range_error	範囲が異常である
runtime_error	ランタイムエラー
underflow_error	最小値未満である

Tips 150 ▶Level ●○○ ▶対応 C++ VC g++

例外が発生したときの情報を記述する

ここがポイントです！ exceptionクラス

throw文を使い、例外を発生させるときに数値やstring型以外の情報を渡すときには、exceptionクラスを継承して、独自の例外クラスを作ります。

例外クラスでは、whatメソッドを継承して、情報を取得できるようにします。

```
#include <exception>
class exception ;

class my_error : public exception {
  ...
public:
  virtual const char *what() const {
  // what メソッドをオーバーライド
  ...
  }
};
```

リスト1は、exceptionを使って、例外が発生したときの情報を付加する例です。

リスト1　例外が発生したときの情報を記述する（ファイル名：grm150.cpp）

```
#include <iostream>
#include <strstream>
#include <string>
#include <exception>
using namespace std;

class my_error : public exception {
private:
    string _what;
    int    _line;
    string _file;
public:
    my_error( const char *file, int line, const string &what ) {
        _file = file;
        _line = line;
        _what = what; }
    virtual const char *what() const {
        strstream s;
        s << _file << ":" << _line << " " << _what << ends;
        return s.str(); }
```

```
};


class Base {
private:
    int m_val;
public:
    Base() { m_val = 0; }

    int getValue() { return m_val; }
    int setValue( int v ) {
        if ( v < 0 || v > 10 )
            throw my_error( __FILE__, __LINE__, "parameter must be
between 0 and 9.");
        return m_val = v; }
    int addValue( int v ) {
        if ( m_val+v < 0 || m_val+v > 10 )
            throw my_error( __FILE__, __LINE__, "overflow value.");
        return m_val += v; }
};

void main( void )
{
    Base a;

    // 例外が発生
    try {
        a.setValue(5);
        a.addValue(10);
        cout << "a.getValue: " << a.getValue() << endl;
    } catch ( my_error e ) {
        cout << "Exception: " << e.what() << endl;
    }
}
```

リスト2 実行結果

```
Exception: grm150.cpp:37 overflow value.
```

リスト1では、例外が発生したときのファイル名と行番号が出力できる例外クラスを作成しています。exceptionクラスを使うことで、stdexceptで定義されているC++標準の例外クラスと同様に扱えます。

Tips 151

▶Level ●○○
▶対応 C++ VC g++

すべての例外を取得する

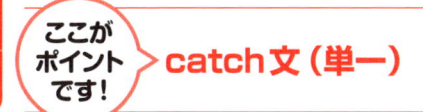

ここがポイントです！ catch文（単一）

すべての例外をキャッチするためには、「catch(...)」と記述します。

例外をキャッチする必要はあるが情報自体は必要がないとき、あるいはその他の例外をキャッチするときに使います。

```
try {
   ...
} catch ( ... ) {
   ...
}
```

リスト1は、catchを使って、すべての例外をまとめて取得するプログラム例です。

リスト1　すべての例外を取得する（ファイル名：grm151.cpp）

```
#include <iostream>
#include <stdexcept>
using namespace std;

class Base {
private:
    int m_val;
public:
    Base() { m_val = 0; }

    int getValue() { return m_val; }
    int setValue( int v )  {
        if ( v < 0 || v > 10 )
            throw out_of_range("parameter must be between 0 and 9.");
        return m_val = v; }
    int addValue( int v ) throw( overflow_error & ) {
        if ( m_val+v < 0  || m_val+v > 10 )
            throw overflow_error("overflow value.");
        return m_val += v; }
};

void main( void )
{
    Base a;

    // 例外が発生
```

```
    try {
        a.setValue(5);
        a.addValue(10);
        cout << "a.getValue: " << a.getValue() << endl;
    } catch ( ... ) {
        cout << "例外が発生" << endl;
    }
}
```

複数の例外を別々に取得する

例外のクラスごとに、catchブロックを分けることができます。

キャッチする例外クラスを指定して、複数のcatchブロックを指定して、例外の種類で条件分岐ができます。

```
try {
  ...
} catch (例外1) {
  ...
} catch (例外2) {
  ...
}
```

リスト1は、catchを使って、複数の例外を別々に取得するプログラム例です。

リスト1　複数の例外を別々に取得する（ファイル名：grm152.cpp）

```
#include <iostream>
#include <vector>
#include <exception>
using namespace std;

void main( void )
{
    vector <int> vec(10);
    int i;

    for ( i=0; i<vec.size(); i++ ) vec[i] = i;

    try {
```

```
        cout << "vec.at(5): " << vec.at(5) << endl;
        cout << "vec.at(-1): " << vec.at(-1) << endl;
    } catch ( out_of_range &e ) {
        cout << "Exceptoin: " << e.what() << endl;
    } catch ( exception &e ) {
        cout << "Exceptoin: " << e.what() << endl;
    }
}
```


さらにワンポイント

プログラムで例外が発生する場合、重要度のレベルがあります。例えば、例外が発生してもプログラムが続行可能である場合と、ユーザーにエラーメッセージを表示してプログラムを終了させなければいけない場合などです。このような場合に、それぞれの例外に応じて処理を分けます。

Column　C++は、JavaやC#と何が違うのか？

本質的には「オブジェクト指向言語」という括りになるので、同じものですが、表面上の大きな違いが2点あります。

1つ目は、JavaやC#は、VM（Virtual Machine）上で動く言語で、C++はマシン語にコンパイルできる言語です。このためにJavaやC#は、C++よりも実行時に若干遅くなることがあります。しかし、現在のコンピュータのCPUパワーを考えると、あまり大きな差は出ません。ただし、組み込みシステム（家電など）のメモリが少ない環境や、リアルタイム処理（通信制御のインフラ部分など）が必要な場合には、C++のようにネイティブのマシン語に変換されて実行されないとスピードが出ないことがあります。

2つ目は、ポインタの利用です。C#ではboxingの構文を使ってポインタを使えますが、一般的ではありません。通常はガベージコレクションを利用した自動的なメモリ管理をします。C++では、ガベージコレクションはありませんが、逆にポインタを活かして高速な処理をこなしたり、外部デバイスとの通信（ポートアクセスや割り込み処理）を行います。

Column 今、C言語の使いどころは？

元々はOSの記述言語でしたが、LinuxやWindowsなどのプラットフォームが確立した現状では、デバイスドライバの記述や、組み込みシステムで多く使われます。

特にリアルタイム処理が必要な機器では、JavaやC#のようなVM（Virtual Machine）を利用する言語では遅延が激しいため、割り込み処理ができるC言語が使われています。

また、既存のUnixのシステムではC言語が使われていたため、そのメンテナンスのために多く使われています。

JavaからC言語のライブラリを扱うJniや、.NET言語（C#やVisual Basic）を仲介させるためのC++/CLIなど、高速化のためのライブラリなどを扱う場合も、C言語に近いものを使います。

標準関数の極意

3-1 高水準ストリーム

Tips 153

高水準ストリーム・低水準ストリームとは

▶Level ●○○
▶対応 C C++ VC g++

ここがポイントです！ **ファイルポインタ、ファイルディスクリプタ**

C言語では、ファイルを扱うための**高水準ストリーム**と**低水準ストリーム**の関数があります。C++では、これに加えてiostreamなどのSTLのストリームクラスが用意されています。ストリームクラスについては、Tips289の「ストリームとは」を参照してください

Linux/Unixでは、データのまとまりを仮想的なファイルという概念で扱います。コマンドラインで扱う標準入力/標準出力/標準エラーもファイルの一種として扱うことができるので、fgets関数などの高水準ストリームで扱うことができます。ファイルにデータを読み書きするのと同じように標準入力を扱えます。

これをさらに拡張して、プリンタへの出力や各種のデバイスの入出力もファイルとして扱えます。デバイスへの入出力は主にバイナリで行うことが多いため、fread関数やfwrit関数などを使います。

低水準ストリームの関数は、直接OSのシステムコール/APIを呼び出します。open関数でファイルディスクリプタを取得し、これを元にデータの入出力を行います。OSのAPIを直接呼び出すために、データのバッファリングなどは行わず自前で実装する必要があります。ファイルの長さや属性を取得するときにこの低水準ストリームが必要になることがあります。

高水準ストリームの回数は、データのバッファリングなどを備えた入出力の関数になります。テキストファイルを解析するときに、1文字読み戻しをするungetc関数などがあります。ファイルをオープンした後は、ファイルポインタを使ってデータの入出力関数（fread/fwrite、fgets/fputsなど）を使います。

Tips 154

コンソールから入力する（標準入力のためのストリーム）

▶Level ●○○
▶対応 C C++ VC g++

ここがポイントです！ **stdin**

stdinは、コンソールから入力するためのストリームです。

ファイルと同様に、ストリーム関数（fgets, fscanf関数等）のファイルポインタで使うことができます。

標準入力の構文は次のようになります。

```
#include <stdio.h>
stdin
```

リスト1は、stdinを使って、コンソールから入力するプログラム例です。

リスト1　コンソールから入力する（ファイル名：func154.cpp）

```
#include <stdio.h>

void foo( FILE *fp )
{
    char buf[256];
    fgets( buf, sizeof buf, fp );
    printf( buf );
}


int main( int argc, char *argv[] )
{
    FILE *fp;
    char buf[256];

    if ( argc == 1 ) {
        /* 引数が無い場合は標準入力 */
        foo( stdin );
    } else {
        /* 引数がある場合はファイルから入力 */
        if ( (fp = fopen( argv[1], "r" )) != NULL ) {
            foo( fp );
            fclose( fp );
        }
    }
    return 1;
}
```

リスト1では、引数を指定しない場合は標準入力から1行読み込んで出力します。引数がある場合は、ファイルをオープンして1行読み込み、出力します。

コンソールへ出力する（標準出力のためのストリーム）

ここがポイントです！ stdout

stdoutは、コンソールへ出力するためのストリームです。ファイルと同様に、ストリーム関数（fputs,fprintf関数等）のファイルポインタで使うことができます。

標準出力の構文は次のようになります。

```
#include <stdio.h>
stdout
```

リスト1は、stdoutを使って、コンソールへ出力するプログラム例です。

リスト1 コンソールへ出力する（ファイル名：func155.cpp）

```
#include <stdio.h>

void foo( FILE *fp )
{
    fputs( "test program ( stdin or file )¥n", fp );
}

int main( int argc, char *argv[] )
{
    FILE *fp;
    if ( argc == 1 ) {
        /* 引数が無い場合は標準出力 */
        foo( stdout );

    } else {
        /* 引数がある場合はファイルへ出力 */
        if ( (fp = fopen( argv[1], "w" )) != NULL ) {
            foo( fp );
            fclose( fp );
        }
    }
    return 1;
}
```

リスト1では、ファイルポインタを引数にした関数を作成し、main関数から呼び出しています。コマンドラインでファイル名が指定された場合は、ファイルに出力し、指定されない場合は標準出力に表示します。このようにファイルポインタを扱った関数に対して、切り替えを行えます。

Tips 156

Level ●○○

対応 C C++ VC g++

コンソールへエラー出力をする（標準エラーのためのストリーム）

ここがポイントです！ stderr

stderrは、コンソールへエラー出力をするためのストリームです。ファイルと同様に、ストリーム関数（fputs,fprintf関数等）のファイルポインタで使うことができます。

標準出力とは違い、ファイルへリダイレクトしてもコンソールに出力されます。

標準エラーの構文は次のようになります。

```
#include <stdio.h>
stderr
```

リスト1は、stderrを使って、エラー出力をするプログラム例です。

リスト1 コンソールへエラー出力をする（ファイル名：func156.cpp）

```
#include <stdio.h>

int main( int argc, char *argv[] )
{

    // リダイレクトした場合、次の文字列はコンソールに表示されない
    printf( "標準出力をします¥n" );

    // リダイレクトした場合でも、次の文字列はコンソールに表示される
    fprintf( stderr, "標準エラー出力をします¥n" );
    return 1;
}
```

リスト2 実行結果

```
$ func156 > sample.txt ; ファイルにリダイレクトする
標準エラー出力をします ; 画面に出力される
```

標準エラーは、コマンドの出力をファイルにリダイレクトして処理をしているときに、ユーザーにエラー表示をするために使います。

ストリームに1文字書き出す

ここがポイントです! **putc関数**

putc関数は、指定したファイルポインタに1文字出力します。ファイルポインタに標準出力(stdout)や標準エラー(stderr)を指定することで、コンソールにも出力できます。

ストリームに1文字書き出す構文は、次のようになります。引数のcには「出力する文字」、streamには「出力先のファイルポインタ」を指定します。

```
#include <stdio.h>
int putc( int c, FILE *stream );
```

戻り値は、成功するとファイルに書き出した文字数(1)を返します。失敗した場合は、EOF(-1)を返します。

リスト1は、putc関数を使って、1文字を書き出すプログラム例です。

リスト1 ストリームに1文字書き出す(ファイル名:func157.cpp)

```
#include <stdio.h>

void main( void )
{
    char *p;
    char buffer[] = "Hello world¥n";
    int ch;

    for ( p = buffer; *p != '¥0'; p++ ) {
        ch = putc( *p, stdout );
        if ( ch == EOF ) {
            printf("putc 関数でエラーが発生しました");
            break;
        }
    }
}
```

リスト2　実行結果

```
Hello world
```

リスト1では、ファイルポインタに標準出力（stdout）を指定して、画面に出力しています。

標準出力に1文字書き出す

putchar関数

putchar関数は、標準出力に1文字出力します。

標準出力に1文字書き出す構文は、次のようになります。引数のcには「出力する文字」を指定します。

```
#include <stdio.h>
int putchar( int c );
```

戻り値は、成功すると、ファイルに書き出した文字数（1）を返します。失敗した場合は、EOF（-1）を返します。

リスト1は、putchar関数を使って、1文字を書き出すプログラム例です。

リスト1　標準出力に1文字書き出す（ファイル名：func158.cpp）

```
#include <stdio.h>

void main( void )
{
    char *p;
    char buffer[] = "Hello world¥n";
    int ch;

    for ( p = buffer; *p != '¥0'; p++ ) {
        ch = putchar( *p );
        if ( ch == EOF ) {
            printf("putchar 関数でエラーが発生しました");
            break;
        }
    }
}
```

リスト2　実行結果

```
Hello world
```

putc関数やfputc関数に標準出力（stdout）を指定したときと同じ動作をします。

標準出力に文字列を書き出す

ここがポイントです！　**puts関数**

puts関数は、標準出力に文字列を出力します。このときに自動的に改行が追加されます。

標準出力に文字列を書き出す構文は、次のようになります。引数のstrには「出力する文字列」を指定します。

```
#include <stdio.h>
int puts( const char *str );
```

戻り値は、成功すると、負ではない値（0）を返します。失敗した場合は、EOF（-1）を返します。

リスト1は、puts関数を使って、文字列を書き出すプログラム例です。

リスト1　標準出力に文字列を書き出す（ファイル名：func159.cpp）

```
#include <stdio.h>

void main( void )
{
    int ret;

    ret = puts( "Hello world" );
    printf( "puts の戻り値: %d¥n", ret );

}
```

リスト2　実行結果

```
Hello world
puts の戻り値: 0
```

改行を付けたくない場合は、printf関数を使います。

標準出力に書式付きで文字列を書き出す①

ここがポイントです！ **printf / printf_s関数**

printf関数は、書式を指定して標準出力へ書き出します。

printf_s関数は、Visual C++で扱うセキュリティ版です。

2つの関数の違いは、書式フォーマットを間違えてもprintf関数はエラーを発生させませんが、printf_s関数は例外を発生させます。

構文は、次のようになります。引数のfmtには「書式フォーマット」、argsには「フォーマットで利用する変数」を指定します。

```
#include <stdio.h>
int printf( const char *fmt, [, args ]);
int printf_s( const char *fmt, [, args ]);
```

戻り値は、成功すると、画面に出力した文字数を返します。失敗した場合は、負の数を返します。

なお、書式フォーマットは、次のように「%」に続けてフィールドを指定します。「%」そのものを表示するときは「%%」と指定します。

```
%[flags] [width] [precision] [{h|l|ll|L)]type
```

リスト1は、printf関数を使って、書式付きで文字列を書き出すプログラム例です。

リスト3は、printf_s関数を使った例です。

書式 (type)

書式	値	説明
c	int	1個のシングルバイト文字を表示する
C	int	1個のワイドバイト文字を表示する
d	int	符号付き10進数
u	int	符号なし10進数
i	int	符号付き8進数
o	int	符号なし8進数
x	int	符号なし16進数（小文字で表記）

X	int	符号なし16進数（大文字で表記）
e	double	指数表示（"e"を使う）
E	double	指数表示（"E"を使う）
f	double	浮動小数点表示
g	double	fまたはeの書式のうち、短い方の書式を使う（"e"を使う）
G	double	fまたはeの書式のうち、短い方の書式を使う（"E"を使う）
n	ポインタ	これまでに書き込まれた文字数を格納する
p	ポインタ	アドレスを出力する
s	文字列	シングルバイトの文字列を表示する
S	文字列	ワイドバイトの文字列を表示する

フラグ（flag）

書式	説明
-	フィールド幅にあうように結果を左詰めする
+	出力値の前に+/-の符号を表示する
0	最小幅まで0を付加する
空白(' ')	出力の前に空白を表示する（右詰めにする）
#	o, x, Xの各書式と一緒に使うと、0以外のすべての出力の前に0, 0x, 0X が付加される
#	e, E, fの各書式と一緒に使うと、出力値に小数点が入る
#	g, Gの各書式と一緒に使うと、必ず小数点が入り、後続する0が切り捨てられる

文字幅（width）

書式	説明
-	フィールド幅にあうように結果を左詰めする
+	出力値の前に+/-の符号を表示する
0	最小幅まで0を付加する
空白(' ')	出力の前に空白を表示する（右詰めにする）
#	o, x, Xの各書式と一緒に使うと、0以外のすべての出力の前に0, 0x, 0X が付加される
#	e, E, fの各書式と一緒に使うと、出力値に小数点が入る
#	g, Gの各書式と一緒に使うと、必ず小数点が入り、後続する0が切り捨てられる

文字幅（width）

書式	説明
数値	出力する最小の文字幅を指定

精度（precision）

書式	説明
c	無効
d, i, u, o, x, X	表示する最小限の桁数を指定
e, E	小数点以下の表示桁を指定
f	小数点以下の桁数を指定
g, G	表示する最大有効桁数を指定
s, S	表示する最大文字数を指定

指定プレフィックス

指定する型	プレフィックス	型指定子（type）
long	l	d, i, o, x, X
unsigned long l	u	
short	h	d, i, o, x, X
unsigned short	h	u
long long	ll	d, i, o, x, X
シングルバイト文字	h	c, C
ワイドバイト文字	l	c, C
シングルバイト文字列	h	s, S
ワイドバイト文字列	l	s, S

リスト1　標準出力に書式付きで文字列を書き出す（ファイル名：func160.cpp）

```
#include <stdio.h>

int main( void )
{
    int count = 1234;
    int ch = 'A';
    char buffer[] = "Hello world";

    /* 数値を出力 */
    printf( "数値を出力 : [%d]¥n", count );
    printf( "数値を出力（右詰め）  : [%6d]¥n", count );
    printf( "数値を出力（ゼロ詰め） : [%06d]¥n", count );
    printf( "数値を出力（左詰め）  : [%-6d]¥n", count );

    /* 文字を出力 */
    printf( "文字を出力 : [%c]¥n", ch );

    /* 文字列を出力 */
    printf( "文字列を出力          : [%s]¥n", buffer );
    printf( "文字列を出力（右詰め） : [%15s]¥n", buffer );
    printf( "文字列を出力（左詰め） : [%-15s]¥n", buffer );
    printf( "文字列を出力（制限） : [%.5s]¥n", buffer );

    /* 基数を変えて出力 */
    printf( "10進数 : [%d]¥n", count );
    printf( "8進数 : [%o]¥n", count );
    printf( "16進数（小文字） : [%x]¥n", count );
    printf( "16進数（大文字） : [%X]¥n", count );

    /* 実数の表示 */
    printf( "実数（double） : [%e]¥n", 100.123 );
    printf( "実数（double） : [%E]¥n", 100.123 );
    printf( "実数（float） : [%f]¥n", 100.123 );
    printf( "実数（短縮形） : [%g]¥n", 100.123 );
    printf( "実数（精度） : [%.5f]¥n", 100.123 );
```

```
    printf( "実数(精度) : [%.0f]¥n", 100.123 );

    /* ポインタ表示 */
    printf( "ポインタ : [%p]¥n", &count );
}
```

リスト2 実行結果1

```
数値を出力 : [1234]
数値を出力(右詰め)  : [  1234]
数値を出力(ゼロ詰め) : [001234]
数値を出力(左詰め)  : [1234  ]
文字を出力 : [A]
文字列を出力          : [Hello world]
文字列を出力(右詰め) : [ Hello world]
文字列を出力(左詰め) : [Hello world ]
文字列を出力(制限) : [Hello]
10進数 : [1234]
8進数 : [2322]
16進数(小文字) : [4d2]
16進数(大文字) : [4D2]
実数(double) : [1.001230e+002]
実数(double) : [1.001230E+002]
実数(float) : [100.123000]
実数(短縮形) : [100.123]
実数(精度) : [100.12300]
実数(精度) : [100]
ポインタ : [0012FF3C]
```

リスト3 エラー付きの書式出力(ファイル名:func160s.cpp)

```
#include <stdio.h>

int main( void )
{
    char buffer[] = "Hello world";

    /* 無効なフォーマットを指定 */
    printf( "文字列を出力          : [%12]¥n", buffer );
    /* セキュリティ版では例外が発生する */
    printf_s( "文字列を出力          : [%12]¥n", buffer );
}
```

リスト4 実行結果2

```
$ func160s
文字列を出力          : [] ; printf関数の場合はそのまま
                           ; printf_s関数では例外が発生する
```

Visual C++でユニコードを扱う場合は、wprintf関数を使います。

Tips 161

Level ●●

対応 C C++ VC g++

標準出力に書式付きで文字列を書き出す②

ここがポイントです！ vprintf / vprintf_s関数

vprintf関数は、書式を指定して標準出力へ書き出します。

vprintf_s関数は、Visual C++で扱うセキュリティ版です。

2つの関数の違いは、書式フォーマットを間違えてもvprintf関数はエラーを発生させませんが、vprintf_s関数は例外を発生させます。

構文は、次のようになります。引数のfmtには「書式フォーマット」、argsには「変数のリスト」を指定します。

```
#include <stdio.h>
int vprintf( const char *fmt, va_list args );
int vprintf_s( const char *fmt, va_list args );
```

ともに戻り値は、成功すると、画面に出力した文字数を返します。失敗した場合は、負の数を返します。

なお、書式フォーマットについては、printf関数を参照してください。

リスト1は、vprintf関数を使って、文字列を書き出すプログラム例です。

リスト1 標準出力に書式付きで文字列を書き出す（ファイル名：func161.cpp）

```
#include <stdio.h>
#include <stdarg.h>

void main( void )
{
    char *argv1[] = { "Hello", "world,", "too" };
    int argv2[] = { 'H','e','l','l','o' };
    int argv3[] = { 100, 200, 300 };
    int argv4[] = { (int)"Hello", 'A', 100 };

    /* 標準出力へ */
    vprintf( "文字列: [%s] [%s] [%s]¥n", (va_list)argv1 );
    vprintf( "文字: %c %c %c %c %c¥n", (va_list)argv2 );
    vprintf( "数値: %d %d %d¥n", (va_list)argv3 );
```

```
    vprintf( "混在: %s %c %d¥n", (va_list)argv4 );
}
```

リスト2 実行結果

```
文字列:  [Hello] [world,] [too]
文字:    H e l l o
数値:    100 200 300
混在:    Hello A 100
```

printf関数と違って可変引数ではないため、通常の配列が使えます。

ストリームから1文字を読み込む

ここがポイントです! getc関数

getc関数は、ファイルストリームから1文字読み込みます。

ストリームから1文字読み込む構文は、次のようになります。引数のfpには「ファイルポインタ」を指定します。

```
#include <stdio.h>
int getc( FILE *fp );
```

戻り値は、成功すると、読み込んだ文字をint型で返します。失敗した場合、あるいはファイルの終端に達した場合は、EOF(-1)を返します。

リスト1は、getc関数を使って、1文字を読み込むプログラム例です。

リスト1 ストリームから1文字読み込む(ファイル名:func162.cpp)

```
#include <stdio.h>

void main( void )
{
    int ch, i;

    /* getc 関数の戻り値が 'e' で入力の終端をチェックする */
    i = 0;
    while ( (ch = getc( stdin )) != 'e' ) {
```

```
        printf("%d: %c %02X¥n", ++i, ch, ch );
    }
}
```

リスト2　実行結果

```
abcdef ; 入力した文字列
1: a 61
2: b 62
3: c 63
4: d 64
```

コンソールから入力を行う場合は、標準入力（stdin）を使います。

Tips 163 標準入力から1文字を読み込む

▶Level ●
▶対応 C C++ VC g++

ここがポイントです！ getchar関数

getchar関数は、標準入力から1文字読み込みます。
標準入力から1文字を読み込む構文は、次のようになります。引数はありません。

```
#include <stdio.h>
int getchar( void );
```

戻り値は、成功すると読み込んだ文字をint型で返します。失敗した場合、あるいはファイルの終端に達した場合は、EOF(-1)を返します。

リスト1は、getchar関数を使って、1文字を読み込むプログラム例です。

リスト1　標準入力から1文字を読み込む（ファイル名：func163.cpp）

```
#include <stdio.h>

void main( void )
{
    int ch, i;

    /* getchar 関数の戻り値が 'e' で入力の終端をチェックする */
    i = 0;
```

```
    while ( (ch = getchar()) != 'e' ) {
        printf("%d: %c %02X¥n", ++i, ch, ch );
    }
}
```

リスト2 実行結果

```
abcdef ; 入力した文字列
1: a 61
2: b 62
3: c 63
4: d 64
```

getc関数に標準入力（stdin）を指定したときと同じ動作をします。

標準入力から文字列を取得する

ここがポイントです！ **gets / gets_s関数**

gets関数は、格納バッファを指定して標準入力から１行分のデータを読み込みます。

gets_s関数は、Visual C++で扱うセキュリティ版です。

標準入力から文字列を取得する構文は、次のようになります。引数のbuffには「読み込む文字列を格納するバッファ」、sizeには「バッファのサイズ」を指定します。

```
#include <stdio.h>
char *gets( char *buff );
char *gets_s( char *buff, int size );
```

gets_s関数では、格納バッファのサイズを指定します。サイズ以上のデータが入力された場合は、例外が発生します。

戻り値は、成功すると読み込んだデータの格納場所（buff）を返します。失敗した場合、あるいはファイルの終端に達した場合は、NULLを返します。

リスト１は、gets関数を使って、文字列を取得するプログラム例です。

リスト２は、gets_s関数を使って、バッファの長さを指定して文字列を取得するプログラム例です。

リスト1 標準入力から文字列を取得する（ファイル名：func164.cpp）

```
#include <stdio.h>

void main( void )
{
    char buffer[100];

    printf("標準入力(stdin)から読み込み:");
    gets( buffer );
    printf("[%s]¥n", buffer );
}
```

リスト2 バッファの長さを指定する（ファイル名：func164s.cpp）

```
#include <stdio.h>

void main( void )
{
    char buffer[10];

    printf("標準入力(stdin)から読み込み:");
    gets_s( buffer, 10 );
    printf("[%s]¥n", buffer );
}
```

gets関数を使って、ファイルから読み込む場合は、格納領域を十分に取ってください。1行の長さが不定のときは、gets_s関数を使って例外をキャッチするか、getc関数を使って1文字ずつ読み込みます。

Tips 165

Level ●○○

対応 C C++ VC g++

標準入力から書式付きで読み込む

ここがポイントです！ scanf / scanf_s関数

scanf関数は、書式を指定して標準入力から読み込みます。

scanf_s関数は、Visual C++で扱うセキュリティ版です。

2つの関数の違いは、書式フォーマットを間違えてもscanf関数はエラーを発生させませんが、scanf_s関数は例外を発生させます。

構文は、次のようになります。引数のfmtには「書式フォーマット」、argsには「フォーマットで利用する変数」を指定します。

```
#include <stdio.h>
int scanf( const char *fmt, [, args ] );
int scanf_s( const char *fmt, [, args ] );
```

scanf_s関数では、格納バッファのサイズを指定します。サイズ以上のデータが入力された場合は、例外が発生します。

戻り値は、成功すると代入されたフィールドの数を返します。失敗した場合は、EOF(-1)を返します。

なお、書式フォーマットについては、printf関数を参照してください。

リスト1は、scanf関数を使って、書式付きで読み込むプログラム例です。

リスト3は、scanf_s関数を使って、エラー付きで書式付きで読み込むプログラム例です。

リスト1 標準入力から書式付きで読み込む（ファイル名：func165.cpp）

```
#include <stdio.h>

void main( void )
{
    char buffer[100];
    int n;
    char ch;
    double d;

    /* 書式付きで読み込み */
    printf("文字列: ");
    scanf("%s", buffer );
    printf("数値: ");
    scanf("%d", &n );
    printf("実数: ");
    scanf("%lf", &d );

    printf("文字列: [%s]¥n", buffer );
    printf("数値: [%d]¥n", n );
    printf("実数: [%lf]¥n", d );
}
```

リスト2 実行結果1

```
文字列: masuda
数値: 10
実数: 20.34
文字列: [masuda]
数値: [10]
実数: [20.340000]
```

リスト3 エラー付きの書式読み込み（ファイル名：func165s.cpp）

```
#include <stdio.h>

```

```
void main( void )
{
    char buffer[100];
    int n1, n2=0;

    /* 書式付きで読み込み */
    printf("文字列: ");
    scanf_s("%s",buffer, 99 );
    printf("2つの数値: ");
    scanf_s("%d %d", &n1, &n2);

    printf("文字列: [%s]¥n", buffer );
    printf("数値: [%d][%d]¥n", n1, n2 );
}
```


リスト4 実行結果2

```
文字列: masuda
2つの数値: 10 20
文字列: [masuda]
数値: [10][20]
```

scanf関数を使って、文字列を読み込む場合は格納領域を十分に取ってください。scanf_s関数では、文字列を読み込む場合はバッファのサイズを指定します。

文字列に書式を指定して書き出す

ここがポイントです! **sprintf / sprintf_s関数**

sprintf関数は、書式を指定して、バッファへ文字列を出力します。

sprintf_s関数は、Visual C++で扱うセキュリティ版です。

2つの関数の違いは、書式フォーマットを間違えてもsprintf関数はエラーを発生させませんが、sprintf_s関数は例外を発生させます。

文字列に書式を指定して書き出す構文は、次のようになります。引数のbufには「格納するバッファ」、fmtには「書式フォーマット」、argsには「フォーマットで利用する変数」を指定します。

```
#include <stdio.h>
int sprintf( char *buf, const char *fmt, [, args ]);
int sprintf_s( char *buf, const char *fmt, [, args ]);
```

戻り値は、成功すると、書き込まれた文字数を返します。失敗した場合は、負の数を返します。

なお、書式フォーマットについては、printf関数を参照してください。

リスト1は、sprintf関数を使って、書式を指定して書き出すプログラム例です。

リスト3は、sprintf_s関数を使ったプログラム例です。

リスト1 文字列に書式を指定して書き出す（ファイル名：func166.cpp）

```
#include <stdio.h>

int main( void )
{
    int count = 1234;
    int ch = 'A';
    char str[] = "Hello world";
    char buff[100];

    sprintf( buff, "数値を出力 : [%d]¥n", count );
    printf( buff );

    /* 文字を出力 */
    sprintf( buff, "文字を出力 : [%c]¥n", ch );
    printf( buff );

    /* 文字列を出力 */
    sprintf( buff, "文字列を出力          : [%s]¥n", str );
    printf( buff );

    /* 基数を変えて出力 */
    sprintf( buff, "10進数 : [%d]¥n", count );
    printf( buff );

    /* 実数の表示 */
    sprintf( buff, "実数(double) : [%e]¥n", 100.123 );
    printf( buff );

    /* ポインタ表示 */
    sprintf( buff, "ポインタ : [%p]¥n", &count );
    printf( buff );
}
```

リスト2 実行結果1

```
数値を出力 : [1234]
文字を出力 : [A]
文字列を出力          : [Hello world]
10進数 : [1234]
実数(double) : [1.001230e+002]
ポインタ : [0012FF3C]
```

リスト3 エラー付きの書式出力（ファイル名：func166s.cpp）

```
#include <stdio.h>

int main( void )
{
    char str[] = "Hello world";
    char buff[100];

    /* 無効なフォーマットを指定 */
    sprintf( buff, "文字列を出力        : [%12]¥n", str );
    printf( buff );
    /* セキュリティ版では例外が発生する */
    sprintf_s( buff, "文字列を出力        : [%12]¥n", str );
    printf( buff );
}
```

リスト4 実行結果2

```
$ func166s
文字列を出力          : []    ; sprintf関数の場合はそのまま
                              ; sprintf_s関数では例外が発生する
```

Visual C++でユニコードを扱う場合は、wsprintf関数を使います。

Tips 167

ファイルをオープンする

Level ●○○
対応 C C++ VC g++

ここがポイントです！ **fopen / fopen_s関数**

fopen関数は、ファイルを指定したモードで開きます。モードは「書き込み」「読み込み」「読み書き両方」「追加書き込み」があります。

fopen_s関数は、Visual C++で扱うセキュリティ版です。

２つの関数の違いは、fopen関数ではファイルポインタを返しますが、fopen_s関数ではエラー値を返します。ファイルポインタはアドレスをfopen_s関数の引数に渡します。

ファイルをオープンする構文は、次のようになります。引数のfilenameには「オープンするファイル名」、modeには「オープンモード」、fopen_s関数の引数fpには「ファイルポインタのアドレス」を指定します。

```
#include <stdio.h>
FILE *fopen( const char *filename, const char *mode );
error_t fopen_s( FILE **fp, const char *filename, const char *mode );
```

戻り値は、fopen関数では、ファイルがオープンできた場合にファイルポインタを返します。オープンに失敗した場合は、NULLLを返します。

fopen_s関数では、フィルがオープンできた場合に0を返します。オープンに失敗した場合は、エラーコードを返します。

なお、ファイルがオープンできない主な理由は、次のものがあります。

●読み込みモードの場合

ファイルが存在しない。他プロセスで共有禁止、読み込み禁止モードでファイルを開いている。

●書き込みモード、追加モードの場合

ファイルが読み込み専用になっている。他プロセスで共有禁止、書き込み禁止モードでファイルを開いている。

Windowsの場合は、テキストモード（t）とバイナリモード（b）があります。

リスト1は、fopen関数やfopen_s関数を使って、ファイルをオープンするプログラム例です。

stdexceptで定義されている例外クラス

指定	説明
r	読み込み専用
w	書き込み用
a	追加書き込み用
r+	読み込み、書き込み用（ファイルが存在する必要あり）
w+	読み込み、書き込み用（ファイルは切り捨てられる）
a+	読み込み、書き込み用（追加書き込みされる）
w+b	バイナリで読み書き（Windowsの場合）
w+t	テキストで読み書き（Windowsの場合）

リスト1　ファイルをオープンする（ファイル名：func167.cpp）

```
#include <stdio.h>

int main( void )
{
    FILE *fp;
    char buffer[100];

    /* 書き込みモードで開く */
    puts("test write mode");
    if ( (fp=fopen("sample.txt","w")) == NULL ) {
```

```
        puts("ファイル 'sample.txt' が開けませんでした");
    } else {
        // 1行書き込む
        fputs( "file open as write mode¥n", fp );
        fclose( fp );
    }

    /* 読み込みモードで開く */
    puts("test read mode");
    if ( (fp=fopen("sample.txt","r")) == NULL ) {
        puts("ファイル 'sample.txt' が開けませんでした");
    } else {
        /* 1行読み込む */
        fgets( buffer, sizeof buffer, fp );
        puts( buffer );
        fclose(fp);
    }

    /* 追加モードで開く*/
    puts("test append mode");
    if ( (fp=fopen("sample.txt","a")) == NULL ) {
        puts("ファイル 'sample.txt' が開けませんでした");
    } else {
        /* 1行追加する */
        fputs( "file open as append mode¥n", fp );
        fclose( fp );
    }

    return 1;
}
```

さらにワンポイント

テキストモードとバイナリモードの違いは、改行を変更するか、そのまま扱うかの違いになります。Linuxでは、改行コードはLF（ラインフィールド）の1バイトで表しますが、Windowsでは、CR（キャリッジリターン）とLFの2バイトで表します。このため、Windowsでテキストモードでオープンすると、「¥r¥n(0x0A,0x0D)」を「¥n(0x0D)」に自動変換します。バイナリの場合は、そのまま読み込みます。
fopenのモードは初期値でテキストモードとなっています。画像データなど直接扱う場合は、明示的にバイナリモードを指定します。そうしないと、「¥r¥n(0x0A,0x0D)」が「¥n(0x0D)」に変換されてしまうため、正しく扱えないので注意してください。

ファイルをクローズする

ここがポイントです！ **fclose関数**

fclose関数は、fopen関数やfopen_s関数でオープンしたファイルポインタを閉じます。

ファイルをクローズする構文は、次のようになります。引数のfpには「ファイルポインタ」を指定します。

```
#include <stdio.h>
int fclose( FILE *fp );
```

戻り値は、ファイルが正常にクローズされたときは0を返します。クローズに失敗したときは、EOF(-1)を返します。

リスト1は、fclose関数を使って、ファイルをクローズするプログラム例です。

リスト1　ファイルをクローズする（ファイル名：func168.cpp）

```
#include <stdio.h>

int main(void)
{
    FILE *fp;

    if ( (fp=fopen("sample.txt","w")) == NULL ) {
        puts("ファイル 'sample.txt' が開けませんでした");
        return 0;
    }
    /* 1行書き込む */
    fputs( "writes one line.¥n", fp );
    /* ファイルクローズ */
    puts("* test fclose");
    if ( fclose( fp ) == 0 ) {
        puts("ファイルストリームが正常に閉じられました");
    } else {
        puts("fclose 関数がエラーを返しました");
    }

    return 1;
}
```

fopen関数で開かれたファイルポインタはプログラムの終了時に自動的にクローズされます。このため、fclose関数を呼び出し忘れても特に問題はありません。ただし、ファイルストリームに書き出されたデータがフラッシュされないため、途中までしか書き出されないときがあります。

Tips 169

ファイルに1文字書き出す

▶Level ●

▶対応 C C++ VC g++

ここがポイントです！ fputc関数

fputc関数は、ファイルに1文字書き出します。

ファイルに1文字書き出す構文は、次のようになります。引数のchには「1つの文字」、fpには「ファイルポインタ」を指定します。

```
#include <stdio.h>
int fputc( int ch, FILE *fp );
```

戻り値は、正常に書き出したときは、書き出した文字を返します。失敗したときは、EOF (-1) を返します。

リスト1は、fputc関数を使って、ファイルに1文字書き出すプログラム例です。

リスト1 ファイルに1文字書き出す（ファイル名：func169.cpp）

```
#include <stdio.h>

int main( void )
{
    char *p;
    char buffer[] = "Hello world¥n";
    int ch;
    FILE *fp;

    if ( (fp = fopen("sample.txt","w")) == NULL ) {
        printf("'sample.txt' がオープンできませんでした¥n");
        return 0;
    }

    for ( p = buffer; *p != '¥0'; p++ ) {
        ch = fputc( *p, fp );
        if ( ch == EOF ) {
```

```
                printf("fputc 関数でエラーが発生しました");
                break;
            }
        }
        fclose( fp );
        return 1;
}
```

Windowsの場合、テキストモードでオープンされているときは「¥n」の1文字は「¥r¥n」の2バイトに変換されて書き出されます。

Tips 170

Level ●○○

対応 C C++ VC g++

ファイルに文字列を書き出す

ここがポイントです！ **fputs関数**

fputs関数は、ファイルに文字列を書き出します。文字列の途中にNULL文字（¥0）がある場合は、そこまで書き出します。

ファイルに文字列を書き出す構文は、次のようになります。引数のstrには「文字列」、fpには「ファイルポインタ」を指定します。

```
#include <stdio.h>
int fputs( const char *str, FILE *fp );
```

戻り値は、正常に書き出したときは、負ではない値を返します。失敗したときは、EOF（-1）を返します。

リスト1は、fputs関数を使って、文字列を書き出すプログラム例です。

リスト1 ファイルに文字列を書き出す（ファイル名：func170.cpp）

```
#include <stdio.h>

int main( void )
{
    FILE *fp = NULL;
    int ret;
    if ( (fp=fopen("sample.txt","w")) != NULL ) {
        fputs("Hello world¥n", fp );
        fclose( fp );
    }
```

```
    ret = fputs( "Hello world¥n", stdout );
    printf( "fputs の戻り値: %d¥n", ret );

    if ( (fp=fopen("sample.txt","r")) != NULL ) {
        /* 読み込みモードでオープンしているためエラーが発生する */
        ret = fputs( "Hello world", fp );
        if ( ret != EOF ) {
            printf( "正常終了: %d¥n", ret );
        } else {
            printf( "fputs 関数で異常が発生しました¥n" );
        }
        fclose( fp );
    }
    return 1;
}
```

リスト1では、書き出しモードでファイルに書き出した後に、読み込みモードでオープンしています。このファイルポインタにfputs関数で書き出そうとしてエラーが返ってきています。

Tips 171 ▶Level ●○○ ▶対応 C C++ VC g++

ファイルに書式を指定して書き出す①

ここがポイントです！ **fprintf / fprintf_s関数**

fprintf関数は、ファイルに書式付きで文字列を書き出します。

fprintf_s関数は、Visual C++で扱うセキュリティ版です。

2つの関数の違いは、書式フォーマットを間違えてもfprintf関数はエラーを発生させませんが、fprintf_s関数は例外を発生させます。

ファイルに書式を指定して書き出す構文は、次のようになります。引数のfpには「ファイルポインタ」、fmtには「書式フォーマット」、argsには「フォーマットで利用する変数」を指定します。

```
#include <stdio.h>
int fprintf( FILE *fp, const char *fmt [, args ]);
int fprintf_s( FILE *fp, const char *fmt [, args ]);
```

戻り値は、正常に書き出したときは、出力した文字数を返します。失敗したときは、負の値を返します。

なお、書式については、printf関数を参照してください。

リスト1は、fprintf関数やfprintf_s関数を使って、ファイルに書式を指定して書き出すプログラム例です。

リスト1 ファイルに書式を指定して書き出す(ファイル名：func171.cpp)

```
#include <stdio.h>

int main( void )
{
    FILE *fp = NULL;
    if ( (fp=fopen("sample.txt","w")) == NULL ) {
        printf("'sample.txt' が書き込みオープンできませんでした¥n");
        return 0;
    }

    int count = 1234;
    int ch = 'A';
    char buffer[] = "Hello world";

    /* 数値を出力 */
    fprintf( fp, "数値を出力 : [%d]¥n", count );
    fprintf( fp, "数値を出力(右詰め)   : [%6d]¥n", count );
    fprintf( fp, "数値を出力(ゼロ詰め) : [%06d]¥n", count );
    fprintf( fp, "数値を出力(左詰め)   : [%-6d]¥n", count );

    /* 文字を出力 */
    fprintf( fp, "文字を出力 : [%c]¥n", ch );

    /* 文字列を出力 */
    fprintf( fp, "文字列を出力          : [%s]¥n", buffer );
    fprintf( fp, "文字列を出力(右詰め) : [%15s]¥n", buffer );
    fprintf( fp, "文字列を出力(左詰め) : [%-15s]¥n", buffer );
    fprintf( fp, "文字列を出力(制限) : [%.5s]¥n", buffer );

    /* 基数を変えて出力 */
    fprintf( fp, "10進数 : [%d]¥n", count );
    fprintf( fp, "8進数 : [%o]¥n", count );
    fprintf( fp, "16進数(小文字) : [%x]¥n", count );
    fprintf( fp, "16進数(大文字) : [%X]¥n", count );

    /* 実数の表示 */
    fprintf( fp, "実数(double) : [%e]¥n", 100.123 );
    fprintf( fp, "実数(double) : [%E]¥n", 100.123 );
    fprintf( fp, "実数(float) : [%f]¥n", 100.123 );
    fprintf( fp, "実数(短縮形) : [%g]¥n", 100.123 );
    fprintf( fp, "実数(精度) : [%.5f]¥n", 100.123 );
    fprintf( fp, "実数(精度) : [%.0f]¥n", 100.123 );
```

```
    /* ポインタ表示 */
    fprintf( fp, "ポインタ : [%p]¥n", &count );

    fclose( fp );
    return 1;
}
```

リスト2 実行結果

```
$ func171

$ type sample.txt
数値を出力 : [1234]
数値を出力（右詰め）   : [ 1234]
数値を出力（ゼロ詰め）: [001234]
数値を出力（左詰め）   : [1234 ]
文字を出力 : [A]
文字列を出力          : [Hello world]
文字列を出力（右詰め）: [ Hello world]
文字列を出力（左詰め）: [Hello world ]
文字列を出力（制限）: [Hello]

１０進数 : [1234]
８進数 : [2322]
１６進数（小文字）: [4d2]
１６進数（大文字）: [4D2]
実数（double）: [1.001230e+002]
実数（double）: [1.001230E+002]
実数（float）: [100.123000]
実数（短縮形）: [100.123]
実数（精度）: [100.12300]
実数（精度）: [100]
ポインタ : [0012FF3C]
```

ファイルに書式を指定して書き出す②

ここがポイントです！ **vfprintf / vfprintf_s関数**

vfprintf関数は、ファイルに書式付きで文字列を書き出します。

vfprintf_s関数は、Visual C++で扱うセキュリティ版です。

２つの関数の違いは、書式フォーマットを間違えてもvfprintf関数はエラーを発生させませんが、vfprintf_s関数は例外を発生させます。

ファイルに書式を指定して書き出す構文は、次のようになります。引数のfpには「ファイルポインタ」、fmtには「書式フォーマット」、argsには「変数のリスト」を指定します。

```
#include <stdio.h>
int vfprintf( FILE *fp, const char *fmt, va_list args );
int vfprintf_s( FILE *fp, const char *fmt, va_list args);
```

戻り値は、正常に書き出したときは、出力した文字数を返します。失敗したときは、負の値を返します。

なお、書式フォーマットについては、printf関数を参照してください。

リスト1は、vfprintf関数を使って、ファイルに書式を指定して書き出すプログラム例です。

リスト2は、vfprintf_s関数を使ったプログラム例です。

リスト1 ファイルに書式を指定して書き出す（ファイル名：func172.cpp）

```
#include <stdio.h>
#include <stdarg.h>

int main( void )
{
    FILE *fp = NULL;
    if ( (fp=fopen("sample.txt","w")) == NULL ) {
        printf("'sample.txt' が書き込みオープンできませんでした¥n");
        return 0;
    }

    char *argv1[] = { "Hello", "world,", "too" };
    int argv2[] = { 'H','e','l','l','o' };
    int argv3[] = { 100, 200, 300 };
    int argv4[] = { (int)"Hello", 'A', 100 };

    /* 標準出力へ */
    vfprintf( fp, "文字列: [%s] [%s] [%s]¥n", (va_list)argv1 );
    vfprintf( fp, "文字: %c %c %c %c %c¥n", (va_list)argv2 );
    vfprintf( fp, "数値: %d %d %d¥n", (va_list)argv3 );
    vfprintf( fp, "混在: %s %c %d¥n", (va_list)argv4 );

    fclose(fp);
    return 1;
}
```

リスト2 実行結果1

```
$ func172

$ type sample.txt
文字列: [Hello] [world,] [too]
文字: H e l l o
数値: 100 200 300
混在: Hello A 100
```

リスト3 エラー付きの書式出力（ファイル名：func172s.cpp）

```
#include <stdio.h>
#include <stdarg.h>

int main( void )
{
    FILE *fp = NULL;
    if ( (fp=fopen("sample.txt","w")) == NULL ) {
        printf("'sample.txt' が書き込みオープンできませんでした¥n");
        return 0;
    }
    char *argv1[] = { "Hello", "world,", "too" };

    /* ファイルへ出力 */
    vprintf( "文字列: [%1] [%2] [%3]¥n", (va_list)argv1 );
    /* 無効なフォーマットの場合は例外が発生する */
    vprintf_s( "文字列: [%1] [%2] [%3]¥n", (va_list)argv1 );

    fclose(fp);
    return 1;
}
```

リスト4 実行結果2

```
$ func172s
  ; vfprintf_s関数では例外が発生する

$ type sample.txt
  ; ファイルには何も出力されない
```

vprintf関数と同様に、書式付きでファイルに書き出します。引数が可変ではないため、マクロ関数でデバッグ情報を表示するときに便利です。

Tips 173

▶Level ●○○

▶対応 C C++ VC g++

ファイルから１文字読み込む

ここがポイントです！ **fgetc関数**

fgetc関数は、ファイルから１文字読み込みます。Windowsのテキストモードで読み込んでいるときは、改行コード「¥r¥n」が「¥n」の１文字に変換されます。

ファイルから１文字読み込む構文は、次のようになります。引数のfpには「ファイルポインタ」を指定します。

```
#include <stdio.h>
int fgetc( FILE *fp);
```

戻り値は、正常に読み込んだときは、入力文字を返します。失敗したとき、あるいはファイルの終端に達したときは、EOF(-1)を返します。

リスト１は、fgetc関数を使って、ファイルから１文字読み込むプログラム例です。

リスト1　ファイルから１文字読み込む（ファイル名：func173.cpp）

```
#include <stdio.h>

int main( void )
{
    FILE *fp = NULL;
    int ch, i;

    if ( (fp=fopen("sample.txt","w")) == NULL ) {
        printf("'sample.txt' が書き込みオープンできませんでした¥n");
        return 0;
    }
    fputs("Hello world¥n", fp );
    fclose( fp );

    if ( (fp=fopen("sample.txt","r")) == NULL ) {
        printf("'sample.txt' が読み出しオープンできませんでした¥n");
        return 0;
    }

    /* fgetc 関数の戻り値が EOF でファイルの終端をチェックする */
    i = 0;
    while ( (ch = fgetc( fp )) != EOF ) {
        printf("%d: %c %02X¥n", ++i, ch, ch );
    }
    fclose(fp);
    return 1;
}
```

ファイルの読み込み時に、読み過ぎて１文字戻すときにはungetc関数を使います。

Tips 174

ファイルから文字列を読み込む

▶Level ●
▶対応 C C++ VC g++

ここがポイントです！ fgets関数

fgets関数は、ファイルから1行分データを読み込みます。データは、改行コード付きで戻されます。

ファイルから文字列を読み込む構文は、次のようになります。引数のbufには「格納するバッファ」、nには「バッファの長さ」、fpには「ファイルポインタ」を指定します。

```
#include <stdio.h>
char *fgets( char *buf, int n, FILE *fp, );
```

戻り値は、正常に読み込んだときは、格納バッファ（buf）を返します。失敗したとき、あるいはファイルの終端に達したときは、NULLを返します。

リスト1は、fgets関数を使って、ファイルから1行分読み込むプログラム例です。

リスト1 ファイルから文字列を読み込む（ファイル名：func174.cpp）

```
#include <stdio.h>

int main( void )
{
    FILE *fp = NULL;
    int ch, i;

    if ( (fp=fopen("sample.txt","w")) == NULL ) {
        printf("'sample.txt' が書き込みオープンできませんでした¥n");
        return 0;
    }
    fputs("Hello C world¥n", fp );
    fputs("Hello C++ world¥n", fp );
    fclose( fp );

    if ( (fp=fopen("sample.txt","r")) == NULL ) {
        printf("'sample.txt' が読み出しオープンできませんでした¥n");
        return 0;
}

    char buffer[100];
    i = 0;
    /* fgets 関数の戻り値が NULL でファイルの終端をチェックする */
    while ( fgets( buffer, sizeof buffer, fp ) != NULL ) {
        printf("%d: %s", ++i, buffer );
```

```
    }
    fclose(fp);
}
```

リスト2 実行結果

```
1: Hello C world
2: Hello C++ world
```

読み込むデータは、改行（¥n）が付いています。この改行を取るためには、strlen関数を使って簡易的に次のように書けます。

```
buf[ strlen(buf)-1 ] = '¥n';
```

ただし、改行が付いていない行（バッファのオーバーランなど）の場合には、最後の1文字が欠けてしまうので、注意してください。

正確に改行を削除するときは、次のマクロ関数を使うとよいでしょう。

```
#define CHOMP( _b )  ¥
if ( *(_b) != '¥0' ) {  ¥
    int n = strlen(_b);  ¥
    if ( (_b)[n] == '¥n' ) (_b)[n] = '¥0';  ¥
}
```

Tips 175 ▶Level ●○○ ▶対応 C C++ VC g++

ファイルから書式付きで読み込む

ここがポイントです！ **fscanf / fscanf_s関数**

fscanf関数は、書式を指定してファイルからデータを読み込みます。

fscanf_s関数は、Visual C++で扱うセキュリティ版です。

2つの関数の違いは、書式フォーマットを間違えてもfscanf関数はエラーを発生させませんが、fscanf_s関数はエラーを発生させます。

ファイルから書式付きで読み込む構文は、次のようになります。引数のfpには「ファイルポインタ」、fmtには「書式フォーマット」、argsには「フォーマットで利用する変数」を指定します。

```
#include <stdio.h>
int fscanf( FILE *fp, const char *fmt, [, args ] );
int fscanf_s( FILE *fp, const char *fmt, [, args ] );
```

また、fscanf_s関数では、格納バッファのサイズを指定します。サイズ以上のデータが入力された場合は、例外が発生します。

戻り値は、成功すると、代入されたフィールドの数を返します。失敗した場合は、EOF(-1)を返します。

なお、読み込み書式は、printf関数を参照してください。

リスト1は、fscanf関数を使って、書式付きで読み込むプログラム例です。

リスト3は、fscanf_s関数を使った例です。

リスト1 ファイルから書式付きで読み込む(ファイル名:func175.cpp)

```
#include <stdio.h>

int main( void )
{
    FILE *fp = NULL;
    char buffer[100];
    int n, count;
    char ch;
    double d;

    if ( (fp=fopen("sample.txt","w")) == NULL ) {
        printf("'sample.txt' が書き込みオープンできませんでした¥n");
        return 0;
    }
    fputs("Hello A 100 100.123¥n", fp );
    fclose( fp );

    if ( (fp=fopen("sample.txt","r")) == NULL ) {
        printf("'sample.txt' が読み出しオープンできませんでした¥n");
        return 0;
    }

    /* 書式付きで読み出し */
    count = fscanf( fp, "%s %c %d %lf¥n", buffer, &ch, &n, &d );
    printf("フィールド数 %d を読み込みました¥n", count );
    printf("文字列: [%s]¥n", buffer );
    printf("文字: [%c]¥n", ch );
    printf("数値: [%d]¥n", n );
    printf("実数: [%f]¥n", d );

    fseek( fp, 0, SEEK_SET ); /* 先頭に戻す */
    fscanf( fp, "%3s", buffer );
    printf("最初の3文字: [%s]¥n", buffer );

    fclose( fp );
    return 1;
}
```

リスト2 実行結果1

```
$ func175
フィールド数 4 を読み込みました
文字列: [Hello]
文字: [A]
数値: [100]
実数: [100.123000]
最初の3文字: [Hel]
```

リスト3 エラー付きの書式読み込み(ファイル名:func175s.cpp)

```
#include <stdio.h>

int main( void )
{
    FILE *fp = NULL;
    char buffer[100];
    int n, count;
    char ch;
    double d;

    if ( (fp=fopen("sample.txt","w")) == NULL ) {
        printf("'sample.txt' が書き込みオープンできませんでした¥n");
        return 0;
    }
    fputs("Hello A 100 100.123¥n", fp );
    fclose( fp );

    if ( (fp=fopen("sample.txt","r")) == NULL ) {
        printf("'sample.txt' が読み出しオープンできませんでした¥n");
        return 0;
    }

    /* 書式付きで読み出し */
    count = fscanf( fp, "%12 %c %d %lf¥n", buffer, &ch, 1, &n, &d );
        printf("フィールド数 %d を読み込みました¥n", count );

    fseek( fp, 0, SEEK_SET ); /* 先頭に戻す */
    /* 書式異常の場合 */
    count = fscanf_s( fp, "%12 %c %d %lf¥n", buffer, 99, &ch, 1, &n, &d );
    printf("フィールド数 %d を読み込みました¥n", count );

    fclose( fp );
    return 1;
}
```

リスト4 実行結果2

```
$ func175s
フィールド数 0 を読み込みました
; fscanf関数では、戻り値が返る
: fscanf_s関数ではエラーが発生する
```

fscanf関数で文字列を読み込むときには、バッファを十分に取る必要があります。fscanf_s関数では、バッファのサイズを指定することができます。

ファイルにデータを書き出す

ここがポイントです! **fwrite関数**

fwrite関数は、一定サイズ(size)のデータを、項目数(count)分ファイルに書き出します。

構文は、次のようになります。引数のbufには「書き出しデータ」、sizeには「バイト単位の項目サイズ」、countには「書き出される項目数」、fpには「ファイルポインタ」を指定します。

```
#include <stdio.h>
size_t fwirte( const void *buf, size_t size, sizt_t count, FILE *fp );
```

戻り値は、成功すると、実際に書き込んだ項目数を返します。すべての項目が書き込まれたときはcountを返します。

なお、次の書き方は、どちらも「Hello C++ World.」をファイルに書き出します。

```
char buf[] = "Hello C++ World.";
fwrite( buf, strlen(buf), 1, fp );  ①
fwrite( buf, 1, strlen(buf), fp );  ②
```

①の場合は、fwrite関数の戻り値が1になりますが、②の場合は文字列の長さ分になります。

リスト1は、fwrite関数を使って、バイナリデータを書き出すプログラム例です。

リスト1 ファイルにデータを書き出す(ファイル名:func176.cpp)

```
#include <stdio.h>

int main( void )
{
    FILE *fp;

    char buffer[] = {'H','e','l','l','o',' ','w','o','r','l','d','¥n'};
    int size = sizeof buffer;
    int ret, count;
    struct BLOCK {
```

```
        int x;
        int y;
        int z;
    };
    struct BLOCK blocks[] = {{1,2,3},{4,5,6},{7,8,9}};

    if ( (fp=fopen("sample.dat","wb")) == NULL ) {
        printf("'sample.dat' が書き込みオープンできませんでした¥n");
        return 0;
    }

    /* データ数を1にして書き込む */
    if ( (ret=fwrite( buffer, size, 1, fp )) != 1 ) {
        printf("fwrite 関数での書き込みに失敗しました [%d]¥n", ret );
    } else {
        printf("サイズ長 %d, 項目数 %d のデータを書き込みました¥n", size, 1 );
    }
    /* 項目数を1にして書き込む */
    if ( (ret=fwrite( buffer, 1, size, fp )) != size ) {
        printf("fwrite 関数での書き込みに失敗しました [%d]¥n", ret );
    } else {
        printf("サイズ長 %d, 項目数 %d のデータを書き込みました¥n", 1, size );
    }

    /* 構造体で書き込む */
    size = sizeof( struct BLOCK );
    count = sizeof( blocks ) / size;
    if ( (ret=fwrite( blocks, size, count, fp )) != count ) {
        printf("fwrite 関数での書き込みに失敗しました [%d]¥n", ret );
    } else {
        printf("サイズ長 %d, 項目数 %d のデータを書き込みました¥n", size, count );
    }

    fclose( fp );
}
```

リスト2 実行結果

```
サイズ長 12, 項目数 1 のデータを書き込みました
サイズ長 1, 項目数 12 のデータを書き込みました
サイズ長 12, 項目数 3 のデータを書き込みました
```

さらにワンポイント

fwrite関数は、主にバイナリデータをファイルに書き出します。データを永続化する場合は、読み書き用の構造体を用意して、fwrite関数とfread関数を使うと扱いやすくなります。

```
struct DATA {
  int id ;
  char lname[20];
  char fname[20];
  int age;
};

DATA data;
...
fwrite( &date, sizeof(data), 1, fp ); // 書き出し
fread( &data, sizeof(data), 1, fp ); // 読み込み
```

ファイルからデータを読み込む

ここがポイントです！ **fread関数**

fread関数は、一定サイズ（size）のデータを、項目数（count）分ファイルから読み込みます。

次の書き方は、どちらも100バイトのデータを読み込んでいます。

```
char buf[100];
fread( buf, sizeof(buf), 1, fp );  ①
fread( buf, 1, sizeof(buf), fp );  ②
```

①の場合はfread関数の戻り値が1になりますが、②の場合は100になります。途中でファイルの終端に達したときは、①は0を返しますが、②の場合は実際に読み込んだバイト数を返します。

ファイルからデータを読み込む構文は、次のようになります。引数のbufには「読み込みバッファ」、sizeには「バイト単位の項目サイズ」、countには「読み込まれる項目数」、fpには「ファイルポインタ」を指定します。

```
#include <stdio.h>
size_t fread( void *buf, size_t size, sizt_t count, FILE *fp );
```

戻り値は、成功すると、実際に読み込んだ項目数を返します。すべての項目が読み込まれたときはcountを返します。

リスト1は、fread関数を使って、バイナリデータを読み込むプログラム例です。

リスト1 ファイルからデータを読み込む（ファイル名：func177.cpp）

```
#include <stdio.h>

int main( void )
{
    FILE *fp;
    int i;
    char buffer[100];
    int size, count, ret;
    char ch;
    struct BLOCK {
        char a;
        char b;
        char c[4];
    };
    struct BLOCK blocks[3];

    if ( (fp=fopen("sample.dat","w")) == NULL ) {
        printf("'sample.dat' を書き込みオープンできませんでした¥n");
        return 0;
    }
        for ( i=0; i<26; i++ ) fputc( 'a'+i, fp );
        fclose( fp );

    if ( (fp=fopen("sample.dat","r")) == NULL ) {
        printf("'sample.dat' を読み出しオープンできませんでした¥n");
        return 0;
    }

    /* 1バイト読み出し */
    if ( (count=fread( &ch, 1, 1, fp)) != 1 ) {
        printf("1バイト読み出しに失敗しました");
    } else {
        printf("1バイト読み出し: %c¥n", ch );
    }
    /* 10バイト読み出し */
    if ( (count=fread( buffer, 10, 1, fp)) != 1 ) {
        printf("10バイト読み出しに失敗しました");
    } else {
        buffer[10] = '¥0';
        printf("10バイト読み出し: count: %d [%s]¥n", count, buffer );
    }
    /* 残りを10バイトずつ読み出す */
    while ( (count=fread( buffer, 1, 10, fp )) != 0 ) {
        buffer[count] = '¥0';
```

```
        printf("残りを読み出し : count: %d [%s]¥n", count, buffer );
    }

    fseek( fp, 0, SEEK_SET ); /* ファイルの先頭に移動 */
    /* 構造体で読み出し */
        size = sizeof( struct BLOCK );
        count = sizeof( blocks ) / size;
    if ( (ret=fread( blocks, size, count, fp )) != count ) {
        printf("読み出しに失敗しました [%d]¥n", ret );
    } else {
        printf("読み出しに成功しました [%d]¥n", ret );
    }

    fclose( fp );

    return 1;
}
```

さらにワンポイント

fread関数を使って構造体の配列に読み込むことで、簡易的なデータベースが作れます。このとき、fread関数は実際に読み込まれた構造体の数を返します。

```
struct DATA {
  int id ;
  char lname[20];
  char fname[20];
  int age;
};

DATA data[100];
...
int num = fread( &data, sizeof(DATA), 100, fp );
```

Tips 178

▶Level ●●

▶対応 C C++ VC g++

ファイルの読み書き位置を移動する

ここがポイントです！ fseek関数

fseek関数は、初期位置（origin）からのバイト数（offset）を次のアクセスする位置に設定します。バイト数は、正負の両方の値が指定できます。

ファイルの読み書き位置を移動する構文は、次のようになります。引数のfpには「ファイルポインタ」、offsetには「初期位置（origin）からのバイト数」、originには「初期位置」を指定します。

```
#include <stdio.h>
int fseek( FILE *fp, long offset, int origin );
```

戻り値は、成功すると0を返します。失敗した場合は、0以外の値を返します。

リスト1は、fseek関数を使って、読み出し位置を移動するプログラム例です。

読み書きする初期位置

値	説明
SEEK_CUR	現在の位置
SEEK_END	ファイルの終端
SEEK_SET	ファイルの先頭

リスト1　ファイルの読み書き位置を移動する（ファイル名：func178.cpp）

```
#include <stdio.h>

int main( void )
{
    FILE *fp = NULL;
    int i, ch;

    if ( (fp=fopen("sample.txt","wb")) == NULL ) {
        printf("'sample.dat' を書き込みオープンできませんでした¥n");
        return 0;
    }
    for ( i=0; i<26; i++ ) fputc('a'+i,fp);
    fclose(fp);

    if ( (fp=fopen("sample.txt","rb")) == NULL ) {
        printf("'sample.dat' を読み出しオープンできませんでした¥n");
        return 0;
    }

    /* 10 バイト目から 5 文字表示する */
    if ( fseek( fp, 10, SEEK_SET ) != 0 ) {
        printf("ファイルポインタの移動に失敗しました¥n");
    }
    printf("先頭から 10 バイト目: ");
    for ( i=0; i<5; i++ ) putchar(fgetc( fp ));
    putchar('¥n');

    /* 5 バイト先頭方向に戻す */
    if ( fseek( fp, -3, SEEK_CUR ) != 0 ) {
        printf("ファイルポインタの移動に失敗しました¥n");
    }
```

```
    printf("先頭方向に 3 バイト戻す: ");
    for ( i=0; i<5; i++ ) putchar(fgetc( fp ));
    putchar('¥n');

    /* ファイルの終端から 5 バイト表示する */
    if ( fseek( fp, -5, SEEK_END ) != 0 ) {
        printf("ファイルポインタの移動に失敗しました¥n");
    }
    printf("ファイルの終端から 5 バイト: ");
    for ( i=0; i<5; i++ ) putchar(fgetc(fp));
    putchar('¥n');

    fclose(fp);
    return 1;
}
```

リスト2 実行結果

```
$ type sample.txt
abcdefghijklmnopqrstuvwxyz

$ func178
先頭から 10 バイト目: klmno
先頭方向に 3 バイト戻す: mnopq
ファイルの終端から 5 バイト: vwxyz
```

さらにワンポイント fseek関数は、ファイルを読み込んでいる途中で、もう一度先頭に読み込み位置を戻したり、書き込み時にファイルの終端に移動したりするときに使います。fseek関数の位置変更は、long型となっているために、20MBytes以上のファイルには対応できません。それ以上のファイルを扱うときは、long long型を指定できる_fseeki64関数を使います。

Tips 179

▶Level ●●○

▶対応 C C++ VC g++

ファイルの読み書き位置を取得する

ここがポイントです! ftell関数

ftell関数は、ファイルの読み書き位置を取得するときに使います。

ファイルの読み書き位置を取得する構文は、次のようになります。引数のfpには「ファイルポインタ」を指定します。

```
#include <stdio.h>
int ftell( FILE *fp );
```

戻り値は、成功するとファイルポインタの位置を返します。失敗した場合は、-1を返します。

リスト1は、ftell関数を使って、現在の読み出し位置を取得するプログラム例です。

リスト1 ファイルの読み書き位置を取得する（ファイル名：func179.cpp）

```
#include <stdio.h>

int main( void )
{
    FILE *fp = NULL;
    char buffer[100];

    if ( (fp=fopen("sample.dat","w")) == NULL ) {
        printf("'sample.dat' を書き込みオープンできませんでした¥n");
        return 0;
    }
    fputs("Hello world¥n", fp );
    fputs("Hello world, too¥n", fp );
    fclose( fp );

    if ( (fp=fopen("sample.dat","r")) == NULL ) {
        printf("'sample.dat' を読み出しオープンできませんでした¥n");
        return 0;
    }

    /* 1行読み込む */
    fgets( buffer, sizeof buffer, fp );
    printf("%s", buffer );
    printf("現在位置は：%d¥n", ftell(fp));
    fgets( buffer, sizeof buffer, fp );
    printf("%s", buffer );
    printf("現在位置は：%d¥n", ftell(fp));
    fseek( fp, 0, SEEK_SET );
    printf("現在位置は：%d¥n", ftell(fp));
    fclose( fp );
    return 1;
}
```

リスト1 実行結果

```
$ type sample.dat
Hello world
Hello world, too

$ func179
Hello world
```

```
現在位置は： 13
Hello world, too
現在位置は： 31
現在位置は： 0
```

fseek関数の戻り値はint型のため、32ビットCPUでは、約20Mバイトのファイルまでしかチェックができません。それ以上のファイルを扱うときは、long long型を扱う_ftelli64関数を使います。

読み書き位置が最後かチェックする

ここがポイントです！ **feof関数**

feof関数は、読み書きしているファイル位置が、ファイルの終端かどうかをチェックできます。

fgetc関数、fgets関数、fread関数の戻り値がエラー値の場合には、ファイルの終端であるか読み込みエラーであったのか判別がつきません。このような場合は、feof関数やferror関数を使うことで、終端を判別できます。

読み書き位置が最後かチェックする構文は、次のようになります。引数のfpには「ファイルポインタ」を指定します。

```
#include <stdio.h>
int feof( FILE *fp );
```

戻り値は、ファイルの終端の場合は、0以外の値を返します。終端ではない場合は、0を返します。

リスト1は、feof関数を使って、読み込み位置がファイルの終端かどうかをチェックする例です。

リスト1 読み書き位置が最後かチェックする（ファイル名：func180.cpp）

```
#include <stdio.h>

int main( void )
{
    FILE *fp = NULL;
    char buffer[4];
    int count;
```

```
    if ( (fp=fopen("sample.dat","w")) == NULL ) {
        printf("'sample.dat' を書き込みオープンできませんでした¥n");
        return 0;
    }
    fputs("Hello world", fp );
    fclose(fp);

    if ( (fp=fopen("sample.dat","r")) == NULL ) {
        printf("'sample.dat' を読み出しオープンできませんでした¥n");
        return 0;
    }
    /* 4 バイトずつ読み出す */
    while ( !feof(fp) ) {
        count = fread( buffer, 1, sizeof buffer, fp );
        if ( ferror(fp) ) {
            printf("読み出し中にエラーが発生しました");
            break;
        }
        printf("読み出し[%d]: ", count );
        fwrite( buffer, 1, count, stdout );
        putchar('¥n');
    }
    fclose(fp);

    return 1;
}
```

リスト2 実行結果

```
$ type sample.dat
Hello world

$ func180
読み出し[4]: Hell
読み出し[4]: o wo
読み出し[3]: rld
```

リスト1では、データを4バイトずつ読み込んでいます。fread関数を使い、4バイト分データを読み込み、ファイルの終端はfeof関数を使ってチェックしています。

Tips
181
▶Level ●
▶対応
C C++ VC g++

ファイル読み書きでエラーが発生したかチェックする

ここがポイントです！ ferror関数

ferror関数は、読み書きを行ったときにエラーが発生しているかをチェックします。

エラーが発生した場合には、clearerr関数、fseek関数、fsetpos関数、rewind関数のいずれかが呼び出されるまで、エラーの状態のままになります。

ファイル読み書きでエラーが発生したかをチェックする構文は、次のようになります。引数のfpには「ファイルポインタ」を指定します。

```
#include <stdio.h>
int ferror( FILE *fp );
```

戻り値は、エラーが発生している場合は、0以外の値を返します。エラーが発生していない場合は、0を返します。

リスト1は、ferror関数を使って、エラーが発生したかチェックするプログラム例です。

リスト1 ファイル読み書きでエラーが発生したかチェックする (ファイル名：func181.cpp)

```
#include <stdio.h>

int main( void )
{
    FILE *fp = NULL;
    int ch;

    if ( (fp=fopen("sample.dat","w")) == NULL ) {
        printf("'sample.dat' を書き込みオープンできませんでした¥n");
        return 0;
    }
    fputs("Hello world", fp );
    fclose( fp );

    fp = fopen("sample.dat","w");
    /* 書き込みモードでオープンされているファイルを
    * 読み出そうとするとエラーになる
    */
    ch = getc( fp );
    if ( ferror(fp) ) {
        printf("書き込みモードでオープンしているファイルから読み出そうとした¥n");
        clearerr(fp);
    } else {
        printf("正常¥n");
```

```
    }
    fclose(fp);

    if ( (fp=fopen("sample.dat","r")) == NULL ) {
        printf("'sample.dat' を読み出しオープンできませんでした¥n");

        return 0;
    }

    /* 終端に移動した後で、読み出そうとするとエラーになる */
    fseek( fp, 0, SEEK_END );
    ch = getc( fp );
    if ( ferror(fp) ) {
        printf("終端に移動した後で、読み出そうとするとエラー¥n");
        clearerr(fp);
    } else {
        printf("正常¥n");
    }
    fclose( fp );

    return 1;
}
```

リスト2 実行結果1(VC)

```
書き込みモードでオープンしているファイルから読み出そうとした
正常
```

リスト3 実行結果2(g++)

```
正常
正常
```

さらにワンポイント リスト1では、書き込みモードでオープンしているファイルに対して、読み込みを行おうとしています。このためにエラーが発生しています。エラー発生の動作は、VCとg++では少し異なっています。VCの場合は、書き込みモードのオープン時にはエラーになりますが、g++では正常となります。

Tips
182 読み込みエラーをクリアする

▶Level ●
▶対応 C C++ VC g++

ここがポイントです！ clearerr関数

clearerr関数は、ファイルアクセスのエラーをクリアします。ファイルアクセス時に一度エラーになった場合は、その後は常にエラーになります。

エラーは、clearerr関数以外にも、fseek関数、fsetpos関数、rewing関数でもクリアできます。

読み込みエラーをクリアする構文は、次のようになります。引数のfpには「ファイルポインタ」を指定します。

```
#include <stdio.h>
void clearerr( FILE *fp );
```

戻り値は、ありません。

リスト1は、clearerr関数を使って、エラーをクリアするプログラム例です。

リスト1 読み込みエラーをクリアする（ファイル名：func182.cpp）

```
#include <stdio.h>

int main( void )
{
    int ch;
    /* 標準出力から読み出そうとするとエラーが発生 */
    ch = fgetc( stdout );
    if ( ferror( stdout ) ) {
        printf("標準出力から読み出そうとしてエラーが発生¥n");
    }
    /* クリアせずに標準入力へ出力 */
    puts("クリアせずに標準出力へ出力");
    if ( ferror( stdout ) ) {
        printf("前回のエラーが残っている¥n");
    }
    /* エラーをクリアする */
    clearerr(stdout);

    if ( ferror( stdout ) ) {
        printf("前回のエラーが残っている¥n");
    } else {
        printf("エラーはクリアされました¥n");
    }
    return 1;
}
```

リスト2　実行結果1（VC）

```
標準出力から読み出そうとしてエラーが発生
クリアせずに標準出力へ出力
前回のエラーが残っている
エラーはクリアされました
```

リスト3　実行結果2（g++）

```
クリアせずに標準出力へ出力
エラーはクリアされました
```

リスト1では、標準出力（stdout）に対して読み込みを行おうとしてエラーを発生させています。clearerr関数を呼び出さずに、puts関数で書き出そうとするとエラーになります。ただし、g++の場合は、標準出力から読み込もうとしてもエラーにはなりません。

Tips 183

読み書き位置を先頭に戻す

▶Level ●○○

▶対応 C C++ VC g++

ここがポイントです！　rewind関数

rewind関数は、ファイルの読み書き位置を先頭に移動します。

読み書き位置を先頭に戻す構文は、次のようになります。引数のfpには「ファイルポインタ」を指定します。

```
#include <stdio.h>
void rewind( FILE *fp );
```

戻り値は、ありません。

なお、fseek関数を使って、次のように記述するのと同じ動きになります。SEEK_SETは、ファイルの先頭になります。

```
fseek(ファイルポインタ, 0, SEEK_SET)
```

リスト1は、rewind関数を使って、読み込み位置を先頭に戻すプログラム例です。

リスト1　読み書き位置を先頭に戻す（ファイル名：func183.cpp）

```
#include <stdio.h>
```

```
int main( void )
{
    FILE *fp = NULL;
    int i, ch;

    if ( (fp=fopen("sample.dat","w")) == NULL ) {
        printf("'sample.dat' を書き込みオープンできませんでした¥n");
        return 0;
    }
    for ( i=0; i<26; i++ ) fputc('a'+i,fp);
    fclose(fp);

    if ( (fp=fopen("sample.dat","r")) == NULL ) {
        printf("'sample.dat' を読み出しオープンできませんでした¥n");
        return 0;
    }

    /* 5文字読み出す */
    for ( i=0; i<5; i++ ) {
        ch = getc( fp );
        printf("%d 文字目: [%c]¥n", i+1, ch );
    }
    /* 先頭に移動して、再び5文字読み出す */
    rewind( fp );
    for ( i=0; i<5; i++ ) {
    ch = getc( fp );
    printf("%d 文字目: [%c]¥n", i+1, ch );
}

    fclose(fp);
    return 1;
}
```

リスト2 実行結果

```
$ type sample.dat
abcdefghijklmnopqrstuvwxyz

$ func183
1 文字目: [a]
2 文字目: [b]
3 文字目: [c]
4 文字目: [d]
5 文字目: [e]
1 文字目: [a]
2 文字目: [b]
3 文字目: [c]
4 文字目: [d]
5 文字目: [e]
```

リスト1では、ファイルを読み込んでいる途中で先頭に読み込み位置を移動しています。fclose関数で、一度ファイルを閉じても同じことができますが、オープンにした状態でファイルロックをしたいときに使われます。

一時ファイルを作成する

ここがポイントです！ **tmpfile関数**

tmpfile関数は、一時的なファイルを作成します。一時ファイルのファイル名や位置などは、OSに任されます。

一時ファイルは、ファイルをクローズしたときに削除されます。しかし、カレントディレクトリを移動したり、プログラムが途中で異常終了したときには、ファイルが残ってしまうときがあります。

一時ファイルを作成する構文は、次のようになります。引数はありません。

```
#include <stdio.h>
FILE *tmpfile(void);
```

戻り値は、テンポラリファイルの作成に成功した場合は、ファイルポインタを返します。失敗した場合は、NULLを返します。

リスト1は、tmpfile関数を使って、一時ファイルを作成するプログラム例です。

リスト2と3は、プログラムが異常終了した場合の確認例です。

リスト1　一時ファイルを作成する（ファイル名：func184.cpp）

```
#include <stdio.h>

int main( void )
{
    FILE *fp;

    if ( (fp = tmpfile()) == NULL ) {
        printf("テンポラリファイルが作成できませんでした");
        return 0;
    }
    fputs( "テンポラリファイルに書き込み¥n", fp );
    /* テンポラリファイルをクローズすると削除される */
    fclose( fp );
    return 1;
}
```

リスト2 テンポラリファイルをクローズしない場合（ファイル名：func184a.cpp）

```
#include <stdio.h>

int main( void )
{
    FILE *fp;

    if ( (fp = tmpfile()) == NULL ) {
        printf("テンポラリファイルが作成できませんでした");
        return 0;
    }
    fputs( "テンポラリファイルに書き込み¥n", fp );
    /* そのまま終了しても削除される */
    return 1;
}
```

リスト3 プログラムを異常終了させる場合（ファイル名：func184b.cpp）

```
#include <stdio.h>
#include <stdlib.h>

int main( void )
{
    FILE *fp;
    int *p = NULL;
    char buffer[100];

    if ( (fp = tmpfile()) == NULL ) {
        printf("テンポラリファイルが作成できませんでした");
        return 0;
    }
    fputs( "テンポラリファイルに書き込み", fp );
    rewind(fp);
    fgets( buffer, sizeof buffer, fp );
    printf("[%s]¥n", buffer );

    abort(); /* 異常終了させる */
    return 1;
}
```

リスト1、リスト2の場合は、正常にテンポラリファイルが削除されます。しかし、リスト3のようにabort関数で異常終了させると、テンポラリファイルが残ってしまいます。

3-2 低水準ストリーム

低水準ストリームを開く

ここがポイントです！ open / _sopen_s関数

open関数および_sopen_s関数を使って、低水準ストリームでファイルをオープンします。低水準ストリームでは、デバイスに対してファイルのように読み書きができます。

低水準ストリームを開く構文は、次のようになります。引数のfilenameには「ファイル名」、oflagには「操作識別」、pmodeには「アクセス権」、pfdには「ファイルハンドルのポインタ」、shflagには「共有状態」を指定します。

```
#include <io.h>
int open( const char *filename, int oflag, [, int pmode ] );
error_t _sopen_s( int *pfd, const char *filename, int oflag,
int shflag, int pmode );
```

戻り値は、open関数では、オープンに成功した場合はファイルハンドルを返します。失敗した場合は、-1を返し、errnoを設定します。

_sopen_s関数では、オープンに成功した場合は、0を返します。失敗した場合は、0以外の値を返します

なお、「アクセス権」は、「操作種別」でO_CREATが指定されたときのみ必要です。ファイルが既にある場合は無視されます。「共有」は、セキュリティ版である_sopen_s関数の引数で使います。

リスト1は、open関数を使って、低水準ストリームを開くプログラム例です。

リスト3は、エラーコード付きの_sopen_s関数を使った例です。

errnoの値

値	説明
EACCES	読み出し専用のファイルを書き込みモードでオープンしようとした
EACCES	排他モードで開かれているファイルをオープンしようとした
EACCES	ディレクトリに対してオープンしようとした
EEXIST	O_CREATEやO_EXCLを指定したが、既にファイルが存在した
EINVAL	無効な操作種別（oflag）を指定した
EMFILE	ファイルハンドルをこれ以上使えない
EMFILE	開いているファイルが多すぎる
ENOENT	ファイルまたはパス名が見つからない

操作種別（oflag）の値

値	説明
O_APPEND	追加モードでオープンする
O_APPEND	書き込み操作時に、ファイルポインタが終端に移動される
O_CREAT	新しいファイルを作成し、書き込みモードで開く
O_CREAT	ファイルが既にある場合は、エラーを返す
O_CREAT ¦ O_SHORT_LIVED	一時的なファイルを作成して、書き込みモードで開く
O_CREAT ¦ O_SHORT_LIVED	可能であれば、書き込み時にフラッシュをしない
O_CREAT ¦ O_TEMPORARY	一時的なファイルを作成して、書き込みモードで開く
O_CREAT ¦ O_TEMPORARY	ファイルをクローズするときに自動的にファイルは削除される
O_CREAT ¦ O_EXCL	指定したファイル名が存在した場合はエラーを返す
O_TRUNC	既存のファイルを開き、長さを0に切り詰める
O_RANDOM	主にランダムアクセスをするファイルを開く
O_SEQUENTIAL	主にシーケンシャルアクセスをするファイルを開く
O_RDONLY	読み込み専用モードでファイルを開く
O_WRONLY	書き出し専用モードでファイルを開く
O_RDWR	読み書き両方のモードでファイルを開く
O_TEXT	テキストモードでファイルを開く
O_BINARY	バイナリモードでファイルを開く

アクセス権（pmode）の値

値	説明
S_IREAD	読み込み可能
S_IWRITE	書き出し可能
S_IREAD ¦ S_IWRITE	読み書きの両方が可能

共有状態（shflag）の値

値	説明
_SH_DENYRW	ファイルの読み出しと書き込みの両方を禁止する
_SH_DENYWR	ファイルの書き込みを禁止する
_SH_DENYRD	ファイルの読み出しを禁止する
_SH_DENYNO	読み書き両方のアクセスを許可する

リスト1　低水準ストリームを開く（ファイル名：func185.cpp）

```
#include <stdio.h>
#include <io.h>
#include <fcntl.h>
#include <sys/stat.h>
#include <sys/types.h>

int main( void )
{
    int fd = 0;
    char buff[100];

```

```
    /* 新しいファイルをオープン */
    if ( (fd = open( "sample.dat", O_CREAT | O_WRONLY, S_IWRITE )) == -1 ) {
        printf("'sample.dat' が書き込みモードでオープンできません¥n");
        return 0;
    }
    write( fd, "Hello world.", 12 );
    close( fd );

    /* 追加モードでオープン */
    if ( (fd = open( "sample.dat", O_APPEND | O_WRONLY, S_IWRITE )) == -1 ) {
        printf("'sample.dat' が追加モードでオープンできません¥n");
        return 0;
    }
    write( fd, "Hello world, too.", 16 );
    close( fd );

    /* 読み出しモードでオープン */
    if ( (fd = open( "sample.dat", O_RDONLY, S_IREAD )) == -1 ) {
        printf("'sample.dat' が読み出しモードでオープンできません¥n");
        return 0;
    }
    read( fd, buff, 12 );
    write( 1, buff, 12 ); /* stdout へ書き込む */
    close( fd );

    return 1;
}
```

リスト2 実行結果1

```
$ func185
Hello world.

$ type sample.dat
Hello world.Hello world, too
```

リスト3 エラーコード付きの関数を使う（ファイル名：func185s.cpp）

```
#include <stdio.h>
#include <io.h>
#include <fcntl.h>
#include <sys/stat.h>
#include <sys/types.h>
#include <Share.h>

int main( void )
{
    int fd = 0;
    char buff[100];

/* 新しいファイルをオープン */
```

```
    if ( _sopen_s( &fd, "sample.dat", O_CREAT | O_WRONLY, _SH_DENYRW, S_
IWRITE ) == -1 ) {
        printf("'sample.dat' が書き込みモードでオープンできません¥n");
        return 0;
    }
    write( fd, "Hello world.", 12 );
    close( fd );

    /* 追加モードでオープン */
    if ( _sopen_s( &fd, "sample.dat", O_APPEND | O_WRONLY, _SH_DENYRW,
S_IWRITE ) == -1 ) {
        printf("'sample.dat' が追加モードでオープンできません¥n");
        return 0;
    }
    write( fd, "Hello world, too.", 16 );
    close( fd );

    /* 読み出しモードでオープン */
    if ( _sopen_s( &fd, "sample.dat", O_RDONLY, _SH_DENYRW, S_IREAD ) ==
-1 ) {
        printf("'sample.dat' が読み出しモードでオープンできません¥n");
        return 0;
    }
    read( fd, buff, 12 );
    write( 1, buff, 12 ); /* stdout へ書き込む */
    close( fd );

    return 1;
}
```

リスト4 実行結果2

```
$ func185s
Hello world.

$ type sample.dat
Hello world.Hello world, too
```

リスト1とリスト3は、open関数と_sopen_s関数の両方の例を示しています。open関数では、アクセス権を省略可能ですが、_sopen_s関数では必ず指定しないといけないので注意してください。

低水準ストリームを閉じる

ここがポイントです！ close関数

close関数は、低水準ストリームで開いたファイルを閉じます。

低水準ストリームを閉じる構文は、次のようになります。引数のfpには「ファイルハンドル」を指定します。

```
#include <io.h>
int close( int fd );
```

戻り値は、ファイルクローズに成功すると、0を返します。失敗すると、-1を返し、errnoにEBADF（ファイルハンドルが無効）を設定します。

リスト1は、close関数を使って、低水準ストリームを閉じるプログラム例です。

リスト1 低水準ストリームを閉じる（ファイル名：func186.cpp）

```
#include <stdio.h>
#include <io.h>
#include <fcntl.h>
#include <sys/stat.h>
#include <sys/types.h>
#include <errno.h>

int main( void )
{
    int fd;

    /* 書き込みモードでオープン */
    if ((fd = open( "sample.dat", O_CREAT | O_WRONLY, S_IWRITE )) == -1 ) {
        printf("'sample.dat' が書き込みモードでオープンできません¥n");
        return 0;
    }

    /* 最初は正常にクローズできる */
    if ( close( fd ) == 0 ) {
        printf("正常にハンドルをクローズしました¥n");
    } else {
        printf("クローズ時にエラーが発生しました [%d]¥n", errno );
    }

    /* 既にクローズされたハンドルの場合はエラーが発生する */
    if ( close( fd ) == 0 ) {
```

```
            printf("正常にハンドルをクローズしました¥n");
        } else {
            printf("クローズ時にエラーが発生しました [%d]¥n", errno );
        }
        return 1;
    }
```

リスト2　実行結果1(VC)

```
$ func186
正常にハンドルをクローズしました
; 既にクローズされた場合は、エラーが発生する
```

リスト3　実行結果2(g++)

```
$ func186
正常にハンドルをクローズしました
クローズ時にエラーが発生しました [9]
```

リスト1を動作させたとき、VCとg++では動作が異なります。VCでは、クローズ済みのハンドルをさらにクローズしようとすると、アプリケーションエラーになりますが、g++の場合はclose関数の戻り値がエラーになります。

Tips 187 Level ●○○ 対応 C C++ VC g++

低水準ストリームを書き出しモードで開く

creat関数

creat関数は、低水準ストリームでファイルを開きます。

構文は、次のようになります。引数のfilenameには「ファイル名」、pmodeには「アクセス権」を指定します。

```
#include <io.h>
int creat( const char *filename, int pmode );
```

戻り値は、ファイルが正常に開けるとファイルハンドルを返します。失敗した場合は、-1を返し、errnoを設定します。

なお、creat関数は、互換性のために残されているので、通常はopen関数を使ってください。

リスト1は、creat関数を使って、書き出しモードでファイルを開くプログラム例です。

リスト1　低水準ストリームを書き出しモードで開く（ファイル名：func187.cpp）

```
#include <stdio.h>
#include <memory.h>
#include <io.h>
#include <fcntl.h>
#include <sys/stat.h>
#include <sys/types.h>
#include <errno.h>
#ifndef _MSC_VER
#define _creat(p,m) _open(p, O_CREAT|O_TRUNC|O_WRONLY, m | SH_DENYNO )
#endif

int main( void )
{
    int fd;
    char buff[100];

    /* 新しいファイルをオープン */
    if ((fd = creat( "sample.dat", S_IWRITE )) == -1 ) {
        printf("'sample.dat' が書き込みモードでオープンできません¥n");
        return 0;
    } else {
        printf("正常にオープンできました [%d]¥n", fd );
    }
    memset( buff, ' ', sizeof buff );
    write( fd, buff, sizeof buff );
    close( fd );
    return 1;
}
```

リスト1では、Visual C++にはcreat関数がないので、マクロ関数を使って定義しています。

Tips 188

低水準ストリームから データを読み込む

▶Level ●●○

▶対応 C C++ VC g++

ここがポイントです！　**read / _read関数**

read関数、および_read関数は、低水準ストリームで開いたファイルから、データを読み込みます。

低水準ストリームからデータを読み込む構文は、次のようになります。引数のfdには「ファイルハンドル」、dataには「読み込むためのデータバッファ」、sizeには「読む込むデータのサイズ」を指定します。

```
#include <io.h>
int read( int fd, void *data, unsigned int size );
```

戻り値は、成功すると、実際に読み込んだデータのバイト数を返します。失敗すると、-1を返し、errnoに値を設定します。errnoがEBADFの場合は、ファイルハンドルが無効か、読み込みモードで開かれていないことを示します。

read関数は、実際に読み込んだデータ数を返すので、sizeよりも小さな値を返すことがあります。ファイルの終端でread関数を呼び出したときには、0を返します。

また、ファイルに残っているバイト数がsizeよりも少ないと、読み込めたデータのサイズが返されます。

リスト1は、read関数を使って、バイナリデータを読み込むプログラム例です。

リスト1 低水準ストリームからデータを読み込む（ファイル名：func188.cpp）

```
#include <stdio.h>
#include <io.h>
#include <fcntl.h>
#include <sys/stat.h>
#include <sys/types.h>
#include <errno.h>

int main( void )
{
    int fd, count;
    char ch, buff[50];

    /* 新しいファイルをオープン */
    if ((fd = open( "sample.dat", O_CREAT | O_WRONLY, S_IWRITE )) == -1 ) {
        printf("'sample.dat' が書き込みモードでオープンできません¥n");
        return 0;
    }
    write( fd, "Hello world.", 12 );
    close( fd );

    /* 読み出しモードでオープン */
    if ((fd = open( "sample.dat", O_RDWR )) == -1 ) {
        printf("'sample.dat' が読み出しモードでオープンできません¥n");
        return 0;
    }

    /* 先頭の1バイトを読み出し */
    count = read( fd, &ch, 1 );
    if ( count == 0 ) {
        printf("ファイルの終端に達しました¥n");
```

標準関数の極意

```
    } else if ( count == -1 ) {
        printf("エラーが発生しました [%d]¥n", errno );
    } else {
        printf("1文字読み込み [%c]¥n", ch );
    }

    count = read( fd, buff, 8 );
    if ( count == 0 ) {
        printf("ファイルの終端に達しました¥n");
    } else if ( count == -1 ) {
        printf("エラーが発生しました [%d]¥n", errno );
    } else {
        buff[count] = '¥0';
        printf("%d 文字読み込み [%s]¥n", count, buff );
    }

    close( fd );

    return 1;
}
```

リスト2 実行結果

```
1文字読み込み [H]
8文字読み込み [ello wor]
```

さらにワンポイント

read関数を使ってすべてのデータを読み出すときには、ファイルの終端に達して戻り値が0になるまで読み込むか、eof関数を使ってファイルの終端かをチェックします。

なお、fdは「ファイルハンドル」、dataは「読み込むためのデータバッファ」、sizeは「読む込むデータのサイズ」になります。

```
unsigned char data[256];
int fd;
...
while ( !eof(fd) ) {
  int size = read( fd, data, sizeof data );
  ...
}
```

あるいは、次のようにも記述できます。

```
int size ;
while ( (size = read( fd, data, sizeof data )) != 0 ) {
  ...
}
```

Tips 189

低水準ストリームへデータを書き出す

▶Level ●●
▶対応 C C++ VC g++

ここがポイントです! write / _write関数

write関数、および_write関数は、低水準ストリームで開いたファイルに、データを書き出します。

低水準ストリームへデータを書き出す構文は、次のようになります。引数のfdには「ファイルハンドル」、dataには「書き出すデータ」、sizeには「書き出すデータのサイズ」を指定します。

```
#include <io.h>
int write( int fd, const void *data, unsigned int size );
```

戻り値は、成功すると、実際に書き出したデータのバイト数を返します。失敗すると、-1を返し、errnoに値を設定します。

errnoがEBADFの場合は、ファイルハンドルが無効か、書き込みモードで開かれていないことを示します。errnoがENOSPCの場合は、ディスクの空き容量が足りないことを示します。

リスト1は、write関数を使って、バイナリデータを書き出すプログラム例です。

リスト1 低水準ストリームへデータを書き出す(ファイル名:func189.cpp)

```
#include <stdio.h>
#include <io.h>
#include <fcntl.h>
#include <sys/stat.h>
#include <sys/types.h>
#include <errno.h>

int main( void )
{
    int fd, count;
    char ch, buff[50];

    /* 新しいファイルをオープン */
    if ((fd = open( "sample.dat", O_CREAT | O_WRONLY, S_IWRITE )) == -1 ) {
    printf("'sample.dat' が書き込みモードでオープンできません¥n");
    return 0;
    }
    if ( write( fd, "Hello world.", 12 ) == 12 ) {
        printf( "正常に書き込みました¥n");
    } else {
```

```
        printf( "書き込み時にエラーが発生しました [%d]¥n", errno );
    }
    close( fd );

    /* 読み出しモードでオープン */
    if ((fd = open( "sample.dat", O_RDONLY )) == -1 ) {
        printf("'sample.dat' が読み出しモードでオープンできません¥n");
        return 0;
    }
    /* 読み出しモードで開いているので、ここではエラーが発生する */
    if ( write( fd, "Hello world.", 12 ) == 12 ) {
        printf( "正常に書き込みました¥n");
    } else {
        printf( "書き込み時にエラーが発生しました [%d]¥n", errno );
    }
    close( fd );

    return 1;
}
```

リスト2 実行結果

```
$ func189
正常に書き込みました
書き込み時にエラーが発生しました [9]

$ type sample.dat
Hello world.
```

さらにワンポイント 低水準ストリームを扱うwrite関数では、バイナリデータのみ書き出しができます。複雑な書式を使う場合には、あらかじめsprintf関数でデータを作成しておくか、fopen関数とfprintf関数を使うとよいでしょう。固定データを扱う場合には、構造体に設定したものを利用すると便利です。

Tips 190

▶Level ●●○

▶対応 C C++ VC g++

読み込み位置を変更する

ここがポイントです！ **lseek / _lseek関数**

lseek関数、および_lseek関数は、低水準ストリームで開いたファイルの、読み書き位置を設定します。バイト数は、正負の両方の値が指定できます。

読み込み位置を変更する構文は、次のようになります。引数のfdには「ファイルハンドル」、offsetには「初期位置(origin)からのバイト数」、originには「初期位置」を指定します。

```
#include <io.h>
long lseek( int fd, long offset, int orgin );
```

戻り値は、成功すると、初期位置(origin)からのバイト数を返します。失敗すると、-1を返し、errnoに値を設定します。

errnoがEBADFの場合は、ファイルハンドルが無効であることを示します。errnoがEINVALの場合は、初期位置が無効か、移動した位置がファイルの先頭よりも前になることを示します。

リスト1は、lseek関数を使って、読み込み位置を変更するプログラム例です。

初期位置(origin)の値

値	説明
SEEK_CUR	現在の位置
SEEK_END	ファイルの終端
SEEK_SET	ファイルの先頭

リスト1 読み込み位置を変更する(ファイル名:func190.cpp)

```
#include <stdio.h>
#include <io.h>
#include <fcntl.h>
#include <sys/stat.h>
#include <sys/types.h>
#include <errno.h>

int main( void )
{
    int fd, offset;
    char ch;

    /* 新しいファイルをオープン */
    if ((fd = open( "sample.dat", O_CREAT | O_WRONLY, S_IWRITE )) == -1 ) {
        printf("'sample.dat' が書き込みモードでオープンできません¥n");
        return 0;
    }
    write( fd, "ABCDEFGHIJKLMNOPQRSTUVWXYZ", 26 );
    close( fd );

    /* 読み出しモードでオープン */
    if ((fd = open( "sample.dat", O_RDWR )) == -1 ) {
        printf("'sample.dat' が読み出しモードでオープンできません¥n");
        return 0;
    }
```

```
    offset = lseek( fd, 4, SEEK_SET ); read( fd, &ch, 1 );
    printf( "先頭から 4 バイト目:[%c] offset:[%d]¥n", ch, offset );
    offset = lseek( fd, 3, SEEK_CUR ); read( fd, &ch, 1 );
    printf( "さらに 3 バイト進む:[%c] offset:[%d]¥n", ch, offset );
    offset = lseek( fd, -5, SEEK_END ); read( fd, &ch, 1 );
    printf( "最後から 5 バイト目:[%c] offset:[%d]¥n", ch, offset );

    close( fd );

    return 1;
}
```

実行結果

```
先頭から 4 バイト目:[E] offset:[4]
さらに 3 バイト進む:[I] offset:[8]
最後から 5 バイト目:[V] offset:[21]
```

さらにワンポイント 高水準ストリームで扱うfseek関数と同様に使えます。

読み込み位置が終端かをチェックする

ここがポイントです! **eof / _eof関数**

eof関数、および_eof関数は、低水準ストリームで開いたファイルの読み書き位置が、終端かどうかをチェックします。

読み込み位置が終端かチェックする構文は、次のようになります。引数のfdには「ファイルハンドル」を指定します。

```
#include <io.h>
int eof( int fd );
```

戻り値は、現在位置がファイルの終端のときには、1を返します。それ以外のときは、0を返します。失敗すると、-1を返し、errnoに値を設定します。

errnoがEBADFの場合は、ファイルハンドルが無効であることを示します。

リスト1は、eof関数を使って、読み込み位置が終端かをチェックするプログラム例です。

リスト1　読み込み位置が終端かをチェックする（ファイル名：func191.cpp）

```
#include <stdio.h>
#include <io.h>
#include <fcntl.h>
#include <sys/stat.h>
#include <sys/types.h>
#include <errno.h>

int main( void )
{
    int fd, size;
    char buff[10];

    /* 新しいファイルをオープン */
    if ((fd = open( "sample.dat", O_CREAT | O_WRONLY, S_IWRITE )) == -1 ) {
        printf("'sample.dat' が書き込みモードでオープンできません¥n");
        return 0;
    }
    write( fd, "ABCDEFGHIJKLMNOPQRSTUVWXYZ", 26 );
    close( fd );

    /* 読み出しモードでオープン */
    if ((fd = open( "sample.dat", O_RDONLY )) == -1 ) {
        printf("'sample.dat' が読み出しモードでオープンできません¥n");
        return 0;
    }
    /* 5文字ずつ読み出す */
    while ( !eof(fd) ) {
        size = read( fd, buff, 5 );
        if ( size == 0 ) break;
        if ( size < 0 ) {
            printf("読み出し時にエラーが発生しました [%d]¥n", errno );
            break;
        }
        buff[size] = '¥0';
        printf( "読み出しデータ：[%s]¥n", buff );
    }
    close( fd );

    return 1;
}
```

リスト2　実行結果

```
読み出しデータ：[ABCDE]
読み出しデータ：[FGHIJ]
読み出しデータ：[KLMNO]
読み出しデータ：[PQRST]
読み出しデータ：[UVWXY]
読み出しデータ：[Z]
```

リスト1のように、while文でeof関数を使うことで、ファイルの最後まで読み込みができます。

アクセス許可マスクを設定する

ここがポイントです！ _umask / _umask_s関数

_umask関数および_umask_s関数は、現在のプログラムのファイルのアクセス許可マスクを変更します。

アクセス許可マスクを設定する構文は、次のようになります。引数のpmodeには「アクセス権」、oldmodeには「直前のアクセス権」を指定します。

```
#include <io.h>
int _umask( int pmode );
error_t _umask_s( int pmode, int *oldmode );
```

戻り値は、_umask関数では、直前のアクセス権を返します。

_umask_s関数では、アクセス権を設定した場合は0を返します。失敗した場合は、エラーコードを返します。

リスト1は、_umask関数を使って、アクセス許可マスクを設定するプログラム例です。

リスト3は、_umask_s関数を使って、設定するプログラム例です。

アクセス権（pmode）の値

値	説明
S_IREAD	読み込み可能
S_IWRITE	書き出し可能
S_IREAD ¦ S_IWRITE	読み書きの両方が可能

リスト1　アクセス許可マスクを設定する（ファイル名：func192.cpp）

```
#include <stdio.h>
#include <io.h>
#include <fcntl.h>
#include <sys/stat.h>
#include <sys/types.h>

int main( void )
{
```

```
    int fd;
    int newmask, oldmask;

    /* アクセス権を変更 */
    newmask = _S_IWRITE;
    oldmask = _umask( newmask );
    printf( "直前のアクセス権: [%08X]¥n", oldmask );
    printf( "新しいアクセス権: [%08X]¥n", newmask );

/* 書き込みモードでオープン */
    if ((fd = open( "sample.dat", O_CREAT | O_WRONLY, S_IWRITE )) == -1 ) {
        printf("'sample.dat' が書き込みモードでオープンできません¥n");
        return 0;
    }
    write( fd, "Hello world.", 12 );
    close( fd );

    /* sample.dat が読み取り専用に変更される */
    return 1;
}
```

リスト2 実行結果1

```
直前のアクセス権: [00000000]
新しいアクセス権: [00000080]
```

リスト3 チェック付きのアクセス権変更（ファイル名：func192s.cpp）

```
#include <stdio.h>
#include <io.h>
#include <fcntl.h>
#include <sys/stat.h>
#include <sys/types.h>

int main( void )
{
    int fd;
    int newmask, oldmask;

    /* アクセス権を変更 */
    newmask = _S_IWRITE;
    _umask_s( newmask, &oldmask );
    printf( "直前のアクセス権: [%08X]¥n", oldmask );
    printf( "新しいアクセス権: [%08X]¥n", newmask );

    /* 書き込みモードでオープン */
    if ((fd = open( "sample.dat", O_CREAT | O_WRONLY, S_IWRITE )) == -1 ) {
        printf("'sample.dat' が書き込みモードでオープンできません¥n");
        return 0;
    }
    write( fd, "Hello world.", 12 );
```

```
    close( fd );

    /* sample.dat が読み取り専用に変更される */
    return 1;
}
```

リスト4　実行結果2

```
直前のアクセス権: [00000000]
新しいアクセス権: [00000080]
```

アクセス権をプログラム内で変更することで、書き込んだデータを直後に削除されることを防ぎます。

3-3 ファイル操作

指定したファイルを削除する

ここがポイントです! **remove関数**

remove関数は、指定したファイルを削除します。ただし、「*.dat」のようなメタ文字を使った指定はできません。ファイルを検索しながら削除する場合は、findfirst関数、findnext関数と組み合わせて使います。

指定したファイルを削除する構文は、次のようになります。引数のpathには「削除するファイル名」を指定します。

```
#include <stdio.h>
int remove( const char *path );
```

戻り値は、ファイルの削除に成功すると、0を返します。失敗すると、-1を返し、errnoを設定します。

errnoがEACCESSの場合は、ファイルが読み取り専用になっていることを示します。errnoがENOENTの場合は、ファイルが存在しないか、ディレクトリであることを示します。

リスト1は、remove関数を使って、指定したファイルを削除するプログラム例です。

リスト1　指定したファイルを削除する（ファイル名：func193.cpp）

```
#include <stdio.h>
```

```
#include <errno.h>

int main( void )
{
    FILE *fp;

    if ( (fp=fopen("sample.dat","w")) == NULL ) {
        printf("'sample.dat' が書き込みオープンできません¥n");
        return 0;
    }
    fputs("this is sample data¥n", fp );
    fclose( fp );

    /* ファイルを削除する */
    if ( remove("sample.dat") == 0 ) {
        printf("'sample.dat' を削除しました¥n");
    } else {
        printf("'sample.dat' を削除時にエラーが発生しました [%d]¥n", errno );
    }

    /* 存在しないファイルを削除する */
    if ( remove("sample2.dat") == 0 ) {
        printf("'sample2.dat' を削除しました¥n");
    } else {
        printf("'sample2.dat' を削除時にエラーが発生しました [%d]¥n", errno );
    }
    return 1;
}
```

Tips 194

カレントディレクトリを変更する

▶Level ●○○

▶対応 C C++ VC g++

ここがポイントです！ chdir / _chdir関数

chdir関数、および_chdir関数は、カレントディレクトリを移動します。fopen関数などでパスを指定しないときに、カレントディレクトリが使われます。

カレントディレクトリを変更する構文は、次のようになります。引数のpathには「移動先のディレクトリ名」を指定します。

```
#include <stdlib.h>
int chdir( const char *path );
```

戻り値は、カレントディレクトリの移動に成功すると、0を返します。失敗すると、-1を返し、errnoを設定します。

errnoがENOENTの場合は、指定したディレクトリが存在しないことを示します。

リスト1は、_chdir関数を使って、カレントディレクトリを変更するプログラム例です。

リスト1 カレントディレクトリを変更する(ファイル名:func194.cpp)

```
#include <stdio.h>
#include <stdlib.h>
#include <direct.h>

int main( void )
{
    char path[_MAX_PATH];

    /* カレントディレクトリを取得 */
    printf("カレントディレクトリ: %s¥n", _getcwd( path, sizeof path ));

    /* ディレクトリを作成 */
    if ( _mkdir("sample") != 0 ) {
        printf("'sample' ディレクトリが作成できません¥n");
        return 0;
    }
    /* ディレクトリを移動 */
    if ( _chdir("sample") != 0 ) {
        printf("'sample' ディレクトリに移動できません¥n");
        return 0;
    }
    printf("移動先のディレクトリ: %s¥n", _getcwd( path, sizeof path ));

    /* 元のディレクトリに移動 */
    if ( _chdir("..") != 0 ) {
        printf("'..' ディレクトリに移動できません¥n");
        return 0;
    }
    /* ディレクトリを削除 */
    if ( _rmdir("sample") != 0 ) {
        printf("'sample' ディレクトリを削除できません¥n");
        return 0;
    }

    printf("移動元のディレクトリ: %s¥n", _getcwd( path, sizeof path ));

    return 1;
}
```

リスト2 実行結果

```
カレントディレクトリ: D:¥work¥chapter02
移動先のディレクトリ: D:¥work¥chapter02¥sample
移動元のディレクトリ: D:¥work¥chapter02
```

さらにワンポイント　Windowsの場合は、パスの区切りが「¥」になりますが、Linuxの場合は「/」となるので移植を考えるときには注意が必要です。

カレントディレクトリを取得する

ここがポイントです！　**getcwd / _getcwd関数**

getcwd関数、および_getcwd関数は、カレントディレクトリを取得します。

通常は、取得する格納バッファを指定しますが、NULLを指定することもできます。

NULLを指定した場合は、内部でmalloc関数を使い、メモリを確保します。このため、必要がなくなったらfree関数で解放します。

VCの場合の構文は、次のようになります。引数のbuffには「取得する格納バッファ」、sizeには「バッファのサイズ」を指定します。

```
#include <direct.h>
char *_getcwd( char *buff, int size );
```

g++の場合の構文は、次のようになります。

```
#include <unistd.h>
char *getcwd( char *buff, int size );
```

ともに戻り値は、カレントディレクトリの取得に成功すると、格納バッファ（buff）のポインタを返します。失敗した場合は、NULLを返し、errnoを設定します。

errnoがENOMEMの場合は、malloc関数でメモリを取得できなかったことを示します。errnoがERANGEの場合は、取得したパス名が、バッファのサイズ（size）を超えていたことを示します。

リスト1は、getcwd関数を使って、カレントディレクトリを取得するプログラム例です。

リスト1　カレントディレクトリを取得する（ファイル名：func195.cpp）

```
#include <stdio.h>
#include <stdlib.h>
#include <errno.h>
#ifdef _MSC_VER
#include <direct.h>
#else
#include <unistd.h>
```

```
#endif

int main( void )
{
    char buffer[260];
    char *path;

    /* 格納領域(buffer)を指定する */
    path = getcwd( buffer, sizeof buffer );
    if ( path == NULL ) {
        printf("カレントディレクトリを取得できませんでした [%d]¥n", errno );
    } else {
        printf("カレントディレクトリ: %s¥n", path );
    }

    /* 格納領域(buffer)に NULL を指定する */
    path = getcwd( NULL, 260 );
    if ( path == NULL ) {
        printf("カレントディレクトリを取得できませんでした [%d]¥n", errno );
    } else {
        printf("カレントディレクトリ: %s¥n", path );
        free( path );
    }

    /* パスの最大値(maxlen)を小さくした場合 */
    path = getcwd( buffer, 10 );
    if ( path == NULL ) {
        printf("カレントディレクトリを取得できませんでした [%d]¥n", errno );
    } else {
        printf("カレントディレクトリ: %s¥n", path );
        free( path );
    }

    return 1;
}
```

リスト2 実行結果

```
カレントディレクトリ: D:¥work¥chapter02
カレントディレクトリ: D:¥work¥chapter02
カレントディレクトリを取得できませんでした [34]
```

さらにワンポイント

パスの最大値は、MAX_PATHで定義されています。これを格納バッファの最大値として使えます。ただし、通常MAX_PATHは260バイトと定義されているので、Windows環境では長いパス名を使っていると最大値を超えてしまいます。プログラムで扱う場合には、なるべく短い名前を使うか、パス名の最大値である32,768バイトを直接指定するとよいでしょう。

Tips 196 ▶Level ●○○ ▶対応 C C++ VC g++

ディレクトリを作成する

ここがポイントです！ mkdir / _mkdir関数

mkdir関数、および_mkdir関数は、指定したパスでディレクトリを作成します。

VCの場合の構文は、次のようになります。引数のpathには「作成するディレクトリ名」を指定します。

```
#include <direct.h>
int _mkdir( const char *path );
```

g++の場合の構文は、次のようになります。

```
#include <unistd.h>
int mkdir( const char *path );
```

ともに戻り値は、ディレクトリの作成に成功すると、0を返します。失敗した場合は、NULLを返し、errnoを設定します。

errnoがEEXISTの場合は、既にパス名がファイルかディレクトリで存在することを示します。errnoがENOENTの場合は、パス名が指定できないことを示しています。

リスト1は、mkdir関数を使って、ディレクトリを作成するプログラム例です。

リスト1 ディレクトリを作成する（ファイル名：func196.cpp）

```
#include <stdio.h>
#include <errno.h>
#ifdef _MSC_VER
#include <direct.h>
#else
#include <unistd.h>
#include <sys/stat.h>
#define mkdir(path) mkdir(path,0)
#endif

int main( void )
{
    if ( mkdir("sample") != 0 ) {
        printf("'sample' ディレクトリが作成できませんでした [%d]¥n", errno );
    } else {
        printf("'sample' ディレクトリを作成しました¥n");
    }
```

```
    /* 既に存在するディレクトリを指定する */
    if ( mkdir("sample") != 0 ) {
        printf("'sample' ディレクトリが作成できませんでした [%d]¥n", errno );
    } else {
        printf("'sample' ディレクトリを作成しました¥n");
    }

    /* 作成できないディレクトリを指定する */
    if ( mkdir("/err/path/sample") != 0 ) {
        printf("'/err/path/sample' ディレクトリが作成できませんでした [%d]¥n", errno );
    } else {
        printf("'/err/path/sample' ディレクトリを作成しました¥n");
    }

    rmdir("sample");
    return 1;
}
```

リスト2 実行結果

```
'sample' ディレクトリを作成しました
'sample' ディレクトリが作成できませんでした [17]
'/err/path/sample' ディレクトリが作成できませんでした [2]
```

Linuxでは、ファイル名に空白が許されていませんが、mkdir関数を使うと「sample」がディレクトリ名に使えてしまうので注意してください。間違って作成してしまったときは、シェルから「rmsam*ple」のようにメタ文字を使うと削除できます。

ディレクトリ内のファイルを検索する

ここがポイントです！ **_findfirst / _findnext関数**

ディレクトリ内のファイルを検索するときは、ワイルド文字を使って_findfirst関数を呼び出します。

このときに検索ハンドルが取得されるので、_findnext関数に渡して続けてファイルを検索します。_findnext関数の戻り値が、-1になったときに終了します。

ディレクトリ内のファイルを検索する構文は、次のようになります。引数のpathには「検索するパス名」、infoには「ファイル情報の構造体」、hdには「検索ハンドル」を指定します。

```
#include <io.h>
long _findfirst( char *path, struct _finddata_t *info );
int _findnext( long hd, struct _finddata_t *info );
```

戻り値は、_findfirst関数では、成功すると一致したファイル群の検索ハンドルを返します。失敗した場合は、-1を返し、errnoを設定します。

errnoがENOENTの場合は、一致するファイルがなかったことを示します。errnoがEINVALの場合は、検索するパス名（path）が無効であることを示します。

_findnext関数では、マッチするファイルが見つかったときは0を返します。マッチするファイルが見つからなかったときは-1を返し、errnoをENOENTに設定します。

リスト1は、_findfirst関数と_findnext関数を使って、ファイルを検索するプログラム例です。

リスト1　ディレクトリ内のファイルを検索する（ファイル名：func197.cpp）

```
#include <stdio.h>
#include <errno.h>
#ifndef _MSC_VER
#error "Cannot use findfirst and findnext function in g++"
#endif

#include <io.h>
int makefile( char *filename )
{
    FILE *fp;
    if ( (fp = fopen( filename, "w" )) == NULL ) {
        return 0;
    }
    fputs("sample data¥n",fp);
    fclose(fp);
    return 1;
}

    int main( void )
    {
        long handle;
        struct _finddata_t finddata;
        FILE *fp;

        if (!(makefile("sample1.dat") &&
            makefile("sample2.dat") &&
            makefile("sample3.dat"))) {
        printf("sample data ファイルの作成に失敗しました¥n");
        return 0;
    }

    printf("'sample*.dat' を検索する¥n");
    handle = _findfirst("sample*.dat", &finddata );
    if ( handle != -1 ) {
        printf("[%s]¥n", finddata.name );
```

```
        while ( _findnext( handle, &finddata ) != -1 ) {
            printf("[%s]¥n", finddata.name );
        }
        _findclose( handle );
    }

    printf("'sample.non.*' を検索する¥n");
    handle = _findfirst("sample.non.*", &finddata );
    if ( handle == -1 ) {
        printf("'sample.non.*' がマッチしませんでした [%d]¥n", errno );
    } else {
        printf("'sample.non.*' がマッチしました¥n", errno );
        _findclose( handle );
    }

    return 1;
}
```

リスト2 実行結果

```
'sample*.dat' を検索する
[sample.dat]
[sample1.dat]
[sample2.dat]
[sample3.dat]
'sample.non.*' を検索する
'sample.non.*' がマッチしませんでした [2]
```

_findfirst関数で最初にマッチするファイル名を取得し、続けてfindnext関数でマッチしたファイル名を取得します。リスト1のように、while文を使ってもできますが、次のようにdo文を使うとファイル名のチェックが1個所にまとめられます。

```
struct _finddata_t info;
long handle = _findfirst( "sample*.dat", &info );
if ( handle != -1 ) {
  do {
    printf("[%s]¥n", finddata.name );
  } while (_findnext( handle, &info ) != -1 );
  _findclose( handle );
}
```

Tips 198 ▶Level ● ▶対応 C C++ VC g++

ストリームからファイル番号に変換する

ここがポイントです！ **fileno / _fileno関数**

fileno関数、および_fileno関数は、高水準ストリームのfopen関数を使って取得したファイルポインタから、低水準ストリームで利用するファイルハンドルに変換します。

ストリームからファイル番号に変換する構文は、次のようになります。引数のfpには「ファイルポインタ」を指定します。

```
#include <io.h>
int fileno( FILE *fp );
```

戻り値は、ファイルポインタに対応するファイルハンドルを返します。開いていないファイルポインタを指定した場合の戻り値は、未定です。

リスト1は、fileno関数を使って、ファイルポインタをファイルハンドル（ファイルディスクリプタ）に変更しています。

リスト1 ストリームからファイル番号に変換する（ファイル名：func198.cpp）

```
#include <stdio.h>
#ifdef _MSC_VER
#define fileno _fileno
#endif

int main( void )
{
    FILE *fp;
    if ((fp=fopen("sample.dat","w")) == NULL ) {
        printf("'sample.dat' が書き込みオープンできませんでした¥n");
        return 0;
    }

    printf("fp のファイルハンドル: %d¥n", fileno(fp));
    printf("stdin のファイルハンドル: %d¥n", fileno(stdin));
    printf("stdout のファイルハンドル: %d¥n", fileno(stdout));
    fclose( fp );
    return 1;
}
```

リスト2 実行結果

```
fp のファイルハンドル:     3
stdin のファイルハンドル:  0
stdout のファイルハンドル: 1
```

標準入力（stdin）や標準出力（stdout）を指定したときも正常にファイルハンドルが返ります。ファイルハンドルを使うと、filelength関数を使ってファイルの長さを取得できます。

Tips 199 ▶Level ●○○ ▶対応 C C++ VC

ファイルの長さを取得する①

ここがポイントです！ _filelength関数

_filelength関数は、ファイルハンドルを指定してファイルの長さを取得します。

ファイルの長さを取得する構文は、次のようになります。引数のfdには「ファイルハンドル」を指定します。

```
#include <io.h>
long _filelength( int fd );
```

戻り値は、成功した場合は、ファイルの長さをバイト単位で返します。失敗した場合は、-1を返し、errnoを設定します。

errnoがEBADFの場合は、ファイルハンドルが無効であることを示しています。

リスト1は、_filelength関数を使って、ファイルの長さを取得するプログラム例です。

リスト1 ファイルの長さを取得する（ファイル名：func199.cpp）

```
#include <stdio.h>
#include <io.h>
#include <errno.h>
#ifndef _MSC_VER
#error "Only can use filelength function in VC"
#endif

int main( void )
{
    FILE *fp;
    int size;
    if ((fp=fopen("func200.cpp","r")) == NULL ) {
        printf("'func200.cpp' がオープンできませんでした¥n");
        return 1;
    }
    size = _filelength( fileno(fp));
    printf("ファイル長： %d¥n", size );
```

```
    fclose(fp);
    return 1;
}
```

ファイルの長さは、fseek関数でファイルの終端に移動した後、ftell関数で位置を取得することでも取得できます。

```
fseek( fp, 0, SEEK_END );
size = ftell( fp );
printf("ファイル長: %d¥n", size );
fseek( fp, 0, SEEK_SET );
```

ファイルの長さを取得する②

ここがポイントです！ **_filelengthi64関数**

_filelengthi64関数は、ファイルハンドルを指定して、64ビット（long long型）でファイルの長さを取得します。

ファイルの長さを取得する構文は、次のようになります。引数のfdには「ファイルハンドル」を指定します。

```
#include <io.h>
__int64 _filelengthi64( int fd );
```

戻り値は、成功した場合は、ファイルの長さをバイト単位で返します。失敗した場合は、-1を返し、errnoを設定します。

errnoがEBADFの場合は、ファイルハンドルが無効であることを示しています。

リスト1は、_filelengthi64関数を使って、ファイルの長さを取得するプログラム例です。

リスト1 ファイルの長さを取得する（ファイル名：func200.cpp）

```
#include <stdio.h>
#include <io.h>
#include <errno.h>
#ifndef _MSC_VER
#error "Only can use filelength function in VC"
#endif
```

```
int main( void )
{
    FILE *fp;
    long long size;
    if ((fp=fopen("func197.cpp","r")) == NULL ) {
        printf("'func197.cpp' がオープンできませんでした¥n");
        return 1;
    }
    size = _filelengthi64( fileno(fp));
    printf("ファイル長: %lld¥n", size );
    fclose(fp);
    return 1;
}
```

リスト2　実行結果

```
ファイル長: 402
```

更新時刻を設定する

ここがポイントです！　**utime / _utime関数**

utime関数、および_utime関数は、指定したファイルの更新日時を変更します。時刻は、utimbuf構造体のmodtimeメンバに設定します。

更新時刻を設定する構文は、次のようになります。引数のfilenameには「設定するファイル名」、tiemsには「時刻型のポインタ」を指定します。

```
#include <sys/utime.h>
int utime( unsigned char *filename, struct _utimbuf *times );
```

戻り値は、設定に成功すると、0を返します。失敗した場合は、-1を返し、errnoを設定します。

リスト1は、utime関数を使って、ファイルの更新時刻を設定するプログラム例です。

errnoの値

値	説明
EACCES	ファイル名でディレクトリ名あるいは読み出し専用ファイルを指定した
EINVAL	時刻型のポインタ（times引数）が無効
EMFILE	開いているファイルが多すぎる
ENOENT	指定したファイル名またはパス名が見つからない

utimbuf構造体の値

値	説明
actime	アクセス時刻
modtime	更新時刻

リスト1 更新時刻を設定する（ファイル名：func201.cpp）

```
#include <stdio.h>
#include <sys/utime.h>
#include <errno.h>
#include <time.h>
#include <sys/stat.h>

int main( void )
{
    FILE *fp;
    time_t tt;
    struct utimbuf ut;
    struct stat st;
        struct tm *t;

    /* 変更対象のファイルを作成 */
    if ( (fp = fopen("sample.dat","w")) == NULL ) {
        printf("'sample.dat' の作成に失敗¥n");
    } else {
        fprintf( fp, "Hello world.");
        fclose( fp );
    }

    /* 更新時刻を yyyy/mm/dd 00:00:00 に設定 */
    time(&tt);
    t = localtime( &tt );
    t->tm_hour = 0;
    t->tm_min = 0;
    t->tm_sec = 0;
    ut.actime = 0;
    ut.modtime = mktime( t );
    utime( "sample.dat", &ut );
    stat( "sample.dat", &st );
    printf( "更新時刻: %s", ctime( &st.st_mtime ));

    /* 更新時刻を現在時に設定 */
    utime( "sample.dat", NULL );
    stat( "sample.dat", &st );
    printf( "更新時刻: %s", ctime( &st.st_mtime ));

    return 1;
}
```

リスト2 実行結果

```
$ func201
更新時刻: Fri Jan 18 00:00:00 2018
更新時刻: Fri Jan 18 14:30:05 2018
$ ls -l sample.dat
----------+ 1 masuda None 12 2018-01-15 14:30 sample.dat
```

リスト1では、現在時刻を取得して、時分秒を「00:00:00」にして設定しています。更新時刻の取得にはstat関数を使います。

ファイルを削除する

ここがポイントです! unlink / _unlink関数

unlink関数、および_unlink関数は、指定したファイルを削除します。

ファイルを削除する構文は、次のようになります。引数のfilenameには「削除するファイル名」を指定します。

```
#include <stdio.h>
int unlink( const char *filename );
```

戻り値は、削除に成功すると、0を返します。削除に失敗した場合は、-1を返し、errnoを設定します。

enrnoがEACCESの場合は、ファイルが読み取り専用になっていることを示しています。errnoがENOENTの場合は、ファイルが見つからなかったことを示しています。

リスト1は、unlink関数を使って、ファイルを削除するプログラム例です。

リスト1 ファイルを削除する(ファイル名:func202.cpp)

```
#include <stdio.h>
#include <errno.h>
#ifndef _MSC_VER
#include <sys/unistd.h>
#endif

int main( void )
{
    FILE *fp;
```

```
    if ( (fp=fopen("sample.dat","w")) == NULL ) {
        printf("'sample.dat' が書き込みオープンできません¥n");
        return 0;
    }
    fputs("this is sample data¥n", fp );
    fclose( fp );

    if ( unlink("sample.dat") == 0 ) {
        printf("'sample.dat' を削除しました¥n");
    } else {
        printf("'sample.dat' を削除時にエラーが発生しました [%d]¥n", errno );
    }

    if ( unlink("sample2.dat") == 0 ) {
        printf("'sample2.dat' を削除しました¥n");
    } else {
        printf("'sample2.dat' を削除時にエラーが発生しました [%d]¥n", errno );
    }
    return 1;
}
```

ファイル名を変更する

ここがポイントです！ **rename関数**

rename関数は、指定したファイルの名前を変更します。

ファイル名を変更する構文は、次のようになります。引数のoldnameには「変更元のファイル名」、newnameには「変更先のファイル名」を指定します。

```
#include <stdio.h>
int rename( const char *oldname, const char *newname );
```

戻り値は、ファイル名の変更に成功すると、0を返します。エラーの場合は、0以外を返し、errnoを設定します。

リスト1は、rename関数を使って、ファイル名を変更するプログラム例です。

errorの値

値	説明
EACCES	変更先のファイル名が既に存在する

ENOENT	変更元のファイルが存在しない
EINVAL	ファイル名に無効な文字が含まれている

リスト1　ファイル名を変更する（ファイル名：func203.cpp）

```
#include <stdio.h>
#include <errno.h>

int main( void )
{
    FILE *fp;

    if ((fp=fopen("sample.dat","w")) == NULL ) {
        printf("'sample.dat' が書き込みオープンできませんでした¥n");
        return 0;
    }
    fputs("sample data¥n", fp );
    fclose( fp );

    /* ファイル名を変更 */
    if ( rename("sample.dat","sample2.dat") == 0 ) {
        printf("'sample2.dat' にファイル名を変更しました¥n");
    } else {
        printf("'sample.dat' のファイル名の変更に失敗しました [%d]¥n", errno );
    }

    /* ファイルを削除 */
    remove("sample2.dat");
    /* 存在しないファイル名を変更 */
    if ( rename("sample2.dat","sample3.dat") == 0 ) {
        printf("'sample3.dat' にファイル名を変更しました¥n");
    } else {
        printf("'sample2.dat' のファイル名の変更に失敗しました [%d]¥n", errno );
    }

    return 1;
}
```

リスト2　実行結果

```
'sample2.dat' にファイル名を変更しました
'sample2.dat' のファイル名の変更に失敗しました [2]
```

Windowsでは大文字小文字が区別されませんが、Linuxでは区別されるのでファイル名を設定するときは注意が必要です。

Tips 204

ファイル属性を設定する

▶Level ●●○
▶対応 C C++ VC g++

ここがポイントです！ _chmod関数

_chmod関数は、ファイルのアクセス権を変更します。

ファイル属性を設定する構文は、次のようになります。引数のfilenameには「変更するファイル名」、pmodeには「アクセス権」を指定します。

```
#include <io.h>
int _chmod( const char *filename, int pmode );
```

戻り値は、アクセス権の変更に成功すると、0を返します。エラーの場合は、-1を返し、errnoを設定します。

errnoがENOENTの場合は、ファイルが見つからなかったことを示します。

リスト1は、_chmod関数を使って、ファイル属性を変更するプログラム例です。

アクセス権（pmode）の値

値	説明
S_IREAD	読み込み可能
S_IWRITE	書き出し可能
S_IREAD ¦ S_IWRITE	読み書きの両方が可能

リスト1 ファイル属性を設定する（ファイル名：func204.cpp）

```
#include <stdio.h>
#include <errno.h>
#ifndef _MSC_VER
#error "Cannot use this function in g++"
#endif
#include <io.h>
#include <sys/stat.h>

int main( void )
{
    int ret;

    /* 書き込み許可を設定する */
    ret = _chmod( "func199.cpp", _S_IWRITE );
    if ( ret == 0 ) {
        printf("書き込み許可を設定しました¥n");
    } else {
```

```
        printf("書き込み許可が設定できませんでした¥n");
    }

    ret = _chmod( "sample_no_file.txt", _S_IWRITE );
    if ( ret == 0 ) {
        printf("書き込み許可を設定しました¥n");
    } else {
        printf("書き込み許可が設定できませんでした¥n");
    }
    return 1;
}
```

リスト2　実行結果

```
書き込み許可を設定しました
書き込み許可が設定できませんでした
```

アクセス権を変更する関数はVisual C++でのみ利用できます。

_filelength関数では、戻り値がlong型のため、20Mバイト以上のファイルでは正しく長さを取得できません。このような場合は、_filelengthi64関数を使います。

ファイル属性を取得する

ここがポイントです！　_stat関数

_stat関数は、ファイルのアクセス権を取得します。

ファイル属性を変更する構文は、次のようになります。引数のfilenameには「取得するファイル名」、infoには「ファイル属性を扱う構造体」を指定します。

```
#include <io.h>
int _stat( const char *filename, struct _stat *info );
```

戻り値は、アクセス権の取得に成功すると、0を返します。エラーの場合は、-1を返し、errnoを設定します。

errnoがENOENTの場合は、ファイルが見つからなかったことを示します。

リスト1は、_stat関数を使って、ファイル属性を変更するプログラム例です。

ファイル属性の構造体（sturct _stat）の主なメンバ

値	説明
st_atime	最終アクセス日時
st_ctime	作成日時
st_dev	ドライブ名
st_mode	ファイルモード
st_mtime	更新日時
st_size	ファイルサイズ

リスト1 ファイル属性を変更する（ファイル名：func205.cpp）

```
#include <stdio.h>
#include <errno.h>
#ifndef _MSC_VER
#error "Cannot use this function in g++"
#endif
#include <io.h>
#include <sys/types.h>
#include <sys/stat.h>
#include <time.h>

int main( void )
{
    int ret;
    struct _stat buf;

    ret = _stat( "func195.cpp", &buf );
    if ( ret == 0 ) {
        printf( "ファイル情報を取得できました¥n");

        printf( "最終アクセス時刻: %s", ctime( &buf.st_atime ));

        printf( "作成時刻: %s", ctime( &buf.st_ctime ));
        printf( "最終更新時刻: %s", ctime( &buf.st_mtime ));
        printf( "ファイルモード: %X¥n", buf.st_mode );
        printf( "st_nlink: %d¥n", buf.st_nlink );
        printf( "st_dev: %d¥n", buf.st_dev );
        printf( "st_rdev: %d¥n", buf.st_rdev );
        printf( "ファイルサイズ: %d¥n", buf.st_size );
    } else {
        printf( "ファイル情報を取得できませんでした¥n");
    }

    return 1;
}
```

リスト2 実行結果

```
ファイル情報を取得できました
ファイル情報を取得できました
最終アクセス時刻: Mon Jan 08 09:53:39 2018
作成時刻: Mon Jan 08 09:53:39 2018
最終更新時刻: Fri Jan 12 15:04:12 2018
ファイルモード: 81B6
st_nlink: 1
st_dev: 3
st_rdev: 3
ファイルサイズ: 880
```

リスト1のように、ファイルをオープンせずにファイルサイズを取得できます。

ファイルが読み込み専用かチェックする

ここがポイントです！ **_access関数 / _access_s関数**

_access関数は、ファイルが存在しているかどうか、読み書きができるかどうかをチェックします。

_access_s関数は、セキュリティ版です。

ファイルの存在をチェックする構文は、次のようになります。引数のfilenameには「取得するファイル名」、modeには「ファイル属性を扱う構造体」を指定します。

```
#include <io.h>
int _access( const char *filename, int mode );
int _access_s( const char *filename, int mode );
```

戻り値は、アクセス権の取得に成功すると、0を返します。エラーの場合は、-1を返し、errnoを設定します。

errnoがENOENTの場合は、ファイルが見つからなかったことを示します。errnoがEACCESの場合は、指定したモードでアクセスできないことを示します。

リスト1は、_access関数を使って、ファイルの存在をチェックするプログラム例です。

リスト3は、セキュリティ版の_access_s関数を使った例です。

ファイル属性を扱う構造体（mode）の値

値	説明
00	ファイルの存在のみ
02	書き込み可能かどうか
04	読み出し可能かどうか
06	読み書きの両方が可能かどうか

リスト1 ファイルの存在をチェックする（ファイル名：func206.cpp）

```
#include <stdio.h>
#include <errno.h>
#ifndef _MSC_VER
#error "Cannot use this function in g++"
#endif
#include <io.h>

void main( void )
{
    int ret;
    ret = _access( "func206.cpp", 0 );
    if ( ret == 0 ) {
        printf( "ファイル情報を取得できました¥n");
    } else {
        printf( "ファイル情報を取得できませんでした¥n");
    }
}
```

リスト2 実行結果1

```
ファイル情報を取得できました
```

リスト3 セキュリティ版（ファイル名：func206s.cpp）

```
#include <stdio.h>
#include <errno.h>
#ifndef _MSC_VER
#error "Cannot use this function in g++"
#endif
#include <io.h>

void main( void )
{
    int ret;
    ret = _access_s( "func206s.cpp", 0 );
    if ( ret == 0 ) {
        printf( "ファイル情報を取得できました¥n");
    } else {
        printf( "ファイル情報を取得できませんでした¥n");
    }
}
```

リスト4 実行結果2

```
ファイル情報を取得できました
```

_access関数で書き込み可能と返ってきても、ファイルをオープンして書き込みができるとは限りません。_access関数ではファイルの属性を取得しているため、実際には他プロセスがファイルを排他モードでオープンしている可能性があるからです。

3-4 文字列操作

文字列をコピーする

ここがポイントです！ **strcpy / strcpy_s関数**

終端のNULL文字('¥0')を含めて、コピー元の文字列(src)をコピー先の領域(dest)にコピーします。文字列をコピーするときの領域の重なりはチェックされません。コピー先とコピー元の領域が重なっている場合の結果は未定になります。

strcpy_s関数は、セキュリティ版です。コピー先の領域のサイズを指定して、オーバーフローが起きないようにチェックします。

文字列をコピーする構文は、次のようになります。引数のdestには「コピー先の領域」、srcには「コピー元の文字列」、sizeには「コピー先の領域のサイズ」を指定します。

```
#incldue <string.h>
char *strcpy( char *dest, const char *src );
error_t strcpy_s( char *dest, size_t size, const char *src );
```

戻り値は、strcpy関数では、コピー先の領域のポインタを返します。

strcpy_s関数では、正常終了した場合は0を返し、失敗した場合は0以外の値を返します。

リスト1は、strcpy関数を使って、文字列をコピーするプログラム例です。

リスト3は、バッファ長さを指定できるstrcpy_s関数を使ったプログラム例です。

リスト1 文字列をコピーする(ファイル名：func207.cpp)

```
#include <stdio.h>
#include <string.h>

void main( void )
{
```

```
    char src[] = "Hello world";
    char dest[100];
    char *p;

    p = strcpy( dest, src );
    printf( "コピー元: [%s]¥n", src );
    printf( "コピー先: [%s]¥n", dest );
    printf( "戻り値: [%s]¥n", p );
}
```

リスト2 実行結果1

```
コピー元: [Hello world]
コピー先: [Hello world]
戻り値: [Hello world]
```

リスト3 バッファ長さを指定（ファイル名：func207s.cpp）

```
#include <stdio.h>
#include <string.h>

void main( void )
{
    char src[] = "Hello world";
    char dest[100];

    errno_t err = strcpy_s( dest, sizeof(dest), src );
    printf( "コピー元: [%s]¥n", src );
    printf( "コピー先: [%s]¥n", dest );
    printf( "戻り値: [%d]¥n", err );
}
```

リスト4 実行結果2

```
コピー元: [Hello world]
コピー先: [Hello world]
戻り値: [0]
```

コピーするときは、文字列としてコピーされるために途中でNULL文字があれば、そこで終了します。格納先のバッファは、文字列のサイズ+1だけ用意します。

文字列を文字数を指定してコピーする

ここがポイントです！ strncpy / strncpy_s関数

コピー元の文字列（src）をコピー先の領域（dest）に指定した文字数（count）分だけコピーします。文字列をコピーするときの領域の重なりはチェックされません。コピー先とコピー元の領域が重なっている場合の結果は未定になります。

strncpy_s関数は、セキュリティ版です。コピー先の領域のサイズを指定して、オーバーフローが起きないようにチェックします。

文字列を文字数を指定してコピーする構文は、次のようになります。

引数のdestには「コピー先の領域」、srcには「コピー元の文字列」、countには「コピーする文字数」、sizeには「コピー先の領域のサイズ」を指定します。

```
#incldue <string.h>
char *strncpy( char *dest, const char *src, size_t count );
error_t strncpy_s( char *dest, size_t size, const char *src, size_t
count );
```

戻り値は、strncpy関数では、コピー先の領域のポインタを返します。

strncpy_s関数では、正常終了した場合は0を返し、失敗した場合は0以外の値を返します。

リスト1は、strncpy関数を使って、文字列をコピーするプログラム例です。

リスト3は、バッファ長さを指定できるstrncpy_s関数を使ったプログラム例です。

リスト1 文字列を文字数を指定してコピーする（ファイル名：func208.cpp）

```
#include <stdio.h>
#include <string.h>

void main( void )
{
    char src[] = "Hello C world";
    char dest[100] = {0};
    char *p;

    p = strncpy( dest, src, 5 );
    printf( "コピー元：[%s]¥n", src );
    printf( "コピー先：[%s]¥n", dest );
    printf( "戻り値：[%s]¥n", p );

    p = strncpy( dest, src, 100 );
    printf( "コピー元：[%s]¥n", src );
    printf( "コピー先：[%s]¥n", dest );
```

```
    printf( "戻り値: [%s]¥n", p );
}
```

リスト2 実行結果1

```
コピー元: [Hello C world]
コピー先: [Hello]
戻り値: [Hello]
コピー元: [Hello C world]
コピー先: [Hello C world]
戻り値: [Hello C world]
```

リスト3 バッファ長さを指定（ファイル名：func208s.cpp）

```
#include <stdio.h>
#include <string.h>

void main( void )
{
    char src[] = "Hello C world";
    char dest[100] = {0};
    errno_t err ;

    err = strncpy_s( dest, sizeof(dest), src, 5 );
    printf( "コピー元: [%s]¥n", src );
    printf( "コピー先: [%s]¥n", dest );
    printf( "戻り値: [%d]¥n", err );

    err = strncpy_s( dest, sizeof(dest), src, 100 );
    printf( "コピー元: [%s]¥n", src );
    printf( "コピー先: [%s]¥n", dest );
    printf( "戻り値: [%d]¥n", err );
}
```

リスト4 実行結果2

```
コピー元: [Hello C world]
コピー先: [Hello]
戻り値: [0]
コピー元: [Hello C world]
コピー先: [Hello C world]
戻り値: [0]
```

コピー先にはNULL文字（'¥0'）は付加されません。そのために、格納先のバッファは0でクリアしておく必要があります。コピーする文字数が、コピー文字の文字数よりも大きいときは、NULL文字で埋められます。

文字列に別の文字列を追加する

ここがポイントです！ **strcat / strcat_s関数**

strcat関数は、終端のNULL文字('¥0')を含めて、コピー元の文字列（src）をコピー先の文字列（dest）に追加します。終端にはNULL文字（'¥0'）を追加します。文字列を追加するときの領域の重なりはチェックされません。コピー先とコピー元の領域が重なっている場合の結果は未定になります。

strcat_s関数は、セキュリティ版です。コピー先の文字列のサイズを指定して、オーバーフローが起きないようにチェックします。

文字列に別の文字列を追加する構文は、次のようになります。引数のdestには「コピー先の文字列」、srcには「コピー元の文字列」、sizeには「追加先の領域のサイズ」を指定します。

```
#incldue <string.h>
char *strcat( char *dest, const char *src );
error_t strcat_s( char *dest, size_t size, const char *src );
```

戻り値は、strcat関数では、コピー先の文字列のポインタを返します。

strcat_s関数では、正常終了した場合は0を返し、失敗した場合は0以外の値を返します。

リスト1は、strcat関数を使って、ある文字列に別の文字列を追加するプログラム例です。

リスト1　文字列に別の文字列を追加する（ファイル名：func209.cpp）

```
#include <stdio.h>
#include <string.h>

void main( void )
{
    char src[] = " world";
    char dest[100];
    char *p;

    strcpy( dest, "Hello" );
    printf( "追加する前: [%s]¥n", dest );
    p = strcat( dest, src );
    printf( "追加した後: [%s]¥n", dest );
    printf( "戻り値: [%s]¥n", p );
}
```

リスト2　実行結果

```
追加する前: [Hello]
```

```
追加した後： [Hello world]
戻り値： [Hello world]
```

文字列に別の文字列を文字数を指定して追加する

ここがポイントです！ strncat / strncat_s関数

コピー元の文字列（src）をコピー先の文字列（dest）に文字数（count）を指定して追加します。終端にはNULL文字（'¥0'）が追加されます。文字列を追加するときの領域の重なりはチェックされません。コピー先とコピー元の領域が重なっている場合の結果は未定になります。

strncat_s関数は、セキュリティ版です。コピー先の文字列のサイズを指定して、オーバーフローが起きないようにチェックします。

構文は、次のようになります。引数のdestには「コピー先の文字列」、srcには「コピー元の文字列」、sizeには「追加先の領域のサイズ」、countには「追加する文字数」を指定します。

```
#incldue <string.h>
char *strncat( char *dest, const char *src, size_t count );
error_t strncat_s( char *dest, size_t size, const char *src, size_t
count );
```

戻り値は、strncat関数では、コピー先の文字列のポインタを返します。

strncat_s関数では、正常終了した場合は0を返し、失敗した場合は0以外の値を返します。

リスト1は、strncat関数を使って、文字列に別の文字列を追加するプログラム例です。

リスト3は、バッファ長さを指定できるstrncat_s関数を使ったプログラム例です。

リスト1　文字列に別の文字列を文字数を指定して追加する（ファイル名：func210.cpp）

```
#include <stdio.h>
#include <string.h>

void main( void )
{
    char src[] = "C world";
    char dest[100];
    char *p;

    strcpy( dest, "Hello " );
    printf( "追加する前： [%s]¥n", dest );
```

```
    p = strncat( dest, src, 2 );
    printf( "追加した後: [%s]¥n", dest );
    printf( "戻り値: [%s]¥n", p );

    strcpy( dest, "Hello " );
    printf( "追加する前: [%s]¥n", dest );
    p = strncat( dest, src, 100 );
    printf( "追加した後: [%s]¥n", dest );
    printf( "戻り値: [%s]¥n", p );
}
```

リスト2 実行結果1

```
追加する前: [Hello ]
追加した後: [Hello C ]
戻り値: [Hello C ]
追加する前: [Hello ]
追加した後: [Hello C world]
戻り値: [Hello C world]
```

リスト3 バッファ長さを指定（ファイル名：func210s.cpp）

```
#include <stdio.h>
#include <string.h>

void main( void )
{
    char src[] = "C world";
    char dest[100];
    errno_t err ;

    strcpy_s( dest, sizeof(dest), "Hello " );
    printf( "追加する前: [%s]¥n", dest );
    err = strncat_s( dest, sizeof(dest), src, 2 );
    printf( "追加した後: [%s]¥n", dest );
    printf( "戻り値: [%d]¥n", err );

    strcpy_s( dest, sizeof(dest), "Hello " );
    printf( "追加する前: [%s]¥n", dest );
    err = strncat_s( dest, sizeof(dest), src, 100 );
    printf( "追加した後: [%s]¥n", dest );
    printf( "戻り値: [%d]¥n", err );
}
```

リスト4 実行結果2

```
追加する前: [Hello ]
追加した後: [Hello C ]
戻り値: [0]
追加する前: [Hello ]
追加した後: [Hello C world]
戻り値: [0]
```

文字列を追加するときは、コピー先の領域を十分に取っておく必要があります。

Tips 211

文字列を比較する

▶Level ●
▶対応 C C++ VC g++

ここがポイントです！ strcmp関数

strcmp関数は、2つの文字列を比較します。

文字列を比較する構文は、次のようになります。引数のstr1には「比較する文字列1」、str2には「比較する文字列2」を指定します。

```
#incldue <string.h>
int strcmp( const char *str1, const char *str2 );
```

戻り値は、辞書順で文字列を比較し、両方の文字列が同じ場合は0を返します。

負（< 0）の場合は、文字列1が文字列2より小さいことを示します。正（> 0）の場合は、文字列1が文字列2より大きいことを示します。

リスト1は、strcmp関数を使って、文字列を比較するプログラム例です。

リスト1 文字列を比較する（ファイル名：func211.cpp）

```
#include <stdio.h>
#include <string.h>

void main( void )
{
    int ret;

    ret = strcmp( "cat", "cat" );
    printf( "'cat' と 'cat' の比較 [%d]¥n", ret );

    ret = strcmp( "cat", "dog" );
    printf( "'cat' と 'dog' の比較 [%d]¥n", ret );

    ret = strcmp( "cat", "CAT" );
    printf( "'cat' と 'CAT' の比較 [%d]¥n", ret );

    ret = strcmp( "cat", "cats" );
    printf( "'cat' と 'cats' の比較 [%d]¥n", ret );
```

```
    ret = strcmp( "cat", "" );
    printf( "'cat' と '' の比較 [%d]¥n", ret );
}
```

大文字と小文字の比較では、大文字の方が先に来ます。大文字小文字を同じに扱う場合は、stricmp関数を使います。

文字列を大文字/小文字を区別せずに比較する

ここがポイントです! **stricmp関数**

stricmp関数は、2つの文字列を大文字小文字を区別せずに比較します。

文字列を大文字と小文字を区別せずに比較する構文は、次のようになります。引数のstr1には「比較する文字列1」、str2には「比較する文字列2」を指定します。

```
#incldue <string.h>
int stricmp( const char *str1, const char *str2 );
```

戻り値は、辞書順で大文字小文字を区別せずに文字列を比較し、両方の文字列が同じ場合は0を返します。

負 (< 0) の場合は、文字列1が文字列2より小さいことを示します。正 (> 0) の場合は、文字列1が文字列2より大きいことを示します。

リスト1は、stricmp関数を使って、文字列を比較するプログラム例です。

リスト1 文字列を大文字/小文字を区別せずに比較する (ファイル名:func212.cpp)

```
#include <stdio.h>
#include <string.h>

void main( void )
{
    int ret;

    ret = stricmp( "cat", "cat" );
    printf( "'cat' と 'cat' の比較 [%d]¥n", ret );

    ret = stricmp( "cat", "dog" );
```

```
    printf( "'cat' と 'dog' の比較 [%d]¥n", ret );

    ret = stricmp( "cat", "CAT" );
    printf( "'cat' と 'CAT' の比較 [%d]¥n", ret );

    ret = stricmp( "cat", "cats" );
    printf( "'cat' と 'cats' の比較 [%d]¥n", ret );

    ret = stricmp( "cat", "" );
    printf( "'cat' と '' の比較 [%d]¥n", ret );
}
```

文字の比較は文字コード順になります。stricmp関数では、アルファベットのみ大文字小文字の区別をしません。ドイツ語のウムラウトを使った文字などは別の文字として扱われます。

文字列を文字数を指定して比較する

ここがポイントです！ **strncmp関数**

strncmp関数は、2つの文字列を文字数を指定して比較します。

文字列を文字数を指定して比較する構文は、次のようになります。引数のstr1には「比較する文字列1」、str2には「比較する文字列2」、sizeには「比較する文字数」を指定します。

```
#incldue <string.h>
int strncmp( const char *str1, const char *str2, size_t size );
```

戻り値は、辞書順で文字列を比較し、両方の文字列が同じ場合は0を返します。

負（< 0）の場合は、文字列1が文字列2より小さいことを示します。正（> 0）の場合は、文字列1が文字列2より大きいことを示します。

リスト1は、strncmp関数を使って、文字列を比較するプログラム例です。

リスト1 文字列を文字数を指定して比較する（ファイル名：func213.cpp）

```
#include <stdio.h>
#include <string.h>

void main( void )
{
```

```
    int ret;

    ret = strncmp( "cat", "cats", 4 );
    printf( "'cat' と 'cats' の4文字を比較 [%d]¥n", ret );
    ret = strncmp( "cat", "cats", 3 );
    printf( "'cat' と 'cats' の3文字を比較 [%d]¥n", ret );
    ret = strncmp( "cat", "cats", 10 );
    printf( "'cat' と 'cats' の10文字を比較 [%d]¥n", ret );
}
```

リスト2　実行結果

```
'cat' と 'cats' の4文字を比較 [-115]
'cat' と 'cats' の3文字を比較 [0]
'cat' と 'cats' の10文字を比較 [-115]
```

文字数が、比較する文字列よりも長い場合はstrcmp関数と同じ扱いになります。文字数を指定しながら大文字小文字を区別しない場合は、strnicmp関数を使います。

文字列を複製する

ここがポイントです！　**strdup関数**

strdup関数は、文字列の複製を作ります。内部でmalloc関数を使って領域を確保しているため、不要になったらfree関数で解放してください。

文字列を複製する構文は、次のようになります。引数のstrには「複製する文字列」を指定します。

```
#incldue <string.h>
char *strdup( const char *str );
```

戻り値は、コピーに成功したときは、複製された文字列のポインタが返ります。失敗したときは、NULLを返します。

リスト1は、strdup関数を使って、文字列を複製するプログラム例です。

リスト1　文字列を複製する（ファイル名：func214.cpp）

```
#include <stdio.h>
#include <stdlib.h>
```

```
#include <string.h>

int main( void )
{
    char *dst;

    dst = strdup("Hello world");
    if ( dst == NULL ) {
        printf( "メモリ確保に失敗しました¥n");
        return 0;
    }
    printf("コピーした文字列: [%s]¥n", dst );
    free( dst );
    return 1;
}
```


リスト2　実行結果

```
コピーした文字列: [Hello world]
```

文字列を複製する方法は、new演算子を使っても可能です。

```
char src[] = "Hello world.";
char *dst = new char[strlen(src)];
strcpy( dst, src );
...
delete [] dst;
```

絶対値を取得する

ここがポイントです！　**abs関数**

abs関数は、引数で指定した絶対値を返します。
絶対値を取得する構文は、次のようになります。引数のnには「整数値」を指定します。

```
#incldue <stdlib.h>
int abs( int n );
```

戻り値は、絶対値を返します。

リスト1は、abs関数を使って、絶対値を取得するプログラム例です。

リスト1 絶対値を取得する（ファイル名：func215.cpp）

```
#include <stdio.h>
#include <stdlib.h>

int main( void )
{
    int n;

    n = -10;
    printf( "数値：[%d] 絶対値：[%d]¥n", n , abs(n));
    n = +10;
    printf( "数値：[%d] 絶対値：[%d]¥n", n , abs(n));
    n = 0x7FFFFFFF;
    printf( "数値：[%d] 絶対値：[%d]¥n", n , abs(n));
    n = 0x80000000; /* int の最小値は絶対値が取れない */
    printf( "数値：[%d] 絶対値：[%d]¥n", n , abs(n));
    n = 0x80000001;
    printf( "数値：[%d] 絶対値：[%d]¥n", n , abs(n));

    return 1;
}
```

リスト2 実行結果

```
数値：[-10] 絶対値：[10]
数値：[10] 絶対値：[10]
数値：[2147483647] 絶対値：[2147483647]
数値：[-2147483648] 絶対値：[-2147483648]
数値：[-2147483647] 絶対値：[2147483647]
```

絶対値は、補数を計算するため、最小値の絶対値は計算できません。C++では、abs関数は多重定義されているため、float型やlong long型(64ビット整数)の絶対値も計算できます。

文字列を数値に直す

ここがポイントです！ atoi関数

atoi関数は、指定した文字列を数値として解釈します。

文字列が解釈できないときは、0あるいは0.0を返します。数値に直したときにオーバーフローが発生したときの戻り値は未定です。

文字列を数値に直す構文は、次のようになります。引数のstrには「解釈する文字列」を指定します。

```
#incldue <stdlib.h>
int atoi( const char *str );
long atol( const char *str );
double atof( const char *str );
__int64 _atoi64( const char *str );
```

戻り値は、数値（int、long、double、__int64）を返します。

リスト1は、atoi関数を使って、文字列を数値に直すプログラム例です。

リスト1 文字列を数値に直す（ファイル名：func216.cpp）

```
#include <stdio.h>
#include <stdlib.h>

void main( void )
{
    char *str;
    int n;
    long l;
    double d;

    str = "100";
    printf( "atoi関数 [%s] -> [%d]¥n", str, atoi(str));
    str = "-100";
    printf( "atoi関数 [%s] -> [%d]¥n", str, atoi(str));
    str = "100ABC";
    printf( "atoi関数 [%s] -> [%d]¥n", str, atoi(str));
    str = "ABC";
    printf( "atoi関数 [%s] -> [%d]¥n", str, atoi(str));
    str = " 100";
    printf( "atoi関数 [%s] -> [%d]¥n", str, atoi(str));

    str = "100";
```

```
    printf( "atol関数 [%s] -> [%ld]¥n", str, atol(str));
    str = "-100";
    printf( "atol関数 [%s] -> [%ld]¥n", str, atol(str));
    str = "100";
    printf( "atof関数 [%s] -> [%f]¥n", str, atof(str));
    str = "-100";
    printf( "atof関数 [%s] -> [%f]¥n", str, atof(str));
    str = "100.123";
    printf( "atof関数 [%s] -> [%f]¥n", str, atof(str));
    str = "1.2345e4";
    printf( "atof関数 [%s] -> [%f]¥n", str, atof(str));
}
```

リスト2　実行結果

```
atoi関数 [100] -> [100]
atoi関数 [-100] -> [-100]
atoi関数 [100ABC] -> [100]
atoi関数 [ABC] -> [0]
atoi関数 [ 100] -> [100]
atol関数 [100] -> [100]
atol関数 [-100] -> [-100]
atof関数 [100] -> [100.000000]
atof関数 [-100] -> [-100.000000]
atof関数 [100.123] -> [100.123000]
atof関数 [1.2345e4] -> [12345.000000]
```

数値は10進数で解釈します。16進数などを使うときは、strtol関数を使います。atof関数の場合は、「e」を使った指数表現も使えます。

文字列を指定した進数で直す

ここがポイントです！ **strtol関数**

strtol関数は、基数（base）にしたがって文字列を数値に変換します。基数が0の場合には、変換する文字列の先頭をチェックして基数を自動的に決定します。

変換する文字の形式は、次の通りです。先頭が「0x」あるいは「0X」の場合は、16進数と見なします。先頭が「0」で始まるときは、8進数と見なします先頭が「1」から「9」までのときは、10進数と見なされます。

```
[空白] [(+|-)] [0[{x|X}]]][数値]
```

文字列を指定した進数で直す構文は、次のようになります。引数のstrには「解釈する文字列」、endptrには「走査の終了位置を示す文字列へのポインタ」、baseには「数値の基数」を指定します。

```
#incldue <stdlib.h>
long strtol( const char *str, char **endptr, int base );
unsigned long strtoul( const char *str, char **endptr, int base );
```

戻り値は、変換した数値を返します。オーバーフローが発生した場合は、LONG_MAXあるいはLONG_MINを返します。

変換に失敗したときは、0を返し、errnoにERANGEを設定します。

リスト1は、strtol関数を使って、文字列を指定した進数に変換する例です。

リスト1 文字列を指定した進数で直す（ファイル名：func217.cpp）

```
#include <stdio.h>
#include <stdlib.h>
#include <ctype.h>

void main( void )
{
    long n, base;
    char *eptr, *nptr;
    char *str;

    str = "100"; base = 10;
    printf("基数[%2d]: [%s] -> [%d]¥n",
        base, str, strtol(str, &eptr, base ));
    base = 8;
    printf("基数[%2d]: [%s] -> [%d]¥n",
        base, str, strtol(str, &eptr, base ));
    base = 2;
    printf("基数[%2d]: [%s] -> [%d]¥n",
        base, str, strtol(str, &eptr, base ));
    base = 16;
    printf("基数[%2d]: [%s] -> [%d]¥n",
        base, str, strtol(str, &eptr, base ));

    str = "100"; base = 0;
    printf("基数[%2d]: [%s] -> [%d]¥n",
        base, str, strtol(str, &eptr, base ));
    str = "0100"; base = 0;
    printf("基数[%2d]: [%s] -> [%d]¥n",
        base, str, strtol(str, &eptr, base ));
```

```
    str = "0x100"; base = 0;
    printf("基数[%2d]: [%s] -> [%d]¥n",
        base, str, strtol(str, &eptr, base ));

    nptr = " 100 200 300 ";
    for (;;) {
        n = strtol( nptr, &eptr, 0 );
        /* 走査が進んでいないので終了とする */
        if ( nptr == eptr ) break;
        printf( "[%s] -> [%d]¥n", nptr, n );
        nptr = eptr;
    }
}
```

リスト2 実行結果

```
基数[10]: [100] -> [100]
基数[ 8]: [100] -> [64]
基数[ 2]: [100] -> [4]
基数[16]: [100] -> [256]
基数[ 0]: [100] -> [100]
基数[ 0]: [0100] -> [64]
基数[ 0]: [0x100] -> [256]
[ 100 200 300 ] -> [100]
[ 200 300 ] -> [200]
[ 300 ] -> [300]
```

基数を指定しないときは、先頭が「0」の場合は8進数と見なされます。このため、ゼロサプライ（例0010）のような文字列は、8進数と間違われることがあります。誤って変換されないように、ゼロサプライを使った文字列を変換する場合は、基数に10を指定します。

Tips 218

文字列から1文字を探す

▶Level ●○○
▶対応 C C++ VC g++

ここがポイントです！ **strchr関数**

strchr関数は、文字列から、検索する文字（ch）の位置をポインタで返します。

文字列から1文字を探す構文は、次のようになります。引数のstrには「検索対象の文字列」、chには「検索する文字」を指定します。

```
#incldue <string.h>
char *strchr( const char *str, int ch );
```

戻り値は、検索対象の文字列（str）で、最初に見つかった文字（ch）のポインタを返します。見つからなった場合は、NULLを返します。

リスト1は、strchr関数を使って、文字列内にある指定した文字を探すプログラム例です。

リスト1 文字列から1文字を探す（ファイル名：func218.cpp）

```
#include <stdio.h>
#include <string.h>

void main( void )
{
    char str[] = "abcdefghijklmnopqrstuvwxyz";
    char *p;

    p = strchr( str, 'h' );
    if ( p == NULL ) {
        printf("文字 'h' が見つかりませんでした¥n");
    } else {
        printf("文字 'h' は %d 番目にあります¥n", p-str+1);
    }

    p = strchr( str, 'H' );
    if ( p == NULL ) {
        printf("文字 'H' が見つかりませんでした¥n");
    } else {
        printf("文字 'H' は %d 番目にあります¥n", p-str+1);
    }
}
```

リスト1 実行結果

```
文字 'h' は 8 番目にあります
文字 'H' が見つかりませんでした
```

strchr関数は文字列から検索するため、終端の文字（'¥0'）で走査が終わります。サイズを指定して検索する場合は、memchr関数を使います。

文字列から単語を探す

ここがポイントです！ **strstr関数**

strstr関数は、文字列から「検索する部分文字列」の位置をポインタで返します。

文字列から単語を探す構文は、次のようになります。引数のstrには「検索対象の文字列」、searchには「検索する部分文字列」を指定します。

```
#incldue <string.h>
char *strstr( const char *str, const char *search );
```

戻り値は、検索対象の文字列（str）で、最初に見つかった文字列（search）のポインタを返します。

リスト1は、strstr関数を使って、単語を探すプログラム例です。

リスト1 文字列から単語を探す（ファイル名：func219.cpp）

```
#include <stdio.h>
#include <string.h>

void main( void )
{
    char str[] = "abcdefghijklmnopqrstuvwxyz";
    char *p;

    p = strstr( str, "fgh" );
    if ( p == NULL ) {
        printf("文字列 'fgh' が見つかりませんでした¥n");
    } else {
        printf("文字列 'fgh' は %d 番目にあります¥n", p-str+1);
    }
        p = strstr( str, "FGH" );
    if ( p == NULL ) {
        printf("文字列 'FGH' が見つかりませんでした¥n");
    } else {
        printf("文字列 'FHI' は %d 番目にあります¥n", p-str+1);
    }
}
```

リスト2 実行結果

```
文字列 'fgh' は 6 番目にあります
文字列 'FGH' が見つかりませんでした
```

マルチバイト文字（SJISコードなど）を使って検索するときは、_mbsstr関数を使います。SJISの場合は「表」（0x85,0x5c）に、「¥」（0x5c）が含まれるため、strstr関数では正しく検索できません。

文字列の最後から単語を探す

strrchr関数は、文字列から「検索する文字」が最後に出てくる位置をポインタで返します。

文字列の最後から単語を探す構文は、次のようになります。引数のstrには「検索対象の文字列」、chには「検索する文字」を指定します。

```
#incldue <string.h>
char *strrchr( const char *str, int ch );
```

戻り値は、「検索対象の文字列」（str）で、最後に見つかった「検索する文字」（ch）のポインタを返します。

見つからなった場合は、NULLを返します。

リスト1は、strrchr関数を使って、文字列の最後から単語を探すプログラム例です。

リスト1　文字列の最後から単語を探す（ファイル名：func220.cpp）

```
#include <stdio.h>
#include <string.h>

void main( void )
{
    char str[] = "ABCDEFGabcdefgABCDEFG";
    char *p;

    p = strrchr( str, 'C' );
    if ( p == NULL ) {
        printf("文字 'C' は見つかりませんでした¥n");
    } else {
        printf("文字 'C' は %d 番目にあります¥n", p - str + 1 );
    }

    p = strrchr( str, 'c' );
    if ( p == NULL ) {
```

```
            printf("文字 'c' は見つかりませんでした¥n");
        } else {
            printf("文字 'c' は %d 番目にあります¥n", p - str + 1 );
        }

        p = strrchr( str, 'x' );
        if ( p == NULL ) {
            printf("文字 'x' は見つかりませんでした¥n");
        } else {
            printf("文字 'x' は %d 番目にあります¥n", p - str + 1 );
        }
    }
```

リスト2 実行結果

```
文字 'C' は 17 番目にあります
文字 'c' は 10 番目にあります
文字 'x' は見つかりませんでした
```

フルパス名からファイル名を取得するときは、以下のようにstrrchr関数を使うと便利です。ただし、windows環境の場合、ファイル名の中に「¥」を含む漢字（「表」など）があると正しく動きません。SJISの漢字を使う場合は、_mbsrchr関数を使ってください。

```
char *filename = _mbsrchr( path, '¥¥' );
```

文字列の長さを取得する

ここがポイントです！ **strlen関数**

strlen関数は、指定した文字列の長さを取得します。

文字列の長さを取得する構文は、次のようになります。引数のstrには「文字列」を指定します。

```
#incldue <string.h>
size_t strlen( const char *str );
```

戻り値は、対象の文字列（str）の長さを返します。終端のNULL文字（'¥0'）は含まれません

リスト1は、strlen関数を使って、文字列の長さを取得するプログラム例です。

リスト1　文字列の長さを取得する（ファイル名：func221.cpp）

```
#include <stdio.h>
#include <string.h>

void main( void )
{
    char str1[] = "abcdefg";
    char str2[] = "abcd¥0efg"; /* 途中に '¥0' がある */
    char str3[] = "";

    printf("'abcdefg' の文字数は %d です¥n",
        strlen(str1));
    printf("'abcd¥¥0efg' の文字数は %d です¥n",
        strlen(str2));
    printf("'' の文字数は %d です¥n",
        strlen(str3));
}
```

リスト2　実行結果

```
'abcdefg' の文字数は 7 です
'abcd¥0efg' の文字数は 4 です
'' の文字数は 0 です
```

文字列として検索するために、途中にNULL文字（'¥0'）があると、そこまでの文字数を取得します。char型の配列（str[]など）の場合は、「sizeof(str)-1」でも、文字列をチェックできます。sizeof演算子の場合は、NULL文字も含まれるため-1します。

Tips 222 ▶Level ●● ▶対応 C C++ VC g++

文字列内で単語の位置を探す

ここがポイントです！ **strpbrk関数**

strpbrk関数は、検査する文字セットを指定して、それが表れるポインタを返します。数値やアルファベットを検索するときに使います。

文字列内で単語の位置を探す構文は、次のようになります。引数のstrには「検索対象の文字列」、searchには「検査する文字セット」を指定します。

```
#incldue <string.h>
char *strpbrk( const char *str, const char *search );
```

戻り値は、「検索対象の文字列」(str) から、「検査する文字セット」(search) の中から最初に現れた位置を示すポインタを返します。

見つからなかった場合は、NULLを返します。

リスト1は、strpbrk関数を使って、単語の位置を探すプログラム例です。

リスト1 文字列内で単語の位置を探す (ファイル名：func222.cpp)

```
#include <stdio.h>
#include <string.h>

void main( void )
{
    char str[] = "If you look 20 foot, how meny is it bards and cats ?";
    char *top, *p;

    top = str;
    while ((p = strpbrk( top, "abcdefg" )) != NULL ) {
        printf("[%c] の位置は %d 番目です¥n", *p, p-str+1 );
        top = p+1;
    }
}
```

リスト2 実行結果

```
[f] の位置は 2 番目です
[f] の位置は 16 番目です
[e] の位置は 27 番目です
[b] の位置は 37 番目です
[a] の位置は 38 番目です
[d] の位置は 40 番目です
[a] の位置は 43 番目です
[d] の位置は 45 番目です
[c] の位置は 47 番目です
[a] の位置は 48 番目です
```

リスト1では、指定した英文から「abcdefg」のいずれかの文字を検索しています。連続して検索する場合は、見つかったときのポインタを返すので、その次の位置から続けます。strpbrk関数がNULLを返したときに検索を終了します。

文字セットに属さない文字位置を探す

ここがポイントです！ strspn関数

strspn関数は、文字セットが連続している間の文字数を返します。

例えば、16進数を表す場合、文字セットを「0123456789xabcdefABCDEF」にすると「0x1A」などが取得できます。

文字セットに属さない文字位置を探す構文は、次のようになります。引数のstrには「検索対象の文字列」、searchには「検査する文字セット」を指定します。

```
#incldue <string.h>
size_t strspn( const char *str, const char *search );
```

戻り値は、検索対象の文字列（str）から、文字セット（search）からなる文字数を返します。見つからなかった場合は、0を返します。

リスト1は、strspn関数を使って、文字セットに属さない文字位置を探すプログラム例です。

リスト1　文字セットに属さない文字位置を探す（ファイル名：func223.cpp）

```
#include <stdio.h>
#include <string.h>

void main( void )
{
    char str[] = "012345abcdefg";
    char search1[] = "0123456789";
    char search2[] = "0123456789abcdef";

    printf("検査対象： [%s]¥n", str );
    printf("文字セット：[%s] 文字数：[%d]¥n",
        search1, strspn( str, search1 ));
    printf("文字セット：[%s] 文字数：[%d]¥n",
        search2, strspn( str, search2 ));
}
```

リスト2　実行結果

```
検査対象： [012345abcdefg]
文字セット：[0123456789] 文字数：[6]
文字セット：[0123456789abcdef] 文字数：[12]
```

標準関数の極意

リスト1では、文字列を指定して、文字セットにマッチする文字数を取得しています。文字数分、strncpy関数などでコピーすると、マッチした文字が得られます。

```
char str[] = "0x1A ABC";
char search[] = "0123456789xabcdefABCDEF");
size_t size = strspn( str, search );
char buf[100] = {0};
strncpy( buf, str, size );
```

Tips 224

Level ●○○

対応 C C++ VC g++

システムエラーを取得する

ここがポイントです！ strerror / strerror_s関数

指定したエラー番号に対応する文字列を返します。エラー文字はグローバル変数として定義されているために、free関数などで解放する必要はありません。

strerror_s関数は、セキュリティ版です。エラー文字例をコピーするバッファを指定します。

システムエラーを取得する構文は、次のようになります。引数のerrnumには「エラー番号」、bufには「エラー文字列を受け取るバッファ」、sizeには「バッファの長さ」を指定します。

```
#incldue <string.h>
char *strerror( int errnum );
error_t strerror_s( char *buf, int size, int errnum );
```

戻り値は、strerror関数では、エラーメッセージへのポインタを返します。

strerror_s関数では、正常終了した場合は0を返し、失敗した場合は0以外の値を返します。

リスト1は、strerror関数を使って、システムエラーを取得するプログラム例です。

リスト3は、バッファ長さを指定するstrerror_s関数で取得した例です。

リスト1　システムエラーを取得する（ファイル名：func224.cpp）

```
#include <stdio.h>
#include <string.h>
#include <errno.h>

void main( void )
```

```
{
    printf("errno[%d] [%s]¥n", ENOENT, strerror(ENOENT));
    printf("errno[%d] [%s]¥n", ENOMEM, strerror(ENOMEM));
    printf("errno[%d] [%s]¥n", EEXIST, strerror(EEXIST));
}
```

リスト2 実行結果1

```
errno[2] [No such file or directory]
errno[12] [Not enough space]
errno[17] [File exists]
```

リスト3 バッファ長さを指定（ファイル名：func224s.cpp）

```
#include <stdio.h>
#include <string.h>
#include <errno.h>

void main( void )
{
    char buf[256];

    strerror_s( buf, sizeof(buf), ENOENT );
    printf("errno[%d] [%s]¥n", ENOENT, buf );
    strerror_s( buf, sizeof(buf), ENOMEM );
    printf("errno[%d] [%s]¥n", ENOMEM, buf );
    strerror_s( buf, sizeof(buf), EEXIST );
    printf("errno[%d] [%s]¥n", EEXIST, buf );
}
```

リスト4 実行結果2

```
errno[2] [No such file or directory]
errno[12] [Not enough space]
errno[17] [File exists]
```

エラー番号では、errnoの値を使います。errnoは、グローバル変数として定義され、標準関数でエラーが発生したときに値が設定されます。errnoで使う定数は、error.hにて定義されています。

error.hの定義

定義	説明
ECHILD	子プロセスが存在しない
EAGAIN	プロセスを生成できない
E2BIG	引数リストが長すぎる
EACCES	ファイルアクセスが拒否された
EBADF	ファイル番号が不正である
EDEADLOCK	リソースのデットロックが発生する可能性がある
EDOM	引数が数値演算関数のドメイン外の値である
EEXIST	ファイルが存在する
EILSEQ	無効なバイト シーケンスである
EINVAL	引数が不正である
EMFILE	開いているファイルが多すぎる
ENOENT	ファイルまたはディレクトリが存在しない
ENOEXEC	実行ファイルのエラー
ENOMEM	メモリ不足
ENOSPC	デバイスの空き領域不足
ERANGE	計算結果が大きすぎる
EXDEV	デバイス間リンクをした
STRUNCATE	文字列が切り捨てられた

Tips 225

文字列からトークンを探す

ここがポイントです！ **strtok関数**

strtok関数は、区切り文字（token）を探して、見つかった場合にはNULL文字（'¥0'）に設定して区切り文字の位置を返します。区切り文字がなかったときには、NULLを返して終わりを示します。

カンマ（「,」）やセミコロン（「;」）などで区切られた単語を検索するときに使います。

文字列からトークンを探す構文は、次のようになります。引数のstrには「検索対象の文字列」、tokenには「区切りを示す文字列」を指定します。

```
#incldue <string.h>
char *strtok( char *str, const char *token );
```

戻り値は、次の区切り文字を示すポインタを返します。次の区切り文字がないときは、NULLを返します。

リスト1は、strtok関数を使って、トークンを探すプログラム例です。

リスト1 文字列からトークンを探す（ファイル名：func225.cpp）

```
#include <stdio.h>
#include <string.h>

void main( void )
{
    char str[100];
    char *top, *p;
    strcpy(str, "100, 200, abc, efg, 1, END¥n");

    /* 最初のトークンの呼び出し */
    p = strtok( str, " ,¥n" );
    while ( p != NULL ) {
        printf( "文字列: [%s]¥n", p );
        /* 次のトークンを探す */
        p = strtok( NULL, " ,¥n" );
    }
}
```

さらにワンポイント リスト1では、空白、カンマ、改行の3つを区切り文字にして、単語を抜き出しています。strtok関数で使う検索対象の文字列は、NULL文字を設定するために、加工が可能な文字列でないといけません。関数などで使うときは、一時的に文字列をコピーして使います。そうしないと、関数を抜け出したときに、対象の文字列が更新されてしまいます。

Tips 226 ▶Level ●○○ ▶対応 C C++ VC g++

大文字に変換する

ここがポイントです！ **toupper関数**

toupper関数は、指定した文字を大文字に変換します。既に大文字であったり、アルファベット以外のときは、そのままの値を返します。

大文字に変換する構文は、次のようになります。引数のchには「変換する文字」を指定します。

```
#incldue <ctype.h>
int toupper( int ch );
```

戻り値は、大文字に変換した文字を返します。

リスト1は、toupper関数を使って、1つの文字を大文字に変換するプログラム例です。

リスト1 大文字に変換する（ファイル名：func226.cpp）

```
#include <stdio.h>
#include <ctype.h>

void main( void )
{
    char str[] = "Hello world.";
    char *p;

    printf("変換前: %s¥n", str );
    printf("変換後: ");
    for ( p = str; *p != '¥0'; p++ ) {
        putchar( toupper(*p));
    }
    putchar('¥n');
}
```

リスト2 実行結果

```
変換前: Hello world.
変換後: HELLO WORLD.
```

リスト1では、変換前の文字列をfor文を使って大文字に変換しています。

Tips 227

▶Level ●○○

▶対応 C C++ VC g++

小文字に変換する

ここがポイントです！ **tolower関数**

tolower関数は、指定した文字を小文字に変換します。既に小文字であったり、アルファベット以外のときは、そのままの値を返します。

小文字に変換する構文は、次のようになります。引数のchには「変換する文字」を指定します。

```
#incldue <ctype.h>
int tolower( int ch );
```

戻り値は、小文字に変換した文字を返します。

リスト1は、tolower関数を使って、1つの文字を小文字に変換するプログラム例です。

リスト1 小文字に変換する（ファイル名：func227.cpp）

```
#include <stdio.h>
#include <ctype.h>

void main( void )
{
    char str[] = "Hello world.";
    char *p;

    printf("変換前: %s¥n", str );
    printf("変換後: ");
    for ( p = str; *p != '¥0'; p++ ) {
        putchar( tolower(*p));
    }
    putchar('¥n');
}
```

リスト2 実行結果

```
変換前: Hello world.
変換後: hello world.
```

リスト1では、変換前の文字列をfor文を使って小文字に変換しています。

Tips 228 ▶Level ● ▶対応 C C++ VC g++

大文字かチェックする

ここがポイントです！ isupper関数

isupper関数は、指定したアルファベットが大文字かどうかチェックします。

大文字かどうかをチェックする構文は、次のようになります。引数のchには「チェックする文字」を指定します。

```
#incldue <ctype.h>
int isupper( int ch );
```

戻り値は、アルファベットの大文字の場合は真（0以外）、それ以外は偽（0）を返します。
リスト1は、isupper関数を使って、大文字をチェックするプログラム例です。

リスト1 大文字かチェックする（ファイル名：func228.cpp）

```
#include <stdio.h>
#include <ctype.h>

void main( void )
{
    char str[] = "Hello C/C++ World.";
    char *p;

    /* 大文字を括弧[]で囲みます */
    for ( p = str; *p != '¥0'; p++ ) {
        if (isupper(*p)) {
            printf("[%c]", *p );
        } else {
            putchar( *p );
        }
    }
    putchar('¥n');
}
```

リスト2 実行結果

```
[H]ello [C]/[C]++ [W]orld.
```

リスト1では、isupper関数を使ってfor文で大文字をチェックしています。

Tips
229 小文字かチェックする

Level ●○○
対応 C C++ VC g++

ここがポイントです！ islower関数

islower関数は、指定したアルファベットが小文字かどうかチェックします。

小文字かどうかをチェックする構文は、次のようになります。引数のchには「チェックする文字」を指定します。

```
#incldue <ctype.h>
int islower( int ch );
```

戻り値は、アルファベットの小文字の場合は真（0以外）、それ以外は偽（0）を返します。

リスト1は、islower関数を使って、小文字をチェックするプログラム例です。

リスト1 小文字かチェックする（ファイル名：func229.cpp）

```
#include <stdio.h>
#include <ctype.h>

void main( void )
{
    char str[] = "Hello C/C++ World.";
    char *p;

    /* 小文字を括弧[]で囲みます */
    for ( p = str; *p != '¥0'; p++ ) {
        if (islower(*p)) {
            printf("[%c]", *p );
        } else {
            putchar( *p );
        }
    }
    putchar('¥n');
}
```

リスト2 実行結果

```
H[e][l][l][o] C/C++ W[o][r][l][d].
```

リスト1では、islower関数を使ってfor文で小文字をチェックしています。

Tips 230

▶Level ●○○

▶対応 C C++ VC g++

印刷できる文字かチェックする

ここがポイントです！ isprint関数

isprint関数は、指定した文字が印刷可能かどうかチェックします。文字のコードが0から255の間で、コントロールコードや、無効な文字の場合は偽(0)を返します。

印刷できる文字かどうかをチェックする構文は、次のようになります。引数のchには「チェックする文字」を指定します。

```
#incldue <ctype.h>
int isprint( int ch );
```

戻り値は、印刷可能な文字の場合は真（0以外）、それ以外は偽（0）を返します。

なお、リスト1では、0から255までのアスキーコード表を表示しています。このとき、コントロールコードは表示できないので、ピリオド（「.」）を使って表示しています。

リスト1は、isprint関数を使って、印刷できる文字をチェックするプログラム例です。

リスト1 印刷できる文字かチェックする（ファイル名：func230.cpp）

```
#include <stdio.h>
#include <ctype.h>

void main( void )
{
    int ch;
    char chr[20];

    for ( ch = 0; ch < 0x100; ch++ ) {
        if ( ch % 16 == 0 ) {
            printf("%04X: ", ch );
        }
        printf("%02x ", ch );
        if (isprint(ch)) {
            chr[ch%16] = ch;
        } else {
            chr[ch%16] = '.';
        }
        if ( ch % 16 == 15 ) {
            chr[16] = '¥0';
            printf("%s¥n", chr );
        }
    }
}
```

リスト2　実行結果（一部省略）

```
0000: 00 01 02 03 04 05 06 07 08 09 0a 0b 0c 0d 0e 0f ................
0010: 10 11 12 13 14 15 16 17 18 19 1a 1b 1c 1d 1e 1f ................
0020: 20 21 22 23 24 25 26 27 28 29 2a 2b 2c 2d 2e 2f !"#$%&'()*+,-./
0030: 30 31 32 33 34 35 36 37 38 39 3a 3b 3c 3d 3e 3f 0123456789:;<=>?
0040: 40 41 42 43 44 45 46 47 48 49 4a 4b 4c 4d 4e 4f @ABCDEFGHIJKLMNO
```

アルファベットかチェックする

isalpha関数は、指定した文字がアルファベットかどうかチェックします。アルファベットは「a」から「z」、「A」から「Z」になります。

アルファベットかどうかをチェックする構文は、次のようになります。引数のchには「チェックする文字」を指定します。

```
#incldue <ctype.h>
int isalpha( int ch );
```

戻り値は、アルファベットの場合は真（0以外）、それ以外は偽（0）を返します。

リスト1は、isalpha関数を使って、アルファベットをチェックするプログラム例です。

リスト1　アルファベットかチェックする（ファイル名：func231.cpp）

```
#include <stdio.h>
#include <ctype.h>

void main( void )
{
    char str[] = "Hello C/C++ World.";
    char *p;

    /* アルファベットを括弧[]で囲みます */
    for ( p = str; *p != '¥0'; p++ ) {
        if (isalpha(*p)) {
            printf("[%c]", *p );
        } else {
            putchar( *p );
        }
    }
    putchar('¥n');
```

```
}
```

リスト2 実行結果

```
[H][e][l][l][o] [C]/[C]++ [W][o][r][l][d].
```

リスト1では、アルファベットにマークを付けています。空白やピリオドの場合はマッチしません。

Tips 232 ▶Level ●○○ ▶対応 C C++ VC g++

アルファベットあるいは数値かチェックする

ここがポイントです! isalnum関数

isalnum関数は、指定した文字がアルファベットあるいは数値かどうかチェックします。アルファベットは「a」から「z」、「A」から「Z」、数値「0」から「9」になります。

アルファベットあるいは数値かチェックする構文は、次のようになります。引数のchには「チェックする文字」を指定します。

```
#incldue <ctype.h>
int isalnum( int ch );
```

戻り値は、アルファベットあるいは数値の場合は真 (0以外)、それ以外は偽 (0) を返します。

リスト1は、isalnum関数を使って、アルファベットと数値をチェックするプログラム例です。

リスト1 アルファベットあるいは数値かチェックする (ファイル名:func232.cpp)

```
#include <stdio.h>
#include <ctype.h>

void main( void )
{
    char str[] = "Hello C/C++ World, 1st ?";
    char *p;

    /* アルファベットか数値を括弧[]で囲みます */
    for ( p = str; *p != '¥0'; p++ ) {
    if (isalnum(*p)) {
        printf("[%c]", *p );
    } else {
```

```
            putchar( *p );
        }
    }
    putchar('¥n');
}
```

リスト2　実行結果

```
[H][e][l][l][o] [C]/[C]++ [W][o][r][l][d], [1][s][t] ?
```

リスト1では、アルファベットと数値にマークを付けています。空白やピリオドの場合はマッチしません。

Tips 233 ▶Level ●○○ ▶対応 C C++ VC g++

空白文字かチェックする

isspace関数

isspace関数は、指定した文字が空白文字かどうかチェックします。空白文字は、半角空白、タブ文字、改行など（0x09から0x0D、0x20）になります。

空白文字かどうかをチェックする構文は、次のようになります。引数のchには「チェックする文字」を指定します。

```
#incldue <ctype.h>
int isspace( int ch );
```

戻り値は、空白文字の場合は真（0以外）、それ以外は偽（0）を返します。

リスト1は、isspace関数を使って、空白文字をチェックするプログラム例です。

リスト1　空白文字かチェックする（ファイル名：func233.cpp）

```
#include <stdio.h>
#include <ctype.h>

void main( void )
{
    char str[] = "Hello ¥tC/C++ World, 1st ?";
    char *p;

    /* 空白文字を括弧[]で囲みます */
```

```
    for ( p = str; *p != '¥0'; p++ ) {
        if (isspace(*p)) {
            printf("[%c]", *p );
        } else {
            putchar( *p );
        }
    }
    putchar('¥n');
}
```

リスト2　実行結果

```
Hello[ ][ ]C/C++[ ]World,[ ]1st[ ]?
```

さらにワンポイント　リスト1では、空白文字にマークを付けています。

Tips 234 ▶Level ●○○ ▶対応 C C++ VC g++

ASCII文字かチェックする

ここがポイントです！　isascii関数

isascii関数は、指定した文字がASCII文字かどうかチェックします。ASCII文字は、0x00から0x7Fまでの文字になります。半角カナなどの文字は含まれません。

ASCII文字かどうかをチェックする構文は、次のようになります。引数のchには「チェックする文字」を指定します。

```
#incldue <ctype.h>
int isascii( int ch );
```

戻り値は、ASCII文字の場合は真（0以外）、それ以外は偽（0）を返します。

リスト1は、isascii関数を使って、ASCII文字をチェックするプログラム例です。

リスト1　ASCII文字かチェックする（ファイル名：func234.cpp）

```
#include <stdio.h>
#include <ctype.h>

void main( void )
{
```

```
    char str[] = "ﾖｳｺｿ C/C++ ｾｶｲﾍ";
    char *p;

    /* アスキー文字を括弧[]で囲みます */
    for ( p = str; *p != '¥0'; p++ ) {
        if (isascii(*p)) {
            printf("[%c]", *p );
        } else {
            putchar( *p );
        }
    }
    putchar('¥n');
}
```


リスト2　実行結果

```
ﾖｳｺｿ[ ][C][/][C][+][+][ ]ｾｶｲﾍ
```

リスト1では、ASCII文字にマークを付けています。

Tips 235 ▶Level ●○○ ▶対応 C C++ VC g++

コントロールコードかチェックする

ここがポイントです！　**iscntrl関数**

iscntrl関数は、指定した文字がコントロール文字かどうかチェックします。コントロール文字は、0x00から0x1F、0x7Fになります。

コントロールコードかどうかをチェックする構文は、次のようになります。引数のchには「チェックする文字」を指定します。

```
#incldue <ctype.h>
int iscntrl( int ch );
```

戻り値は、コントロール文字の場合は真（0以外）、それ以外は偽（0）を返します。

リスト1は、iscntrl関数を使って、コントロールコードをチェックするプログラム例です。

リスト1　コントロールコードかチェックする（ファイル名：func235.cpp）

```
#include <stdio.h>
```

```
#include <ctype.h>

void main( void )
{
    char str[] = "Hello Java¥x08¥x08¥x08¥x08""C/C++ world.";
    char *p;

    /* コントロールコードを ^@ 形式で表記します */
    for ( p = str; *p != '¥0'; p++ ) {
        if (iscntrl(*p)) {
            printf("^%c", '@'+*p );
        } else {
            putchar( *p );
        }
    }
    putchar('¥n');
}
```

実行結果

```
Hello Java^H^H^H^HC/C++ world.
```

さらにワンポイント　リスト1では、コントロール文字を「^」と1文字で表しています。バックスペース(0x08)は、「^H」になります。

数字かチェックする

ここがポイントです！　isdigit関数

isdigit関数は、指定した文字が数字かどうかチェックします。数字は、「0」から「9」までの文字になります。

数字かどうかチェックする構文は、次のようになります。引数のchには「チェックする文字」を指定します。

```
#incldue <ctype.h>
int isdigit( int ch );
```

戻り値は、数字の場合は真（0以外）、それ以外は偽（0）を返します。

リスト1は、isdigit関数を使って、数字をチェックするプログラム例です。

リスト1　数字かチェックする（ファイル名：func236.cpp）

```
#include <stdio.h>
#include <ctype.h>

void main( void )
{
    char str[] = "Hello C/C++ World, 1st ?";
    char *p;

    /* 数値を括弧[]で囲みます */
    for ( p = str; *p != '¥0'; p++ ) {
        if (isdigit(*p)) {
            printf("[%c]", *p );
        } else {
            putchar( *p );
        }
    }
    putchar('¥n');
}
```

リスト2　実行結果

```
Hello C/C++ World, [1]st ?
```

リスト1では、数字をマークしています。

16進数の文字かチェックする

ここがポイントです！　**isxdigit関数**

isxdigit関数は、指定した文字が16進数の文字どうかチェックします。数字は「0」から「9」、アルファベットは「a」から「f」、「A」から「F」までの文字になります。

数字かどうかチェックする構文は、次のようになります。引数のchには「チェックする文字」を指定します。

```
#incldue <ctype.h>
int isxdigit( int ch );
```

戻り値は、16進数の文字の場合は真（0以外）、それ以外は偽（0）を返します。

リスト1は、isxdigit関数を使って、数字をチェックするプログラム例です。

リスト1 数字かチェックする（ファイル名：func237.cpp）

```
#include <stdio.h>
#include <ctype.h>

int check( const char *str )
{
    char *p;
    for ( p=(char*)str; *p != '¥0'; p++ ) {
        if(!isxdigit(*p)) return 0;
    }
    return 1;
}

void main( void )
{
    char str1[] = "1FFF";
    char str2[] = "1fff";
    char str3[] = "0x100";
    char str4[] = "-10";
    char str5[] = " 1FFF ";

    printf("[%s] は 16進数の文字列で %s¥n",
        str1, check( str1 )? "ある": "ない" );
    printf("[%s] は 16進数の文字列で %s¥n",
        str2, check( str2 )? "ある": "ない" );
    printf("[%s] は 16進数の文字列で %s¥n",
        str3, check( str3 )? "ある": "ない" );
    printf("[%s] は 16進数の文字列で %s¥n",
        str4, check( str4 )? "ある": "ない" );
    printf("[%s] は 16進数の文字列で %s¥n",
        str5, check( str5 )? "ある": "ない" );
}
```

Tips 238 ▶Level ●●○ ▶対応 C C++ VC g++

表示可能な文字かチェックする

ここがポイントです！ isgraph関数

isgraph関数は、指定した文字が空白以外の印字できる文字かをチェックします。

表示可能な文字かどうかをチェックする構文は、次のようになります。引数のchには「チェックする文字」を指定します。

```
#incldue <ctype.h>
int isgraph( int ch );
```

戻り値は、空白以外の印字可能な文字の場合は真（0以外）、それ以外は偽（0）を返します。

リスト1は、isgraph関数を使って、表示可能な文字をチェックするプログラム例です。

リスト1 表示可能な文字かチェックする（ファイル名：func238.cpp）

```
#include <stdio.h>
#include <ctype.h>

void main( void )
{
    char str[] = "ｺﾝﾆﾁ  C/C++ World, 1st ?";
    char *p;

    /* 空白以外の印字可能な文字を括弧[]で囲みます */
    for ( p = str; *p != '¥0'; p++ ) {
        if (isgraph(*p)) {
            printf("[%c]", *p );
        } else {
            putchar( *p );
        }
    }
    putchar('¥n');
}
```

リスト2 実行結果

```
ｺﾝﾆﾁ [C][/][C][+][+] [W][o][r][l][d][,] [1][s][t] [?]
```

リスト1では、印字可能な文字をマークしています。空白や、半角カナ文字は含まれません。

Tips
239
▶Level ●○○
▶対応
C C++ VC g++

区切り文字かチェックする

ここがポイントです! ispunct関数

ispunct関数は、指定した文字が区切り文字かどうかをチェックします。

区切り文字かどうかをチェックする構文は、次のようになります。引数のchには「チェックする文字」を指定します。

```
#incldue <ctype.h>
int ispunct( int ch );
```

戻り値は、区切り文字の場合は真(0以外)、それ以外は偽(0)を返します。

リスト1は、ispunct関数を使って、区切り文字をチェックするプログラム例です。

リスト1 区切り文字かチェックする(ファイル名:func239.cpp)

```
#include <stdio.h>
#include <ctype.h>

void main( void )
{
    char str[] = "ｺﾝﾆﾁ  C/C++ World, 1st ?";
    char *p;

    /* 空白以外の印字可能な文字を括弧 [] で囲みます */
    for ( p = str; *p != '¥0'; p++ ) {
        if (isgraph(*p)) {
            printf("[%c]", *p );
        } else {
            putchar( *p );
        }
    }
    putchar('¥n');
}
```

リスト2 実行結果

```
Hello C[/]C[+][+] World[,] 1st [?]
```

リスト1では、区切りとして使われる文字にマークを入れています。

Tips 240

Level ●●

対応 C C++ VC g++

マルチバイト文字をワイド文字に変換する

ここがポイントです！ mbtowc関数

mbtowc関数は、マルチバイト文字（SJISなど）をワイド文字（Unicode）に1文字だけ変換します。

マルチバイト文字をワイド文字に変換する構文は、次のようになります。引数のdestには「変換先のワイド文字を格納する領域」、srcには「変換元のマルチバイト文字」、sizeには「変換元のマルチバイト文字のバイト数」を指定します。

```
#include <stdlib.h>
int mbtowc( wchar_t *dest, const char *src, size_t size );
```

戻り値は、成功した場合は、マルチバイト文字のバイト数を返します。「変換元のマルチバイト文字」（src）がNULLの場合は、0を返します。

変換に失敗した場合は、-1を返します。

リスト1は、mbtowc関数を使って、マルチバイト文字をワイド文字に変換するプログラム例です。

リスト1　マルチバイト文字をワイド文字に変換する（ファイル名：func240.cpp）

```
#include <stdio.h>
#include <stdlib.h>
#include <string.h>
#include <locale.h>

void main( void )
{
    setlocale(LC_CTYPE, "");

    char *str = "A";
    char *kanji = "漢";
    wchar_t wstr, kstr;
    mbtowc( &wstr, str, strlen(str) );
    mbtowc( &kstr, kanji, strlen(kanji) );

    printf("[%C][%C]¥n", wstr, kstr );
}
```

リスト2　実行結果

```
[A][漢]
```

mbtowc関数は、マルチバイトの最初の1文字のみ変換します。このため、変換元のサイズ（size）にstrlen関数を使って実際の長さを指定しても、最初の1文字だけが変換されて取得できます。

ワイド文字をマルチバイト文字に変換する

ここがポイントです！ **wctomb関数**

wctomb関数は、ワイド文字（Unicode）からマルチバイト文字（SJISなど）に1文字だけ変換します。

ワイド文字をマルチバイト文字に変換する構文は、次のようになります。引数のdestには「変換先のマルチバイト文字を格納する領域」、srcには「変換元のワイド文字」を指定します。

```
#include <stdlib.h>
int wctomb( char *dest, wchar_t src );
```

戻り値は、成功した場合は、変換したワイド文字のバイト数を返します。変換に失敗した場合は、-1を返します。

変換元のワイド文字がNULL文字（L'¥0'）の場合は、1を返します。

変換先の領域（dest）がNULLの場合は、0を返します。

リスト1は、wctomb関数を使って、1文字だけマルチバイト文字に変換するプログラム例です。

リスト1　ワイド文字をマルチバイト文字に変換する（ファイル名：func241.cpp）

```
#include <stdio.h>
#include <stdlib.h>
#include <locale.h>

void main( void )
{
    setlocale(LC_CTYPE, "");

    wchar_t wstr = L'A';
    wchar_t kstr = L'漢';
    char str[3] = {0};
    char kanji[3] = {0};

    wctomb( str, wstr );
    wctomb( kanji, kstr );
```

```
    printf("[%s][%s]¥n", str, kanji );
}
```

リスト2 実行結果

```
[A][漢]
```

wctomb関数は、マルチバイト1文字に変換します。このため、変換先の領域を十分に取っておく必要があります。最大値は「MB_CUR_MAX」と決まっているので、これを利用するとよいでしょう。

Tips 242 マルチバイト文字列をワイド文字列に変換する

▶Level ●●●

▶対応 C C++ VC g++

ここがポイントです！ mbstowcs関数

mbstowcs関数は、マルチバイト文字列（SJISなど）からワイド文字列（Unicode）に変換します。

構文は、次のようになります。引数のdestには「変換先のワイド文字列を格納する領域」、srcには「変換元のマルチバイト文字列」、sizeには「変換元のマルチバイト文字列のバイト数」を指定します。

```
#include <stdlib.h>
size_t mbstowcs( wchar_t *dest, const char *src, size_t size );
```

戻り値は、成功した場合は、変換したマルチバイト文字列のバイト数を返します。「変換先のワイド文字列を格納する領域」(dest) がNULLの場合は、変更に必要な文字数を返します。

変換に失敗した場合は、-1を返します。

リスト1は、mbstowcs関数を使って、ワイド文字列に変換するプログラム例です。

リスト1 マルチバイト文字列をワイド文字列に変換する（ファイル名：func242.cpp）

```
#include <stdio.h>
#include <stdlib.h>
#include <string.h>
#include <locale.h>

void main( void )
{
```

```
    setlocale(LC_CTYPE, "");

    char *str = "Hello C/C++ World.";
    char *kanji = "ようこそC/C++の世界へ";
    wchar_t wstr[50] = {0};
    wchar_t kstr[50] = {0};

    mbstowcs( wstr, str, strlen(str) );
    mbstowcs( kstr, kanji, strlen(kanji) );
    printf("[%S]¥n[%S]¥n", wstr, kstr );
}
```

リスト2 実行結果

```
[Hello C/C++ World.]
[ようこそC/C++の世界へ]
```

mbstowcs関数は格納先の領域（dest）にNULLを指定すると、変換に必要な文字数を返します。

```
char *src = "ようこそC/C++の世界へ";
size_t size = mbstowcs( NULL, src, strlen(src) );
wchar_t *dest = new wchar_t[ size + 1 ]; // NULL文字を追加する
mbstowcs( dest, src, strlen(src) );
```

Tips 243 ▶Level ●●● ▶対応 C C++ VC g++

ワイド文字列をマルチバイト文字列に変換する

ここがポイントです！ **wcstombs関数**

wcstombs関数は、ワイド文字列（Unicode）からマルチバイト文字列（SJISなど）に変換します。

ワイド文字列をマルチバイト文字列に変換する構文は、次のようになります。

引数のdestには「変換先のマルチバイト文字列を格納する領域」、srcには「変換元のワイド文字列」、sizeには「格納先のバイト数」を指定します。

```
#include <stdlib.h>
size_t wcstombs( char *src, const wchar_t *dest, size_t size );
```

戻り値は、成功した場合は、変換したマルチバイト文字列のバイト数を返します。格納する領域（dest）がNULLの場合は、変更に必要なバイト数を返します。

変換に失敗した場合は、-1を返します。

リスト1は、wcstombs関数を使って、ワイド文字列からマルチバイト文字列に変換するプログラム例です。

リスト1 ワイド文字列をマルチバイト文字列に変換する（ファイル名：func243.cpp）

```
#include <stdio.h>
#include <stdlib.h>
#include <locale.h>

void main( void )
{
    setlocale(LC_CTYPE, "");

    wchar_t wstr[] = L"Hello C/C++ World.";
    wchar_t kstr[] = L"ようこそC/C++の世界へ";
    char str[50] = {0};
    char kanji[50] = {0};

    wcstombs( str, wstr, 50 );
    wcstombs( kanji, kstr, 50 );
    printf("[%s]¥n[%s]¥n", str, kanji );
}
```

wcstombs関数は、格納先の領域（dest）にNULLを指定すると、変換に必要なバイト数を返します。動的に格納先の領域を取得する場合は、この機能を利用します。

```
wchar_t *src = L"ようこそC/C++の世界へ";
size_t size = wcstombs( NULL, src, 0 );
char *dest = new char[ size + 1 ]; // NULL文字を追加する
wcstombs( dest, src, size+1 );
```

3-5 メモリ操作

メモリを確保する（C言語）

ここがポイントです！ **malloc関数**

malloc関数は、指定したサイズのメモリを確保します。メモリが不足してる状態では、戻り値がNULLになるため、メモリ制限が厳しい環境では戻り値のチェックをしてください。

割り当てられたメモリブロックは、free関数を使って解放します。

メモリを確保する構文は、次のようになります。引数のsizeには「割り当てるバイト」を指定します。

```
#incldue <stdlib.h>
void *malloc( size_t size );
```

戻り値は、割り当てたメモリのポインタを返します。利用できるメモリが不足している場合は、NULLを返します。

リスト1は、malloc関数を使って、メモリを確保するプログラム例です。

リスト1 メモリを確保する（ファイル名：func244.cpp）

```
#include <stdio.h>
#include <stdlib.h>

void main( void )
{
    char *mem = NULL;
    int *memi = NULL;
    char *mem0 = NULL;
    char *mem1 = NULL;

    printf("malloc 関数で char型 100 バイト確保¥n");
    mem = (char*)malloc( 100 );
    if ( mem == NULL ) {
        printf("メモリの確保に失敗しました¥n");
    } else {
        printf("確保したメモリ [%p]¥n", mem );
    }

    printf("malloc 関数で int型 100 個 確保¥n");
    memi = (int*)malloc( 100 * sizeof(int) );
    if ( memi == NULL ) {
        printf("メモリの確保に失敗しました¥n");
    } else {
        printf("確保したメモリ [%p]¥n", memi );
    }

    printf("malloc 関数で 0 バイト確保¥n");
    mem0 = (char*)malloc( 0 );
    if ( mem0 == NULL ) {
        printf("メモリの確保に失敗しました¥n");
    } else {
        printf("確保したメモリ [%p]¥n", mem0 );
    }

    printf("malloc 関数で -1 を指定¥n");
```

```
        /* -1 を指定した場合は size_t が unsigned int で定義されているので、
        * キャストされ、確保されるバイト数は 0x80000000 となる
        */
        mem1 = (char*)malloc( -1 );
        if ( mem1 == NULL ) {
            printf("メモリの確保に失敗しました¥n");
        } else {
            printf("確保したメモリ [%p]¥n", mem1 );
        }

        if ( mem != NULL ) free( mem );
        if ( memi != NULL ) free( memi );
        if ( mem0 != NULL ) free( mem0 );
        if ( mem1 != NULL ) free( mem1 );
}
```


リスト2 実行結果

```
malloc 関数で char型 100 バイト確保
確保したメモリ [009319F8]
malloc 関数で int型 100 個 確保
確保したメモリ [00931A68]
malloc 関数で 0 バイト確保
確保したメモリ [00931C00]
malloc 関数で -1 を指定
メモリの確保に失敗しました
```

配列のメモリを確保する場合には、sizeof演算子を使ってバイト数を指定します。また、サイズが0であるメモリを確保することもできます。このメモリは、realloc関数を使って再確保できます。

Tips 245

メモリを再確保する

Level ●○○

対応 C C++ VC g++

ここがポイントです！ **realloc関数**

realloc関数は、取得したメモリを再割り当てします。メモリが不足してる状態では、戻り値がNULLになるため、メモリ制限が厳しい環境では戻り値のチェックをしてください。

割り当てられたメモリブロックは、free関数を使って解放します。

メモリを再確保する構文は、次のようになります。引数のmemには「再割り当てするメモリポインタ」、sizeには「再割り当てするバイト数」を指定します。

```
#incldue <stdlib.h>
void *realloc( void *mem, size_t size );
```

戻り値は、再割り当てしたメモリポインタを返します。利用できるメモリが不足している場合は、NULLを返します。

リスト1は、realloc関数を使って、メモリを再確保するプログラム例です。

リスト1 メモリを再確保する（ファイル名：func245.cpp）

```
#include <stdio.h>
#include <stdlib.h>
#include <string.h>

int main( void )
{
    char *mem;

    if ( (mem = (char*)malloc( 100 )) == NULL ) {
        printf("メモリが不足しています¥n");
        return 0;
    }
    memset( mem, 0, 100 );
    memset( mem, 'A', 10 ); /* 先頭10バイトを 'A' で埋める */
    printf("100 バイト割り当てる: [%p]¥n", mem );
    printf("先頭10バイト: [%s]¥n", mem );

    if ((mem = (char*)realloc( mem, 200 )) == NULL ) {
        printf("メモリが不足しています¥n");
        return 0;
    }
    /* 位置が変更されても最初の内容を保持している */
    printf("200 バイトに拡張した: [%p]¥n", mem );
    printf("先頭10バイト: [%s]¥n", mem );

    if ((mem = (char*)realloc( mem, 50 )) == NULL ) {
        printf("メモリが不足しています¥n");
        return 0;
    }
    printf("50 バイトに縮小した: [%p]¥n", mem );

    if ((mem = (char*)realloc( mem, 0 )) == NULL ) {
        printf("メモリが不足しています¥n");
        return 0;
    }
    printf("0 バイトにした: [%p]¥n", mem );

    free( mem );
    return 1;
}
```

リスト2　実行結果

```
100 バイト割り当てる: [003D3A10]
先頭10バイト: [AAAAAAAAAA]
200 バイトに拡張した: [003D19F8]
先頭10バイト: [AAAAAAAAAA]
50 バイトに縮小した: [003D19F8]
メモリが不足しています
```

リスト1のように、0バイト再確保した場合には、VCではエラーになりますが、g++では成功するので注意してください。

メモリを解放する（C言語）

ここがポイントです！　free関数

free関数は、malloc関数やrealloc関数などで確保したメモリを解放します。

メモリを解放する構文は、次のようになります。引数のmemには「解放するメモリ」を指定します。

```
#incldue <stdlib.h>
void free( void *mem );
```

戻り値はありません。

リスト1は、free関数を使って、メモリを解放するプログラム例です。

リスト1　メモリを解放する（ファイル名：func246.cpp）

```
#include <stdio.h>
#include <stdlib.h>

int main( void )
{
    char *mem;

    mem = (char*)malloc( 100 );
    if ( mem == NULL ) {
        printf("メモリが不足しています¥n");
        return 0;
```

```
	}
	printf("メモリ [%p] を解放しました¥n", mem );
	free( mem );
	return 1;
}
```

リスト2　実行結果

```
メモリ [001E3A10] を解放しました
```

C++で使うnew演算子のメモリをfree関数で解放しようとすると、エラーになります。new演算子で確保したメモリは、必ずdelete関数で解放してください。

メモリをコピーする

ここがポイントです！　**memcpy / memcpy_s関数**

コピー元の領域（src）をコピー先の領域（dest）にコピーします。コピー先とコピー元の領域が重なっている場合の結果は未定になります。

memcpy_s関数は、セキュリティ版です。コピー先の領域のサイズを指定して、オーバーフローが起きないようにチェックします。

メモリをコピーする構文は、次のようになります。引数のdestには「コピー先の領域」、srcには「コピー元の領域」、countには「コピーするバイト数」、sizeには「コピー先の領域のサイズ」を指定します。

```
#incldue <stdlib.h>
void *memcpy( void *dest, const void *src, size_t count );
error_t memcpy_s( void *dest, size_t, const void *src, size_t count );
```

戻り値は、memcpy関数では、コピー先の領域のポインタを返します。

memcpy_s関数では、正常終了した場合は0を返し、失敗した場合は0以外の値を返します。

リスト1は、memcpy関数を使って、メモリをコピーするプログラム例です。

リスト3は、バッファ長さを指定したmemcpy_s関数を使った例です。

リスト1　メモリをコピーする（ファイル名：func247.cpp）

```
#include <stdio.h>
```

```
#include <stdlib.h>
#include <string.h>

void main( void )
{
    char src[] = "Hello world";
    char dest[100];
    char *p;

    memset( dest, 0, sizeof dest );
    /* 先頭から5バイトコピーします */
    p = (char*)memcpy( dest, src, 5 );
    printf("5 バイトコピー: [%s]¥n", dest );

    memset( dest, 0, sizeof dest );
    /* 先頭から0バイトコピーします */
    p = (char*)memcpy( dest, src, 0 );
    printf("0 バイトコピー: [%s]¥n", dest );
}
```

リスト2 実行結果1

```
5 バイトコピー: [Hello]
0 バイトコピー: []
```

リスト3 バッファ長さを指定する（ファイル名：func247s.cpp）

```
#include <stdio.h>
#include <stdlib.h>
#include <string.h>

void main( void )
{
    char src[] = "Hello world";
    char dest[100];
    char *p;

    memset( dest, 0, sizeof dest );
    /* 先頭から5バイトコピーします */
    p = (char*)memcpy_s( dest, sizeof(dest), src, 5 );
    printf("5 バイトコピー: [%s]¥n", dest );

    memset( dest, 0, sizeof dest );
    /* 先頭から0バイトコピーします */
    p = (char*)memcpy_s( dest, sizeof(dest), src, 0 );
    printf("0 バイトコピー: [%s]¥n", dest );
}
```

リスト4 実行結果2

```
5 バイトコピー: [Hello]
0 バイトコピー: []
```

メモリの領域が重なり合っているときも正常にコピーしたいときは、memmove関数を使います。

Tips 248

2つのメモリを比較する

▶Level ●○○

▶対応 C C++ VC g++

ここがポイントです！ memcmp関数

memcmp関数は、2つのメモリをバイト単位で比較します。

2つのメモリを比較する構文は、次のようになります。引数のmem1には「比較するメモリ1」、mem2には「比較するメモリ2」、sizeには「比較するバイト数」を指定します。

```
#incldue <stdlib.h>
int memcmp( void const *mem1, void const *mem2, size_t size );
```

戻り値は、バイト単位で2つのメモリを比較して、両方のメモリが同じ場合は0を返します。

負（< 0）の場合は、メモリ1がメモリ2より小さいことを示します。正（> 0）の場合は、メモリ1がメモリ2より大きいことを示します。

リスト1は、memcmp関数を使って、2つのメモリを比較するプログラム例です。

リスト1 2つのメモリを比較する（ファイル名：func248.cpp）

```
#include <stdio.h>
#include <string.h>

void main( void )
{
    printf("'cat' と 'dog' を3バイト分比較: [%d]¥n",
        memcmp( "cat", "dog", 3 ));
    printf("'dog' と 'cat' を3バイト分比較: [%d]¥n",
        memcmp( "dog", "cat", 3 ));
    printf("'cat' と 'cats' を3バイト分比較: [%d]¥n",
        memcmp( "cat", "cats", 3 ));
    printf("'cat' と 'cats' を4バイト分比較: [%d]¥n",
        memcmp( "cat", "cats", 4 ));
    printf("'dog' と 'cat' を0バイト分比較: [%d]¥n",
        memcmp( "dog", "cat", 0 ));
}
```

リスト2 実行結果

```
'cat' と 'dog' を3バイト分比較: [-1]
'dog' と 'cat' を3バイト分比較: [1]
'cat' と 'cats' を3バイト分比較: [0]
'cat' と 'cats' を4バイト分比較: [-1]
'dog' と 'cat' を0バイト分比較: [0]
```

リスト1では、2つの文字列をバイト単位で比較しています。リスト1のように、バイト数に0を指定すると、memcmp関数は常に0を返します。

重複したメモリをコピーする

ここがポイントです! **memmove / memmove_s関数**

コピー元の領域(src)をコピー先の領域(dest)にコピーします。コピー先とコピー元の領域が重なっている場合も正常にコピーされます。

memmove_s関数は、セキュリティ版です。コピー先の領域のサイズを指定して、オーバーフローが起きないようにチェックします。

メモリをコピーする構文は、次のようになります。引数のdestには「コピー先の領域」、srcには「コピー元の領域」、countには「コピーするバイト数」、sizeには「コピー先の領域のサイズ」を指定します。

```
#incldue <string.h>
void *memmove( void *dest, count void *src, size_t count );
error_t memmove_s( void *dest, size_t size, count void *src, size_t
count );
```

戻り値は、memmove関数では、コピー先の領域のポインタを返します。

memmove_s関数では、正常終了した場合は0を返し、失敗した場合は0以外の値を返します。

リスト1は、memmove関数を使って、メモリをコピーするプログラム例です。

リスト3は、バッファ長さを指定してmemmove_s関数を使ったプログラム例です。

リスト1 メモリをコピーする(ファイル名:func249.cpp)

```
#include <stdio.h>
#include <string.h>
```

```
void main( void )
{
    char src[] = "Hello world";
    char dest[100];
    char *p;

    memset( dest, 0, sizeof dest );
    /* 先頭から5バイト転送します */
    p = (char*)memmove( dest, src, 5 );
    printf("5 バイト転送: [%s]¥n", dest );

    memset( dest, 0, sizeof dest );
    /* 先頭から0バイトコピーします */
    p = (char*)memmove( dest, src, 0 );
    printf("0 バイト転送: [%s]¥n", dest );

    /* 重なり合っている場合 */
    memset( dest, 0, sizeof dest );
    strcpy( dest, src );
    p = (char*)memmove( dest+5, dest, strlen(src));
    printf("重なっている場合: [%s]¥n", dest );
}
```

リスト2 実行結果1

```
5 バイト転送: [Hello]
0 バイト転送: []
重なっている場合: [HelloHello world]
```

リスト3 バッファ長さを指定(ファイル名:func249s.cpp)

```
#include <stdio.h>
#include <string.h>

void main( void )
{
    char src[] = "Hello world";
    char dest[100];
    errno_t err;

    memset( dest, 0, sizeof dest );
    /* 先頭から5バイト転送します */
    err = memmove_s( dest, sizeof(dest), src, 5 );
    printf("5 バイト転送: [%s]¥n", dest );

    memset( dest, 0, sizeof dest );
    /* 先頭から0バイトコピーします */
    err = memmove_s( dest, sizeof(dest), src, 0 );
    printf("0 バイト転送: [%s]¥n", dest );
```

```
        /* 重なり合っている場合 */
        memset( dest, 0, sizeof dest );
        strcpy( dest, src );
        err = memmove_s( dest+5, sizeof(dest)-5, dest, strlen(src));
        printf("重なっている場合: [%s]¥n", dest );
}
```

リスト4　実行結果2

```
5 バイト転送: [Hello]
0 バイト転送: []
重なっている場合: [HelloHello world]
```

リスト1のように、0バイトコピーする場合も正常にmemmove関数は動作します。

Tips 250

指定したメモリから文字を探す

▶Level ●○○
▶対応 C C++ VC g++

ここがポイントです！ memchr関数

memchr関数は、指定したメモリ領域から文字（ch）を検索します。0バイトのメモリ領域であってもmemchr関数は正常に動作します。

指定したメモリから文字を探す構文は、次のようになります。引数のmemには「検査するメモリ領域」、chには「検索する文字」、sizeには「メモリ領域のサイズ」を指定します。

```
#incldue <string.h>
void *memchr( const void *mem, int ch, size_t size );
```

戻り値は、メモリ領域（mem）内で見つかった位置をポインタで返します。

見つからなかった場合は、NULLを返します。

リスト1は、memchr関数を使って、文字を探すプログラム例です。

リスト1　指定したメモリから文字を探す（ファイル名：func250.cpp）

```
#include <stdio.h>
#include <string.h>

void main( void )
{
```

```
    char str[] = "Hello world.";
    char *p;

    printf("検索対象の文字列: [%s]¥n", str );

    /* 10バイトまでの間 */
    if ((p=(char*)memchr(str, 'w', 10 )) == NULL ) {
        printf("'w' は見つからなかった¥n");
    } else {
        printf("'w' は %d 番目です¥n", p - str + 1 );
    }
    /* 5バイトまでの間 */
    if ((p=(char*)memchr(str, 'w', 5 )) == NULL ) {
        printf("'w' は見つからなかった¥n");
    } else {
        printf("'w' は %d 番目です¥n", p - str + 1 );
    }
    /* 文字数を0にしたとき */
    if ((p=(char*)memchr(str, 'w', 0 )) == NULL ) {
        printf("'w' は見つからなかった¥n");
    } else {
        printf("'w' は %d 番目です¥n", p - str + 1 );
    }
}
```

指定したメモリに値を設定する

ここがポイントです！ **memset関数**

memset関数は、メモリ領域（mem）を指定した文字（ch）で初期化します。

指定したメモリに値を設定する構文は、次のようになります。引数のmemには「設定するメモリ領域」、chには「設定する文字」、sizeには「メモリ領域のサイズ」を指定します。

```
#incldue <string.h>
void *memset( void *mem, int ch, size_t size );
```

戻り値は、メモリ領域（mem）をポインタで返します。

リスト1は、memset関数を使って、メモリ領域に値を設定するプログラム例です。

リスト1 指定したメモリに値を設定する（ファイル名：func251.cpp）

```
#include <stdio.h>
```

```
#include <string.h>

void main( void )
{
    char buf[20];

    /* NULL 初期化する */
    memset( buf, 0, sizeof buf );
    strcpy( buf, "Hello world.");

    printf("最初の文字列: [%s]¥n", buf );
    /* 先頭の5文字を'x'で初期化する */
    printf("先頭の5文字を初期化: [%s]¥n", memset( buf, 'x', 5 ));
    /* 全体を'.'で初期化する */
    printf("全体を初期化する: [%s]¥n", memset( buf, '.', sizeof(buf)-1));
}
```

リスト2 実行結果

```
最初の文字列: [Hello world.]
先頭の5文字を初期化: [xxxxx world.]
全体を初期化する: [...................]
```

C++の場合、配列を0で初期化するには、定義時に初期化する方法があります。配列を初期化するときに、0が設定されることを利用して、次のように書きます。

```
char buf[20] = {};
```

あるいは、次のように書くこともできます。

```
char buf[20] = {0};
```

Tips 252 ▶Level ●○○ ▶対応 C C++ VC g++

変数のデータ量を取得する

ここがポイントです! **sizeof演算子**

sizeof演算子は、データ型や変数、構造体、クラスなどのバイト数を取得します。

変数のデータ量を取得する構文は、次のようになります。引数のtypeには「型」、valには「変数」を指定します。

```
sizeof type
sizeof val
```

戻り値は、指定した型や変数のサイズをバイト単位で返します。
リスト1は、sizeof演算子を使って、変数のデータ量を取得するプログラム例です。

リスト1 変数のデータ量を取得する（ファイル名：func252.cpp）

```
#include <stdio.h>
#include <string.h>

void main( void )
{
    int i;
    char *p;
    char str[] = "Hello C world.";
    struct point {
        int x,y,z;
    };
    struct point pt, *ppt;

    printf( "sizeof int: %d¥n", sizeof( int ));
    printf( "sizeof i: %d¥n", sizeof( i ));

    printf( "sizeof double: %d¥n", sizeof( double ));

    printf( "sizeof char *: %d¥n", sizeof( char * ));
    printf( "sizeof p: %d¥n", sizeof( p ));
    printf( "sizeof str: %d¥n", sizeof( str ));

    printf( "sizeof struct point: %d¥n", sizeof( struct point ));
    printf( "sizeof pt: %d¥n", sizeof( pt ));
    printf( "sizeof ppt: %d¥n", sizeof( ppt ));
}
```

リスト2 実行結果（32ビットCPUの場合）

```
sizeof int: 4
sizeof i: 4
sizeof double: 8
sizeof char *: 4
sizeof p: 4
sizeof str: 15
sizeof struct point: 12
sizeof pt: 12
sizeof ppt: 4
```

32ビットCPUでは、int型やポインタはリスト1のように4バイトになります。64ビットCPUの場合は、8バイトになるので移植性を高める場合には注意してください。

メモリを確保する(C++)

new演算子を使って、型名や構造体、クラス名を指定したメモリを確保します。

確保するサイズは、sizeof演算子で確認できます。

メモリを確保する構文は、次のようになります。引数のtypeには「型、構造体、クラス」、sizeには「配列のサイズ」を指定します。

```
new type ;
new type [size];
```

戻り値は、取得したメモリのポインタを返します。

リスト1は、new演算子を使って、メモリを確保するプログラム例です。

リスト1 メモリを確保する(ファイル名:func253.cpp)

```
#include <stdio.h>
#include <string.h>
#include <string>
using namespace std;

void main( void )
{
    int *p1 = new int ; // int型
    int *p2 = new int(10); // int型(初期化)
    *p1 = 20;
    printf( "int 型: %d¥n", *p1 );
    printf( "int 型: %d¥n", *p2 );
    delete p1;
    delete p2;

    int *ary = new int[10]; // int型の配列
    for ( int i=0; i<10; i++ ) {
        ary[i] = i;
    }
    int **pp = new( int * ); // int型のポインタ
```

```
    int x = 10;
    *pp = &x;
    printf( "int 型の配列: %d¥n", ary[1] );
    printf( "int 型のポインタ: %x %d¥n", *pp, **pp );
    delete [] ary;
    delete pp;

    char hello[] = "Hello C/C++ World.";
    char *str = new char[sizeof(hello)]; // char型の配列
    strcpy( str, hello );
    string *s = new string( hello ); // stringクラス
    printf( "char型の配列: %s¥n", str );
    printf( "stringクラス: %s¥n", s->c_str());
    delete [] str;
    delete s;
}
```

リスト2 実行結果

```
int 型: 20
int 型: 10
int 型の配列: 1
int 型のポインタ: 12ff30 10
char型の配列: Hello C/C++ World.
stringクラス: Hello C/C++ World.
```

確保したメモリを解放するためには、delete演算子を使います。また、配列でメモリを確保したときは、括弧を忘れずに付けてください。そうしないと、配列の先頭だけが解放されてしまいます。

メモリを解放する (C++)

ここがポイントです! **delete演算子**

delete演算子は、new演算子で確保したメモリを解放します。

メモリを解放する構文は、次のようになります。引数のmemには「確保したメモリのポインタ」を指定します。

```
delete mem ;
delete [] mem ;
```

戻り値はありません。
リスト1は、delete演算子を使って、メモリを解放するプログラム例です。

リスト1 メモリを解放する(ファイル名:func254.cpp)

```
#include <stdio.h>

using namespace std;

void main( void )
{
    int *p1 = new int ; // int型
    *p1 = 20;
    printf( "int 型: %d¥n", *p1 );
    delete p1; // 解放

    int *ary = new int[10]; // int型の配列
    for ( int i=0; i<10; i++ ) {
        ary[i] = i;
    }
    printf( "int 型の配列: %d¥n", ary[1] );
    delete [] ary; // 配列を解放

    char hello[] = "Hello C/C++ World.";
    string *s = new string( hello );
    printf( "stringクラス: %s¥n", s->c_str());
    delete s; // オブジェクトを解放
}
```

さらにワンポイント

delete演算子は、new演算子で確保したメモリを解放します。new演算子、delete演算子は、多重定義ができます。そのためライブラリで独自に作成したnew演算子を使うことが可能です。このような場合のために、ライブラリ内の対応するdelete演算子を呼び出してください。

3-6 時間操作

時刻を文字列に変換する

ここがポイントです！ asctime / asctime_s関数

asctime関数、およびasctime_s関数は、tm構造体で指定された時刻を文字列に直します。

時刻を文字列に変換する構文は、次のようになります。引数のptrには「tm時間構造体のポインタ」、bufには「出力するバッファ」、sizeには「出力するバッファのサイズ」を指定します。また、時刻のフォーマットは「曜日 月 日 時:分:秒 年」になります。

```
#include <time.h>
char *asctime( const struct tm *ptr );
errno_t asctime_s( char *buf, size_t size, const struct tm *ptr );
```

戻り値は、asctime関数では、時刻の文字列を返します。

asctime_s関数では、正常終了した場合は0を返し、失敗した場合は0以外の値を返します。

リスト1は、asctime関数を使って、時刻を文字列に変換するプログラム例です。

tm構造体のメンバ

メンバ	説明
tm_year	年（実際の西暦から1900を引いた数）
tm_mon	月（0～11、1月=0）
tm_mday	日（1～31）
tm_hour	時（0～23）
tm_min	分（0～59）
tm_sec	秒（0～59）
tm_wday	曜日（0～6、日曜日=0）
tm_yday	年内の通算日（0～365、1月1日=0）
tm_isdst	夏時間が有効の場合は0以外、有効でない場合は0

リスト1 時刻を文字列に変換する（ファイル名：func255.cpp）

```
#include <stdio.h>
#include <time.h>

void main( void )
{
```

```
    struct tm *t;
    time_t tt;

    /* 現在時刻を表示する */
    time( &tt );
    t = localtime( &tt );
    printf( "現在時刻: %s", asctime( t ));
}
```

リスト2 実行結果

```
現在時刻: Tue Feb 27 10:41:23 2018
```

さらにワンポイント asctime関数で得られるフォーマットは、strftime関数の「%c」と同様になります。

クロック時間を計算する

clock関数は、プロセスを開始したときからの経過時間を返します。差分を計算することで、関数の実行時間などを調べられます。

クロック時間を計算する構文は、次のようになります。引数はありません。

```
#include <time.h>
clock_t clock( void );
```

戻り値は、プロセス開始時からの秒単位の経過時間を返します。経過時間を取得できない場合は、-1を返します。

リスト1は、clock関数を使って、クロック時間を取得するプログラム例です。

リスト1 クロック時間を計算する（ファイル名：func256.cpp）

```
#include <stdio.h>
#include <time.h>
#include <math.h>

void main( void )
{
```

```
    clock_t start, end;
    double x;
    int i;

    start = clock();
    for ( i=0; i<100000; i++ ) {
        x = sqrt( 10.0 );
    }
    end = clock();
    printf( "経過時間:%d¥n", end - start );
}
```

リスト2 実行結果

```
$ func256
経過時間:1
```

さらにワンポイント リスト1では、10のルートを10万回計算しています。最近のCPUは非常に早いために1秒間以内で動きます。

現地のタイムゾーンに変換する

ここがポイントです! **ctime / ctime_s関数**

ctime関数は、time_t型の時間を書式化して、文字列を得ます。時刻は現地のタイムゾーンの設定で調節されます。

ctime_s関数は、セキュリティ版です。指定したバッファに書式化した文字列を設定します。

現地のタイムゾーンに変換する構文は、次のようになります。引数のtには「time_t型のポインタ」、bufには「格納する文字列のバッファ」、sizeには「バッファのサイズ」を指定します。

```
#include <time.h>
char *ctime( const time_t *t );
errno_t ctime_s( char *buf, sizt_t size, const time_t *t );
```

戻り値は、ctime関数では、書式化された文字列を返します。

ctime_s関数では、正常終了した場合は0を返し、失敗した場合は0以外の値を返します。

リスト1は、ctime関数を使って、現地のタイムゾーンに変換するプログラム例です。リスト3は、バッファ長を指定できるctime_s関数を使った例です。

リスト1 現地のタイムゾーンに変換する（ファイル名：func257.cpp）

```
#include <stdio.h>
#include <time.h>

void main( void )
{
    time_t tt;

    /* 現在時刻を表示する */
    time( &tt );
    printf( "現在時刻: %s", ctime( &tt ));
}
```

リスト2 バッファサイズを指定する場合（ファイル名：func257s.cpp）

```
#include <stdio.h>
#include <time.h>

void main( void )
{
    time_t tt;
    time( &tt );
     char buf[100];
     ctime_s( buf, sizeof buf, &tt );
    printf( "現在時刻: %s", buf );
}
```

リスト3 実行結果

```
現在時刻: Tue Feb 27 10:44:12 2018
```

ctime関数で得られるフォーマットは、strftime関数の「%c」と同様になります。time_t型は、8バイト(64ビット)になります。

Tips 258

時刻の差分を計算する

▶Level ●○○
▶対応 C C++ VC g++

ここがポイントです！ **difftime関数**

difftime関数は、2つの時刻の差分を計算します。

時刻の差分を計算する構文は、次のようになります。引数のtime1には「終了時刻」、time2には「開始時刻」を指定します。

```
#include <time.h>
double difftime( time_t time1, time_t time2 );
```

戻り値は、経過時間を秒数（double型）で返します。

リスト1は、difftime関数を使って、時刻の差分を計算するプログラム例です。

リスト1 時刻の差分を計算する（ファイル名：func258.cpp）

```
#include <stdio.h>
#include <time.h>
#include <math.h>
#ifdef _MSC_VER
#include <windows.h>
#endif

void main( void )
{
    time_t tt0, tt1;

    time( &tt0 );
#ifdef _MSC_VER
    Sleep( 10000 );
#else
    sleep( 10 );
#endif
    time( &tt1 );

    printf( "開始時刻: %s", ctime( &tt0 ));
    printf( "終了時刻: %s", ctime( &tt1 ));
    printf( "経過秒数: %f", difftime( tt1, tt0 ));
}
```

リスト2 実行結果

```
開始時刻: Mon Jan 15 16:17:51 2018
終了時刻: Mon Jan 15 16:18:01 2018
経過秒数: 10.000000
```

リスト1では、10秒間スリープして時刻の差分を計算しています。

Tips
259 時刻の値を構造体に変換する

▶Level ●○○
▶対応 C C++ VC g++

ここがポイントです！ **gmtime / gmtime_s関数**

gmtime関数は、time_t型からstruct tm型に時刻を変換します。世界標準時（グリニッジ時刻）で取得します。

gmtime_s関数は、セキュリティ版です。引数で、変換先のtm型のポインタを渡します。

時刻の値を構造体に変換する構文は、次のようになります。引数のtには「time_t型のポインタ」、ptrには「tm時間構造体のポインタ」を指定します。

```
#include <time.h>
struct tm *gmtime( const time_t *t );
errno_t gmtime_s( struct tm *ptr, const time_t *t );
```

戻り値は、gmtime関数では、tm型で日時を返します。

gmtime_s関数では、正常終了した場合は0を返し、失敗した場合は0以外の値を返します。

リスト1は、gmtime関数を使って、tm型の構造体に変換するプログラム例です。

リスト1 時刻の値を構造体に変換する（ファイル名：func259.cpp）

```
#include <stdio.h>
#include <time.h>

void main( void )
{
    struct tm *t;
    time_t tt;

    /* 現在時刻を表示する */
    time( &tt );
    t = gmtime( &tt );
    printf( "世界標準時: %s", asctime( t ));

    printf( "%04d/%02d/%02d %02d:%02d:%02d¥n",
        1900 + t->tm_year, t->tm_mon + 1, t->tm_mday,
        t->tm_hour, t->tm_min, t->tm_sec );
}
```

リスト2 実行結果

```
世界標準時: Mon Jan 15 07:26:53 2018
2018/01/15 07:26:53
```

リスト1では、time関数で時刻を取得した後に、gmtime関数でtime_t型からtm型に変換して表示しています。gmtime関数は、世界標準時（グリニッジ時刻）で取得します。ローカル時刻変換するためには、localtime関数を使います。

現地のタイムゾーンに合わせて変換する

ここがポイントです！ **localtime / localtime_s関数**

localtime関数は、time_t型からstruct tm型に時刻を変換します。タイムゾーンをチェックして現地時刻に変換して返します。

localtime_s関数は、セキュリティ版です。引数で、変換先のtm型のポインタを渡します。

現地のタイムゾーンに合わせて変換する構文は、次のようになります。引数のtには「time_t型のポインタ」、ptrには「tm時間構造体のポインタ」を指定します。

```
#include <time.h>
struct tm *localtime( const time_t *t );
errno_t localtime_s( struct tm *ptr, const time_t *t );
```

戻り値は、localtime関数では、tm型で日時を返します。

localtime_s関数では、正常終了した場合は0を返し、失敗した場合は0以外の値を返します。

リスト1は、localtime関数を使って、現地のタイムゾーンに合わせて変換するプログラム例です。

リスト1 現地のタイムゾーンに合わせて変換する（ファイル名：func260.cpp）

```
#include <stdio.h>
#include <time.h>

void main( void )
{
    struct tm *t;
    time_t tt;

    /* 現在時刻を表示する */
    time( &tt );
    t = localtime( &tt );
    printf( "現地時刻: %s", asctime( t ));
    t = gmtime( &tt );
```

```
    printf( "世界標準時： %s", asctime( t ));
}
```

リスト2　実行結果

```
現地時刻： Mon Jan 15 16:33:41 2018
世界標準時： Mon Jan 15 07:33:41 2018
```

リスト1では、time関数で時刻を取得した後に、localtime関数でtime_t型からtm型にローカル時刻に変換して表示しています。

現地時刻をカレンダー値に変換する

ここがポイントです！　**mktime関数**

mktime関数は、tm型からtime_t型に変換します。tm型で値を設定した後に、時刻を設定するときに使われます。

現地時刻をカレンダー値に変換する構文は、次のようになります。引数のptrには「tm時間構造体のポインタ」を指定します。

```
#include <time.h>
time_t mktime( struct tm *ptr );
```

戻り値は、time_t型で経過秒を返します。

リスト1は、mktime関数を使って、現地時刻をカレンダー値に変換するプログラム例です。

リスト1　現地時刻をカレンダー値に変換する（ファイル名：func261.cpp）

```
#include <stdio.h>
#include <time.h>

void main( void )
{
    struct tm *t;
    time_t tt;

    time( &tt );
    t = localtime( &tt );
    printf( "現地時刻： %s", asctime( t ));
```

```
    printf( "経過秒: %d¥n", tt );
    t->tm_hour = 0;
    t->tm_min = 0;
    t->tm_sec = 0;
    tt = mktime( t );
    printf( "経過秒: %d¥n", tt );
    printf( "変更した時刻: %s¥n", asctime( t ));
}
```

リスト2 実行結果

```
現地時刻: Mon Jan 15 16:39:48 2018
経過秒: 1263800388
経過秒: 1263740400
変更した時刻: Mon Jan 15 00:00:00 2018
```

リスト1では、time関数とlocaltime関数で取得したtm構造体を使って、時分秒を0に揃えています。データベースに設定する値などで使います。

時刻を文字列に変換する

ここがポイントです! **strftime関数**

strftime関数は、tm型を使って、日時をフォーマットして出力します。UNIXで使われる標準的なフォーマット以外にも、自由に文字列を作成できます。

時刻を文字列に変換する構文は、次のようになります。引数のbufには「文字列を出力するバッファ」、sizeには「バッファのサイズ」、fmtには「書式フォーマット」、ptrには「tm時間構造体のポインタ」を指定します。

```
#include <time.h>
size_t strftime( char *buf, size_t size, const char *fmt, const struct
tm *ptr);
```

戻り値は、書式化された文字列の長さを返します。

リスト1は、strftime関数を使って、時刻を文字列に変換するプログラム例です。

書式フォーマット（fmt）

書式	説明
%a	曜日の省略形
%A	曜日の正式名称
%b	月の省略形
%B	月の正式名称
%c	ロケールに対応した日付と時刻
%d	日（01～31）
%H	24時間表記の時間（00～23）
%I	12時間表記の時間（01～12）
%j	年初からの通算日（001～366）
%m	月（01～12）
%M	分（00～59）
%p	現在のロケールの午前／午後
%S	秒（00～59）
%U	週の通し番号。日曜日が週の最初となる（00～53）
%w	曜日の番号（0～6、日曜日が0）
%W	週の通し番号。月曜日が週の最初となる（00～53）
%x	現在のロケールの日付
%X	現在のロケールの時刻
%y	西暦の下2桁（00～99）
%Y	4桁の西暦
%%	パーセント記号

リスト1 時刻を文字列に変換する（ファイル名：func262.cpp）

```
#include <stdio.h>
#include <time.h>

void main( void )
{
    struct tm *t;
    time_t tt;
    char buf[256];

    /* 現在時刻を表示する */
    time( &tt );
    t = localtime( &tt );

    strftime( buf, sizeof buf, "%c", t );
    printf( "ロケールに応じた書式： %s¥n", buf );
    strftime( buf, sizeof buf, "%Y/%m/%d %H:%M:%S", t );
    printf( "標準書式： %s¥n", buf );
    strftime( buf, sizeof buf, "%d %a %Y %H:%M:%S", t );
    printf( "曜日付き： %s¥n", buf );
    strftime( buf, sizeof buf, "%d %a %Y %I:%M %p", t );
    printf( "12時間書式： %s¥n", buf );
}
```

リスト2　実行結果

```
ロケールに応じた書式: Mon Mar  5 12:35:43 2018
標準書式: 2018/03/05 12:35:43
曜日付き: 05 Mon 2018 12:35:43
12時間書式: 05 Mon 2018 12:35 PM
```

「Mon Jan 15 16:06:26 2018」のようにasctime関数のフォーマットを使うためには、「%a %b %d %H:%M:%S%Y」を使います。

Tips 263 Level ●○○ 対応 C C++ VC g++

時刻を取得する

ここがポイントです！ **time関数**

time関数は、現在時刻を取得します。このときにtime_t型のポインタを渡すことで格納されます。引数にNULLを指定し、戻り値で現在時刻を取得もできます。

時刻を取得する構文は、次のようになります。引数のtには「time_t型のポインタ」を指定します。

```
#include <time.h>
size_t time( time_t *t );
```

戻り値は、現在時刻をtime_t型で返します。

リスト1は、time関数を使って、時刻を取得するプログラム例です。

リスト1　時刻を取得する（ファイル名：func263.cpp）

```
#include <stdio.h>
#include <time.h>

void main( void )
{
    struct tm *t;
    time_t tt;

    /* 現在時刻を表示する */
    time( &tt );
    t = localtime( &tt );
    printf( "現在時刻: %s", asctime( t ));
```

```
    tt = time( NULL );
    t = localtime( &tt );
    printf( "現在時刻: %s", asctime( t ));
}
```

リスト2 実行結果

```
現在時刻: Mon Jan 15 17:02:11 2018
現在時刻: Mon Jan 15 17:02:11 2018
```

リスト1では、現在時刻をtime関数で取得した後、現地時刻にlocaltime関数で変換しています。

タイムゾーンを設定する

ここがポイントです！ **_tzset関数**

_tzset関数は、環境変数TZの設定を利用して、時刻用のグローバル変数（_daylight, _timezone, _tzname）に設定し直します。

タイムゾーンを設定する構文は、次のようになります。引数はありません。

```
#include <time.h>
void _tzset( void );
```

戻り値はありません。

リスト1は、_tzset関数を使って、タイムゾーンを設定するプログラム例です。

リスト1 タイムゾーンを設定する（ファイル名：func264.cpp）

```
#include <stdio.h>
#include <stdlib.h>
#include <time.h>

void main( void )
{
    struct tm *t;
    time_t tt;

    time( &tt );
```

```
    t = localtime( &tt );
    printf( "現在時刻: %s", asctime( t ));

    /* ドイツの標準時に設定 */
    _putenv( "TZ=GST-1GDT" );
    _tzset();
    t = localtime( &tt );
    printf( "現在時刻: %s", asctime( t ));
    /* 日本の標準時に設定 */
    _putenv( "TZ=JMT-9" );
    _tzset();
    t = localtime( &tt );
    printf( "現在時刻: %s", asctime( t ));
}
```

リスト2 実行結果

```
現在時刻: Mon Mar  5 12:36:54 2018
現在時刻: Mon Mar  5 04:36:54 2018
現在時刻: Mon Mar  5 12:36:54 2018
```

3-7 プロセス

プロセスを中止する

ここがポイントです! abort関数

abort関数は、コンソールにエラーメッセージを表示して、raise(SIGABRT)を呼び出します。アプリケーションを異常終了させるときに使います。

プロセスを中止する構文は、次のようになります。引数はありません。

```
#include <stdlib.h>
void abort( void );
```

戻り値はありません。

リスト1は、abort関数を使って、プロセスを中止するプログラム例です。

リスト1 プロセスを中止する(ファイル名:func265.cpp)

```
#include <stdio.h>
#include <stdlib.h>

```

```
void main( void )
{
    puts("test abort function");
    abort();
}
```

リスト2　実行結果

```
$ func265
test abort function

This application has requested the Runtime to terminate it in an unusual way.
Please contact the application's support team for more information.
```

リスト1では、Visual C++でコンパイルした実行ファイルの結果です。

式を評価してプログラムを停止する

ここがポイントです！　**assert関数**

assert関数は、指定した式を評価して、偽(0)になるときに診断メッセージを表示して、プロセスを停止させます。

関数のパラメータのチェックで回避不可能な結果（NULLポインタなど）を判断して、デバッグ環境で使います。

リリース時には、assert.hよりも前に「#define NDEBUG」を定義することで、assert関数で式を評価しなくなります。

式を評価してプログラムを停止する構文は、次のようになります。引数のexprには「評価する式」を指定します。

```
#include <assert.h>
void assert( int expr );
```

戻り値はありません。

リスト1は、assert関数を使って、プログラムを停止するプログラム例です。

リスト1　式を評価してプログラムを停止する（ファイル名：func266.cpp）

```
#include <stdio.h>
```

```
#define NDEBUG // リリース時に定義する
#include <assert.h>

void print( char *str )
{
    assert( str != NULL );
    printf("%s¥n", str );
}

void main( void )
{
    print( "test assert function begin" );
    print( NULL );
    print( "test assert function end." );
}
```

リスト2　実行結果1（NDEBUG未定義）

```
$ func266
test assert function begin
Assertion failed: str != NULL, file func266.cpp, line 7

This application has requested the Runtime to terminate it in an unusual way.
Please contact the application's support team for more information.
```

リスト3　実行結果2（NDEBUG定義済）

```
$ func266
test assert function begin
(null)
test assert function end.
```

assert関数は、デバッグ時の変数チェックなどに使います。NDEBUGの定義は、次のようにコンパイラに対して引数でも指定できます。

```
cl /DNDEBUG func266.cpp
```

Tips 267

▶Level ●●○

▶対応 C C++ VC g++

プログラムを終了する

ここがポイントです！ atexit関数

atexit関数は、プログラムを終了するときの関数を登録します。

プログラムを終了する構文は、次のようになります。引数のfuncには「終了時に呼び出される関数」を指定します。

```
#include <stdlib.h>
int atexit( void (_cdecl *func )(void));
```

戻り値は、終了関数を設定できたときは、0を返します。失敗したときは、0以外の値を返します。

リスト1は、atexit関数を使って、プログラムを終了するプログラム例です。

リスト1 プログラムを終了する（ファイル名：func267.cpp）

```
#include <stdio.h>
#include <stdlib.h>

void exitfunc( void );

void main( void )
{
    atexit( exitfunc );
    puts( "test atexit function" );
}

void exitfunc( void )
{
    puts( "in exitfunc" );
}
```

リスト2 実行結果

```
test atexit function
in exitfunc
```

atexit関数は、main関数が終了したときに呼び出されるので、DLLなどのアンロードされる可能性のあるライブラリの関数を呼び出してはいけません。

スレッドを開始する①

ここがポイントです！ _beginthread関数

_beginthread関数は、スレッドを作成すると同時に開始します。

スレッドを開始する構文は、次のようになります。引数のstartには「スレッド関数」、stackには「スタックサイズ」、argsには「スレッドに渡す引数」を指定します。

```
#include <process.h>
uintptr_t _beginthread(void( *start )( void * ),unsigned int stack,void
*args );
```

戻り値は、成功した場合は、スレッド識別子を返します。失敗した場合は、1を返し、errnoを設定します。

errnoがEAGAINの場合は、スレッドが多すぎることを示します。errnoがEINVALの場合は、引数が無効、あるいはスタックサイズが不正であることを示します。

リスト1は、_beginthread関数を使って、スレッドを開始するプログラム例です。

リスト1　スレッドを開始する（ファイル名：func268.cpp）

```
/* cl /MT func268.cpp */
#include <windows.h>
#include <stdio.h>
#ifndef _MSC_VER
#error "only can used this function in MS-C"
#endif
#include <process.h>

volatile int repeat;

void thread( void *p )
{
    int i;
    for ( i=0; i<5; i++ ) {
        printf( "thread %d [%d]¥n", p, i );
        Sleep( 1000 );
    }
    repeat = 0;
    _endthread();
}

void main( void )
{
```

```
    int i;

    puts( "_beginthread test" );

    for ( i=0; i<3; i++ ) {
        _beginthread( thread, 0, (void*)i );
        Sleep( 1000 );
    }
    repeat = 1;
    while ( repeat ) {
        Sleep( 700 );
    }
    puts( "_beginthread test end" );
}
```

リスト2 実行結果

```
$ func268
_beginthread test
thread 0 [0]
thread 1 [0]
thread 0 [1]
thread 1 [1]
thread 2 [0]
thread 0 [2]
thread 1 [2]
thread 2 [1]
thread 0 [3]
thread 1 [3]
thread 2 [2]
thread 0 [4]
thread 2 [3]
thread 1 [4]
_beginthread test end
```

スレッドは、プロセスよりもメモリ量が少なくできるために、マルチスレッドを使ってプログラムを止めずに動かしたいときに利用されます。

スレッドを開始する②

_beginthreadex関数

_beginthreadex関数は、スレッドを作成します。

新規スレッドの初期状態(init)が、0のときは直ちにスレッドを開始します。CREATE_SUSPENDEDを指定すると、一時停止した状態で開始します。また、一時停止したスレッドを開始するためには、ResumeThread関数を呼び出してください。

スレッドを開始する構文は、次のようになります。

引数のsecには「SECURITY_ATTRIBUTES構造体へのポインタ」、stackには「スタックサイズ」、startには「スレッド関数」、argsには「スレッドに渡す引数」、initには「新規スレッドの初期状態」、addrには「スレッド識別子を受け取るポインタ」を指定します。

```
#include <process.h>
uintptr_t _beginthreadex(void *sec,unsigned stack,unsigned ( *start )(
void * ),
void *args,unsigned init,unsigned *addr);
```

戻り値は、成功した場合は、スレッド識別子を返します。失敗した場合は、0を返し、errnoを設定します。

errnoがEAGAINの場合は、スレッドが多すぎることを示します。errnoがEINVALの場合は、引数が無効、あるいはスタックサイズが不正であることを示します。

リスト1は、_beginthreadex関数を使って、スレッドを開始するプログラム例です。

新規スレッドの初期状態(init)の値

値	説明
0	即開始
CREATE_SUSPENDED	一時停止

リスト1 スレッドを開始する(ファイル名:func269.cpp)

```
/* cl /MT func269.cpp */
#include <windows.h>
#include <stdio.h>
#ifndef _MSC_VER
#error "only can used this function in MS-C"
#endif
#include <process.h>

volatile int repeat;
```

```
unsigned int WINAPI thread( void *p )
{
    int i;
    for ( i=0; i<5; i++ ) {
        printf( "thread %d [%d]¥n", p, i );
        Sleep( 1000 );
    }
    repeat--;
    _endthreadex(0);

    return 0;
}

void main( void )
{
    int i;
    unsigned int addr;
    puts( "_beginthreadex test" );

    for ( i=0; i<3; i++ ) {
        _beginthreadex( NULL, 0, thread, (void*)i, 0, &addr );
        Sleep( 1000 );
    }
    repeat = 3;
    while ( repeat ) {
        Sleep( 700 );
    }
    puts( "_beginthreadex test end" );
}
```

リスト2 実行結果

```
$ func269
_beginthreadex test
thread 0 [0]
thread 1 [0]
thread 0 [1]
thread 1 [1]
thread 2 [0]
thread 0 [2]
thread 2 [1]
thread 1 [2]
thread 0 [3]
thread 2 [2]
thread 1 [3]
thread 0 [4]
thread 2 [3]
thread 1 [4]
thread 2 [4]
_beginthreadex test end
```

_beginthread関数と_beginthreadex関数の違いは、スレッドの開始状態を制御できるところです。あらかじめスレッドを作成しておいて、任意の時刻に開始するような場合は、_beginthreadex関数を使ってください。

スレッドを停止する①

ここがポイントです！ _endthread関数

_endthread関数は、_beginthread関数で開始したスレッドを停止します。
スレッドを停止する構文は、次のようになります。引数はありません。

```
#include <process.h>
void _endthread( void );
```

戻り値はありません。
リスト1は、_endthread関数を使って、スレッドを停止するプログラム例です。

リスト1 スレッドを停止する（ファイル名：func270.cpp）

```
#include <windows.h>
#include <stdio.h>
#ifndef _MSC_VER
#error "only can used this function in MS-C"
#endif
#include <process.h>

volatile bool repeat;

void thread( void *p )
{
    int i;
    for ( i=0; i<5; i++ ) {
        if ( repeat == false ) {
            printf( "thread %d end¥n", p );
            break;
        }
        printf( "thread %d [%d]¥n", p, i );
        Sleep( 5000 );
    }
    _endthread();
}
```

```
void main( void )
{
    int i;

    puts( "_beginthread test" );
    repeat = true;
    for ( i=0; i<3; i++ ) {
        _beginthread( thread, 0, (void*)i );
        Sleep( 1000 );
    }
    printf("終了待ち¥n");
    getchar();
    repeat = false;
    getchar();
    puts( "_beginthread test end" );
}
```

リスト2 実行結果

```
$ func270
_beginthread test
thread 0 [0]
thread 1 [0]
thread 2 [0]
終了待ち
thread 0 [1]
thread 1 [1]
                ; ENTERを押す
thread 2 end    ; スレッドの終了待ち
thread 0 end
thread 1 end
_beginthread test end
```

スレッドを途中で終了する場合には、スレッド内でフラグをチェックします。フラグは、volatile修飾子を付けて、常にメモリ領域上をチェックするように指定します。

スレッドを停止する②

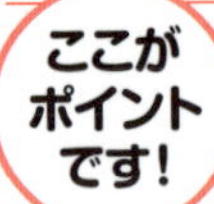

_endthreadex関数

_endthreadex関数は、_beginthreadex関数で開始したスレッドを停止します。_beginthreadex関数は、プロセスに戻り値を返すことができます。

スレッドを停止する構文は、次のようになります。引数のvalには「スレッドの戻り値」を指定します。

```
#include <process.h>
void _endthreadex( unsigned int val );
```

戻り値はありません。

リスト1は、_endthreadex関数を使って、スレッドを停止するプログラム例です。

リスト1　スレッドを停止する(ファイル名:func271.cpp)

```
#include <windows.h>
#include <stdio.h>
#ifndef _MSC_VER
#error "only can used this function in MS-C"
#endif
#include <process.h>

volatile bool repeat;

unsigned int WINAPI thread( void *p )
{
    int i;
    for ( i=0; i<5; i++ ) {
        if ( repeat == false ) {
            printf( "thread %d end¥n", p );
            break;
        }
        printf( "thread %d [%d]¥n", p, i );
        Sleep( 5000 );
    }
    _endthreadex(i);

    return 0;
}

void main( void )
```

```
{
    int i;
    unsigned int addr[3];
    puts( "_beginthreadex test" );

    repeat = true;
    for ( i=0; i<3; i++ ) {
        _beginthreadex( NULL, 0, thread, (void*)i, 0, &addr[i] );
        Sleep( 1000 );
    }
    printf("終了待ち¥n");
    getchar();
    repeat = false;
    getchar();
    puts( "_beginthreadex test end" );
}
```

リスト2 実行結果

```
$ func271
_beginthreadex test
thread 0 [0]
thread 1 [0]
thread 2 [0]
終了待ち
thread 0 [1]
thread 1 [1]
                ; ENTERを押す
thread 2 end ; スレッドの終了待ち
thread 0 end
thread 1 end
_beginthreadex test end
```

スレッドを終了するときに、_endthread関数や_endthreadex関数を呼び出さなくても終了できますが、Cランタイムライブラリの終了処理などが行われません。リソースを確実に解放するためにも、_endthread関数等を確実に呼び出してください。

新しい子プロセスを開始する

ここがポイントです！ execl関数

execl関数は、新しいプロセスを実行します。実行に成功した場合には、元プロセスに戻らないため、プログラムの最後などで行ってください。

新しい子プロセスを開始する構文は、次のようになります。引数のcmdには「実行するファイル名」、arg0 ...には「パラメータ（コマンドへの引数はNULL終端）」を指定します。

```
#include <process.h>
int execl( const char *cmd, const char *arg0, ... , NULL );
```

戻り値は、成功した場合は、呼び出し元のプロセスには戻りません。失敗した場合は、-1を返し、errnoを設定します。

リスト1は、execl関数を使って、新しい子プロセスを開始するプログラム例です。

errnoの値

値	説明
E2BIG	引数リストと環境設定に必要な領域が32KBを超えている
EACCES	指定されたファイルが共有違反している
EINVAL	無効なパラメータを指定した
EMFILE	開いているファイルが多すぎる
ENOENT	ファイルが見つからない
ENOEXEC	指定したファイルが実行可能ファイルではない
ENOMEM	メモリ不足のため、新しいプロセスを実行できない

リスト1　新しい子プロセスを開始する（ファイル名：func272.cpp）

```
#include <stdio.h>
#include <process.h>

void main( int argc, char *argv[] )
{
    char cmd[] = "c:¥¥windows¥¥notepad.exe";

    puts( "execl test begin" );
    execl( cmd, cmd, "func272.cpp", NULL );
    puts( "execl test end" );
}
```

実行するパスは、1つ目の引数（cmd）と、次の引数（arg0）の両方に設定します。

Tips 273

新しい子プロセスを環境変数を指定して開始する

▶Level ●●○

▶対応 C C++ VC g++

ここがポイントです！ execle関数

execle関数は、環境変数を指定して、新しいプロセスを実行します。

新しい子プロセスを環境変数を指定して開始する構文は、次のようになります。引数のcmdには「実行するファイル名」、arg0 ...には「パラメータ（コマンドへの引数はNULL終端）」、envpには「環境変数のポインタ配列」を指定します。

```
#include <process.h>
int execle( const char *cmd, const char *arg0, ... , NULL, const char
*const
envp );
```

戻り値は、成功した場合は、呼び出し元のプロセスには戻りません。失敗した場合は、-1を返し、errnoを設定します。errnoの値は、execl関数と同じです。

リスト1は、execle関数を使って、新しい子プロセスを開始するプログラム例です。

リスト1 新しい子プロセスを環境変数を指定して開始する（ファイル名：func273.cpp）

```
#include <stdio.h>
#include <process.h>

void main( int argc, char *argv[] )
{
    char cmd[] = "c:¥¥windows¥¥notepad.exe";
    char *envp[] = {
        "temp=c:¥temp",
        "username=masuda",
        NULL,
    };

    puts( "execle test begin" );
    execle( cmd, cmd, "func273.cpp", NULL, envp );
    /* ここには戻ってこない */
    puts( "execle test end" );
}
```

リスト2　実行結果

```
$ func273
execle test begin
                              ; メモ帳が起動する
```

環境変数をプロセス内で設定する場合に使います。設定した環境変数は、子プロセスのみ適用されます。

新しい子プロセスをパスを指定して開始する

ここがポイントです！　**execlp関数**

execlp関数は、パスを検索して、新しいプロセスを実行します。

新しい子プロセスをパスを指定して開始する構文は、次のようになります。引数のcmdには「実行するファイル名」、arg0 ...には「パラメータ（コマンドへの引数はNULL終端）」を指定します。

```
#include <process.h>
int execlp( const char *cmd, const char *arg0, ... , NULL );
```

戻り値は、成功した場合は、呼び出し元のプロセスには戻りません。失敗した場合は、-1を返し、errnoを設定します。errnoの値は、execl関数と同じです。

リスト1は、execlp関数を使って、新しい子プロセスを開始するプログラム例です。

リスト1　新しい子プロセスをパスを指定して開始する（ファイル名：func274.cpp）

```
#include <stdio.h>
#include <process.h>

void main( int argc, char *argv[] )
{
    char cmd[] = "notepad.exe";

    puts( "execlp test begin" );
    execlp( cmd, cmd, "func274.cpp", NULL );
    /* ここには戻ってこない */
    puts( "execlp test end" );
}
```

リスト2 実行結果

```
$ func274
execlp test begin ; メモ帳が起動する
```

execl関数は、パスを検索しないためコマンドを絶対パスで指定する必要があります。execlp関数では、検索パスを探索してコマンドを実行します。

Tips 275 Level ●○○ 対応 C C++ VC

コマンドを実行する

system関数

system関数は、コマンドインタープリタ（cmd.exe、cshなど）を起動して、コマンドを実行します。インタープリタの内部コマンド（type、catなど）を実行できます。

コマンドを実行する構文は、次のようになります。引数のcmdには「実行するコマンド」を指定します。

```
#include <process.h>
int system( const char *cmd );
```

戻り値は、引数（cmd）がNULLの場合は、コマンドインタープリタを起動して0を返します。失敗した場合は、0以外の値を返し、errnoにENOENTを設定します。

引数（cmd）が指定されている場合は、コマンドインタープリタが返す値を戻します。失敗した場合は、-1を返します。

リスト1は、system関数を使って、コマンドを実行するプログラム例です。

リスト1 シェルコマンドを実行する（ファイル名：func275.cpp）

```
#include <stdio.h>
#include <process.h>

int main( int argc, char *argv[] )
{
    system( "type func275.cpp" );
    return 0;
}
```

リスト2 実行結果

```
$ func275
#include <stdio.h>

#include <process.h>
int main( int argc, char *argv[] )
{
  system( "type func275.cpp" );
  return 0;
}
```

リスト1では、Windows上で「type」コマンドを実行しています。

Column 関数コールとスタック

C言語やC++では、関数を呼び出す時に、その引数や利用しているレジスタを一度スタックに置きます。スタックはスタックポインタ(SP)で示される特別なメモリ領域のことです。malloc関数やnew関数などで使われるメモリ制御とは別の形で管理されます。このため、スタックをたくさん消費し過ぎると、コンピュータにたくさんのメモリがあってもアプリケーションエラーを起こします。

注意する点としては、いくつかの方針があります。

❶ある一定以上のメモリ量になった時(char型で10000バイト以上など)には、malloc関数で確保するか、staticにして静的にメモリを確保する。
❷再帰関数の場合は、再帰の上限に注意する。再帰している数を引数や、静的変数として確保する。
❸再帰回数が多い場合は、独自にスタックを確保する。

新しいプロセスを作成して実行する

ここがポイントです！ spawnl関数

spawnl関数は、新しいプロセスを実行します。同期モードと非同期モードがあり、実行したプロセスの終了待ちができます。

新しいプロセスを作成して実行する構文は、次のようになります。引数のmodeには「実行モード」、cmdには「実行するファイル名」、arg0 ...には「パラメータ（コマンドへの引数はNULL終端）」を指定します。

```
#include <process.h>
int spawnl( int mode, const char *cmd, const char *arg0, ... , NULL );
```

戻り値は、同期（_P_WAIT）の場合には、実行したプロセスの戻り値を返します。非同期（_P_NOWAIT）の場合には、プロセスのハンドルを返します。

リスト1は、spawnl関数を使って、新しいプロセスを作成して実行するプログラム例です。

実行モード（mode）の値

値	説明
_P_WAIT	同期
_P_NOWAIT	非同期

リスト1　新しいプロセスを作成して実行する（ファイル名：func276.cpp）

```
#include <stdio.h>
#include <process.h>

void main( int argc, char *argv[] )
{
    char cmd[] = "c:¥¥windows¥¥notepad.exe";

    puts( "spawnl test" );
    spawnl( _P_WAIT, cmd, cmd, "func276.cpp", NULL );
    puts( "spawnl test end" );
}
```

リスト2　実行結果

```
$ func276
spawnl test
spawnl test end ; メモ帳が終了後に実行される
```

execl関数の場合は、呼び出し元のプロセスは終了されますが、spawnl関数は呼び出し元に戻ります。

新しいプロセスを作成し、環境変数を指定して実行する

ここがポイントです！ **spawnle関数**

spawnle関数は、新しいプロセスを環境変数を指定して実行します。同期モードと非同期モードがあり、実行したプロセスの終了待ちができます。

新しいプロセスを作成し、環境変数を指定して実行する構文は、次のようになります。

引数のmodeには「実行モード」、cmdには「実行するファイル名」、arg0 ...には「パラメータ（コマンドへの引数はNULL終端）」、envpには「環境変数のポインタ配列」を指定します。

```
#include <process.h>
int spawnle( int mode, const char *cmd, const char *arg0, ... , NULL, const char
*const envp );
```

戻り値は、同期（_P_WAIT）の場合には、実行したプロセスの戻り値を返します。非同期（_P_NOWAIT）の場合には、プロセスのハンドルを返します。

リスト1は、spawnle関数を使って、新しいプロセスを作成して実行するプログラム例です。

実行モード（mode）の値

値	説明
_P_WAIT	同期
_P_NOWAIT	非同期

リスト1　新しいプロセスを作成し、環境変数を指定して実行する（ファイル名：func277.cpp）

```
#include <stdio.h>
#include <process.h>

void main( int argc, char *argv[] )
{
    char cmd[] = "c:¥¥windows¥¥notepad.exe";
```

```
    char *envp[] = {
        "temp=c:¥temp",
        "username=masuda",
        NULL,
    };

    puts( "spawnle test begin" );
    spawnle( _P_WAIT, cmd, cmd, "func277.cpp", NULL, envp );
    puts( "spawnle test end" );
}
```

リスト2 実行結果

```
$ func277
spawnle test
spawnle test end ; メモ帳が終了後に実行される
```

実行ファイルを環境変数で制御する場合は、spawnle関数を使います。親プロセスの環境変数は、子プロセスにも引き継がれます。

新しいプロセスを作成し、パスを指定して実行する

ここがポイントです！ spawnlp関数

spawnlp関数は、新しいプロセスのコマンドを、検索パスで探索しながら実行します。同期モードと非同期モードがあり、実行したプロセスの終了待ちができます。

新しいプロセスを作成し、パスを指定して実行する構文は、次のようになります。引数のmodeには「実行モード」、cmdには「実行するファイル名」、arg0 …には「パラメータ（コマンドへの引数はNULL終端）」を指定します。

```
#include <process.h>
int spawnlp( int mode, const char *cmd, const char *arg0, ... , NULL );
```

戻り値は、同期（_P_WAIT）の場合には、実行したプロセスの戻り値を返します。非同期（_P_NOWAIT）の場合には、プロセスのハンドルを返します。

リスト1は、spawnlp関数を使って、新しいプロセスを作成して実行するプログラム例です。

実行モード（mode）の値

値	説明
_P_WAIT	同期
_P_NOWAIT	非同期

リスト1　新しいプロセスを作成し、パスを指定して実行する（ファイル名：func278.cpp）

```
#include <stdio.h>
#include <process.h>

void main( int argc, char *argv[] )
{
    char cmd[] = "notepad.exe";

    puts( "spawnlp test begin" );
    spawnlp( _P_WAIT, cmd, cmd, "func278.cpp", NULL );
    puts( "spawnlp test end" );
}
```

リスト2　実行結果

```
$ func278
spawnlp test
spawnlp test end ; メモ帳が終了後に実行される
```

同期処理は、子プロセスの実行結果（ファイル出力など）を使って、呼び出し元のプロセスが処理を再開することに使えます。

プロセスを終了する

exit関数

exit関数は、終了コードを指定してプログラムを終了させます。

プロセスを終了する構文は、次のようになります。引数のcodeには「終了コード」を指定します。

```
#include <stdlib.h>
void exit( int code );
```

戻り値はありません。

リスト1は、exit関数を使って、現在のプログラムを終了するプログラム例です。

リスト1 プロセスを終了する（ファイル名：func279.cpp）

```
#include <stdio.h>
#include <stdlib.h>

void func( void )
{
    puts( "in sub function" );
    exit( 10 );
}

int main( void )
{
    puts( "test exit function begin" );
    func();
    puts( "test exit function end" );

    return 0;
}
```

リスト2 実行結果

```
test exit function begin
in sub function
```

さらにワンポイント リスト1では、呼び出したfunc関数内でexit関数を実行して、アプリケーションを途中で終了しています。

Tips 280 Level ●○○ 対応 C C++ VC g++

環境変数を取得する

ここがポイントです！ getenv関数

getenv関数は、プロセス実行時に設定されていた環境変数を取得します。

環境変数を取得する構文は、次のようになります。引数のvarには「環境変数」を指定します。

```
#include <stdlib.h>
char *getenv( const char *var );
```

戻り値は、環境変数の値を文字列で返します。指定した環境変数が見つからないときは、NULLを返します。

リスト1は、getenv関数を使って、環境変数を取得するプログラム例です。

リスト1 環境変数を取得する（ファイル名：func280.cpp）

```
#include <stdio.h>
#include <stdlib.h>

void main( void )
{
    char *env;

    env = getenv( "USERNAME" );
    printf( "USERNAME = %s¥n", env );

    env = getenv( "NO_ENV_VALUE" );
    printf( "NO_ENV_VALUE = %s¥n", env );
}
```

リスト2 実行結果

```
USERNAME = masuda
NO_ENV_VALUE = (null)
```

Winodws環境では、環境変数をコマンドラインで、SETコマンドで確認できます。プログラムから環境変数を設定する場合は、putenv関数を使います。

```
putenv("USERNAME=masuda");
```

Tips 281 ▶Level ●●● ▶対応 C C++ VC g++

指定位置にジャンプする

longjmp関数は、setjmp関数で指定した箇所に、実行位置をジャンプさせます。

指定位置にジャンプする構文は、次のようになります。引数のenvには「環境が保存されている変数」、valには「setjmp関数に渡す値」を指定します。

```
#include <setjmp.h>
void longjmp( jmp_buf env, int val );
```

戻り値は、ありません。

リスト1は、longjmp関数を使って、指定位置に無条件ジャンプするプログラム例です。

リスト1 指定位置にジャンプする（ファイル名：func281.cpp）

```
#include <stdio.h>
#include <setjmp.h>

jmp_buf mark;

int func( void )
{
    puts( "in func" );
    longjmp( mark, -1 );
    puts( "longjmp の後ろには来ない" );

    return 0;
}
```

```
void main( void )
{
    int ret;

    puts( "setjmp and longjmp test" );

    ret = setjmp( mark );
    if ( ret == 0 ) {
        func();
    } else {
        puts( "longjmp の後はここに来る" );
    }
}
```

longjmp関数は、setjmpで保存したスタック環境を利用して、実行位置をジャンプします。スタックを操作するために、C++環境では使わない方がいいでしょう。

Tips 282 ▶Level ●●● ▶対応 C C++ VC g++

ジャンプ先を設定する

ここがポイントです！ **setjmp関数**

setjmp関数は、longjmp関数から、実行位置にジャンプします。

ジャンプ先を設定する構文は、次のようになります。引数のenvには「環境を保存されている変数」を指定します。

```
#include <setjmp.h>
int setjmp( jmp_buf env );
```

戻り値は、最初の呼び出しの場合は、0を返します。ジャンプ先から移動したときは、longjmp関数で指定した値を返します。

リスト1は、setjmp関数を使って、ジャンプ先を設定するプログラム例です。

リスト1 ジャンプ先を設定する（ファイル名：func282.cpp）

```
#include <stdio.h>
#include <setjmp.h>

jmp_buf mark;
```

```
void main( void )
{
    int ret;
    puts( "setjmp and longjmp test" );

    ret = setjmp( mark );
    if ( ret != 1 ) {
        puts("first");
        longjmp( mark, 1 );
    }
    puts( "longjmp の後はここに来る" );
}
```


リスト2 実行結果

```
setjmp and longjmp test
first
longjmp の後はここに来る
```

ジャンプする位置は、一度setjmp関数で指定するために、リスト1のように関数の戻り値を使ってlongjmp関数からのジャンプを判断します。初期値が0のため、longjmp関数では0以外の値を指定します。

Tips 283

エラーメッセージを出力する

▶Level ●○○

▶対応 C C++ VC g++

ここがポイントです！ perror関数

perror関数は、標準エラー（stderr）にメッセージを表示します。

エラーメッセージを出力する構文は、次のようになります。引数のstrには「出力するメッセージ」を指定します。

```
#include <stdio.h>
void perror( const char *str );
```

戻り値はありません。

リスト1は、perror関数を使って、エラーメッセージを出力するプログラム例です。

リスト1 エラーメッセージを出力する(ファイル名:func283.cpp)

```
#include <stdio.h>

void main( void )
{
    FILE *fp;

    if ( (fp = fopen("sample.txt", "r")) == NULL ) {
        perror( "fopen error" );
    } else {
        puts( "opened sample file" );
        fclose( fp );
    }
}
```

リスト2 実行結果

```
$ func283
fopen error: No such file or directory
```

指定したエラーメッセージに続けて、Cランタイムのエラーメッセージも表示されます。

割り込み処理を設定する

ここがポイントです! signal関数

signal関数は、OSで発生する割り込みの処理を設定します。割り込みは、プログラムが異常終了したときや、キーボードの[Ctrl]+[C]キーを押して、プログラムを停止させたときに発生します。

割り込み処理を設定する構文は、次のようになります。引数のsigには「設定するシグナル値」、funcには「呼び出されるシグナル関数」を指定します。

```
#include <signal.h>
void (__cdecl *signal(int sig,void (__cdecl *func ) (int [, int ] )))
(int);
```

戻り値は、既に設定されているシグナル関数を返します。設定に失敗したときは、SIG_ERRを返します。

リスト1は、signal関数を使って、割り込み処理を設定するプログラム例です。

シグナル値（sig）の値

値	説明
SIGABRT	異常終了
SIGFPE	浮動小数点エラー
SIGILL	無効な命令
SIGINT	[Ctrl]＋[C] シグナル
SIGSEGV	ストレージへの無効なアクセス
SIGTERM	終了要求

リスト1 割り込み処理を設定する（ファイル名：func284.cpp）

```
#include <stdio.h>
#include <stdlib.h>
#include <signal.h>

void sigint( int n )
{
    puts( "pushed Ctrl+C !" );
    exit(0);
}

void main( void )
{
    char buf[256];

    signal( SIGINT, sigint );

    puts( "please push Ctrl+C" );
    while ( 1 ) {
        gets( buf );
    }
}
```

リスト2 実行結果

```
$ func284
please push Ctrl+C
END ; 通常の文字入力
pushed Ctrl+C ! ; Ctrl+Cを押したとき
```

linuxでは、killコマンドで実行したときの割り込みもトラップできます。

割り込みを発生させる

ここがポイントです！ raise関数

raise関数は、プログラムから割り込みを発生させます。割り込み関数は、既に設定されている関数や、signal関数で設定した関数が呼び出されます。

割り込み関数を設定しておくことで、アプリケーション異常にも対応が可能です。割り込み関数には、異常終了するときのリソースの解放処理などを記述します。

割り込みを発生させる構文は、次のようになります。引数のsigには「設定するシグナル値」(signal関数を参照) を指定します。

```
#include <signal.h>
int raise( int sig );
```

戻り値は、正常にシグナルが発生したときは、0を返します。失敗したときは、0以外の値を返します。

リスト1は、raise関数を使って、割り込みを発生させるプログラム例です。

リスト1 割り込みを発生させる (ファイル名：func285.cpp)

```
#include <stdio.h>
#include <stdlib.h>
#include <signal.h>

void sigint( int n )
{
    puts( "pushed Ctrl+C !" );
    exit(0);
}

void main( void )
{
    char buf[256];

    signal( SIGINT, sigint );

    puts( "please push Ctrl+C" );
    while ( 1 ) {
        gets( buf );

        // 先頭が 'e' の場合は Ctrl+C と同じ扱いにする
        if ( buf[0] == 'e' ) {
```

```
            raise( SIGINT );
        }
    }
}
```


Column　new演算子とdelete演算子に注意せよ！

C++では、オブジェクトの作成にnew演算子を使い、解放にdelete演算子を使いますが、ライブラリを作成する場合には、ちょっと注意が必要です。

C++のnew演算子とdelete演算子は、再定義可能な演算子です。+演算子や-演算子と同じように、プログラマが定義をすることが可能です。このためライブラリの中や外でnew/delete演算子の定義が異なる場合、ライブラリ内で作成したnew演算子のポインタを、ライブラリの外のdelete演算子で解放しようとするとアプリケーションエラーになります。

これは、確保したメモリの解放方法が異なるために発生する問題です。

回避するためには、C++のスコープを活用する方法とスマートポインタの利用があります。ライブラリ側ではデストラクタを活用することでメモリリークを防げます。

3-8 その他

可変引数を取得する

ここがポイントです！ var_arg / va_start / va_end関数

var_arg関数、va_start関数、va_end関数は、可変引数を持つ関数で、それぞれの引数を取得します。

printf関数やscanf関数などのような可変の引数を持つ関数を作ります。

可変引数を取得する構文は、次のようになります。引数のargsには「引数リスト」、typeには「取得する引数の型」を指定します。

```
#include <stdarg.h>
va_arg( va_list args, type );
va_end( va_list args );
va_start( va_list args );
```

戻り値はありません。

リスト1は、var_arg関数、va_start関数、va_end関数を使って、可変引数を取得するプログラム例です。

リスト1　可変引数を取得する（ファイル名：func286.cpp）

```
#include <stdio.h>
#include <stdarg.h>

void debug( char *file, int line, char *fmt, ... )
{
    va_list args = NULL;

    printf( "%s (%d): ", file, line );
    va_start( args, fmt );
    vprintf( fmt, args ) ;
    va_end( args ) ;
}

void main( void )
{
    debug( __FILE__, __LINE__, "sample %d", 10 );
}
```

リスト2　実行結果

```
func286.cpp (16): sample 10
```

リスト1では、可変引数を使ってデバッグ関数を作成しています。引数をそのままvprintf関数に引き渡すことができます。

Column　アセンブラとC言語の関係

C言語は、歴史の関係からアセンブラに即した構文がいくつかあります。

例えば、変数に1足す場合には「a++」のように書きますが、これは構文糖（シンタックスシュガー）だけでなく、「inc」というアセンブラに相当しています。アセンブラでは、1だけ加える処理は、他の数を加える「add」よりも少ないバイト数で記述ができるので、これを考慮した構文になっています。

最近はコンパイラの解析性能が良くなったので、あまり使われませんが、if文は「0」と比較したほうが早く動きます。これは、アセンブラで「jze」に変換されます。

シフト演算子（「<<」や「>>」）など、高速化に寄与できるアセンブラの構文が想像できるところがC言語の強みになります。

バイナリソートを利用する

ここがポイントです！ **bsearch関数**

bsearch関数は、バイナリ検索を使って検索をします。データ配列は、あらかじめ昇順に並べ替えておく必要があります。

バイナリソートを利用する構文は、次のようになります。引数のkeyには「検索する要素」、baseには「検索するデータ配列」、numには「要素の数」、sizeには「要素の大きさ」、compには「2つの要素を比較するコールバック関数」を指定します。

```
#include <stdlib.h>
void *bsearch( const void *key, const void *base, size_t num, size_t
size,
int ( __cdecl *comp ) ( const void *, const void *) );
```

戻り値は、検索する要素（key）が現れた最初のポインタを返します。見つからなかったときは、NULLを返します。

リスト1は、bsearch関数を使って、バイナリソートをするプログラム例です。

リスト1 バイナリソートを利用する（ファイル名：func287.cpp）

```
#include <stdio.h>
#include <stdlib.h>

int comp( const void *p1, const void *p2 )
{
    int i1 = *(int*)p1;
    int i2 = *(int*)p2;
    if (i1 == 12){
        return 0;
    } else {
        return i1< i2? -1: 1;
    }
}

void main( void )
{
    int i;
    int val[100];
    int *p, v;

    for ( i=0; i<100; i++ ) val[i] = i;
```

```
    v = 55;
    p = (int*)bsearch( &v, val, 100, sizeof( int), comp );

    if ( p == NULL ) {
        printf( "見つからなかった¥n" );
    } else {
        printf( "見つかった: %d¥n", *p );
    }

    v = -1;
    p = (int*)bsearch( &v, val, 100, sizeof( int), comp );

    if ( p == NULL ) {
        printf( "見つからなかった¥n" );
    } else {
        printf( "見つかった: %d¥n", *p );
    }
}
```

リスト2 実行結果

```
見つかった: 55
見つからなかった
```

リスト1では、int型の「55」と「100」を検索しています。

クイックソートを利用する

ここがポイントです！ qsort関数

qsort関数は、クイックソートを使って配列を昇順にソートします。bsearch関数を使う前の前処理に使います。

クイックソートを利用する構文は、次のようになります。

引数のbaseには「検索するデータ配列」、numには「要素の数」、sizeには「要素の大きさ」、compには「2つの要素を比較するコールバック関数」を指定します。

```
#include <stdlib.h>
void qsort( void *base, size_t num, size_t size,
int (__cdecl *comp )(const void *, const void *) );
```

戻り値はありません。

リスト1は、qsort関数を使って、クイックソートをするプログラム例です。

リスト1 クイックソートを利用する（ファイル名：func288.cpp）

```
#include <stdio.h>
#include <stdlib.h>
#include <time.h>

int comp( const void *p1, const void *p2 )
{
    int i1 = *(int*)p1;
    int i2 = *(int*)p2;
    if ( i1 < i2 ) return -1;
    if ( i1 == i2 ) return 0;
    return 1;
}

void main( void )
{
    int i;
    int val[10];
    int *p, v;

    srand(time(NULL));

    for ( i=0; i<10; i++ ) val[i] = rand() % 10;

    printf( "val: " );
```

```
    for ( i=0; i<10; i++ ) printf("%d,", val[i] );
    printf( "¥n" );

    qsort( val, 10, sizeof(int), comp );
    printf( "val: " );
    for ( i=0; i<10; i++ ) printf("%d,", val[i] );
    printf( "¥n" );

    v = 5;
    p = (int*)bsearch( &v, val, 10, sizeof(int), comp );
    if ( p == NULL ) {
        printf( "見つからなかった¥n" );
    } else {
        printf( "見つかった: %d¥n", *p );
    }
}
```

リスト2 実行結果

```
val: 6,5,7,5,0,9,8,5,9,0,
val: 0,0,5,5,5,6,7,8,9,9,
見つかった: 5
```

リスト1では、ランダムな値を10個取り出して、qsort関数を使ってソートしています。比較関数を作成することで、構造体やクラスの比較なども可能です。

 Column 「¥」に注意！

「¥」記号は、C言語の場合、マクロ文字を表します。例えば、文字列の中で改行を示す場合は「¥n」、タブ記号を示す場合は「¥t」を使います。

Windowsの場合は、フォルダ（Linuxの場合はディレクトリ）区切りを示す記号として「¥」が使われているので、ここで問題が出てきます。例えば、「c:¥users¥masuda」というフォルダを示す場合には、"c:¥¥users¥¥masuda"」のように、「¥¥」としなければいけません。「¥」自身を表すためには「¥¥」と指定するためです。

これは生文字列を示す「R"(...)"」を使うこともできます。「R"(c:¥users¥masuda)"」「¥」を重ねずに済みます。

Linuxの場合には、フォルダの区切り記号が「/」であるため、「/users/masuda」のまま使えます。

第2部

アドバンスド・プログラミングの極意

STLの極意

4-1 ストリーム

ストリームとは

ここがポイントです! iostream、fstream、stringstream、

STL(Standard Template Library)には、テキストやバイナリデータを扱うための**ストリーム**があります。ストリームに対しては、データの入出力がバイト単位や文字列単位などの便利なメソッドが追加されています。

それぞれのストリームは、共通のテンプレートクラスを継承して作られているため、どのストリームクラスも動作させせるメソッド名が同じものになります。

例えば、ストリームに対しての出力が「<<」、ストリームからの入力が「>>」で行えます。

●iostream

プログラムに対して標準出力/入力を行うためのテンプレートクラスです。コマンドラインでユーザーのキーボード入力に対する応答やファイルのリダイレクトに対応に使われます。標準出力はcout、標準入力はcinを使います。

●fstream

ファイルに対しての入出力を行うためのストリームです。

既存のファイルをオープンしたり、新規にファイルをオープンした後は標準入出力を行うiostreamと同じように数値や文字列を読み書きすることができます。

バイナリデータを読み書きするためのread/writeメソッドがあります。

●stringstream

ファイルや標準入出力だけではなく、文字列のバッファに対して入出力をすることができます。文字列を1文字ずつ処理する場合は、stringクラスを利用するのですが、書式化された文字列を組み立てたり、一度読み込んだ文字列を解析する場合にはstringstreamクラスを使うと便利でしょう。

ほかのストリームと同じように、「<<」や「>>」で文字データを入出力できます。

Tips 290 ▶Level ● ○ ○ ▶対応 C++ VC g++

標準入力のためのストリームを利用する

ここがポイントです！ cin

cinは、標準入力のためのストリームです。コンソールからの入力で利用します。数値の場合は、自動的に変換されます。

構文は、次のようになります。

```
#include <iostream>
std::cin
```

リスト1は、標準入力のためのストリームを利用する例です。

リスト1 標準入力のためのストリームを利用する（ファイル名：stl290.cpp）

```
#include <string>
#include <iostream>
using namespace std;

void main( void )
{
    string str;

    cout << "文字列入力: ";
    cin >> str ;
    cout << "入力値: " << str << endl;
}
```

リスト2 実行結果

```
文字列入力: hello c/c++ world.
入力値: hello ; 半角スペースで区切られる
```

Cライブラリの標準入力（stdin）と同じ働きをします。

標準出力のためのストリームを利用する

ここがポイントです！ cout

coutは、標準出力のためのストリームです。コンソールへの出力で利用します。数値の場合は、自動的に書式化されます。

構文は、次のようになります。

```
#include <iostream>
std::cout
```

リスト1は、標準出力のためのストリームを利用する例です。

リスト1　標準出力のためのストリームを利用する（ファイル名：stl291.cpp）

```
#include <string>
#include <iostream>
using namespace std;

void main( void )
{
    string str = "Hello C++ world.";
    int    n = 10;

    cout << "文字列を出力： " << str << endl;
    cout << "数値を出力：   " << n << endl;
}
```

リスト2　実行結果

```
文字列を出力： Hello C++ world.
数値を出力： 10
```

Cライブラリの標準出力（stdout）と同じ働きをします。

標準エラーのためのストリームを利用する

ここがポイントです！ cerr

cerrは、標準エラーのためのストリームです。コンソールへの出力で利用します。数値の場合は、自動的に書式化されます。

構文は、次のようになります。

```
#include <iostream>
std::cerr
```

リスト1は、標準エラーのためのストリームを利用する例です。

リスト1　標準エラーのためのストリームを利用する（ファイル名：stl292.cpp）

```
#include <string>
#include <iostream>
using namespace std;

void main( void )
{
    string str = "Hello C++ world.";
    int    n = 10;

    cerr << "標準エラーに出力する" << endl;
    cerr << "文字列を出力： " << str << endl;
    cerr << "数値を出力：   " << n << endl;
}
```

リスト2　実行結果

```
標準エラーに出力する
文字列を出力： Hello C++ world.
数値を出力： 10
```

Cライブラリの標準エラー（stderr）と同じ働きをします。

ストリームに書き出す

ostream::<<

標準出力に書式付きで書き出すには、ostream::<<を使います。型は自動的に判断して、適切なフォーマットで出力します。

構文は、次のようになります。引数のchには「文字（char型、unsigned char型）」、strには「ポインタ（char型、unsigned char型）」、pには「ポインタ（void型）」、nには「数値（int型、unsigned int型、short型、unsigned short型、long型、unsigned long型、double型、float型の数値」、bには「bool型」を指定します。

```
#include <iostream>
ostream::oprator << ( char ch );
ostream::oprator << ( unsigned char ch );
ostream::oprator << ( const char *str );
ostream::oprator << ( const unsigned char *str );
ostream::oprator << ( const void *p );
ostream::oprator << ( int n );
ostream::oprator << ( unsigned int n );
ostream::oprator << ( short n );
ostream::oprator << ( unsigned short n );
ostream::oprator << ( long n );
ostream::oprator << ( unsigned long n );
ostream::oprator << ( double n );
ostream::oprator << ( float n );
ostream::oprator << ( bool b );
```

戻り値は、ostreamへの参照を返します。

リスト1は、ostream::<<を使って、ストリームに出力するプログラム例です。

リスト1 ストリームに書き出す（ファイル名：stl293.cpp）

```
#include <string>
#include <iostream>
using namespace std;

void main( void )
{
    const char s[] = "Hello C world.";
    cout << "const char * : " << s << endl;
    string str("Hello C++ world.");
    cout << "string       : " << str << endl;
    char ch = 'A';
```

```
    cout << "char          : " << ch << endl;
    bool b  = true;
    cout << "bool          : " << b << endl;
    short sh = 0xFFFF;
    cout << "short         : " << sh << endl;
    unsigned ush = 0xFFFF;
    cout << "short         : " << ush << endl;
    int i = 0xFFFFFFFF;
    cout << "int           : " << i << endl;
    unsigned int ui = 0xFFFFFFFF;
    cout << "unsigned int : " << ui << endl;
    long l = 0xFFFFFFFF;
    cout << "long          : " << l << endl;
    unsigned long ul = 0xFFFFFFFF;
    cout << "unsigned long: " << ul << endl;
    float fl = 10.123;
    cout << "float         : " << fl << endl;
    double db = 10.123;
    cout << "double        : " << db << endl;
    long double ldb = 10.123;
    cout << "long double  : " << ldb << endl;
    void *p = (void*)s;
    cout << "void *        : " << p << endl;
}
```

リスト2 実行結果

```
const char * : Hello C world.
string       : Hello C++ world.
char         : A
bool         : 1
short        : -1
short        : 65535
int          : -1
unsigned int : 4294967295
long         : -1
unsigned long: 4294967295
float        : 10.123
double       : 10.123
long double  : 10.123
void *       : 0012FF04
```

文字列のクラス（string）を使っても出力ができます。STLのクラスについては、<<演算子が多重定義されています。

ストリームに改行を書き出す

std::endl

std::endlは、ストリームに改行を出力します。
構文は、次のようになります。

```
#include <iostream>
std::endl;
```

リスト1は、std::endlを使って、ストリームに改行を書き出すプログラム例です。

リスト1 ストリームに改行を書き出す（ファイル名：stl294.cpp）

```
#include <string>
#include <iostream>
using namespace std;

void main( void )
{
    cout << "改行を追加する" << endl;
    cout << "改行を追加しない" ;
    cout << "+連続行" << endl;
    cout << endl; // 改行のみ
    cout << endl << "改行を連続させる" << endl;
}
```

リスト2 実行結果

```
改行を追加する
改行を追加しない+連続行


改行を連続させる
```

改行コード（'¥n'）を指定することと同じ出力を得ます。

```
    cout << "改行を追加する¥n" ;
```

Tips 295 ▶Level ●○○ ▶対応 C++ VC g++

ストリームにNULL文字を書き出す

ここがポイントです！ std::ends

std::endsは、ストリームにNULL文字（'¥0'）を書き出します。ファイルストリーム（fstream）や文字列ストリーム（stringstream）の終端などにNULL文字を付加するときに使います。

構文は、次のようになります。

```
#include <iostream>
std::ends;
```

リスト1は、std::endlを使って、ストリームにNULL文字を書き出すプログラム例です。

リスト1　ストリームにNULL文字を書き出す（ファイル名：stl295.cpp）

```
#include <string>
#include <iostream>
#include <sstream>
using namespace std;

void main( void )
{
    cout << "NULL 文字を追加する" << ends;
    cout << endl;

    stringstream ss;
    ss << "Hello C" << ends << "C++ World." ;
    cout << ss.str() << endl;
}
```

リスト2　実行結果

```
NULL 文字を追加する
Hello C C++ World.
```

リスト1では、NULL文字（'¥0'）が表示されています。

ストリームに1文字書き出す

ostream::put

ストリームへ1文字出力するには、ostream::putを使います。1文字=1バイトとなり、char型あるいはunsigned char型で指定します。

構文は、次のようになります。引数のchには「文字(char型、unsigned char型)」を指定します。

```
#include <iostream>
ostream& put( char ch );
ostream& put( unsigned char ch );
```

戻り値は、ostreamへの参照を返します。

リスト1は、ostream::putを使って、ストリームに1文字書き出すプログラム例です。

リスト1 ストリームに1文字書き出す(ファイル名:stl296.cpp)

```
#include <string>
#include <iostream>
using namespace std;

void main( void )
{
    cout << "put method: " ;
    cout.put('A');
    cout << endl;
}
```

リスト2 実行結果

```
put method: A
```

リスト1では、標準出力に1文字出力しています。

ストリームに指定バイト分書き出す

ここがポイントです！ ostream::write

ostream::writeは、ストリームへ指定したバイト数分、文字を出力します。文字列のデータは、voidのポインタで指定することも可能です。

構文は、次のようになります。引数のstrには「文字列（char型、unsigned char型）」、vには「void型のポインタ」、sizeには「出力するバイト数」を指定します。

```
#include <iostream>
ostream& write( const char *str, streamsize size );
ostream& write( const unsigned char *str, streamsize size );
ostream& write( const void *v, streamsize size );
```

戻り値は、ostreamへの参照を返します。

リスト1は、ostream::writeを使って、ストリームに指定バイト分書き出すプログラム例です。

リスト1 ストリームに指定バイト分書き出す（ファイル名：stl297.cpp）

```
#include <iostream>
using namespace std;

void main( void )
{
    char data[] = "ABCDEFG";

    cout << "write metohd: " ;
    cout.write( data, 3 );
    cout << endl;
}
```

リスト2 実行結果

```
write metohd: ABC
```

リスト1では、標準出力に3文字分、出力しています。

ストリームの出力をフラッシュする

ここがポイントです！ std::flush

ストリームバッファをフラッシュをフラッシュするには、std::flushを使います。
構文は、次のようになります。

```
#include <iostream>
std::flush;
```

リスト1は、std::flushを使って、ストリームの出力をフラッシュするプログラム例です。

リスト1 ストリームの出力をフラッシュする（ファイル名：stl298.cpp）

```
#include <string>
#include <iostream>
using namespace std;

void main( void )
{
    cout << "flush 前の文字列 "
         << flush
         << "flush 後の文字列" << endl;
}
```

リスト2 実行結果

```
$ stl298
flush 前の文字列 flush 後の文字列
```

標準出力のフラッシュをすることにより、ストリームバッファに蓄積されていたデータが最後まで出力されます。ファイル出力の途中でデータを確実に書き出すときに利用します。

Tips 299 ▶Level ●○○ ▶対応 C++ VC g++

ストリームから読み込む

ここがポイントです! istream::>>

標準入力から書式付きで読み込むには、istream::>>を使います。型は自動的に判断して変数に設定されます。

構文は、次のようになります。引数のchには「文字(char型、unsigned char型)」、strには「ポインタ(char型、unsigneD char型)」、nには「数値(int型、unsigned int型、short型、unsigned short型、long型、unsigned long型、double型、float型)」、bには「bool型」を指定します。

```
#include <iostream>
istream::oprator >> ( char ch );
istream::oprator >> ( unsigned char ch );
istream::oprator >> ( char *str );
istream::oprator >> ( unsigned char *str );
istream::oprator >> ( int n );
istream::oprator >> ( unsigned int n );
istream::oprator >> ( short n );
istream::oprator >> ( unsigned short n );
istream::oprator >> ( long n );
istream::oprator >> ( unsigned long n );
istream::oprator >> ( double n );
istream::oprator >> ( float n );
istream::oprator >> ( bool b );
```

戻り値は、istreamへの参照を返します。

リスト1は、ストリームからデータを読み込むプログラム例です。

リスト1 ストリームから読み込む(ファイル名:stl299.cpp)

```
#include <string>
#include <iostream>
using namespace std;

void main( void )
{
    char s[100];
    cout << "文字列入力:";
    cin >> s;
    cout << "入力値:" << s << endl;
    string str;
    cout << "文字列入力:";
```

```
        cin >> str;
        cout << "入力値:" << str << endl;
        char ch;
        cout << "1文字入力:";
        cin >> ch;
        cout << "入力値:" << ch << endl;
        int i;
        cout << "数値入力:";
        cin >> i;
        cout << "入力値:" << i << endl;
        double d;
        cout << "実数入力:";
        cin >> d;
        cout << "入力値:" << d << endl;
}
```

リスト2 実行結果

```
文字列入力:ABCD
入力値:ABCD
文字列入力:abcd
入力値:abcd
1文字入力:A
入力値:A
数値入力:10
入力値:10
実数入力:10.234
入力値:10.234
```

文字列のクラス(string)を使っても入力ができます。読み込みバイト数を指定するときは、istream::readメソッドを使います。

ストリームから1文字読み込む

ここがポイントです! istream::get

istream::getは、ストリームから1文字読み込みます。文字型の変数を指定する場合は、char型かunsigned char型の参照を渡します。

また、データ数を指定して複数文字を入力できます。読み込み時に区切り文字を指定することができます。デフォルトでは改行文字('¥n')になります。

構文は、次のようになります。引数のchには「文字(char型、unsigned char型)」、bufには「取得した文字列を入力する格納バッファ」、sizeには「格納バッファのサイズ」、delimには「区切り文字(デフォルトでは改行文字'¥n')」を指定します。

```
#include <iostream>
int get( void );
istream& get( char& ch );
istream& get( unsigned char& ch );
istream& get( char *buf, int size, char delim = '¥n' );
istream& get( unsigned char *buf, int size, char delim = '¥n' );
```

戻り値は、引数を指定しない場合は、取得した文字をint型で返します。引数を指定する場合は、istreamへの参照を返します。

リスト1は、istream::getを使って、ストリームから1文字読み込むプログラム例です。

リスト3は、バッファを指定した例です。

リスト1 ストリームから1文字読み込む(ファイル名:stl300.cpp)

```
#include <iostream>
using namespace std;

void main( void )
{
    // char型でgetメソッドを使う
    cout << "1文字入力:";
    char ch = cin.get();
    cout << "入力値:" << ch << endl;

    // int型でgetメソッドを使う
    cout << "1文字入力:";
    int i = cin.get();
    cout << "入力値:" << i << endl;
}
```

リスト2 実行結果

```
1文字入力:A
入力値:A
1文字入力:入力値:10
```

リスト3 バッファを指定する(ファイル名:stl300a.cpp)

```
#include <iostream>
using namespace std;

void main( void )
{
    // 入力用の1文字バッファを用意する
    cout << "1文字入力:";
    char ch;
```

```
        cin.get( ch );
        cout << "入力値:" << ch << endl;

        // 入力用のバッファを用意する
        cout << "文字入力:";
        char buf[100];
        cin.get( buf, sizeof buf  );
        cout << "入力値:" << buf << endl;

        // デリミタを指定する
        cout << "文字入力:";
        char buf2[100];
        cin.get( buf2, sizeof buf2, ',' );
        cout << "入力値:" << buf2 << endl;
}
```

リスト4　実行結果2

```
1文字入力:Ax
入力値:A
文字入力:入力値:x
文字入力:ABC,DEF,XXX
入力値:
ABC
```

標準入力の場合には、[ENTER] キーのコードを含むため、getメソッドで改行コードを余分に受け取ってしまいます。1行分を読み込みたい場合は、getlineメソッドを使うとよいでしょう。

ストリームから1行読み込む

ここがポイントです！　std::getline

ストリームから1行読み込むには、std::getlineを使います。区切り文字は、デフォルトで改行文字 ('¥n') です。区切り文字を指定することで、自由に1行を区切ることができます。

構文は、次のようになります。引数のbufには「取得した文字列を入力する格納バッファ」、sizeには「格納バッファのサイズ」、delimには「区切り文字 (デフォルトでは改行文字'¥n')」を指定します。

```
#include <iostream>
istream& getline( istream &st, string &buf, char delim = '¥n' );
```

戻り値は、引き渡されたistreamへの参照を返します。
リスト1は、std::getlineを使って、ストリームから1行読み込むプログラム例です。

リスト1 ストリームから1行読み込む（ファイル名：stl301.cpp）

```
#include <iostream>
#include <string>
using namespace std;

void main( void )
{
    string buf;
    // 1行入力
    cout << "1行入力:";
    getline( cin, buf );
    cout << "入力値:" << buf << endl;

    // デリミタを用意する
    cout << "1行入力:";
    getline( cin, buf, ',' );
    cout << "入力値:" << buf << endl;
}
```

リスト2 実行結果

```
1行入力:abc,def,ghi
入力値:abc,def,ghi
1行入力:abc,def,ghi
入力値:abc
```

getlineメソッドを使うと、改行区切りで文字列を取得できます。リスト1では、区切り文字をカンマ（「,」）にして、カンマ区切りで取得しています。

ストリームで数文字読み飛ばす

istream::ignoreを使うと、ストリームから入力するときに、指定バイト分読み飛ばします。引数を指定しない場合は、1バイト読み飛ばします。

構文は、次のようになります。引数のsizeには「読み飛ばすバイト数」、delimには「区切り文字（デフォルトではEOF)」を指定します。

```
#include <iostream>
istream& ignore( int size=1, int delim=EOF );
```

「区切り文字」は、ファイルの終端（EOF）になります。ファイルの終わりに達したときに読み込みが終了します。

戻り値は、istreamへの参照を返します。

リスト1は、istream::ignoreを使って、ストリームで数文字読み飛ばすプログラム例です。

リスト1　ストリームで数文字読み飛ばす（ファイル名：stl302.cpp）

```
#include <string>
#include <iostream>
#include <fstream>
using namespace std;

int main( void )
{
    string file = "stl302.cpp";
    fstream fs( file, std::ios::in );
    if ( !fs ) {
        cerr << "can't open file " << file << endl;
        return 1;
    }
    string buf ;
    getline( fs, buf );
    cout << "入力値:" << buf << endl;
    fs.ignore( 10 ); // 10 バイト無視する
    getline( fs, buf );
    cout << "入力値:" << buf << endl;
    return 0;
}
```

リスト2　実行結果

```
入力値:#include <string>
入力値:iostream>
```

リスト1では、ファイルの最初の行を読み込んだ後、10バイト読み飛ばしています。

ストリームで次の1文字を得る

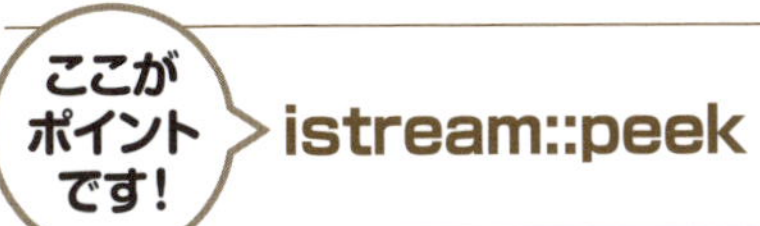

istream::peek

istream::peekは、ストリームから次の1文字を返します。ストリームの読み込み位置は変化しません。

構文は、次のようになります。引数はありません。

```
#include <iostream>
int peek( void );
```

戻り値は、読み込んだ1文字を返します。

リスト1は、istream::peekを使って、ストリームで次の1文字を取得するプログラム例です。

リスト1　ストリームで次の1文字を得る（ファイル名：stl303.cpp）

```
#include <iostream>
using namespace std;

void main( void )
{
    char buf[100], ch;
    cout << "入力文字: " ;

    ch = cin.peek();
    cout << "peek した文字: " << ch << endl;
    ch = cin.get();
    cout << "get した文字: " << ch << endl;
    ch = cin.peek();
    cout << "peek した文字: " << ch << endl;
```

```
    cin.ignore( 10 );
    cout << "10 バイト読み捨て" << endl;
    ch = cin.peek();
    cout << "peek した文字: " << ch << endl;
    ch = cin.get();
    cout << "get した文字: " << ch << endl;
}
```

リスト2 実行結果

```
入力文字: abcdefghijklmnopqrstuvwxyz
peek した文字: a
get した文字: a
peek した文字: b
10 バイト読み捨て
peek した文字: l
get した文字: l
```

リスト1では、peekメソッドとgetメソッドを交互に使って文字を読み込んでいます。peekメソッドでは、読み込み位置を変更しないため、ストリームから先読みをするときに利用します。

ストリームから指定バイト数読み込む

ここがポイントです! istream::read

istream::readを使うと、ストリームから指定バイト数読み込みます。主にバイナリデータを扱うときに利用します。

構文は、次のようになります。引数のbufには「読み込みバッファ」、sizeには「読み込みバッファのバイト数」を指定します。

```
#include <iostream>
istream& read( char *buf, streamsize size );
istream& read( unsigned char *buf, streamsize size );
istream& read( void *buf, streamsize size );
```

戻り値は、istreamへの参照を返します。

リスト1は、istream::readを使って、ストリームから指定バイト数読み込むプログラム例です。

リスト1 ストリームから指定バイト数読み込む(ファイル名:stl304.cpp)

```
#include <iostream>
using namespace std;

void main( void )
{
    char buf[100] = {0};
    cout << "入力文字: " ;
    cin.read( buf, 5 );
    cout << "入力値: " << buf << endl;
}
```

リスト2 実行結果

```
入力文字: 1234567890
入力値: 12345
```

リスト1では、readメソッドを使って5バイト分読み込んでいます。

ストリームに1文字戻す

istream::unget

ストリームへ1文字分戻すには、istream::ungetを使います。
構文は、次のようになります。引数のchには「ストリームへ戻す文字」を指定します。

```
#include <iostream>
istream& unget( void );
istream& unget( char ch );
```

戻り値は、istreamへの参照を返します。引数を指定しない場合は、最後に読み取った1文字を戻します。
リスト1は、istream::ungetを使って、ストリームに1文字戻すプログラム例です。

リスト1 ストリームに1文字戻す(ファイル名:stl305.cpp)

```
#include <iostream>
using namespace std;
```

```
int main( void )
{
    char buf[100] = {0};
    cout << "入力文字: " ;

    // 5バイト分読み込み
    cin.read( buf, 5 );
    cout << "入力値: " << buf << endl;
    // 1文字戻す
    cin.unget();
    // 5バイト分読み込み
    cin.read( buf, 5 );
    cout << "入力値: " << buf << endl;
}
```

リスト2 実行結果

```
入力文字: 12345678901234567890
入力値: 12345
入力値: 56789
```

先読みをした文字をストリームに戻すときに使います。読み込み位置を変更したくないときは、peekメソッドを使ってください。

ストリームに指定文字を戻す

ここがポイントです！ istream::putback

istream::putbackは、ストリームへ文字を指定して1文字戻します。戻す文字は、読み込んだ文字と異なってもかまいません。

構文は、次のようになります。引数のchには「ストリームへ戻す文字」を指定します。

```
#include <iostream>
istream& putback( char ch );
```

戻り値は、istreamへの参照を返します。

リスト1は、istream::putbackを使って、ストリームに1文字戻すプログラム例です。

リスト1 ストリームに1文字戻す（ファイル名：stl306.cpp）

```
#include <iostream>
using namespace std;

int main( void )
{
    char buf[100] = {0};
    cout << "入力文字: " ;

    // 5バイト分読み込み
    cin.read( buf, 5 );
    cout << "入力値: " << buf << endl;
    // 1文字戻す
    cin.putback( 'A' );
    // 5バイト分読み込み
    cin.read( buf, 5 );
    cout << "入力値: " << buf << endl;
}
```

リスト2 実行結果

```
入力文字: 12345678901234567890
入力値: 12345
入力値: A6789
```

リスト1では、putbackメソッドを使って1文字戻しています。読み込んだ文字とは異なる文字（'A'）を戻していますが、次のreadメソッドで正しく読み込めています。

Tips 307
Level ●○○
対応 C++ VC g++

ストリームの読み込み位置を取得する

ここがポイントです！ **istream::tellg**

istream::tellgは、ストリームの現在位置を取得します。現在読み込み中のストリームで、先頭からのバイト数を返します。streampos型は、処理系に依存します。

構文は、次のようになります。引数はありません。

```
#include <iostream>
streampos tellg( void );
```

戻り値は、現在位置を返します。

リスト1は、istream::tellgを使って、ストリームの読み込み位置を取得するプログラム例です。

リスト1 ストリームの読み込み位置を取得する（ファイル名：stl307.cpp）

```
#include <iostream>
using namespace std;

int main( void )
{
    char buf[100] = {0};

    cout << "入力文字： " ;

    // 現在位置を取得
    cout << "現在位置： " << cin.tellg() << endl;
    // 5バイト分読み込み
    cin.read( buf, 5 );
    cout << "入力値： " << buf << endl;

    // 現在位置を取得
    cout << "現在位置： " << cin.tellg() << endl;
    // 5バイト分読み込み
    cin.read( buf, 5 );
    cout << "入力値： " << buf << endl;

    // 現在位置を取得
    cout << "現在位置： " << cin.tellg() << endl;
}
```

データを読み込んだときの位置をチェックするときに利用します。バイナリデータで指定した位置にジャンプするときは、seekgメソッドを使います。

ストリームの読み込み位置を設定する

ここがポイントです！ **istream::seekg**

istream::seekgは、ストリームの読み込み位置を変更します。指定位置は、先頭からの絶対位置と、相対位置で設定できます。Cライブラリのfseek関数と同様に、ファイルの先頭や終端、現在位置からの相対位置を指定できます。

構文は、次のようになります。引数のposには「変更先を絶対位置で指定」、offsetには「変更先を相対位置で指定」、dirには「相対位置の基準」を指定します。

```
#include <iostream>
istream& seekg( streampos pos );
istream& seekg( streampos offset, seekdir dir );
```

戻り値は、istreamへの参照を返します。

リスト1は、istream::seekgを使って、ストリームの読み込み位置を設定するプログラム例です。

相対位置の基準（dir）の値

値	説明
ios::beg	ストリームの先頭
ios::cur	現在位置
ios::end	ストリームの終端

リスト1 ストリームの読み込み位置を設定する（ファイル名：stl308.cpp）

```
#include <iostream>
using namespace std;

int main( void )
{
    char buf[100] = {0};
    // ファイルをリダイレクトしてください
    cout << "入力文字: " ;

    // 5バイト分読み込み
    cin.read( buf, 5 );
    cout << "入力値: " << buf << endl;

    // 先頭に戻す
    cin.seekg( 0 );
    // 5バイト分読み込み
    cin.read( buf, 5 );
    cout << "入力値: " << buf << endl;

    // 先頭から2バイト目へ戻す
    cin.seekg( 2, ios::beg );
    // 5バイト分読み込み
    cin.read( buf, 5 );
    cout << "入力値: " << buf << endl;

    // 現在位置から2バイト戻す
    cin.seekg( 2, ios::cur );
    // 5バイト分読み込み
```

```
    cin.read( buf, 5 );
    cout << "入力値: " << buf << endl;

    // 終端から10バイト前まで進める
    cin.seekg( -10, ios::end );
    // 5バイト分読み込み
    cin.read( buf, 5 );
    cout << "入力値: " << buf << endl;
}
```

リスト2 実行結果

```
$ stl308 < stl308.cpp
入力文字: 入力値: #incl
入力値: #incl
入力値: nclud
入力値: <iost
入力値: endl;
```

リスト1では、標準入力からリダイレクトを使っていますが、通常はファイル読み込み時に使われます。

真偽値を文字列に変換する

std::boolalphaは、ストリームに出力するときに、bool値を文字列に変換します。真(true)の場合は「true」、偽(false)の場合は「false」という文字列に変換されます。

構文は、次のようになります。

```
#include <iostream>
std::boolalpha
```

リスト1は、std::boolalphaを使って、bool値を文字列に変換するプログラム例です。

リスト1 bool値を文字列に変換する(ファイル名:stl309.cpp)

```
#include <iostream>
#ifndef _MSC_VER
```

```
#error "this function in MC-VC only"
#endif

using namespace std;

void main( void )
{
    bool b;

    b = true;
    cout << "bool 値: " << b << endl;
    b = true;
    cout << "bool 値: " << boolalpha << b << endl;
    b = false;
    cout << "bool 値: " << boolalpha << b << endl;
}
```


リスト2 実行結果

```
bool 値: 1 ; 指定しない場合
bool 値: true
bool 値: false
```

boolalphaを指定しない場合は、bool値は真(true)のとき「1」、偽(false)のとき「0」を出力します。

数値を10進数に変換する

ここがポイントです！ **std::dec**

std::decは、ストリームに出力するときに、数値を10進数表記の文字列に変換します。構文は、次のようになります。

```
#include <iostream>
std::dec
```

リスト1は、std::decを使って、数値を10進数に変換するプログラム例です。

リスト1 数値を10進数に変換する(ファイル名:stl310.cpp)

```
#include <iostream>
using namespace std;

int main( void )
{
    int n = 1234;

    cout << "int 値: " << n << endl;
    cout << "int 値: " << dec << n << endl;
    cout << "int 値: " << hex << n << endl;
    cout << "int 値: " << oct << n << endl;

    cout << dec << n << " "
         << "0x" << hex << n << " "
         << "0" << oct << n << endl;
}
```

リスト2 実行結果

```
int 値: 1234 ; 指定しない場合
int 値: 1234
int 値: 4d2
int 値: 2322
```

数値の出力を切り替えます。10進数(dec)、16進数(hex)、8進数(oct)があります。途中で切り替える場合は、次のように書きます。

```
cout << dec << n << " "
     << "0x" << hex << n << " "
     << "0" << oct << n << endl;
```

Tips 311 Level ● 対応 C++ VC g++

数値を8進数に変換する

ここがポイントです! std::oct

std::octは、ストリームに出力するときに、数値を8進数表記の文字列に変換します。構文は、次のようになります。

```
#include <iostream>
std::oct
```

リスト1は、std::octを使って、数値を8進数に変換するプログラム例です。

リスト1 数値を8進数に変換する（ファイル名：stl311.cpp）

```
#include <iostream>
#include <iomanip>
using namespace std;

int main( void )
{
    int n = 15;

    cout << "数値: " << n << endl;
    cout << "8進数: " << oct << n << endl;
    cout << "8進数: " << setw(3) << oct << n << endl;
    cout << "8進数: " << setw(3) << setfill('0') << oct << n << endl;
}
```

リスト2 実行結果

```
数値: 15
8進数: 17
8進数: 17
8進数: 017
```

int型の標準出力は、10進数になります。8進数表記をするときに、ゼロサプライ（0埋め）をする場合は、setwメソッドとsetfillメソッドを使います。

Tips 312 ▶Level ● ▶対応 C++ VC g++

数値を16進数に変換する

std::hexは、ストリームに出力するときに、数値を16進数表記の文字列に変換します。
構文は、次のようになります。

```
#include <iostream>
std::hex
```

リスト1は、std::hexを使って、数値を16進数に変換するプログラム例です。

リスト1　数値を16進数に変換する（ファイル名：stl312.cpp）

```
#include <iostream>
#include <iomanip> // setfill, setw
using namespace std;

int main( void )
{
    int n = 1234;
    cout << "数値: " << dec << n << endl;
    cout << "16進数: " << hex << n << endl;
    cout << "16進数: "
         << "0x" << hex << setw(8) << setfill('0') << n << endl;
}
```

リスト2　実行結果

```
数値: 1234
16進数: 4d2
16進数: 0x000004d2
```

16進数で表示するときに、先頭に「0x」は付きません。16進数表記をするときに、ゼロサプライ（0埋め）をする場合は、setwメソッドとsetfillメソッドを使います。

Tips 313

実数を固定小数点に変換する

▶Level ●○○
▶対応 C++ VC g++

ここがポイントです！ std::fixed

std::fixedは、ストリームに実数を出力するときに、固定小数点を使います。
構文は、次のようになります。

```
#include <iostream>
std::fixed
```

リスト1は、std::fixedを使って、実数を固定小数点に変換するプログラム例です。

リスト1　実数を固定小数点に変換する（ファイル名：stl313.cpp）

```
#include <iostream>
#include <iomanip>
#ifndef _MSC_VER
```

```
#error "this function in MC-VC only"
#endif
using namespace std;

int main( void )
{
    double n = 100.123;

    cout << "double 値: " << n << endl;
    cout << "double 値: " << fixed << n << endl;
    cout << "double 値: " << fixed
         << setprecision(3) << n << endl;

}
```


リスト2　実行結果

```
double 値: 100.123
double 値: 100.123000
double 値: 100.123
```

通常は、固定小数点表記が使われます。固定小数点（fixed）を指定したときには、小数点以下の桁数が変化するので、有効桁数（setprecision）を再設定すると、元の表記に合わせられます。

Tips 314　▶Level ●○○　▶対応 C++ VC g++

実数を浮動小数点に変換する

ここがポイントです！ std::scientific

std::scientificは、ストリームに実数を出力するときに、指数表現を使って表示します。構文は、次のようになります。

```
#include <iostream>
std::scientific
```

リスト1は、std::scientificを使って、実数を指数表記に変換するプログラム例です。

リスト1　実数を指数表記に変換する（ファイル名：stl314.cpp）

```
#include <iostream>
```

```
#ifndef _MSC_VER
#error "this function in MS-VC only"
#endif
using namespace std;

int main( void )
{
    double n = 100.123;

    cout << "double 値: " << n << endl;
    cout << "double 値: " << fixed << n << endl;
    cout << "double 値: " << scientific << n << endl;
}
```

リスト2　実行結果

```
double 値: 100.123
double 値: 100.123000
double 値: 1.001230e+002
```

固定小数点(fixed)を使ったときには、小数点を使った表記になります。浮動小数点(scientific)を使ったときには、指数表現になります。

文字列や数値を左揃えに変換する

ここがポイントです！ std::left

std::leftは、ストリームに数値や文字列を出力するときに、左揃えに書式化します。フィールドの幅を指定するために、setwメソッドと合わせて使います。

構文は、次のようになります。

```
#include <iostream>
std::left
```

リスト1は、std::leftを使って、文字列や数値を左揃えに変換するプログラム例です。

リスト1　文字列や数値を左揃えに変換する（ファイル名：stl315.cpp）

```
#include <iostream>
#include <iomanip>
```

```
#ifndef _MSC_VER
#error "this function in MC-VC only"
#endif
using namespace std;

int main( void )
{
    char str[] = "ABC";
    cout << "文字列: [" << str << "]" << endl;
    cout << "文字列: [" << setw(10) << left << str << "]" << endl;

    int n = 123 ;
    cout << "数値: [" << n << "]" << endl;
    cout << "数値: [" << setw(10) <<  left << n << "]" << endl;
}
```

リスト2　実行結果

```
文字列: [ABC]
文字列: [ABC       ]
数値: [123]
数値: [123       ]
```

フィールド幅を指定しなかった場合は、文字揃えの指定は無視されます。

Tips 316 ▶Level ●● ▶対応 C++ VC g++

文字列や数値を右揃えに変換する

ここがポイントです！ std::right

std::rightは、ストリームに数値や文字列を出力するときに、右揃えに書式化します。フィールドの幅を指定するために、setwメソッドと合わせて使います。

構文は、次のようになります。

```
#include <iostream>
std::right
```

リスト1は、std::rightを使って、文字列や数値を右揃えに変換するプログラム例です。

リスト1　文字列や数値を右揃えに変換する（ファイル名：stl316.cpp）

```
#include <iostream>
#include <iomanip>
#ifndef _MSC_VER
#error "this function in MS-VC only"
#endif
using namespace std;

int main( void )
{
    char str[] = "ABC";
    cout << "文字列: [" << str << "]" << endl;
    cout << "文字列: [" << setw(10) << right << str << "]" << endl;

    int n = 123 ;
    cout << "数値: [" << n << "]" << endl;
    cout << "数値: [" << setw(10) << right <<  n << "]" << endl;
    cout << "数値: [" << setw(10) << right
         << setfill('0') << n << "]" << endl;
}
```

リスト2　実行結果

```
文字列: [ABC]
文字列: [       ABC]
数値: [123]
数値: [       123]
数値: [0000000123]
```

フィールド幅を指定しなかった場合は、文字揃えの指定は無視されます。埋められる文字は半角空白になります。埋め文字を指定する場合は、setfillメソッドを使います。

小数点を表示する

ここがポイントです！　**std::showpoint**

ストリームに実数を表示するときに、必ず小数点を表示するには、std::showpointを使います。

小数点を指定しない設定（noshowpoint）をした後で、数値の「100.000」を表示させると、「100」となり、小数点以下の文字列が切り捨てられます。これを「100.000」のように必ず小数点を表示させます。

構文は、次のようになります。

```
#include <iostream>
std::showpoint
```

リスト1は、std::showpointを使って、小数点を表示するプログラム例です。

リスト1 小数点を表示する（ファイル名：stl317.cpp）

```
#include <iostream>
#ifndef _MSC_VER
#error "this function in MC-VC only"
#endif
using namespace std;

int main( void )
{
    double n = 100.234;
    cout << "double 値: " << n << endl;
    cout << "double 値: " << showpoint << n << endl;
    cout << "double 値: " << noshowpoint << n << endl;

    n = 100.000;
    cout << "double 値: " << n << endl;
    cout << "double 値: " << showpoint << n << endl;
    cout << "double 値: " << noshowpoint << n << endl;
}
```

リスト2 実行結果

```
double 値: 100.234
double 値: 100.234
double 値: 100.234
double 値: 100
double 値: 100.000
double 値: 100
```

デフォルトでは、小数点が表記されるためにshowpointを指定する必要はありません。

符号を表示する

ここがポイントです！ **std::showpos**

std::showposは、ストリームに数値を表示するときに、符号（「+」と「-」）を表示します。構文は、次のようになります。

```
#include <iostream>
std::showpos
```

リスト1は、std::showposを使って、符号を表示するプログラム例です。

リスト1　符号を表示する（ファイル名：stl318.cpp）

```
#include <iostream>
#ifndef _MSC_VER
#error "this function in MC-VC only"
#endif
using namespace std;

void main( void )
{
    int n = 1234;
    cout << "int 値: " << n << endl;
    cout << "int 値: " << showpos << n << endl;

    n = -1234;
    cout << "int 値: " << n << endl;
    cout << "int 値: " << showpos << n << endl;
}
```

リスト2　実行結果

```
int 値: 1234
int 値: +1234
int 値: -1234
int 値: -1234
```

デフォルトでは、マイナスの場合だけ「-」が表示されます。これをプラスの場合も「+」を表示させます。

Tips
319
▶Level ●●
▶対応
C++ VC g++

表示幅を指定する

ここがポイントです！ std::setw

表示するときのフィールド幅を指定するには、iomapis::setwを使います。数値や文字列を表示するときに、半角空白で文字を埋めます。埋める文字を指定する場合は、setfillメソッドを使ってください。

また、std::left、std::rightを使うことで、左揃えや右揃えができます。

構文は、次のようになります。引数のnには「フィールド幅」を指定します。

```
#include <iomanip>
std::setw( int n );
```

リスト1は、std::setwを使って、表示幅を指定するプログラム例です。

リスト1 表示幅を指定する（ファイル名：stl319.cpp）

```
#include <iostream>
#include <iomanip>
using namespace std;

void main( void )
{
    int n = 1234;
    cout << "数値: [" << n << "]" << endl;
    cout << "数値: [" << setw(10) << n << "]" << endl;

    char str[] = "ABC" ;
    cout << "文字列: [" << str << "]" << endl;
    cout << "文字列: [" << setw(10) << str << "]" << endl;

    char str2[] = "abcdefghijklmnopqrstuvwxyz";
    cout << "文字列: [" << str2 << "]" << endl;
    cout << "文字列: [" << setw(10) << str2 << "]" << endl;
}
```

リスト2 実行結果

```
数値: [1234]
数値: [ 1234]
文字列: [ABC]
文字列: [ ABC]
文字列: [abcdefghijklmnopqrstuvwxyz]
文字列: [abcdefghijklmnopqrstuvwxyz]
```

文字列の長さが、setwメソッドで指定した値よりも長い場合は、拡張されて表示されます。

埋める文字を指定する

ここがポイントです！ **std::setfill**

std::setfillは、フィールド内で埋め込む文字を指定します。setwメソッドでフィールド幅を指定したときの、幅に満たない部分を指定した文字で埋めます。デフォルトでは、半角空白が指定されます。

構文は、次のようになります。引数のchには「埋める文字」を指定します。

```
#include <iomanip>
std::setfill( int ch );
```

リスト1は、std::setfillを使って、埋める文字を指定するプログラム例です。

リスト1 埋める文字を指定する（ファイル名：stl320.cpp）

```
#include <iostream>
#include <iomanip>
using namespace std;

void main( void )
{
    int n = 1234;
    cout << "数値: [" << n << "]" << endl;
    cout << "数値: [" << setw(10) << setfill(' ') << n << "]" << endl;
    cout << "数値: [" << setw(10) << setfill('*') << n << "]" << endl;

    char str[] = "ABC" ;
    cout << "文字列: [" << str << "]" << endl;
    cout << "文字列: [" << setw(10) << setfill(' ') << str << "]" << endl;
    cout << "文字列: [" << setw(10) << setfill('*') << str << "]" << endl;
}
```

リスト2 実行結果

```
数値: [1234]
数値: [      1234]
```

```
数値: [******1234]
文字列: [ABC]
文字列: [  ABC]
文字列: [*******ABC]
```

リスト1では、埋める文字を半角空白(' ')、アスタリスク('*')で指定しています。

実数の有効桁数を指定する

std::setprecisionは、実数を表示するときの有効桁数を指定します。桁数には小数点は含まれません。

構文は、次のようになります。引数のnには「有効桁数」を指定します。

```
#include <iomanip>
std::setprecision( int n );
```

リスト1は、std::setprecisionを使って、実数の有効桁数を指定するプログラム例です。

リスト1 実数の有効桁数を指定する (ファイル名:stl321.cpp)

```
#include <iostream>
#include <iomanip>
using namespace std;

void main( void )
{
    int n = 1234;
    cout << "int 値: [" << n << "]" << endl;
    cout << "int 値: [" << setprecision(5) << n << "]" << endl;
    cout << "int 値: [" << setprecision(3)  << n << "]" << endl;

    cout << setprecision(7);
    double x = 100.123;
    cout << "double 値: [" << x << "]" << endl;
    cout << "double 値: [" << setprecision(7) << x << "]" << endl;
    cout << "double 値: [" << setprecision(4) << x << "]" << endl;
}
```

実行結果

```
int 値: [1234]
int 値: [1234]
int 値: [1234]
double 値: [100.123]
double 値: [100.123]
double 値: [100.1]
```

さらにワンポイント　有効桁数を超えるときには、int型の場合は桁数が拡張されます。double型の場合は、小数点以下が切り捨てられます。

ファイルストリームをオープンする

ここがポイントです！　fstream::open

fstream::openは、ファイルストリームをオープンします。既存のファイルを読み込みモードで開いたり、新しいファイルを書き込みモードで開くことができます。

開いたストリームは、標準入力（cin）や標準出力（cout）と同様に扱うことができます。実際にオープンに成功したかどうかは、failメソッドでチェックします。

構文は、次のようになります。引数のfilenameに「オープンするファイル名」、modeには「オープンモード」を指定します。

```
#include <fstream>
void open( const char *filename, ios::openmode mode = ios::in );
```

戻り値はありません。

リスト1は、fstream::openを使って、ファイルストリームをオープンするプログラム例です。

▒オープンモード（mode）の値

値	説明
ios::in	読み込み可能
ios::out	書き出し可能
ios::app	追加書き込み
ios::ate	新規作成してファイルの終端に移動
ios::binary	バイナリモード、
ios::trunc	ファイルを削除して新規に開く

リスト1　ファイルストリームをオープンする（ファイル名：stl322.cpp）

```
#include <string>
#include <iostream>
#include <fstream>
using namespace std;

int main( void )
{
    char file[] = "stl322.cpp";
    fstream fs;
    fs.open( file, ios::in );
    if ( !fs ) {
        cerr << "can't open file " << file << endl;
        return 0;
    }

    // 1バイト読み込み
    char ch;
    fs >> ch;
    cout << "1バイト読み込み: " << ch << endl;

    // 1行読み込み
    string buf;
    getline( fs, buf );
    cout << "1行読み込み: " << buf << endl;
    fs.close();

    return 1;
}
```

オープンしたファイルを読み込む場合は、getlineメソッドやgetメソッドを使います。

ファイルストリームをクローズする

ここがポイントです！　**fstream::close**

fstream::closeは、オープンされているファイルストリームを閉じます。
構文は、次のようになります。引数はありません。

```
#include <fstream>
void close( void );
```

戻り値はありません。

リスト1は、fstream::closeを使って、ファイルストリームをクローズするプログラム例です。

リスト1 ファイルストリームをクローズする（ファイル名：stl323.cpp）

```
#include <string>
#include <iostream>
#include <fstream>
using namespace std;

int main( void )
{
    char file[] = "stl323.cpp";
    fstream fs( file, ios::in );
    if ( !fs ) {
        cerr << "can't open file " << file << endl;
        return 0;
    }
    // 1行読み込み
    string buf;
    while ( !fs.eof() ) {
        getline( fs, buf );
        cout << "1行読み込み： " << buf << endl;
    }
    // ストリームを閉じる
    fs.close();

    return 1;
}
```

リスト2 実行結果

```
1行読み込み： #include <string>
1行読み込み： #include <iostream>
1行読み込み： #include <fstream>
1行読み込み： using namespace std;
1行読み込み：
```

ファイルの最後をチェックする場合は、eofメソッドを使います。

Tips 324

ファイルストリームを開けたかチェックする

▶Level ●○○
▶対応 C++ VC g++

ここがポイントです！ fstream::fail

fstream::failは、ストリームがopenメソッドで、正常にオープンできたかをチェックします。

構文は、次のようになります。引数はありません。

```
#include <fstream>
bool fail( void ) const ;
```

戻り値は、ストリームが正常にオープンされていれば、falseを返します。失敗している場合はtrueを返します。

リスト1は、fstream::failを使って、ファイルストリームを開けたかをチェックするプログラム例です。

リスト1 ファイルストリームを開けたかチェックする（ファイル名：stl324.cpp）

```
#include <iostream>
#include <fstream>
using namespace std;

void main( void )
{
    char *file = "stl324.cpp";
    fstream s( file, ios::in );
    if ( s.fail() ) {
        cout << "can't open file: " << file << endl;
    } else {
        cout << "can open file: " << file << endl;
        s.close();
    }

    file = "sample_none_file.txt";
    fstream s2( file, ios::in );
    if ( s2.fail() ) {
        cout << "can't open file: " << file << endl;
    } else {
        cout << "can open file: " << file << endl;
        s2.close();
    }
}
```

実行結果

```
can open file: stl324.cpp
can't open file: sample_none_file.txt
```

読み取り専用ファイルをオープンするときは、読み取り可能（ios::in）の場合はオープンに成功しますが、読み書き可能（ios::in ¦ ios::out）の場合はオープンに失敗します。

Tips 325 ▶Level ●●○ ▶対応 C++ VC g++

ファイルストリームから読み込む

ここがポイントです！ fstream::read

fstream::readは、ストリームから指定したバイト数を読み込みます。主にバイナリデータを扱うために使います。

構文は、次のようになります。引数のbufには「読み込みバッファ」、sizeには「バッファのバイト数」を指定します。

```
#include <iostream>
istream& read( char *buf, streamsize size );
istream& read( unsigned char *buf, streamsize size );
istream& read( void *buf, streamsize size );
```

戻り値は、ストリームの参照を返します。

リスト1は、fstream::readを使って、ファイルストリームからバイナリデータを読み込むプログラム例です。

リスト1 ファイルストリームから読み込む（ファイル名：stl325.cpp）

```
#include <string>
#include <iostream>
#include <fstream>
using namespace std;

int main( void )
{
    char file[] = "stl325.cpp";
    fstream s( file, ios::in );
    if ( s.fail() ) {
        cerr << "can't open file " << file << endl;
```

```
        return 0;
    }

    while ( !s.eof() ) {
        // 10バイトずつ読み込み
        char buf[100];
        buf[10] = '¥0' ;
        s.read( buf, 10 );
        cout << "10バイト: " << buf << endl;
    }
    s.close();
    return 1;
}
```

リスト1では、10バイトずつデータを読み込んでいます。テキストデータを1行読み込む場合には、getlineメソッドやgetメソッドを使います。

ファイルストリームへ書き出す

fstream::write

fstream::writeは、ストリームへ指定バイト数書き出します。書き出すデータは、char型やunsigned char型のような文字のほかに、voidのポインタを渡すことができます。

構文は、次のようになります。引数のbufには「出力するデータのポインタ」、sizeには「出力するバイト数」を指定します。

```
#include <iostream>
ostream& write( const char *buf, streamsize size );
ostream& write( const unsigned char *buf, streamsize size );
ostream& write( const void *buf, streamsize size );
```

戻り値は、ストリームの参照を返します。

リスト1は、fstream::writeを使って、ファイルストリームへバイナリデータを書き出すプログラム例です。

リスト1 ファイルストリームへ書き出す（ファイル名：stl326.cpp）

```
#include <string>
#include <iostream>
```

```
#include <fstream>
using namespace std;

int main( void )
{
    char file[] = "sample.txt";
    fstream s( file, ios::out );
    if ( s.fail() ) {
        cerr << "can't open file " << file << endl;
        return 0;
    }

    char buf[] = "Hello C++ world.¥n";
    for ( int i=0; i<10; i++ ) {
        s << i << ": ";
        s.write( buf, sizeof(buf)-1 );
    }
    s.close();
    return 1;
}
```

リスト1では、「Hello C++ World.」という文字列を10回出力しています。ストリームへ<<演算子を使ったときと違い、任意のデータ(NULL文字など)を書き出せます。

4-2 string

Tips **327** ▶Level ●○○ ▶対応 C++ VC g++

文字列を追加する

ここがポイントです! append

appendメソッドでは、対象文字列の最後に文字列（str、s）や1文字（ch）を追加します。

構文は、次のようになります。引数のstrには「追加する文字列（char型、string型）」、chには「追加する1文字」、sizeには「追加する文字数」、posには「追加する位置」を指定します。

```
#include <string>
string& append( const char *str );
string& append( const char *str, size_type size );
string& append( const string &str );
```

```
string& append( const string &str, size_type pos, size_type size );
string& append( size_type size, char ch );
```

戻り値は、追加された文字列をstring型で返します。
リスト1は、appendを使って、文字列を追加するプログラム例です。

リスト1　文字列を追加する（ファイル名：stl327.cpp）

```
#include <string>
#include <iostream>
using namespace std;

void main( void )
{
    string s1( "Hello " );
    string s2( "World." );
    string out;

    // 通常の追加
    out = "";
    out.append( s1 );
    out.append( "C++ " );
    out.append( "World." );
    cout << out << endl;

    // 文字列中の指定文字数を追加
    out = "";
    out.append( s1 );
    out.append( "C++ ", 1 );
    out.append( " " );
    out.append( "World." );
    cout << out << endl;

    // 指定位置に追加
    out = "Hello ";
    out.append( "ABCDEF", 2, 1 );
    cout << out << "++ World." << endl;

    // 指定回数分、1文字を追加
    out = "Hello World.";
    out.append( 10, '!' );
    cout << out << endl;

    // '+' オペレータを使った場合
    out = "";
    out = s1 + "C++ " + s2;
    cout << out << endl;

}
```

実行結果

```
Hello C++ World.
Hello C World.
Hello D++ World.
Hello World.!!!!!!!!!!
Hello C++ World.
```

終端に文字を加えるには、+=演算子を使うこともできます。

```
out = "";
out += "Hello ";
out += "C++ ";
out += "World." ;
cout << out << endl;
```

Tips 328

指定位置の文字を取得する

▶Level ●○○
▶対応 C++ VC g++

at

atメソッドでは、指定した位置の文字の参照を返します。参照のため、atメソッドで返した変数を使って、元の文字列を変更することができます。

構文は、次のようになります。引数のposには「取得する位置」を指定します。

```
#include <string>
char& at( size_type pos );
```

戻り値は、取得された文字（char型）の参照を返します。

リスト1は、atを使って、指定位置の文字を取得するプログラム例です。

リスト1 指定位置の文字を取得する（ファイル名：stl328.cpp）

```
#include <string>
#include <iostream>
#include <stdexcept>
using namespace std;

void main( void )
```

```
{
    string str1("Hello C++ world.");

    // 0バイト目が最初の文字になる
    cout << str1 << endl;
    cout << "6バイト目:[" << str1.at(6)   << "]" << endl;

    // 範囲外を指定したときは例外が発生する
    try {
        cout << "範囲外[" << str1.at(100) << "]" << endl;
    } catch ( out_of_range e ) {
        cout << "例外が発生しました [" << e.what() << "]" << endl;
    }

    // 参照を使って書き換える
    char &ch = str1.at(6);
    ch = 'J';
    cout << str1 << endl;
    // 直接書き換える
    str1.at(6) = 'M';
    cout << str1 << endl;
    // '[]' 演算子を使っても同じ
    str1[6] = 'C';
    cout << str1 << endl;
}
```

先頭のイテレータを取得する

ここがポイントです! begin

beginは、文字列の先頭の位置を示すイテレータを取得します。for文などを使って、順次アクセスができます。

構文は、次のようになります。引数はありません。

```
#include <string>
string::iterator begin( void );
```

戻り値は、先頭のランダムアクセスイテレータを返します。

リスト1は、beginを使って、先頭のイテレータを取得するプログラム例です。

リスト1　先頭のイテレータを取得する（ファイル名：stl329.cpp）

```
#include <string>
#include <iostream>
using namespace std;

void main( void )
{
    string str1("Hello C++ world.");

    // イテレータを使って１文字ずつ出力する
    for ( string::iterator i=str1.begin(); i != str1.end(); i++ ) {
        cout << "[" << *i << "]" ;
    }
    cout << endl;

    string::iterator it = str1.begin();
    cout << *(it+4) << endl;
}
```

リスト2　実行結果

```
[H][e][l][l][o][ ][C][+][+][ ][w][o][r][l][d][.]
```

ランダムアクセスができるイテレータなので、次のように数値を加算して目的の位置の要素（文字）を取得できます。

```
string::iterator it = str.begin();
cout << *(it+4) << endl;
```

C言語の文字列を取得する

ここがポイントです！　c_str

c_strは、printf関数などで使う、C言語タイプの文字列を返します。この文字列は、stringクラス内で利用されているので、修正したり、free関数などで解放してはいけません。

構文は、次のようになります。引数はありません。

```
#include <string>
const char *c_str( void ) const ;
```

戻り値は、C言語で使う文字列（char型のポインタ）を返します。
リスト1は、c_strを使って、C言語の文字列を取得するプログラム例です。

リスト1　C言語の文字列を取得する（ファイル名：stl330.cpp）

```
#include <string>
#include <iostream>
#include <stdio.h>

using namespace std;

void main( void )
{
    string str1("Hello C++ world.");

    // cout を使う
    cout << "cout の場合： " << str1 << endl;
    // const char * を返す
    printf( "printf の場合： %s¥n", str1.c_str() );
}
```

リスト2　実行結果

```
cout の場合： Hello C++ world.
printf の場合： Hello C++ world.
```

stringクラスでは、coutやcinなどを使って標準入出力を行いますが、Cランタイムの標準関数を使うことも可能です。このようなときには、c_strメソッドを使って、char型の文字列に変換します。

Tips 331 文字列を比較する

▶Level ●○○
▶対応 C++ VC g++

compareは、比較対象の文字列と辞書順で比較します。
構文は、次のようになります。引数のstrには「比較対象の文字列」、posとpos2には「比較位置」、sizeとsize2には「比較する文字数」を指定します。

```
#include <string>
```

```
int compare( const string& str ) const ;
int compare( size_type pos, size_type size, const string& str );
int compare( size_type pos, size_type size, const string& str, size_type
pos2, size_type size2 );
```

戻り値は、辞書順で文字列を比較し、文字列が同じ場合は0を返します。

負（< 0）の場合は、比較文字列よりも小さいことを示します。正（> 0）の場合は、比較文字列よりも大きいことを示します。

リスト1は、compareを使って、文字列を比較する例です。

リスト1　文字列を比較する（ファイル名：stl331.cpp）

```
#include <string>
#include <iostream>

using namespace std;

void main( void )
{
    string str1("cat");
    string str2("dog");
    string str3("cats");


    cout << str1 << "と" << str1 << "を比較 " << str1.compare( str1 ) <<
endl;
    cout << str1 << "と" << str2 << "を比較 " << str1.compare( str2 ) <<
endl;
    cout << str2 << "と" << str1 << "を比較 " << str2.compare( str1 ) <<
endl;
    cout << str1 << "と" << str3 << "を比較 " << str1.compare( str3 ) <<
endl;

    // "==" 演算子を使っても同じことができる
    cout << str1 << "と" << str2 << "を比較 "
        << ((str1 == str2)? "true": "false") << endl;
    cout << str1 << "と" << str1 << "を比較 "
        << ((str1 == str1)? "true": "false") << endl;

#ifdef _MSC_VER
    // VCの場合は文字数を指定して比較できます
    cout << str3 << "と" << str1 << "を3文字比較 "
        << str3.compare( 0,3, str1 ) << endl;
    cout << str1 << "と" << str3 << "を3文字比較 "
        << str1.compare( 0,3, str3,0,3 ) << endl;
#else
    // gccの場合は比較文字数を後ろに指定します。
    cout << str3 << "と" << str1 << "を3文字比較 "
        << str3.compare( str1, 0,3 ) << endl;
```

```
#endif
}
```

リスト2　実行結果

```
catとcatを比較 0
catとdogを比較 -1
dogとcatを比較 1
catとcatsを比較 -1
catとdogを比較 false
catとcatを比較 true
catsとcatを3文字比較 0
catとcatsを3文字比較 0
```

stringクラスの==演算子と同様のことができます。

文字列をコピーする

ここがポイントです！　copy

copyは、文字列を文字数を指定してコピーします。先頭位置（pos）を指定することで、先頭以外の位置からもコピーできます。

構文は、次のようになります。引数のbufには「コピー先の格納バッファ」、sizeには「コピーする文字列の長さ」、posには「コピーする先頭位置」を指定します。

```
#include <string>
size_type copy( char *buf, size_type size, size_type pos = 0 );
```

戻り値は、コピーされた文字数を返します。

リスト1は、copyを使って、文字列をコピーするプログラム例です。

リスト1　文字列をコピーする（ファイル名：stl332.cpp）

```
#include <string>
#include <iostream>
using namespace std;

void main( void )
```

```
{
    string str1("Hello C++ world.");
    char buff[100] = {0};

    cout << str1.copy(buff, 5) << "文字コピーしました " << endl;
    cout << "[" << buff << "]" << endl;

    cout << str1.copy(buff, 5,2) << "文字コピーしました" << endl;
    cout << "[" << buff << "]" << endl;
}
```

リスト2 実行結果

```
5文字コピーしました
[Hello]
5文字コピーしました
[llo C]
```

すべての文字列をコピーする場合は、代入演算子（=演算子）を使うと便利です。

空文字列をチェックする

ここがポイントです！ empty

emptyは、文字列が空かどうかをチェックします。
構文は、次のようになります。引数はありません。

```
#include <string>
bool empty( void );
```

戻り値は、文字列が空の場合は、trueを返します。そうでない場合は、falseを返します。
リスト1は、emptyを使って、空文字列をチェックするプログラム例です。

リスト1 空文字列をチェックする（ファイル名：stl333.cpp）

```
#include <string>
#include <iostream>
using namespace std;
```

```
void main( void )
{
    string str1("Hello world.");
    string str2;
    string str3("");

    cout << "[" << str1 << "] は empty " <<
        (str1.empty()? "です": "ではありません") << endl;
    cout << "[" << str2 << "] は empty " <<
        (str2.empty()? "です": "ではありません") << endl;
    cout << "[" << str3 << "] は empty " <<
        (str3.empty()? "です": "ではありません") << endl;
}
```


リスト2 実行結果

```
[Hello world.] は empty ではありません
[] は empty です
[] は empty です
```

リスト1のように、初期化していないstringクラスのオブジェクトも空文字列になります。次のように、==演算子を使っても同様にできます。

```
if ( str == "" ) {
  cout << "empty" << endl;
} else {
  cout << "no empty" << endl;
}
```

Tips 334 ▶Level ●○○ ▶対応 C++ VC g++

末尾のイテレータを取得する

ここがポイントです！ end

endは、文字列の末尾を示すイテレータを取得します。for文などを使って、順次アクセスができます。

構文は、次のようになります。引数はありません。

```
#include <string>
string::iterator end( void );
```

戻り値は、先頭のランダムアクセスイテレータを返します。

リスト1は、endを使って、末尾のイテレータを取得するプログラム例です。

リスト1　末尾のイテレータを取得する（ファイル名：stl334.cpp）

```
#include <string>
#include <iostream>
using namespace std;

void main( void )
{
    string str1("Hello C++ world.");

    // 1文字ずつ出力する
    string::iterator i = str1.end();
    do {
        i--;
        cout << "[" << *i << "]" ;
    } while ( i != str1.begin() ) ;
    cout << endl;
}
```

リスト2　実行結果

```
[.][d][l][r][o][w][ ][+][+][C][ ][o][l][l][e][H]
```

さらにワンポイント　beginメソッドは、文字列の先頭文字そのもののイテレータを返しますが、endメソッドは文字列の最終文字の次のイテレータになります。リスト1のように逆順にアクセスする場合は、一度デクリメント（--演算子）をしてからアクセスします。常に逆順にアクセスする場合は、rbeginメソッド、rendメソッドで逆順のイテレータを取得すると便利です。

指定位置の文字を削除する

ここがポイントです！　erase

eraseは、指定位置の文字や文字列を削除します。削除する位置は、文字位置だけでなくイテレータを使うこともできます。

構文は、次のようになります。引数のposには「削除する位置」、sizeには「削除する文字数」、itには「削除位置のイテレータ」、firstには「削除する先頭のイテレータ」、lastには「削除する末尾のイテレータ」を指定します。

```
#include <string>
string& erase( size_type pos = 0, size_type size = npos );
string::iterator erase( iterator it );
string::iterator erase( iterator first, iterator last );
```

戻り値は、削除した後の文字列を返します。イテレータの場合は、削除したときの後ろの側のイテレータを返します。

リスト1は、eraseを使って、指定位置の文字を削除するプログラム例です。

リスト1 指定位置の文字を削除する（ファイル名：stl335.cpp）

```
#include <string>
#include <iostream>
using namespace std;

void main( void )
{
    string str1("Hello C++ world.");

    cout << "erase 前 [" << str1 << "]" << endl;
    str1.erase();
    cout << "erase 後 [" << str1 << "]" << endl;

    str1 = "Hello world.";
    str1.erase( str1.begin() );
    cout << "最初の1文字を削除 [" << str1 << "]" << endl;

    str1 = "Hello C++ world.";
    str1.erase( 6,3 );
    cout << "7文字目から3文字削除 [" << str1 << "]" << endl;
    str1 = "Hello C++ world.";
    str1.erase( 6 );
    cout << "7文字目以降を削除 [" << str1 << "]" << endl;

    str1 = "Hello C++ world.";
    string::iterator first, last ;
    first = str1.begin() + 6;
    last = first + 3;
    str1.erase( first, last );
    cout << "7文字目から3文字削除 [" << str1 << "]" << endl;
}
```

リスト2 実行結果

```
erase 前 [Hello C++ world.]
erase 後 []
最初の1文字を削除 [ello world.]
7文字目から3文字削除 [Hello world.]
7文字目以降を削除 [Hello ]
7文字目から3文字削除 [Hello world.]
```

先頭と末尾のイテレータ（beginメソッドとendメソッド）を使った場合は、文字列は空になります。

```
str.erase( str.begin(), str.end() );
```

指定した単語を検索する

find

文字列から別の文字列や文字を検索するには、findを使います。

構文は、次のようになります。引数のstrには「検索する文字列（string型、char*型）」、chには「検索する文字」、posには「検索を開始する位置」、sizeには「検索する文字列の部分文字数」を指定します。

```
#include <string>
size_type find( const string& str, size_type pos = 0 );
size_type find( const char *str, size_type pos = 0 );
size_type find( const char *str, size_type pos , size_type size );
size_type find( const char ch, size_type pos = 0 );
erator last );
```

戻り値は、最初に一致した開始位置を返します。見つからなかったときは、string::nposを返します。

リスト1は、findを使って、指定した単語を検索するプログラム例です。

リスト1　指定した単語を検索する（ファイル名：stl336.cpp）

```
#include <string>
#include <iostream>
using namespace std;

void main( void )
{
    string str1("Hello world.");

    // 先頭から全体で探索
    cout << "先頭から world が " <<
        str1.find("world") << " バイト目に見つかりました" << endl;
    cout << "先頭から web が " <<
```

```
        (( str1.find("web") != string::npos )? "見つかった": "見つからなかった
") << endl;
    // 指定文字以降で探索
    cout << "4 文字目以降で world が " <<
        (( str1.find("world",3) != string::npos )? "見つかった": "見つからなか
った") << endl;
    cout << "4 文字目以降で Hello が " <<
        (( str1.find("Hello",3) != string::npos )? "見つかった": "見つからなか
った") << endl;
    // 指定文字以降で、指定文字数分を探索対象にする
    cout << "7 文字目以降で wo が " <<
        (( str1.find("wowow",6,2) != string::npos )? "見つかった": "見つから
なかった") << endl;
    cout << "9 文字目以降で wo が " <<
        (( str1.find("wowow",8,2) != string::npos )? "見つかった": "見つから
なかった") << endl;
}
```

検索対象は、最初からだけでなく開始位置を指定できます。

指定した単語を末尾から検索する

ここがポイントです！ rfind

rfindは、文字列終端を検索して、別の文字列や文字を検索します。ファイルの拡張子やフルパスからファイル名を検索するときに活用します。

構文は、次のようになります。引数のstrには「検索する文字列（string型、char*型）」、chには「検索する文字」、posには「検索を開始する終端の位置」、sizeには「検索する文字列の部分文字数」を指定します。

```
#include <string>
size_type rfind( const string& str, size_type pos = npos );
size_type rfind( const char *str, size_type pos = npos );
size_type rfind( const char *str, size_type pos , size_type size );
size_type rfind( const char ch, size_type pos = npos );
erator last );
```

戻り値は、最初に一致した位置を返します。返す位置は、文字列の先頭からの位置になります。見つからなかったときは、string::nposを返します。

リスト1は、rfindを使って、指定した単語を末尾から検索するプログラム例です。

リスト1 指定した単語を末尾から検索する（ファイル名：stl337.cpp）

```
#include <string>
#include <iostream>
using namespace std;

void main( void )
{
    string str0("012345678901234");
    string str1("XYZ XYZ XYZ XYZ");

    cout << str0 << endl;
    cout << str1 << endl;

    // 最後から探索
    cout << "最後から XY が " <<
        str1.rfind("XY") << " バイト目に見つかりました" << endl;
    cout << "最後から XX が " <<
        (( str1.rfind("XX") != string::npos )? "見つかった": "見つからなかった
") << endl;
    // 指定位置から探索
    cout << "10 バイト目から XY が " <<
        str1.rfind("XY",10) << " バイト目に見つかりました" << endl;
}
```

指定したパターンを最初から検索する

ここがポイントです！ find_first_of

find_first_ofは、文字列を最初から検索して、パターンにあるいずれかの文字を見つけます。

構文は、次のようになります。引数のstrには「検索するパターン（string型、char*型）」、chには「検索する文字」、posには「検索を開始する位置」、sizeには「検索するパターンの文字数」を指定します。

```
#include <string>
size_type find_first_of( const string& str, size_type pos = 0 );
size_type find_first_of( const char *str, size_type pos = 0 );
size_type find_first_of( const char *str, size_type pos, size_type size );
size_type find_first_of( const char ch, size_type pos = 0 );
```

戻り値は、最初に一致した位置を返します。見つからなかったときは、string::nposを返します。

リスト1は、find_first_ofを使って、指定したパターンを最初から検索するプログラム例です。

リスト1　指定したパターンを最初から検索する（ファイル名：stl338.cpp）

```
#include <string>
#include <iostream>

using namespace std;

void main( void )
{
    string str("100,200,300,400");
    int n;
    cout << "検索対象: " << str << endl;

    n = str.find_first_of("0123456789");
    cout << "check: " << n << " [" << str[n] << "]" << endl;
    n = str.find_first_of(",");
    cout << "check: " << n << " [" << str[n] << "]" << endl;

    n = str.find_first_of("abcdefg");
    if ( n != string::npos ) {
        cout << "check: " << n << " [" << str[n] << "]" << endl;
    } else {
        cout << "check: 見つからなかった" << endl;
    }
}
```

リスト1では、カンマと数字を検索しています。このときは検索に成功します。しかし、アルファベットを指定したときは、string::nposを返し、見つからなかったことを示します。

指定したパターンにマッチしない位置を取得する

ここがポイントです！ find_first_not_of

find_first_not_ofは、パターンを最初から検索して、検索にマッチしなかった位置を取得します。

構文は、次のようになります。引数のstrには「検索するパターン（string型、char*型）」、chには「検索する文字」、posには「検索を開始する位置」、sizeには「検索する文字列の部分文字数」を指定します。

```
#include <string>
size_type find_first_not_of( const string& str, size_type pos = 0 );
size_type find_first_not_of( const char *str, size_type pos = 0 );
size_type find_first_not_of( const char *str, size_type pos, size_type size );
size_type find_first_not_of( const char ch, size_type pos = 0 );
```

戻り値は、最初に一致しなかった位置を返します。失敗したときは、string::nposを返します。

リスト1は、find_first_not_ofを使って、指定したパターンにマッチしない位置を取得するプログラム例です。

リスト1 指定したパターンにマッチしない位置を取得する（ファイル名：stl339.cpp）

```
#include <string>
#include <iostream>

using namespace std;

void main( void )
{
    string str("100,200,300,400");
    int n;
    cout << "検索対象: " << str << endl;

    n = str.find_first_not_of("0123456789");
    cout << "check: " << n << " [" << str[n] << "]" << endl;
    n = str.find_first_not_of(",");
    cout << "check: " << n << " [" << str[n] << "]" << endl;
    // 全て位置する場合
    n = str.find_first_not_of("0123456789,");
    if ( n != string::npos ) {
        cout << "check: " << n << " [" << str[n] << "]" << endl;
```

```
    } else {
        cout << "check: 全て一致" << endl;
    }
}
```

パターンにマッチしなかった箇所を見つけることができます。対象の文字列がすべてマッチしてる場合は、string::nposを返すのでチェックしてください。

末尾から検索し、パターンにマッチしない位置を取得する

ここがポイントです！ **find_last_not_of**

find_last_not_ofは、文字列を最後から検索して、検索にマッチしなかった位置を取得します。

構文は、次のようになります。引数のstrには「検索するパターン（string型、char*型）」、chには「検索する文字」、posには「検索を開始する位置」、sizeには「検索する文字列の部分文字数」を指定します。

```
#include <string>
size_type find_last_not_of( const string& str, size_type pos = npos );
size_type find_last_not_of( const char *str, size_type pos = npos );
size_type find_last_not_of( const char *str, size_type pos, size_type size );
size_type find_last_not_of( const char ch, size_type pos = npos );
```

戻り値は、検索に一致しなかった位置を返します。失敗したときは、string::nposを返します。

リスト1は、find_last_not_ofを使って、末尾から検索し、パターンにマッチしない位置を取得するプログラム例です。

リスト1　末尾から検索し、パターンにマッチしない位置を取得する（ファイル名：stl340.cpp）

```
#include <string>
#include <iostream>
using namespace std;

void main( void )
{
    string str("100,200,300,400");
```

```
    int n;
    cout << "検索対象: " << str << endl;

    n = str.find_last_not_of("0123456789");
    cout << "check: " << n << " [" << str[n] << "]" << endl;
    n = str.find_last_not_of(",");
    cout << "check: " << n << " [" << str[n] << "]" << endl;
    // 全て位置する場合
    n = str.find_last_not_of("0123456789,");
    if ( n !=  string::npos ) {
        cout << "check: " << n << " [" << str[n] << "]" << endl;
    } else {
        cout << "check: 全て一致" << endl;
    }
}
```

末尾から検索して、マッチしない箇所を調べます。すべて一致する場合には、string::nposを返すので注意してください。

指定したパターンを末尾から検索する

ここがポイントです！ find_last_of

find_last_ofは、文字列を最後から検索して、検索にマッチした位置を取得します。

構文は、次のようになります。引数のstrには「検索するパターン（string型、char*型）」、chには「検索する文字」、posには「検索を開始する位置」、sizeには「検索する文字列の部分文字数」を指定します。

```
#include <string>
size_type find_last_of( const string& str, size_type pos = npos );
size_type find_last_of( const char *str, size_type pos = npos );
size_type find_last_of( const char *str, size_type pos, size_type size );
size_type find_last_of( const char ch, size_type pos = npos );
```

戻り値は、末尾から検索し、最初に一致した位置を返します。見つからなかったときは、string::nposを返します。

リスト1は、find_last_ofを使って、指定したパターンを末尾から検索するプログラム例です。

リスト1　指定したパターンを末尾から検索する（ファイル名：stl341.cpp）

```
#include <string>
#include <iostream>

using namespace std;

void main( void )
{
    string str("100,200,300,400");
    int n;
    cout << "検索対象: " << str << endl;

    n = str.find_last_of("0123456789");
    cout << "check: " << n << " [" << str[n] << "]" << endl;
    n = str.find_last_of(",");
    cout << "check: " << n << " [" << str[n] << "]" << endl;

    n = str.find_last_of("abcdefg");
    if ( n != string::npos ) {
        cout << "check: " << n << " [" << str[n] << "]" << endl;
    } else {
        cout << "check: 見つからなかった" << endl;
    }
}
```

文字列を挿入する

ここがポイントです！ insert

指定位置に文字や文字列を挿入するには、insertを使います。

構文は、次のようになります。引数のstrには「挿入する文字列（string型、char*型）」、chには「挿入する文字」、pos1には「挿入する位置」、sizeには「挿入する文字列の長さ」、cntには「挿入する文字の数」、itには「挿入する位置のイテレータ」を指定します。

```
#include <string>
string& insert( size_type pos1, const string& str, size_type pos2 = 0,
size_type size = npos );
string& insert( size_type pos, const char *str, size_type size );
string& insert( size_type pos, const char *str );
string& insert( size_type pos, size_type cnt, char ch );
string::iterator insert( iterator it, char ch );
string::iterator insert( iterator it, size_type cnt, char ch );
```

戻り値は、挿入後には、文字列の参照を返します。イテレータを使った場合は、文字列のイテレータを返します。

リスト1は、insertを使って、単語を挿入するプログラム例です。

リスト1 文字列を挿入する(ファイル名:stl342.cpp)

```
#include <string>
#include <iostream>
using namespace std;

void main( void )
{
    // 文字列を挿入
    string str1("Hello world.");
    cout << str1.insert(6, "C++ ") << endl;

    // 3文字挿入
    string str2("Hello world.");
    str2.insert( 11, 3, '!' );
    cout << str2 << endl;

    string str3("Hello  world.");
    string::iterator it = str3.begin()+6;
    str3.insert( it, 'C' );
    cout << str3 << endl;
}
```

insertメソッドは、指定した位置に文字数を設定して挿入できます。

文字列の長さを取得する①

ここがポイントです! **size**

文字列の長さを取得するには、sizeを使います。

構文は、次のようになります。引数はありません。

```
#include <string>
size_type size( void );
```

戻り値は、文字列の長さを返します。
リスト1は、sizeを使って、文字列の長さを取得するプログラム例です。

リスト1 文字列の長さを取得する（ファイル名：stl343.cpp）

```
#include <string>
#include <iostream>
using namespace std;

void main( void )
{
    string str1("Hello world.");
    cout << "[" << str1 << "] 文字数は " << str1.size() << endl;
    string str2("");
    cout << "[" << str2 << "] 文字数は " << str2.size() << endl;
    string str3;
    cout << "[" << str3 << "] 文字数は " << str3.size() << endl;
}
```

リスト2 実行結果

```
[Hello world.] 文字数は 12
[] 文字数は 0
[] 文字数は 0
```

空文字列の場合（emptyの場合）は、長さが0になります。

Tips 344 文字列の長さを取得する②

▶Level ●○○
▶対応 C++ VC g++

ここがポイントです！ length

lengthは、文字列の長さを取得します。
構文は、次のようになります。引数はありません。

```
#include <string>
size_type length( void );
```

戻り値は、文字列の長さを返します。

リスト1は、lengthを使って、文字列の長さを取得するプログラム例です。

リスト1　文字列の長さを取得する（ファイル名：stl344.cpp）

```
#include <string>
#include <iostream>
using namespace std;

void main( void )
{
    string str1("Hello world.");
    cout << "[" << str1 << "] 文字数は " << str1.length() << endl;
    string str2("");
    cout << "[" << str2 << "] 文字数は " << str2.length() << endl;
    string str3;
    cout << "[" << str3 << "] 文字数は " << str3.length() << endl;
}
```

リスト2　実行結果

```
[Hello world.] 文字数は 12
[] 文字数は 0
[] 文字数は 0
```

sizeメソッドと同じ動作をします。

確保しているメモリ量を取得する

ここがポイントです！　max_size

max_sizeは、stringクラスが許容できる文字列の最大の長さを取得します。通常は、string::npos-1(4294967294)の値になります。

構文は、次のようになります。引数はありません。

```
#include <string>
size_type max_size( void );
```

戻り値は、バッファの最大値を返します。

リスト1は、max_sizeを使って、確保しているメモリ量を取得するプログラム例です。

リスト1　確保しているメモリ量を取得する（ファイル名：stl345.cpp）

```
#include <string>
#include <iostream>
using namespace std;

void main( void )
{
    string s;
    cout << "string::npos = " << string::npos << endl;
    cout << "s.npos       = " << s.npos << endl;
    cout << "s.max_size() = " << s.max_size() << endl;
}
```

リスト2　実行結果

```
string::npos = 4294967295
s.npos       = 4294967295
s.max_size() = 4294967294
```

普段は使いませんが、長すぎる文字列をチェックするときに使います。

Tips 346 ▶Level ●○○ ▶対応 C++ VC g++

文字列の長さの無効値を示す

nposは、stringクラスで定義されている「長さの無効値」を示す値です。文字列の最大値+1の値が使われています。

構文は、次のようになります。

```
#include <string>
static const size_type string::npos ;
```

リスト1は、nposを使って、無効値を利用した例です。

リスト1　文字列の長さの無効値を示す（ファイル名：stl346.cpp）

```
#include <string>
#include <iostream>
using namespace std;

void main( void )
{
    string s;
    cout << "string::npos = " << string::npos << endl;
    cout << "s.npos       = " << s.npos << endl;
    cout << "s.max_size() = " << s.max_size() << endl;

    string str1("Hello C++ world.");
    if ( str1.find("Java") == string::npos ) {
        cout << "Java が見つかりませんでした" << endl;
    } else {
        cout << "Java が見つかりました" << endl;
    }
}
```

リスト2　実行結果

```
string::npos = 4294967295
s.npos       = 4294967295
s.max_size() = 4294967294
Java が見つかりませんでした
```

findメソッドなどで、検索文字列が見つからなかったときに使われます。メソッドの戻り値がnposの場合には、そのまま[]演算子などで参照すると例外が発生するので注意してください。

文字列が同じかチェックする

ここがポイントです！　operator ==

文字列を比較して、等しいかどうかを調べるには、operator ==を使います。文字列は、string型とC言語の文字列（char*型）の相互を比較できます。

構文は、次のようになります。引数のstr1には「比較する文字列1」、str2には「比較する文字列2」を指定します。

```
#include <string>
bool operator ==( const string& str1, const string& str2 );
bool operator ==( const string& str1, const char *str2 );
bool operator ==( const char *str1, const string& str2 );
```

戻り値は、文字列が等しい場合は、trueを返します。異なる場合は、falseを返します。
リスト1は、==を使って、文字列が同じかチェックするプログラム例です。

リスト1 文字列が同じかチェックする（ファイル名：stl347.cpp）

```
#include <string>
#include <iostream>
using namespace std;

void main( void )
{
    string str1("Hello world.");
    string str2("Hello world.");
    // string型で比較
    if ( str1 == str2 ) {
        cout << "文字列は等しい" << endl;
    } else {
        cout << "文字列は異なる" << endl;
    }
    // char*型で比較
    if ( str1 == "Hello world." ) {
        cout << "文字列は等しい" << endl;
    } else {
        cout << "文字列は異なる" << endl;
    }
}
```

リスト2 実行結果

```
文字列は等しい
文字列は等しい
```

char型のポインタで比較しても、正しく文字列が比較できます。ただし、両方ともchar型のポインタの場合には、ポインタの比較になるので注意してください。

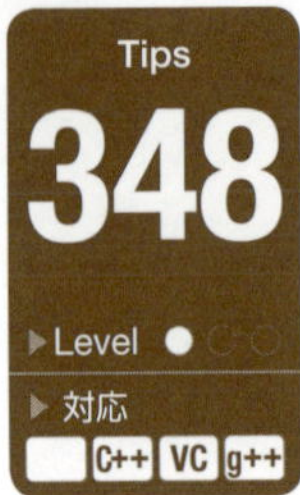

文字列が異なるかをチェックする

ここがポイントです！ operator !=

文字列を比較して、異なるかどうかを調べるには、operator !=を使います。文字列は、string型とC言語の文字列（char*型）の相互を比較できます。

構文は、次のようになります。引数のstr1には「比較する文字列1」、str2には「比較する文字列2」を指定します。

```
#include <string>
bool operator !=( const string& str1, const string& str2 );
bool operator !=( const string& str1, const char *str2 );
bool operator !=( const char *str1, const string& str2 );
```

戻り値は、文字列が異なる場合は、trueを返します。等しい場合は、falseを返します。

リスト1は、!=を使って、文字列が異なるかをチェックするプログラム例です。

リスト1 文字列が異なるかをチェックする（ファイル名：stl348.cpp）

```
#include <string>
#include <iostream>
using namespace std;

void main( void )
{
    string str1("C++");
    string str2("Java");
    // string型で比較
    if ( str1 != str2 ) {
        cout << "文字列は異なる" << endl;
    } else {
        cout << "文字列は等しい" << endl;
    }
    // char*型で比較
    if ( str1 != "Java" ) {
        cout << "文字列は異なる" << endl;
    } else {
        cout << "文字列は等しい" << endl;
    }
}
```

リスト2　実行結果

```
文字列は異なる
文字列は異なる
```

文字列を辞書順で前にあるかチェックする

operator <は、文字列を辞書順で比較します。文字列は、string型とC言語の文字列(char*型)の相互を比較できます。

構文は、次のようになります。引数のstr1には「比較する文字列1」、str2には「比較する文字列2」を指定します。

```
#include <string>
bool operator <( const string& str1, const string& str2 );
bool operator <( const string& str1, const char *str2 );
bool operator <( const char *str1, const string& str2 );
```

戻り値は、文字列1(str1)が、文字列2(str2)より小さい場合は、trueを返します。等しいか、大きい場合は、falseを返します。

リスト1は、<を使って、文字列を辞書順で前にあるかチェックするプログラム例です。

リスト1　文字列を辞書順で前にあるかチェックする(ファイル名:stl349.cpp)

```
#include <string>
#include <iostream>
using namespace std;

void main( void )
{
    string str1("C++");
    string str2("Java");
    // 異なる場合
    if ( str1 < str2 ) {
        cout << "[" << str1 << "]" << "は小さい" << endl;
    } else {
        cout << "[" << str1 << "]" << "は大きい" << endl;
    }
    // 等しい場合
    if ( str1 < "C++" ) {
        cout << "[" << str1 << "]" << "は小さい" << endl;
```

```
        } else {
            cout << "[" << str1 << "]" << "は大きい" << endl;
        }
}
```

リスト2 実行結果

```
[C++] は小さい
[C++] は大きい
```

さらにワンポイント strcmp関数とは違い、bool型で値を返します。このため、<演算子では等しい場合は、falseを返します。等しい場合も含める場合は、<=演算子を利用してください。

Tips 350 ▶Level ● ▶対応 C++ VC g++

文字列を辞書順で後ろにあるかチェックする

ここがポイントです! operator >

operator >は、文字列を辞書順で比較します。文字列は、string型とC言語の文字列(char*型)の相互を比較できます。

構文は、次のようになります。引数のstr1には「比較する文字列1」、str2には「比較する文字列2」を指定します。

```
#include <string>
bool operator >( const string& str1, const string& str2 );
bool operator >( const string& str1, const char *str2 );
bool operator >( const char *str1, const string& str2 );
```

戻り値は、文字列1(str1)が、文字列2(str2)より大きい場合は、trueを返します。等しいか、小さい場合は、falseを返します。

リスト1は、>を使って、文字列を辞書順で後ろにあるかチェックするプログラム例です。

リスト1 文字列を辞書順で後ろにあるかチェックする(ファイル名:stl350.cpp)

```
#include <string>
#include <iostream>
using namespace std;

void main( void )
{
```

```
    string str1("C++");
    string str2("Java");
    if ( str1 > str2 ) {
        cout << "[" << str1 << "]" << "は大きい" << endl;
    } else {
        cout << "[" << str1 << "]" << "は小さい" << endl;
    }
    // 等しい場合
    if ( str1 < "C++" ) {
        cout << "[" << str1 << "]" << "は小さい" << endl;
    } else {
        cout << "[" << str1 << "]" << "は大きい" << endl;
    }
}
```

実行結果

```
[C++] は小さい
[C++] は大きい
```

さらにワンポイント 辞書順で並び替えるために、algorithm::sort関数の比較関数として使います。

文字列を代入する

string型の変数に文字列や1文字を代入するには、operator =を使います。戻り値は、コピーした文字列の参照を返すので、通常の式として扱えます。なお、stringクラスは、char型の配列と同じように扱えます。

構文は、次のようになります。引数のstrには「コピーする文字列」、chには「コピーする文字」を指定します。

```
#include <string>
bool operator =( const string& str );
bool operator =( const char *str );
bool operator =( const char ch );
```

戻り値は、コピーされた文字列の参照を返します。

リスト1は、=を使って、文字列を代入するプログラム例です。

リスト1 文字列を代入する(ファイル名:stl351.cpp)

```
#include <string>
#include <iostream>
#include <locale.h>
using namespace std;

void main( void )
{

    string str1("Hello world.");
    string str2;

    str2 = str1;
    cout << str2 << endl;
    str2 = "Hello C++ world.";
    cout << str2 << endl;
    str2 = 'C';
    cout << str2 << endl;
    // Unicode を使う
    setlocale(LC_CTYPE, "");
    wstring s;
    s = L"ようこそ C/C++ の世界へ";
    wcout << s << endl;
}
```

リスト2 実行結果

```
Hello world.
Hello C++ world.
C
ようこそ C/C++ の世界へ
```

文字列を結合する

ここがポイントです! operator +

string型、char*型の文字列、char型の1文字を結合するには、operator +を使います。1文字や空文字列("")は、string型に拡張されます。

構文は、次のようになります。引数のleftには「左側の文字列あるいは1文字」、rightには

「右側の文字列あるいは1文字」を指定します。

```
#include <string>
string operator +( const string& left, const string& right );
string operator +( const string& left, const char *right );
string operator +( const string& left, const char right );
string operator +( const char *left, const string& right );
string operator +( const char left, const string& right );
```

戻り値は、結合した文字列を返します。
リスト1は、+を使って、文字列を結合するプログラム例です。

リスト1 文字列を結合する(ファイル名:stl352.cpp)

```
#include <string>
#include <iostream>
using namespace std;

void main( void )
{
    string str1("Hello ");
    string str2("world.");

    string s = str1 + "C++" + ' ' + str2 ;
    cout << s << endl;
}
```

リスト2 実行結果

```
Hello C++ world.
```

stringクラスの+演算子は左から評価されます。それぞれがstringクラスのオブジェクトを返すので、リスト1のようにchar*型の文字列や文字を連ねることが可能です。

文字列を結合しながら代入する

string型、char*型の文字列、char型の1文字を、指定した文字列の後ろに追加するには、

operator +=を使います。

構文は、次のようになります。引数のstrには「追加する文字列」、chには「追加する1文字」を指定します。

```
#include <string>
string operator +=( const string& str );
string operator +=( const char *str );
string operator +=( const char ch );
```

戻り値は、結合した文字列を返します。

リスト1は、+=を使って、文字列を末尾に追加する例です。

リスト1 文字列を結合して代入する（ファイル名：stl353.cpp）

```
#include <string>
#include <iostream>
using namespace std;

void main( void )
{
    string str1("Hello ");
    string str2("world.");

    cout << str1 << endl;
    str1 += "C++ ";
    cout << str1 << endl;
    str1 += str2;
    cout << str1 << endl;
    str1 += '!';
    cout << str1 << endl;
}
```

リスト2 実行結果

```
Hello
Hello C++
Hello C++ world.
Hello C++ world.!
```

appendメソッドと同じ働きをします。追加する文字列を細かく制御する場合には、appendメソッドを利用してください。

指定位置の文字を取得する

operator []は、添え字で指定した文字を返します。配列の括弧（[]）と同じように、指定した位置に文字を設定することもできます。

構文は、次のようになります。引数のposには「取得する位置」を指定します。

```
#include <string>
char& operator []( size_type pos );
```

戻り値は、指定した位置の文字の参照を返します。

リスト1は、[]を使って、指定位置の文字を取得するプログラム例です。

リスト1 指定位置の文字を取得する（ファイル名：stl354.cpp）

```
#include <string>
#include <iostream>
using namespace std;

void main( void )
{
    string str1("Hello world.");
    int n;

    try {
        n = 4;
        cout << n << "バイト目:[" << str1[n] << "]" << endl;
        n = 100;
        cout << n << "バイト目:[" << str1[n] << "]" << endl;
    } catch ( ... ) {
        cout << "エラーが発生しました " << endl;
    }
}
```

リスト2 実行結果

```
$ stl354
4バイト目:[o]
    ; VCの場合は、エラーが発生します。
```

さらにワンポイント []演算子は、atメソッドと同様に使えます。しかし、配列を超える位置を指定したときに、VCでは[]演算子の場合はエラーが発生しますが、atメソッドの場合は例外となります。gccでは、[]演算子のときにエラーが発生しないので、互換性を重視するときは注意してください。

先頭の逆イテレータを取得する

ここがポイントです！ **rbegin**

rbeginは、文字列を逆向きに文字を得るための、先頭位置を示すイテレータを取得します。rbeginメソッドで取得したイテレータは、++演算子によって文字を逆向きに走査していきます。

構文は、次のようになります。引数はありません。

```
#include <string>
string::reverse_iterator rbegin( void );
```

戻り値は、文字列の先頭の逆向きアクセスイテレータを返します。

リスト1は、rbeginを使って、先頭の逆イテレータを取得するプログラム例です。

リスト1　先頭の逆イテレータを取得する（ファイル名：stl355.cpp）

```
#include <string>
#include <iostream>
using namespace std;

void main( void )
{
    string str1("Hello C++ world.");

    // 1文字ずつ出力する
    for ( string::reverse_iterator i=str1.rbegin(); i != str1.rend();
i++ ) {
        cout << "[" << *i << "]" ;
    }
    cout << endl;
}
```

リスト2　実行結果

```
[.][d][l][r][o][w][ ][+][+][C][ ][o][l][l][e][H]
```

さらにワンポイント　逆向きであること以外は、beginメソッド、endメソッドで取得できるイテレータと同様に扱えます。

末尾の逆イテレータを取得する

rendは、文字列を逆向きに文字を得るための、末尾位置を示すイテレータを取得します。終端をチェックするときに利用します。

構文は、次のようになります。引数はありません。

```
#include <string>
string::reverse_iterator rend( void );
```

戻り値は、文字列の末尾の逆向きアクセスイテレータを返します。

リスト1は、rendを使って、末尾の逆イテレータを取得するプログラム例です。

リスト1　末尾の逆イテレータを取得する（ファイル名：stl356.cpp）

```
#include <string>
#include <iostream>
using namespace std;

void main( void )
{
    string str1("Hello C++ world.");

    // 1文字ずつ出力する
    string::reverse_iterator i = str1.rend();
    do {
        i--;
        cout << "[" << *i << "]" ;
    } while ( i != str1.rbegin() ) ;
    cout << endl;
}
```

リスト2　実行結果

```
[H][e][l][l][o][ ][C][+][+][ ][w][o][r][l][d][.]
```

rbeginメソッド、rendメソッドで取得できるイテレータはランダムアクセスができます。++演算子によるインクリメントだけでなく、--演算子によるデクリメントや数値による加算/減算も可能です。

文字列を置換する

ここがポイントです！ replace

文字列を置換するには、replaceを使います。置換する文字位置を指定して、文字列を変換します。一定の文字を繰り返し指定することも可能です。

構文は、次のようになります。引数のstrには「置換する文字列」、chには「置換する文字」を指定します。

また、pos1には「置換対象の文字列の位置」、size1には「置換対象の文字列の長さ」、pos2には「置換する文字列の部分位置」、size2には「置換する文字列の部分の長さ」を指定します。

さらに、firstには「置換対象の先頭を示すイテレータ」、lastには「 置換対象の末尾を示すイテレータ」、first2には「置換する文字列の先頭のイテレータ、ポインタ」、last2には「置換する文字列の末尾のイテレータ、ポインタ」を指定します。

```
#include <string>
string& replace( size_type pos1, size_type size1, const string& str );
string& replace( size_type pos1, size_type size1, const string& str,
size_type pos2, size_type pos2 );
string& replace( size_type pos1, size_type size1, const char *str );
string& replace( size_type pos1, size_type size1, const char *str, size_
type size2 );
string& replace( size_type pos1, size_type size1, size_type count, chare
ch );
string& replace( iterator first, iterator last, const char *str );
string& replace( iterator first, iterator last, const string& str );
string& replace( iterator first, iterator last, const char *str, size_
type num2 );
string& replace( iterator first, iterator last, size_type num2, char ch
);
```

```
string& replace( iterator first, iterator last, iterator first2,
iterator last2 );
string& replace( iterator first, iterator last, const char *first2,
const char *last2 );
```

戻り値は、置換された文字列の参照を返します。
リスト1は、replaceを使って、文字列を置換するプログラム例です。

リスト1 文字列を置換する（ファイル名：stl357.cpp）

```
#include <string>
#include <iostream>
using namespace std;

void main( void )
{
    string str1("Hello world.");
    string str2, str3;

    cout << str1 << endl;
    str2 = str1;
    str2.replace(5,1, " C++ " );
    cout << str2 << endl;
    str2 = str1;
    str2.replace(5,1, " C++ ", 2 );
    cout << str2 << endl;
    str2 = str1; str3 = " C/C++ ";
    str2.replace(5,1, str3 );
    cout << str2 << endl;

    string::iterator i;
    str2 = str1;
    i = str2.begin(); i += 5;
    str2.replace( str2.begin(), i, "HELLO" );
    cout << str2 << endl;
    str2 = str1;
    i = str2.begin(); i += 6;
    str2.replace( i, str2.end(), "WORLD." );
    cout << str2 << endl;
}
```

リスト2 実行結果

```
Hello world.
Hello C++ world.
Hello Cworld.
Hello C/C++ world.
HELLO world.
Hello WORLD.
```

置換する文字列を検索する場合は、findメソッドを利用するとよいでしょう。次の例は、「C/C++」を「Java」に置換しています。

```
string s = "Hello C/C++ world.";
string s1 = "C/C++";
string s2 = "Java";
s = s.replace( s.find(s1), s1.size(), s2 );
cout << s << endl;
```

Tips
358

使用メモリ量を変更する

▶Level ●●
▶対応
C++ VC g++

ここがポイントです！ resize

resizeは、文字列の長さを変更します。もともとの文字列の長さよりも長くなった場合は、埋める文字（デフォルトでは空白）を使います。埋める文字は、指定できます。

構文は、次のようになります。引数のsizeには「変更する文字列の長さ」、chには「埋める文字」を指定します。

```
#include <string>
void resize( size_type size );
void resize( size_type size, char ch );
```

戻り値はありません。

リスト1は、resizeを使って、使用メモリ量を変更するプログラム例です。

リスト1　使用メモリ量を変更する（ファイル名：stl358.cpp）

```
#include <string>
#include <iostream>
using namespace std;

void main( void )
{
    string str1("Hello world.");

    cout << "[" << str1 << "]" << endl;
    cout << "size:" << str1.size() << endl;

    str1.resize(5);
    cout << "[" << str1 << "]" << endl;
```

```
    cout << "size:" << str1.size() << endl;

    str1.resize(10);
    cout << "[" << str1 << "]" << endl;
    cout << "size:" << str1.size() << endl;

    str1.resize(15,'x');
    cout << "[" << str1 << "]" << endl;
    cout << "size:" << str1.size() << endl;
}
```

文字列を一定文字で初期化するときに利用できます。

```
// 8桁を0で埋める
string s;
s.resize(8,'0');
```

部分文字列を取得する

substr

対象の文字列から部分の文字列を取り出すには、substrを使います。取り出す文字数(size)をstring:nposに指定することで、最後まで文字を取得できます。

構文は、次のようになります。引数のposには「部分文字列を取り出す先頭位置」、sizeには「取り出す部分文字列の長さ」を指定します。

```
#include <string>
string substr( size_type pos = 0, size_type size = npos );
```

戻り値は、取り出した部分文字列を返します。

リスト1は、substrを使って、部分文字列を取得するプログラム例です。

リスト1 部分文字列を取得する(ファイル名:stl359.cpp)

```
#include <string>
#include <iostream>
using namespace std;
```

```
void main( void )
{
    string str1("Hello world.");

    cout << "全体                  : "
        << str1 << endl;
    cout << "右から3文字           : "
        << str1.substr( 0,3 ) << endl;
    cout << "3文字から6文字目まで: "
        << str1.substr( 3,6 ) << endl;
    cout << "6文字目以降           : "
        << str1.substr( 6 ) << endl;
    cout << "6文字目以降           : "
        << str1.substr( 6, string::npos ) << endl;

string s = "Hello C/C++ World.";
string s1 = s.substr(0,5);              // left$(s, 5)と同じ
string s2 = s.substr(s.size()-6);       // right$(s,6)と同じ
string s3 = s.substr(6,5);              // mid$(s,6,5)と同じ
    cout << s1 << endl;
    cout << s2 << endl;
    cout << s3 << endl;
}
```

リスト2 実行結果

```
全体 : Hello world.
右から3文字 : Hel
文字から6文字目まで: lo wor
文字目以降 : world.
文字目以降 : world.
```

さらにワンポイント Visual Basicで使われるleft関数、right関数、mid関数と同じ操作を行えます。

```
string s = "Hello C/C++ World.";
string s1 = s.substr(0,5);            // left$(s, 5)と同じ
string s2 = s.substr(s.size()-6); // right$(s,6)と同じ
string s3 = s.substr(6,5);            // mid$(s,6,5)と同じ
```

2つの文字列を入れ替える

swap

2つの文字列を交換するには、swapを使います。
構文は、次のようになります。引数のstrには「交換対象の文字列」を指定します。

```
#include <string>
void swap( string& str );
```

戻り値はありません。
リスト1は、swapを使って、2つの文字列を入れ替えるプログラム例です。

リスト1　2つの文字列を入れ替える（ファイル名：stl360.cpp）

```
#include <string>
#include <iostream>
using namespace std;

void main( void )
{
    string str1("Hello world.");
    string str2("C++");

    cout << "[" << str1 << "][" << str2 << "]" << endl;
    str1.swap( str2 );
    cout << "[" << str1 << "][" << str2 << "]" << endl;
    str2.swap( str1 );
    cout << "[" << str1 << "][" << str2 << "]" << endl;
}
```

リスト2　実行結果

```
[Hello world.][C++]
[C++][Hello world.]
[Hello world.][C++]
```

swapメソッドは、一時変数を利用しても可能です。

```
string s1 = "Hello";
string s2 = "World.";
string tmp = s1; s1 = s2; s2 = tmp;
```

stringクラスを関数の引数で使う

ここがポイントです！ 仮引数、ポインタ、参照

数値の型と同じように、stringクラスを関数の引数に使えます。値型の場合（string型）は、変数内での仮引数になります。関数から戻ったときには、その変数の領域は捨てられます。

ポインタや参照型で指定した場合には、呼び出し元のメモリ領域が使われます。関数内での変更は、呼び出し元に反映されます。

構文は、次のようになります。

```
#include <string>
func( string str );
func( string *p );
func( string& ref );
```

リスト1は、stringクラスを関数の引数で使うプログラム例です。

リスト1　stringクラスを関数の引数で使う（ファイル名：stl361.cpp）

```
#include <string>
#include <iostream>
using namespace std;

// 仮引数として指定
void string_value( string str )
{
    cout << "string_value    :"
        << "[" << hex << (int)str.data() << "]"
        << "["  << str << "]" << endl;
    str = "hello WORLD.";
}
// ポインタで指定
```

```
void string_pointer( string *pstr )
{
    cout << "string_pointer  :"
        << "[" << hex << (int)pstr->data() << "]"
        << "["  << *pstr << "]" << endl;
    *pstr = "HELLO WORLD.";
}
// 参照で指定
void string_reference( string &str )
{
    cout << "string_reference:"
        << "[" << hex << (int)str.data() << "]"
        << "["  << str << "]" << endl;
    str = "HELLO world.";
}


void main( void )
{
    string str1("Hello world.");
    cout << "string          :"
        << "[" << hex << (int)str1.data() << "]"
        << "["  << str1 << "]" << endl;

    string_value( str1 );
    string_pointer( &str1 );
    string_reference( str1 );

    cout << "string          :"
        << "[" << hex << (int)str1.data() << "]"
        << "["  << str1 << "]" << endl;

}
```

リスト2 実行結果

```
string          :[12ff18][Hello world.]
string_value    :[12fef0][Hello world.]
string_pointer  :[12ff18][Hello world.]
string_reference:[12ff18][HELLO WORLD.]
string          :[12ff18][HELLO world.]
```

さらにワンポイント リスト1では、値渡し、ポインタ渡し、参照渡しの3種類について実行しています。dataメソッドで、stringクラスの内部ポインタを調べると、値渡しの場合はほかのメモリを取得して渡されていることが分かります。ポインタ渡しや参照渡しの場合は、呼び出し元と同じデータが使われています。

stringクラスを関数の戻り値で使う

ここがポイントです！ 戻り値、コピーコンストラクタ、参照

stringクラスを、関数の戻り値として使えます。戻り値は、値型、ポインタ型、参照型の3種類を選べます。値型の場合は、呼び出し元で作成された領域に文字列がコピーされます。

ポインタ型や参照型の場合は、関数内でnew演算子で作成した領域を返します。

構文は、次のようになります。

```
#include <string>
string func( ... ):
string *func( ... );
string& func( ... );
```

リスト1は、stringクラスを関数の戻り値で使うプログラム例です。

リスト1 stringクラスを関数の戻り値で使う（ファイル名：stl362.cpp）

```
#include <string>
#include <iostream>
using namespace std;

// 変数を返す
string string_value( void )
{
    return "[string_value]";
}
// ポインタで返す
string *string_pointer( void )
{
    string *pstr = new string("[string_pointer]");
    return pstr;
}
// 参照で返す
string &string_reference( void )
{
    string *pstr = new string("[string_refernece]");
    return *pstr;
}

void main( void )
{
    string str, *pstr;
```

```
    str = string_value();
    cout << str << endl;

    pstr = string_pointer();
    cout << *pstr << endl;
    delete pstr;

    string &str2 = string_reference();
    cout << str2 << endl;
    delete &str2;

    string str3 = string_reference();
    cout << str3 << endl;
}
```

リスト2 実行結果

```
[string_value]
[string_pointer]
[string_refernece]
[string_refernece]
```

ポインタ型や参照型の場合、関数内で取得した内部変数（局所変数）を返してはいけません。関数で利用された一時領域が解放されるため、呼び出し元ではメモリの不正アクセスになります。

4-3 vector

Tips 363 ▶Level ● ▶対応 C++ VC g++

配列を作成する

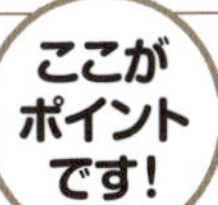

vectorクラス、コンストラクタ

vectorオブジェクトを作成します。初期値から配列の数を指定することができます。また、コピー先のベクタを利用して、コピーすることも可能です。

構文は、次のようになります。引数のTには「型」、initには「初期値」、sizeには「配列数」、vには「コピー元のベクタ」、firstには「コピー元の先頭のイテレータ」、lastには「コピー元の末尾のイテレータ」を指定します。

```
#include <vector>
vector <T> vec;
vector <T> vec( size_type size, const T init = T() );
vector <T> vec( vector& v );
vector <T> vec( iterator first, iterator last, const T init = T() );
```

リスト1は、配列を作成するプログラム例です。

リスト1 配列を作成する（ファイル名：stl363.cpp）

```
#include <iostream>
#include <vector>
using namespace std;

void main( void )
{
    int i;

    // 通常のコンストラクタ
    vector <int> v1;
    for ( i=0; i<10; i++ ) {
        v1.push_back(i);
    }
    for ( i=0; i<v1.size(); i++ ) {
        cout << v1[i] << "," ;
    }
    cout << endl;

    // あらかじめサイズを指定するコンストラクタ
    vector <int> v2(10);
    for ( i=0; i<v2.size(); i++ ) {
        v2[i] = i;
    }
    for ( i=0; i<v2.size(); i++ ) {
        cout << v2[i] << "," ;
    }
    cout << endl;

    // サイズと初期化を行うコンストラクタ
    vector <int> v3(10,3);
    for ( i=0; i<v3.size(); i++ ) {
        cout << v3[i] << "," ;
    }
    cout << endl;

    // 他のベクタからコピーするコンストラクタ
    vector <int> v4( v1 );
    for ( i=0; i<v4.size(); i++ ) {
        cout << v4[i] << "," ;
    }
```

```
    cout << endl;

    // 他のベクタから部分コピーするコンストラクタ
    vector <int> v5( v1.begin(), v1.end() );
    for ( i=0; i<v5.size(); i++ ) {
        cout << v5[i] << "," ;
    }
    cout << endl;
}
```

リスト2 実行結果

```
0,1,2,3,4,5,6,7,8,9,
0,1,2,3,4,5,6,7,8,9,
3,3,3,3,3,3,3,3,3,3,
0,1,2,3,4,5,6,7,8,9,
0,1,2,3,4,5,6,7,8,9,
```

さらにワンポイント vectorは、型やクラスを指定してランダムアクセスができる配列を作成します。型には、int型やchar型のほかにも、string型や独自に定義した型を使えます。

配列を初期化する

assign

assignは、vectorの要素を指定した値で書き換えます。別のvectorオブジェクトを指定して初期化することも可能です。初期化先のvectorオブジェクトは、自動的にサイズが調節されます。

構文は、次のようになります。引数のTには「型」、initには「初期値」、sizeには「配列数」、firstには「設定する先頭のイテレータ」、lastには「設定する末尾のイテレータ」を指定します。

```
#include <vector>
void assign( size_type size, const T& init );
void assign( iterator first, iterator last );
```

戻り値はありません。

リスト1は、assignを使って、配列を初期化するプログラム例です。

リスト1 配列を初期化する（ファイル名：stl364.cpp）

```
#include <iostream>
#include <vector>
using namespace std;

void main( void )
{
    int i;
    // assign メソッドで初期化する
    vector <int> v1;
    v1.assign( 10, 1 );
    for ( i=0; i<v1.size(); i++ ) {
        cout << v1[i] << "," ;
    }
    cout << endl;

    // イテレータを使って初期化する
    vector <int> v2;
    for ( i=0; i<v1.size(); i++ ) {
        v1[i] = 10-i;
    }
    v2.assign( v1.begin(), v1.end() );
    for ( i=0; i<v2.size(); i++ ) {
        cout << v2[i] << "," ;
    }
    cout << endl;
}
```

Tips 365 ▶Level ●○○ ▶対応 C++ VC g++

指定位置の要素を取得する

ここがポイントです！ at

atは、指定した位置の要素を返します。参照を返すので、値を変更することも可能です。範囲外の位置を指定したときは、例外（out_of_range）が発生します。

値を取得するためには、[]演算子を使うこともできます。

構文は、次のようになります。引数のTには「型」、posには「取得する位置」を指定します。

```
#include <vector>
T& at( size_type pos );
```

戻り値は、指定位置の要素の参照を返します。

リスト1は、atを使って、指定位置の要素を取得するプログラム例です。

リスト1　指定位置の要素を取得する（ファイル名：stl365.cpp）

```
#include <iostream>
#include <vector>
#include <stdexcept>
using namespace std;

void main( void )
{
    int i;
    // assignメソッドで初期化する
    vector <int> v1(10,0);
    for ( i=0; i<v1.size(); i++ ) {
        cout << v1[i] << "," ;
    }
    cout << endl;

    // atメソッドで設定
    for ( i=0; i<v1.size(); i++ ) {
        v1.at(i) = i;
    }
    // atメソッドで取得
    for ( i=0; i<v1.size(); i++ ) {
        cout << v1.at(i) << "," ;
    }
    cout << endl;

    // 範囲外を指定すると例外が発生する
```

```
        try {
            cout << "範囲外["  << v1.at(100) << "]" << endl;
        } catch ( out_of_range e ) {
            cout << "例外が発生しました [" << e.what() << "]" << endl;
        }
}
```

Tips 366 ▶Level ● ▶対応 C++ VC g++

最初の要素を取得する

ここがポイントです！ front

frontは、配列の最初の要素を返します。
構文は、次のようになります。引数はありません。

```
#include <vector>
T& front( void );
```

戻り値は、先頭の要素の参照を返します。
リスト1は、frontを使って、最初の要素を取得するプログラム例です。

リスト1 最初の要素を取得する（ファイル名：stl366.cpp）

```
#include <iostream>
#include <vector>
#include <stdexcept>
using namespace std;

void main( void )
{
    vector <int> v1(10);
    for ( int i=0; i<v1.size(); i++ ) {
        v1[i] = i*i;
    }
    cout << "最初の要素:" << v1.front() << endl;
}
```

リスト2 実行結果

```
最初の要素:0
```

配列の数が0の場合は、アプリケーションエラーが発生します。配列の数をsizeメソッドで確認してから、利用してください。

最後の要素を取得する

backは、配列の最後の要素を返します。
構文は、次のようになります。引数はありません。

```
#include <vector>
T& back( void );
```

戻り値は、最後の要素の参照を返します。
リスト1は、backを使って、最後の要素を取得するプログラム例です。

リスト1 最後の要素を取得する(ファイル名:stl367.cpp)

```
#include <iostream>
#include <vector>
using namespace std;

void main( void )
{
    vector <int> v1(10);

    for ( int i=0; i<v1.size(); i++ ) {
        v1[i] = i*i;
    }
    cout << "最後の要素:" << v1.back() << endl;
}
```

リスト2 実行結果

```
最後の要素:81
```

配列の数が0の場合は、アプリケーションエラーが発生します。配列の数をsizeメソッドで確認してから、利用してください。

先頭のイテレータを取得する

begin

beginは、配列の先頭を示すイテレータを返します。
構文は、次のようになります。引数はありません。

```
#include <vector>
T::iterator begin( void );
```

戻り値は、最初の要素のイテレータを返します。
リスト1は、beginを使って、先頭のイテレータを取得するプログラム例です。

リスト1 先頭のイテレータを取得する(ファイル名:stl368.cpp)

```
#include <iostream>
#include <vector>
using namespace std;

void main( void )
{
    vector <int> v1(10);

    for ( int i=0; i<v1.size(); i++ ) {
        v1[i] = i*i;
    }
    // イテレータを使って表示
    for ( vector<int>::iterator x = v1.begin(); x != v1.end(); x++ ) {
        cout << *x << "," ;
    }
    cout << endl;
}
```

リスト2 実行結果

```
0,1,4,9,16,25,36,49,64,81,
```

for文やwhile文などで配列にアクセスする場合に使います。任意の位置にアクセスする場合は、atメソッドや[]演算子を使ってください。

Tips **369** ▶Level ● ▶対応 C++ VC g++

末尾のイテレータを取得する

end

endは、配列の末尾を示すイテレータを返します。実際には、最後の要素の次の位置を示します。for文などで終端をチェックする場合は、リスト1のように「it != v.end()」とチェックします。

構文は、次のようになります。引数はありません。

```
#include <vector>
T::iterator end( void );
```

戻り値は、末尾の要素のイテレータを返します。

リスト1は、endを使って、末尾のイテレータを取得するプログラム例です。

リスト1 末尾のイテレータを取得する(ファイル名:stl369.cpp)

```
#include <iostream>
#include <vector>
using namespace std;

void main( void )
{
    vector <int> v1(10);

    for ( int i=0; i<v1.size(); i++ ) {
        v1[i] = i*i;
    }
    // イテレータを使って表示
    for ( vector<int>::iterator x = v1.begin(); x != v1.end(); x++ ) {
        cout << *x << "," ;
    }
    cout << endl;
}
```

リスト2 実行結果

```
0,1,4,9,16,25,36,49,64,81,
```

さらにワンポイント vectorオブジェクトのイテレータを使って、実際に値を得るには「*x」のように、*演算子を使います。イテレータを使って構造体やメソッドにアクセスする場合は、「(*x)->func()」のように、括弧で括ってください。これは、*演算子が->演算子よりも優先度が低いので、優先度の順序を変えるためです。

配列をクリアする

ここがポイントです！ clear

clear配列からすべての要素を削除します。
構文は、次のようになります。引数はありません。

```
#include <vector>
```

戻り値はありません。
リスト1は、clearを使って、配列をクリアするプログラム例です。

リスト1 配列をクリアする（ファイル名：stl370.cpp）

```
#include <iostream>
#include <vector>
using namespace std;

void main( void )
{
    vector <int> v1(10);
    int i;

    for ( i=0; i<v1.size(); i++ ) {
        v1[i] = i*i;
    }
    for ( i=0; i<v1.size(); i++ ) {
        cout << v1[i] << ",";
    }
    cout << endl;

    cout << "clear 前:" << v1.size() << endl;
    v1.clear();
    cout << "clear 後:" << v1.size() << endl;
    for ( i=0; i<v1.size(); i++ ) {
```

```
            cout << v1[i] << ",";
        }
        cout << endl;
}
```

vectorオブジェクトは、要素を削除するときに要素を解放しません。このため、new演算子などで要素を割り当てたときは、あらかじめ要素をdelete演算子で解放してから、clearメソッドを呼び出してください。

配列の一部を削除する

erase

配列から指定した範囲を削除するには、eraseを使います。

構文は、次のようになります。引数のitには「削除するイテレータ」、firstには「削除する範囲の先頭のイテレータ」、lastには「削除する範囲の末尾のイテレータ」を指定します。

```
#include <vector>
T::iterator erase( iterator it );
T::iterator erase( iterator first, iterator last );
```

戻り値は、削除した要素の、次のイテレータを返します。終端の場合は、end()を返します。

リスト1は、eraseを使って、配列の一部を削除するプログラム例です。

リスト1　配列の一部を削除する（ファイル名：stl371.cpp）

```
#include <iostream>
#include <vector>
using namespace std;

void main( void )
{
    vector <int> v0(10);
    int i;

    for ( i=0; i<v0.size(); i++ ) {
        v0[i] = i;
    }
    for ( i=0; i<v0.size(); i++ ) {
```

```
        cout << v0[i] << ",";
    }
    cout << endl;

    // 6番目の要素を削除
    vector <int> v1( v0 );
    vector <int>::iterator it;
    it = v1.begin() + 5;
    v1.erase( it );
    for ( i=0; i<v1.size(); i++ ) {
        cout << v1[i] << ",";
    }
    cout << endl;

    // 6番目から8番目の要素を削除
    //（終端のイテレータは含まない）
    vector <int> v2( v0 );
    vector <int>::iterator first, last;
    first = v2.begin() + 5;
    last  = v2.begin() + 8;
    v2.erase( first, last );
    for ( i=0; i<v2.size(); i++ ) {
        cout << v2[i] << ",";
    }
    cout << endl;

    // lastに end()を指定した場合
    vector <int> v3( v0 );
    first = v3.begin() + 5;
    last  = v3.end();
    v3.erase( first, last );
    for ( i=0; i<v3.size(); i++ ) {
        cout << v3[i] << ",";
    }
    cout << endl;
}
```

リスト2　実行結果

```
0,1,2,3,4,5,6,7,8,9,
0,1,2,3,4,6,7,8,9,
0,1,2,3,4,8,9,
0,1,2,3,4,
```

すべての要素を削除する場合は、clearメソッドを使うか、「erase(v.begin(),v.end())」のように、先頭と末尾のイテレータを指定します。

Tips 372
Level ●○○
対応 C++ VC g++

配列が空かどうかチェックする

emptyは、配列が空であるかをチェックします。
構文は、次のようになります。引数はありません。

```
#include <vector>
bool empty( void );
```

戻り値は、配列が空である場合はtrue、そうでない場合はfalseを返します。
リスト1は、emptyを使って、配列が空かどうかチェックするプログラム例です。

リスト1　配列が空かどうかチェックする（ファイル名：stl372.cpp）

```
#include <iostream>
#include <vector>
using namespace std;

void main( void )
{
    vector <int> v0;
    vector <int> v1(10);

#if _MSC_VER
    cout.setf( ios::boolalpha );
#endif
    cout << "v0.empty() = " << v0.empty() << endl;
    cout << "v1.empty() = " << v1.empty() << endl;

    // clear メソッドで空にする
    v1.clear();
    cout << "v1.empty() = " << v1.empty() << endl;
}
```

リスト2　実行結果

```
v0.empty() = true
v1.empty() = false
v1.empty() = true
```

配列が空であるかは、要素数を0と比較しても同じです。

```
if ( v.size() == 0 ) {
   ...
}
```

配列の途中に要素を追加する

ここがポイントです! insert

insertは、指定位置に要素を挿入します。挿入先のイテレータだけを指定すると、初期値(型やクラスの初期値)が代入されます。挿入する要素を指定することもできます。

複数の要素を挿入する場合は、挿入元の先頭と末尾のイテレータを渡します。

構文は、次のようになります。引数のTには「型」、itには「挿入する直前のイテレータ」、vには「挿入する要素」、countには「挿入する数」、firstには「挿入する配列の先頭のイテレータ」、lastには「挿入する配列の末尾のイテレータ」を指定します。

```
#include <vector>
T::iterator insert( iterator it, const T& v = T() );
void insert( iterator it, size_type count, const T& v );
void insert( iterator it, iterator first, iterator last );
```

戻り値は、要素を指定したときは、挿入したイテレータを返します。複数の要素を挿入する場合は、戻り値はありません。

リスト1は、insertを使って、配列の途中に要素を挿入するプログラム例です。

リスト1　配列の途中に要素を追加する(ファイル名:stl373.cpp)

```
#include <iostream>
#include <vector>
using namespace std;

void main( void )
{
    vector <int> v1(10);
    int i;

    for ( i=0; i<v1.size(); i++ ) {
```

```
        v1[i] = i;
    }
    for ( i=0; i<v1.size(); i++ ) {
        cout << v1[i] << "," ;
    }
    cout << endl;

    // 6番目に挿入
    v1.insert( v1.begin()+5, 10 );
    for ( i=0; i<v1.size(); i++ ) {
        cout << v1[i] << "," ;
    }
    cout << endl;

    // 先頭に挿入
    v1.insert( v1.begin(), 11 );
    for ( i=0; i<v1.size(); i++ ) {
        cout << v1[i] << "," ;
    }
    cout << endl;

    // 別のベクタを挿入
    vector <int> v2(5);
    for ( i=0; i<v2.size(); i++ ) {
        v2[i] = 90 + i;
    }
    v1.insert( v1.begin()+3, v2.begin(), v2.end() );
    for ( i=0; i<v1.size(); i++ ) {
        cout << v1[i] << "," ;
    }
    cout << endl;
}
```

リスト2 実行結果

```
0,1,2,3,4,5,6,7,8,9,
0,1,2,3,4,10,5,6,7,8,9,
11,0,1,2,3,4,10,5,6,7,8,9,
11,0,1,90,91,92,93,94,2,3,4,10,5,6,7,8,9,
```

vectorクラスでは、ランダムアクセスができるので、イテレータを使って任意の箇所に挿入ができます。次の例では、５番目の後に要素を挿入しています。

```
vector<int> v(10);
int n = 10;
v.insert( v.begin()+4, n );
```

Tips 374

▶Level ●

▶対応 C++ VC g++

2つの配列が等しいかチェックする

ここがポイントです！ operator ==

配列を比較して、等しいかどうかを調べるには、operator ==を使います。配列の要素数と要素の値が等しいときに、trueになります。

構文は、次のようになります。引数のTには「型」、vec1には「比較する配列1」、vec2には「比較する配列2」を指定します。

```
#include <vector>
bool operator ==( const vector<T> &vec1, const vector<T> &vec2 );
```

戻り値は、配列が等しい場合は、trueを返します。異なる場合は、falseを返します。

リスト1は、==を使って、2つの配列が等しいかチェックするプログラム例です。

リスト1　2つの配列が等しいかチェックする（ファイル名：stl374.cpp）

```
#include <iostream>
#include <vector>
using namespace std;

void main( void )
{
    vector <int> v1(3), v2(3), v3(3);
    int i;

    v1[0] = 'C'; v1[1] = '+'; v1[2] = '+';
    v2[0] = 'C'; v2[1] = '+'; v2[2] = '+';
    v3[0] = 'C';

    if ( v1 == v2 ) {
        cout << "2つのvectorは等しい" << endl ;
    } else {
        cout << "2つのvectorは異なる" << endl ;
    }
    if ( v1 == v3 ) {
        cout << "2つのvectorは等しい" << endl ;
    } else {
        cout << "2つのvectorは異なる" << endl ;
    }
}
```

実行結果

```
2つのvectorは等しい
2つのvectorは異なる
```


配列が完全に等しいときだけ、trueを返します。

2つの配列が異なるかチェックする

配列を比較して、異なるかどうかを調べるには、operator !=を使います。配列の要素数あるいは要素の値のどちらかが異なるときに、trueになります。

構文は、次のようになります。引数のTには「型」、vec1には「比較する配列1」、vec2には「比較する配列2」を指定します。

```
#include <vector>
bool operator !=( const vector<T> &vec1, const vector<T> &vec2 );
```

戻り値は、配列が異なる場合は、trueを返します。等しい場合は、falseを返します。

リスト1は、!=を使って、2つの配列が異なるかチェックするプログラム例です。

リスト1　2つの配列が異なるかチェックする（ファイル名：stl375.cpp）

```
#include <iostream>
#include <vector>
using namespace std;

void main( void )
{
    vector <int> v1(4), v2(4), v3(3);
    int i;

    v1[0] = 'C'; v1[1] = '+'; v1[2] = '+';
    v2[0] = 'J'; v2[1] = 'a'; v2[2] = 'v'; v2[3] = 'a';
    v3[0] = 'C'; v3[1] = '+'; v3[2] = '+';


```

```
    if ( v1 != v2 ) {
        cout << "2つのvectorは異なる" << endl ;
    } else {
        cout << "2つのvectorは等しい" << endl ;
    }
    if ( v1 != v3 ) {
        cout << "2つのvectorは異なる" << endl ;
    } else {
        cout << "2つのvectorは等しい" << endl ;
    }
}
```

要素がポインタの場合は、ポインタの値が等しいかどうかをチェックします。要素の内容で比較する場合には、algorithmのlexicographical_compare関数などを利用してください。

配列が小さいかチェックする

ここがポイントです！ operator <

operator <は、配列の大小を比較します。要素それぞれについて値で比較し、配列1(vec1)が小さいときにtrueを返します。

構文は、次のようになります。引数のTには「型」、vec1には「比較する配列1」、vec2には「比較する配列2」を指定します。

```
#include <vector>
bool operator <( const vector<T> &vec1, const vector<T> &vec2 );
```

戻り値は、配列1(vec1)が、配列2(vec2)より小さい場合は、trueを返します。等しいか、大きい場合は、falseを返します。

リスト1は、<を使って、配列が小さいかチェックするプログラム例です。

リスト1　配列が小さいかチェックする（ファイル名：stl376.cpp）

```
#include <iostream>
#include <vector>
using namespace std;

void main( void )
```

```
{
    vector <int> v1(4), v2(4);

    v1[0] = 'C'; v1[1] = '+'; v1[2] = '+';
    v2[0] = 'J'; v2[1] = 'a'; v2[2] = 'v'; v2[3] = 'a';
    if ( v1 < v2 ) {
        cout << "v1のvectorは小さい" << endl ;
    } else {
        cout << "v1のvectorは大きい" << endl ;
    }
}
```


リスト2 実行結果

```
v1のvectorは小さい
```

配列で比較演算子（==演算子や!=演算子など）を使う場合は、vectorクラスに設定する型は値型を指定してください。クラスなどを指定する場合は、アプリケーションエラーとなります。

配列が大きいかチェックする

ここがポイントです！ operator >

operator >は、配列の大小を比較します。要素それぞれについて値で比較し、配列1（vec1）が大きいときにtrueを返します。

構文は、次のようになります。引数のTには「型」、vec1には「比較する配列1」、vec2には「比較する配列2」を指定します。

```
#include <vector>
bool operator >( const vector<T> &vec1, const vector<T> &vec2 );
```

戻り値は、配列1（vec1）が、配列2（vec2）より大きい場合は、trueを返します。等しいか、大きい場合は、falseを返します。

リスト1は、>を使って、配列が大きいかチェックするプログラム例です。

リスト1 配列が大きいかチェックする（ファイル名：stl377.cpp）

```
#include <iostream>
```

```
#include <vector>
using namespace std;

void main( void )
{
    vector <int> v1(4), v2(4);
    int i;

    v1[0] = 'C'; v1[1] = '+'; v1[2] = '+';
    v2[0] = 'J'; v2[1] = 'a'; v2[2] = 'v'; v2[3] = 'a';

    if ( v1 > v2 ) {
        cout << "v1のvectorは大きい" << endl ;
    } else {
        cout << "v1のvectorは小さい" << endl ;
    }
}
```

リスト2　実行結果

```
v1のvectorは小さい
```

配列の要素数で比較するときには、sizeメソッドを使って配列数で比較します。

指定した位置の要素を取得する

ここがポイントです！　operator []

operator []は、添え字で指定した要素を返します。文字列などの配列の括弧（[]）と同じように、指定した位置に値を設定することもできます。

構文は、次のようになります。引数のTには「型」、posには「取得する位置」を指定します。

```
#include <vector>
T& operator []( size_type pos );
```

戻り値は、指定した位置の要素の参照を返します。

リスト1は、[]を使って、指定した位置の要素を取得するプログラム例です。

リスト1 指定した位置の要素を取得する（ファイル名：stl378.cpp）

```
#include <iostream>
#include <vector>
using namespace std;

void main( void )
{
    vector <int> v(10);
    int i;
    // 添え字を使う
    for ( i=0; i<v.size(); i++ ) {
        v[i] = i;
    }
    for ( i=0; i<v.size(); i++ ) {
        cout << v[i] << ",";
    }
    cout << endl;
}
```

リスト2 実行結果

```
0,1,2,3,4,5,6,7,8,9,
```

リスト1では、数値を添え字を使って設定しています。

Tips 379 ▶Level ● ▶対応 C++ VC g++

末尾に要素を追加する

ここがポイントです！ push_back

配列の最後に要素を追加するには、push_backを使います。配列に初期値を与えるときに活用されます。

構文は、次のようになります。引数のTには「型」、vには「追加する値」を指定します。

```
#include <vector>
void push_back( const T& v );
```

戻り値はありません。

リスト1は、push_backを使って、末尾に要素を追加するプログラム例です。

リスト1 末尾に要素を追加する（ファイル名：stl379.cpp）

```
#include <iostream>
#include <vector>
using namespace std;

void main( void )
{
    vector <int> v1;
    int i,j;

    for ( i=0; i<10; i++ ) {
        v1.push_back( i );
        for ( j=0; j<v1.size(); j++ ) {
            cout << v1[j] << "," ;
        }
        cout << endl;
    }
}
```

リスト2 実行結果

```
0,
0,1,
0,1,2,
0,1,2,3,
0,1,2,3,4,
0,1,2,3,4,5,
0,1,2,3,4,5,6,
0,1,2,3,4,5,6,7,
0,1,2,3,4,5,6,7,8,
0,1,2,3,4,5,6,7,8,9,
```

リスト1では、push_backメソッドを使って、1つずつ要素を追加しています。

末尾の要素を削除する

pop_back

pop_backは、配列の最後の要素を削除します。配列の要素数が0の場合でも、エラーになりません。

構文は、次のようになります。引数はありません。

```
#include <vector>
void pop_back( void );
```

戻り値はありません。

リスト1は、pop_backを使って、末尾の要素を削除するプログラム例です。

リスト1　末尾の要素を削除する（ファイル名：stl380.cpp）

```
#include <iostream>
#include <vector>
using namespace std;

void main( void )
{
    vector <int> v1(10);
    int i,j;

    for ( i=0; i<v1.size(); i++ ) {
        v1[i] = i;
    }
    for ( i=0; i<10; i++ ) {
        v1.pop_back();
        for ( j=0; j<v1.size(); j++ ) {
            cout << v1[j] << "," ;
        }
        cout << endl;
    }

    // 空のベクタに対してpop_backメソッドを呼び出してもよい
    v1.clear();
    v1.pop_back();
}
```

リスト１では、pop_backメソッドを使って、１つずつ要素を削除しています。

扱える要素の最大値を取得する

ここがポイントです！ max_size

max_sizeは、vectorクラスが扱える要素の最大数を返します。
構文は、次のようになります。引数はありません。

```
#include <vector>
size_type max_size( void );
```

戻り値は、配列が扱える最大数を返します。
リスト１は、max_sizeを使って、要素の最大数を取得するプログラム例です。

リスト１ 要素の最大数を取得する（ファイル名：stl381.cpp）

```
#include <iostream>
#include <vector>
using namespace std;

void main( void )
{
    vector <int> v;
    cout << "v.size()     : " << v.size() << endl;
    cout << "v.max_size(): " << v.max_size() << endl;

    v.push_back(1);
    v.push_back(2);
    v.push_back(3);
    cout << "v.size()     : " << v.size() << endl;
    cout << "v.max_size(): " << v.max_size() << endl;
}
```

リスト２ 実行結果

```
v.size() : 0
v.max_size(): 1073811823
v.size() : 3
v.max_size(): 1073811823
```

最大値を超えないように、追加する要素を制限する場合に活用します。

Tips 382

キャパシティを取得する

▶Level ●●
▶対応 C++ VC g++

ここがポイントです！ capacity

capacityは、配列で予約されている要素数を返します。

vectorクラスでは、要素を追加するときに、あらかじめ一定量の要素を増やしておきます。このため、sizeメソッドの値よりも多い値を返します。

構文は、次のようになります。引数はありません。

```
#include <vector>
size_type capacity( void );
```

戻り値は、現在予約されている要素数を返します。

リスト1は、capacityを使って、キャパシティを取得するプログラム例です。

リスト1　キャパシティを取得する（ファイル名：stl382.cpp）

```
#include <iostream>
#include <vector>
using namespace std;

void main( void )
{
    vector <int> v;

    cout << "capacity: " << v.capacity() << endl;
    v.push_back(1);
    cout << "capacity: " << v.capacity() << endl;
    v.push_back(2);
    v.push_back(2);
    v.push_back(2);
    cout << "capacity: " << v.capacity() << endl;
    v.clear();
    cout << "capacity: " << v.capacity() << endl;
}
```

リスト2　実行結果

```
capacity: 0
capacity: 1
capacity: 4
capacity: 4
```

capacityメソッドの値は、clearメソッドを呼び出して要素をクリアしても変化しません。

キャパシティを設定する

reserve

reserveは、配列で予約している記憶領域の要素数を設定します。
構文は、次のようになります。引数のsizeには「設定する要素数」を指定します。

```
#include <vector>
void reserve( size_type size );
```

戻り値はありません。
リスト1は、reserveを使って、キャパシティを設定するプログラム例です。

リスト1　キャパシティを設定する（ファイル名：stl383.cpp）

```
#include <iostream>
#include <vector>
using namespace std;

void main( void )
{
    vector <int> v;

    cout << "capacity: " << v.capacity() << endl;

    v.push_back(1);
    cout << "capacity: " << v.capacity() << endl;

    v.reserve( 100 );
    cout << "capacity: " << v.capacity() << endl;
```

```
}
```

リスト2 実行結果

```
capacity: 0
capacity: 1
capacity: 100
```

さらにワンポイント vectorクラスでは、要素を追加するときに事前に予約する記憶領域を増やしておきます。この量を増やしておくことで、追加するたびにキャパシティが調節されることを防ぐことができます。

要素数を変更する

resizeは、配列の要素数を変更します。指定した要素数が、現在の要素数よりも多い場合は、初期値（v）を設定します。

現在の要素数よりも少ない場合は、末尾から指定した要素数になるまで削除します。

構文は、次のようになります。引数のsizeには「設定する要素数」、vには「初期値」を指定します。

```
#include <vector>
void resize( size_type size, T v = T() );
```

戻り値はありません。

リスト1は、resizeを使って、要素数を変更するプログラム例です。

リスト1 要素数を変更する（ファイル名：stl384.cpp）

```
#include <iostream>
#include <vector>
using namespace std;

void main( void )
{
    vector <int> v;
    int i;

    for ( i=0; i<10; i++ ) v.push_back(i);
```

```
    cout << "v: " ;
    for ( i=0; i<v.size(); i++ ) cout << v[i] << ",";
    cout << endl;

    v.resize( 5 );
    cout << "v: " ;
    for ( i=0; i<v.size(); i++ ) cout << v[i] << ",";
    cout << endl;

    v.resize( 15 );
    cout << "v: " ;
    for ( i=0; i<v.size(); i++ ) cout << v[i] << ",";
    cout << endl;
}
```

リスト2　実行結果

```
v: 0,1,2,3,4,5,6,7,8,9,
v: 0,1,2,3,4,
v: 0,1,2,3,4,0,0,0,0,0,0,0,0,0,0,
```

先頭の逆イテレータを取得する

ここがポイントです！　rbegin

rbeginは、配列を逆向きに文字を得るための、先頭位置を示すイテレータを取得します。rbeginメソッドで取得したイテレータは、++演算子によって文字を逆向きに走査していきます。

構文は、次のようになります。引数はありません。

```
#include <vector>
vector<T>::reverse_iterator rbegin( void );
```

戻り値は、配列の先頭の逆向きアクセスイテレータを返します。

リスト1は、rbeginを使って、先頭の逆イテレータを取得するプログラム例です。

リスト1　先頭の逆イテレータを取得する（ファイル名：stl385.cpp）

```
#include <iostream>
#include <vector>
using namespace std;
```

```
void main( void )
{
     vector <int> v1(10);

     for ( int i=0; i<v1.size(); i++ ) v1[i] = i;
     cout << "v1: " ;
     for ( int i=0; i<v1.size(); i++ ) cout << v1[i] << ",";
     cout << endl;

     cout << "v1: " ;
     for ( vector<int>::reverse_iterator x = v1.rbegin(); x != v1.rend();
x++ ) {
          cout << *x << "," ;
     }
     cout << endl;
}
```


リスト2 実行結果

```
v1: 0,1,2,3,4,5,6,7,8,9,
v1: 9,8,7,6,5,4,3,2,1,0,
```

逆向きであること以外は、beginメソッド、endメソッドで取得できるイテレータと同様に扱えます。

末尾の逆イテレータを取得する

ここがポイントです！ rend

rendは、配列を逆向きに要素を得るための、末尾位置を示すイテレータを取得します。終端をチェックするときに利用します。

構文は、次のようになります。引数はありません。

```
#include <vector>
vector<T>::reverse_iterator rend( void );
```

戻り値は、配列の末尾の逆向きアクセスイテレータを返します。

リスト1は、rendを使って、末尾の逆イテレータを取得するプログラム例です。

リスト1　末尾の逆イテレータを取得する（ファイル名：stl386.cpp）

```
#include <iostream>
#include <vector>
using namespace std;

void main( void )
{
    vector <int> v1(10);

    for ( int i=0; i<v1.size(); i++ ) v1[i] = i;
    cout << "v1: " ;
    for ( int i=0; i<v1.size(); i++ ) cout << v1[i] << ",";
    cout << endl;

    cout << "v1: " ;
    vector<int>::reverse_iterator i = v1.rend();
    do {
        i--;
        cout << *i << "," ;
    } while ( i != v1.rbegin() ) ;
    cout << endl;
}
```

リスト2　実行結果

```
v1: 0,1,2,3,4,5,6,7,8,9,
v1: 0,1,2,3,4,5,6,7,8,9,
```

rbeginメソッド、rendメソッドで取得できるイテレータはランダムアクセスができます。++演算子によるインクリメントだけでなく、--演算子によるデクリメントや数値による加算/減算も可能です。

要素の数を取得する

ここがポイントです！　size

要素数を取得するには、sizeを使います。
構文は、次のようになります。引数はありません。

```
#include <vector>
size_type size( void );
```

戻り値は、配列の要素数を返します。
リスト1は、sizeを使って、要素の数を取得するプログラム例です。

リスト1 要素の数を取得する（ファイル名：stl387.cpp）

```
#include <iostream>
#include <vector>
using namespace std;

void main( void )
{
    vector <int> v1;
    vector <int> v2(10);

    cout << "v1.size() = " << v1.size() << endl;
    v1.push_back(1);
    v1.push_back(2);
    v1.push_back(3);
    cout << "v1.size() = " << v1.size() << endl;

    cout << "v2.size() = " << v2.size() << endl;
    v2.clear();
    cout << "v2.size() = " << v2.size() << endl;
}
```

リスト2 実行結果

```
v1.size() = 0
v1.size() = 3
v2.size() = 10
v2.size() = 0
```

空のvectorオブジェクトを指定したときは、要素数が0になります。

2つの配列を交換する

swap

swapは、指定した2つの配列の内容を交換します。ポインタではなく自動変数のインスタンスを使うときに利用します。

構文は、次のようになります。引数のvには「交換する配列」を指定します。

```
#include <vector>
void swap( vector<T>& v );
```

戻り値はありません。

リスト1は、swapを使って、2つの配列を交換するプログラム例です。

リスト1　2つの配列を交換する（ファイル名：stl388.cpp）

```
#include <iostream>
#include <vector>
using namespace std;

void main( void )
{
    vector <int> v1(10), v2(10);

    for ( int i=0; i<v1.size(); i++ ) v1[i] = i;
    for ( int i=0; i<v1.size(); i++ ) v2[i] = i+5;
    cout << "v1: " ;
    for ( int i=0; i<v1.size(); i++ ) cout << v1[i] << ",";
    cout << endl;
    cout << "v2: " ;
    for ( int i=0; i<v2.size(); i++ ) cout << v2[i] << ",";
    cout << endl;

    v1.swap( v2 );
    cout << "v1: " ;
    for ( int i=0; i<v1.size(); i++ ) cout << v1[i] << ",";
    cout << endl;
    cout << "v2: " ;
    for ( int i=0; i<v2.size(); i++ ) cout << v2[i] << ",";
    cout << endl;
}
```

4-4 list

リストを作成する

ここがポイントです！ listクラス、コンストラクタ

listオブジェクトを作成します。初期値からリストの数を指定することができます。また、コピー先のベクタを利用して、コピーすることも可能です。

構文は、次のようになります。引数のTには「型」、initには「初期値」、sizeには「配列数」、lには「コピー元のリスト」、firstには「コピー元の先頭のイテレータ」、lastには「コピー元の末尾のイテレータ」を指定します。

```
#include <list>
list <T> lst;
list <T> lst size_type size, const T init = T() );
list <T> lst( list& l );
list <T> lst( iterator first, iterator last, const T init = T() );
```

リスト１は、リストを作成するプログラム例です。

リスト１ リストを作成する（ファイル名：stl389.cpp）

```
#include <iostream>
#include <list>
using namespace std;

void main( void )
{
    int i;
    list <int>::iterator it;

    // 要素数を指定しないコンストラクタ
    list <int> lst1;
    for ( i=0; i<10; i++ ) {
        lst1.push_back( i );
    }

    cout << "lst1: " ;
    for ( it = lst1.begin(); it != lst1.end(); it++ ) {
        cout << *it << "," ;
    }
    cout << endl;
```

```
    // 要素数を指定したコンストラクタ
    list <int> lst2( lst1.size() );
    i = 0;
    for ( it = lst2.begin(); it != lst2.end(); it++ ) {
        *it = i + 90;
        i++;
    }

    cout << "lst2: " ;
    for ( it = lst2.begin(); it != lst2.end(); it++ ) {
        cout << *it << "," ;
    }
    cout << endl;

    // 既存のリストからコピーする
    list <int> lst3( lst1.begin(), lst1.end() );
    cout << "lst3: " ;
    for ( it = lst3.begin(); it != lst3.end(); it++ ) {
        cout << *it << "," ;
    }
    cout << endl;
}
```

リスト2 実行結果

```
lst1: 0,1,2,3,4,5,6,7,8,9,
lst2: 90,91,92,93,94,95,96,97,98,99,
lst3: 0,1,2,3,4,5,6,7,8,9,
```

さらにワンポイント
listクラスは、型やクラスを指定してシーケンシャルアクセスの配列を作成します。vectorクラスのように添え字（インデックス）を指定したアクセスはできませんが、途中への要素の挿入や削除が高速に行えるのが特徴です。型には、int型やchar型のほかにも、string型や独自に定義した型を使えます。

先頭のイテレータを取得する

ここがポイントです！ begin

beginは、リストの先頭を示すイテレータを返します。
構文は、次のようになります。引数はありません。

```
#include <list>
T::iterator begin( void );
```

戻り値は、最初の要素のイテレータを返します。
リスト1は、beginを使って、先頭のイテレータを取得するプログラム例です。

リスト1　先頭のイテレータを取得する（ファイル名：stl390.cpp）

```
#include <iostream>
#include <list>
using namespace std;

void main( void )
{
    list <int> lst;
    for ( int i=0; i<10; i++ ) {
        lst.push_back( i );
    }

    cout << "lst: " ;
    list <int>::iterator it;
    for ( it = lst.begin(); it != lst.end(); it++ ) {
        cout << *it << "," ;
    }
    cout << endl;
}
```

リスト2　実行結果

```
lst: 0,1,2,3,4,5,6,7,8,9,
```

for文やwhile文などでリストにアクセスする場合に使います。リストでは添え字を使ったアクセスができないので、任意の位置にアクセスするためにはイテレータを使ってインクリメントしていきます。

Tips 391 ▶Level ●○○ ▶対応 C C++ VC g++

末尾のイテレータを取得する

ここがポイントです！　end

endは、リストの末尾を示すイテレータを返します。実際には、最後の要素の次の位置を示します。for文などで終端をチェックする場合は、リスト1のように「it != lst.end()」とチェックします。

構文は、次のようになります。引数はありません。

```
#include <vector>
T::iterator end( void );
```

戻り値は、末尾の要素のイテレータを返します。

リスト1は、endを使って、末尾のイテレータを取得するプログラム例です。

リスト1 末尾のイテレータを取得する(ファイル名:stl391.cpp)

```
#include <iostream>
#include <list>
using namespace std;

void main( void )
{
    list <int> lst;
    for ( int i=0; i<10; i++ ) {
        lst.push_back( i );
    }

    cout << "lst: " ;
    list <int>::iterator it = lst.begin();
    while ( it != lst.end() ) {
        cout << *it << "," ;
        ++it;
    }
    cout << endl;
}
```

リスト2 実行結果

```
lst: 0,1,2,3,4,5,6,7,8,9,
```

さらにワンポイント listオブジェクトのイテレータを使って、実際に値を得るには「*x」のように、*演算子を使います。イテレータを使って構造体やメソッドにアクセスする場合は、「(*x)->func()」のように、括弧で括ってください。この括弧は、*演算子が->演算子よりも優先度が低いので、優先度の順序を変えるために必要です。

リストをクリアする

ここがポイントです！ clear

リストからすべての要素を削除するには、clearを使います。
構文は、次のようになります。引数はありません。

```
#include <vector>
void clear( void );
```

戻り値はありません。
リスト1は、clearを使って、リストをクリアするプログラム例です。

リスト1 リストをクリアする（ファイル名：stl392.cpp）

```
#include <iostream>
#include <list>
using namespace std;

class Base {
};

void main( void )
{
    list <int> lst(5);

    cout << "count: " << lst.size() << endl;
    lst.clear();
    cout << "count: " << lst.size() << endl;
    lst.push_back(1);
    cout << "count: " << lst.size() << endl;
}
```

リスト2 実行結果

```
count: 5
count: 0
count: 1
```

listオブジェクトは、要素を削除するときに要素を解放しません。このため、new演算子などで要素を割り当てたときは、あらかじめ要素をdelete演算子で解放してから、clearメソッドを呼び出してください。

```
list <Base*> lst(10);
for ( list<Base*>::iterator it = lst.begin(); it != lst.end(); ++it ) {
  *it = new Base();
}
...
for ( list<Base*>::iterator it = lst.begin(); it != lst.end(); ++it ) {
  delete *it;
}
lst.clear();
```

リストの途中に要素を追加する

insertは、指定位置に要素を挿入します。挿入先のイテレータだけを指定すると、初期値(型やクラスの初期値)が代入されます。

挿入する要素を指定することもできます。複数の要素を挿入する場合は、挿入元の先頭と末尾のイテレータを渡します。

構文は、次のようになります。引数のTには「型」、itには「挿入する直前のイテレータ」、valには「挿入する要素」、countには「挿入する数」、firstには「挿入する配列の先頭のイテレータ」、lastには「挿入する配列の末尾のイテレータ」を指定します。

```
#include <list>
T::iterator insert( iterator it, const T& val = T() );
void insert( iterator it, size_type count, const T& val );
void insert( iterator it, iterator first, iterator last );
```

戻り値は、要素を指定したときは、挿入したイテレータを返します。複数の要素を挿入する場合は、戻り値はありません。

リスト1は、insertを使って、リストの途中に要素を追加するプログラム例です。

リスト1 リストの途中に要素を追加する(ファイル名:stl393.cpp)

```
#include <iostream>
#include <list>
```

```
using namespace std;

void main( void )
{
    list <int>::iterator it;
    list <int> lst1;
    int i;

    for ( i=0; i<10; i++ ) {
        lst1.push_back(i);
    }
    for ( it = lst1.begin(); it != lst1.end(); it++ ) {
        cout << *it << "," ;
    }
    cout << endl;

    // 6番目に挿入
    it = lst1.begin();
    for ( i=0; i<5; i++ ) it++;
    lst1.insert( it, 10 );
    for ( it = lst1.begin(); it != lst1.end(); it++ ) {
        cout << *it << "," ;
    }
    cout << endl;

    // 先頭に挿入
    lst1.insert( lst1.begin(), 11 );
    for ( it = lst1.begin(); it != lst1.end(); it++ ) {
        cout << *it << "," ;
    }
    cout << endl;

    // 別のリストを挿入
    list <int> lst2;
    for ( i=0; i<5;  i++ ) {
        lst2.push_back( 90+i );
    }
    it = lst1.begin();
    for ( i=0; i<3; i++ ) it++;
    lst1.insert( it, lst2.begin(), lst2.end() );

    for ( it = lst1.begin(); it != lst1.end(); it++ ) {
        cout << *it << "," ;
    }
    cout << endl;
}
```

リスト2 実行結果

```
0,1,2,3,4,5,6,7,8,9,
0,1,2,3,4,10,5,6,7,8,9,
```

```
11,0,1,2,3,4,10,5,6,7,8,9,
11,0,1,90,91,92,93,94,2,3,4,10,5,6,7,8,9,
```

listクラスでは、シーケンシャルアクセスしかできないので、イテレータを指定位置に移動した上で要素を挿入します。次の例では5番目の要素の後に挿入しています。

```
list<int> lst(10);
int n = 10;
list<int>::iterator it = lst.begin();
for ( int i=0; i<5; i++ ) ++it;
lst.insert( it, n );
```

2つのリストをマージする

ここがポイントです！ merge

2つのリストをマージするには、mergeを使います。それぞれのリストはソート済みである必要があります。マージされた後は、自動的にソートされます。マージが終わった後では、マージするリスト（lst）は空になります。

構文は、次のようになります。引数のTには「型」、lstには「マージするリスト」、prには「比較関数」を指定します。

```
#include <list>
void merge( list<T>& lst );
void merge( list<T>& lst, greater<T> pr );
```

戻り値はありません。

リスト1は、mergeを使って、2つのリストをマージするプログラム例です。

リスト2は、比較関数を渡してmerge関数を利用した例です。

リスト1　2つのリストをマージする（ファイル名：stl394.cpp）

```
#include <iostream>
#include <list>
using namespace std;

void main( void )
{
```

```
    int i;
    list <int>::iterator it;
    list <int> lst1, lst2;

    for ( i=0; i<10; i++ ) lst1.push_back( i );
    for ( i=0; i<10; i++ ) lst2.push_back( i+5 );

    cout << "lst1: " ;
    for ( it = lst1.begin(); it != lst1.end(); it++ ) cout << *it << "," ;
    cout << endl;
    cout << "lst2: " ;
    for ( it = lst2.begin(); it != lst2.end(); it++ ) cout << *it << "," ;
    cout << endl;

    // マージする
    lst1.merge( lst2 );

    cout << "lst1: " ;
    for ( it = lst1.begin(); it != lst1.end(); it++ ) cout << *it << "," ;
    cout << endl;
    cout << "lst2: " ;
    for ( it = lst2.begin(); it != lst2.end(); it++ ) cout << *it << "," ;
    cout << endl;
}
```

リスト2 実行結果1

```
lst1: 0,1,2,3,4,5,6,7,8,9,
lst2: 5,6,7,8,9,10,11,12,13,14,
lst1: 0,1,2,3,4,5,5,6,6,7,7,8,8,9,9,10,11,12,13,14,
lst2:
```

リスト3 比較関数を渡す（ファイル名：stl394a.cpp）

```
#include <iostream>
#include <list>
#include <functional>
using namespace std;

void main( void )
{
    int i;
    list <int>::iterator it;
    list <int> lst1, lst2;

    for ( i=0; i<10; i++ ) lst1.push_back( 10-i );
    for ( i=0; i<10; i++ ) lst2.push_back( 5-i );

    cout << "lst1: " ;
    for ( it = lst1.begin(); it != lst1.end(); it++ ) cout << *it << "," ;
    cout << endl;
```

```
    cout << "lst2: " ;
    for ( it = lst2.begin(); it != lst2.end(); it++ ) cout << *it << "," ;
    cout << endl;

    // マージする
    lst1.merge( lst2, greater<int>() );

    cout << "lst1: " ;
    for ( it = lst1.begin(); it != lst1.end(); it++ ) cout << *it << "," ;
    cout << endl;
    cout << "lst2: " ;
    for ( it = lst2.begin(); it != lst2.end(); it++ ) cout << *it << "," ;
    cout << endl;
}
```

リスト4　実行結果2

```
lst1: 10,9,8,7,6,5,4,3,2,1,
lst2: 5,4,3,2,1,0,-1,-2,-3,-4,
lst1: 10,9,8,7,6,5,5,4,4,3,3,2,2,1,1,0,-1,-2,-3,-4,
lst2:
```

リスト1では、通常のマージと比較関数を使ったときのマージを示しています。比較関数(greater)を使うことで、降順でのマージも可能です。

2つのリストが等しいかチェックする

ここがポイントです！　**operator ==**

リストを比較して、等しいかどうかを調べるには、operator ==を使います。リストの要素数と要素の値が等しいときに、trueになります。

構文は、次のようになります。引数のTには「型」、lst1には「比較するリスト1」、lst2には「比較するリスト2」を指定します。

```
#include <list>
bool operator ==( const list<T> &lst1, const list<T> &lst2 );
```

戻り値は、リストが等しい場合は、trueを返します。異なる場合は、falseを返します。

リスト1は、==を使って、2つのリストが等しいかチェックするプログラム例です。

リスト1 2つのリストが等しいかチェックする（ファイル名：stl395.cpp）

```
#include <iostream>
#include <list>
using namespace std;

void main( void )
{
    list<char> lst1, lst2;
    int i;

    lst1.push_back('C');
    lst1.push_back('+');
    lst1.push_back('+');
    lst2.push_back('C');
    lst2.push_back('+');
    lst2.push_back('+');

    if ( lst1 == lst2 ) {
        cout << "2つのlistは等しい" << endl ;
    } else {
        cout << "2つのlistは異なる" << endl ;
    }
}
```

リスト2 実行結果

```
2つのlistは等しい
```

リストが完全に等しいときだけ、trueを返します。

2つのリストが異なるかチェックする

ここがポイントです！ operator !=

リストを比較して、異なるかどうかを調べるには、operator !=を使います。リストの要素数あるいは要素の値のどちらかが異なるときに、trueになります。

構文は、次のようになります。引数のTには「型」、lst1には「比較するリスト1」、lst2には「比較するリスト2」を指定します。

```
#include <list>
bool operator !=( const list<T> &lst1, const list<T> &lst2 );
```

戻り値は、リストが異なる場合は、trueを返します。等しい場合は、falseを返します。

リスト1は、!=を使って、2つのリストが異なるかチェックするプログラム例です。

リスト1　2つのリストが異なるかチェックする（ファイル名：stl396.cpp）

```
#include <iostream>
#include <list>
using namespace std;

void main( void )
{
    list<char> lst1, lst2;
    int i;

    lst1.push_back('C');
    lst1.push_back('+');
    lst1.push_back('+');
    lst2.push_back('J');
    lst2.push_back('a');
    lst2.push_back('v');
    lst2.push_back('a');

    if ( lst1 != lst2 ) {
        cout << "2つのlistは異なる" << endl ;
    } else {
        cout << "2つのlistは等しい" << endl ;
    }
}
```

リスト2 実行結果

```
2つのlistは異なる
```

要素に独自のクラスを指定する場合は、==演算子を多重定義します。次の例では、RGBクラスを作成して、リストの内容を比較できるようにしています。

```
class RGB
{
public:
  int r,g,b;
  RGB() {
    r = g = b = 0;
  }
  RGB( int _r, int _g, int _b ) {
    this->r = _r;
    this->g = _g;
    this->b = _b;
  }
};

bool operator ==( const RGB& left, const RGB& right ) {
  if ( left.r == right.r && left.g == right.g && left.b == right.b ) {
    return true;
  }
  return false;
}

void main( void )
{
  list<RGB> col1, col2;
  col1.push_back( RGB(0,0,0));
  col1.push_back( RGB(100,0,0));
  col1.push_back( RGB(255,0,0));
  col2.push_back( RGB(0,0,0));
  col2.push_back(RGB(100,0,0));
  col2.push_back(RGB(255,0,0));

  if ( col1 == col2 ) {
    cout << "2つのlistは等しい" << endl ;
  } else {
    cout << "2つのlistは異なる" << endl ;
  }
}
```

リストが小さいかチェックする

operator <

リストの大小を比較するには、operator <を使います。要素それぞれについて値で比較し、リスト1(lst1)が小さいときにtrueを返します。

構文は、次のようになります。引数のTには「型」、lst1には「比較するリスト1」、lst2には「比較するリスト2」を指定します。

```
#include <list>
bool operator <( const list<T> &lst1, const list<T> &lst2 );
```

戻り値は、リスト1(lst1)が、リスト2(lst2)より小さい場合は、trueを返します。等しいか、大きい場合は、falseを返します。

リスト1は、<を使って、リストが小さいかチェックするプログラム例です。

リスト1　リストが小さいかチェックする（ファイル名：stl397.cpp）

```
#include <iostream>
#include <list>
using namespace std;

void main( void )
{
    list<char> lst1, lst2;
    int i;

    lst1.push_back('C');
    lst1.push_back('+');
    lst1.push_back('+');
    lst2.push_back('J');
    lst2.push_back('a');
    lst2.push_back('v');
    lst2.push_back('a');

    if ( lst1 < lst2 ) {
        cout << "lst1のほうが小さい" << endl ;
    } else {
        cout << "lst1のほうが大きい" << endl ;
    }
}
```

実行結果

```
lst1のほうが小さい
```


リストで比較演算子（==演算子や!=演算子など）を使う場合は、listクラスに設定する型は値型を指定してください。独自のクラスを指定する場合は、比較演算子を多重定義します。

リストが大きいかチェックする

リストの大小を比較するには、operator >を使います。要素それぞれについて値で比較し、リスト1(lst1)が大きいときにtrueを返します。

構文は、次のようになります。引数のTには「型」、lst1には「比較するリスト1」、lst2には「比較するリスト2」を指定します。

```
#include <list>
bool operator >( const list<T> &lst1, const list<T> &lst2 );
```

戻り値は、リスト1(lst1)が、リスト2(lst2)より大きい場合は、trueを返します。等しいか、小さい場合は、falseを返します。

リスト1は、>を使って、リストが大きいかチェックするプログラム例です。

リスト1　リストが大きいかチェックする（ファイル名：stl398.cpp）

```
#include <iostream>
#include <list>
using namespace std;

void main( void )
{
    list<char> lst1, lst2;
    int i;

    lst1.push_back('C');
    lst1.push_back('+');
    lst1.push_back('+');
    lst2.push_back('J');
```

```
    lst2.push_back('a');
    lst2.push_back('v');
    lst2.push_back('a');

    if ( lst1 > lst2 ) {
        cout << "lst1のほうが大きい" << endl ;
    } else {
        cout << "lst1のほうが小さい" << endl ;
    }
}
```

リスト2　実行結果

```
lst1のほうが小さい
```

末尾に要素を追加する

push_backを使うと、リストの最後に要素を追加できます。リストに初期値を与えるときに活用されます。

構文は、次のようになります。引数のTには「型」、valには「追加する値」を指定します。

```
#include <vector>
void push_back( const T& val );
```

戻り値はありません。

リスト1は、push_backを使って、末尾に要素を追加するプログラム例です。

リスト1　末尾に要素を追加する（ファイル名：stl399.cpp）

```
#include <iostream>
#include <list>
using namespace std;

void main( void )
{
    list <int> lst;
    list <int>::iterator it;
    int i;

    for ( i=0; i<10; i++ ) {
```

```
        lst.push_back( i );
        for ( it = lst.begin(); it != lst.end(); it++ ) {
            cout << *it << "," ;
        }
        cout << endl;
    }
}
```

リスト2　実行結果

```
0,
0,1,
0,1,2,
0,1,2,3,
0,1,2,3,4,
0,1,2,3,4,5,
0,1,2,3,4,5,6,
0,1,2,3,4,5,6,7,
0,1,2,3,4,5,6,7,8,
0,1,2,3,4,5,6,7,8,9,
```

リスト1では、push_backメソッドを使って、1つずつ要素を追加しています。

先頭に要素を追加する

ここがポイントです！ push_front

リストの先頭に要素を追加するには、push_frontを使います。要素の逆順のリストを作るときに便利です。

構文は、次のようになります。引数のTには「型」、valには「追加する値」を指定します。

```
#include <vector>
void push_front( const T& val );
```

戻り値はありません。

リスト1は、push_frontを使って、先頭に要素を追加するプログラム例です。

リスト1 先頭に要素を追加する（ファイル名：stl400.cpp）

```
#include <iostream>
#include <list>
using namespace std;

void main( void )
{
    list <int> lst;
    list <int>::iterator it;
    int i;

    for ( i=0; i<10; i++ ) {
        lst.push_front( i );
        for ( it = lst.begin(); it != lst.end(); it++ ) {
            cout << *it << "," ;
        }
        cout << endl;
    }
}
```

リスト2 実行結果

```
0,
1,0,
2,1,0,
3,2,1,0,
4,3,2,1,0,
5,4,3,2,1,0,
6,5,4,3,2,1,0,
7,6,5,4,3,2,1,0,
8,7,6,5,4,3,2,1,0,
9,8,7,6,5,4,3,2,1,0,
```

リスト1では、push_frontメソッドを使って、1つずつ要素を先頭に追加しています。

末尾の要素を削除する

pop_backは、リストの最後の要素を削除します。

なお、vectorクラスと異なり、要素数が0のリストに対してpop_backメソッドを実行するとアプリケーションエラーになるので注意してください。

構文は、次のようになります。引数はありません。

```
#include <list>
void pop_back( void );
```

戻り値はありません。

リスト1は、pop_backを使って、末尾の要素を削除するプログラム例です。

リスト1 末尾の要素を削除する（ファイル名：stl401.cpp）

```
#include <iostream>
#include <list>
using namespace std;

void main( void )
{
	list <int> lst;
	list <int>::iterator it;
	int i;

	for ( i=0; i<10; i++ ) {
		lst.push_back(i);
	}
	for ( i=0; i<10; i++ ) {
		lst.pop_back();
		for ( it = lst.begin(); it != lst.end(); it++ ) {
			cout << *it << "," ;
		}
		cout << endl;
	}
}
```

リスト2 実行結果

```
0,1,2,3,4,5,6,7,8,
0,1,2,3,4,5,6,7,
```

```
0,1,2,3,4,5,6,
0,1,2,3,4,5,
0,1,2,3,4,
0,1,2,3,
0,1,2,
0,1,
0,
```

先頭の要素を削除する

ここがポイントです！ pop_front

リストの先頭の要素を削除するには、pop_frontを使います。
構文は、次のようになります。引数はありません。

```
#include <list>
void pop_front( void );
```

戻り値はありません。
リスト1は、pop_frontを使って、先頭の要素を削除するプログラム例です。

リスト1 先頭の要素を削除する（ファイル名：stl402.cpp）

```
#include <iostream>
#include <list>
using namespace std;

void main( void )
{
    list <int> lst;
    list <int>::iterator it;
    int i;

    for ( i=0; i<10; i++ ) {
        lst.push_back(i);
    }
    for ( i=0; i<10; i++ ) {
        lst.pop_front();
        for ( it = lst.begin(); it != lst.end(); it++ ) {
            cout << *it << "," ;
        }
        cout << endl;
```

```
    }
}
```

リスト2 実行結果

```
1,2,3,4,5,6,7,8,9,
2,3,4,5,6,7,8,9,
3,4,5,6,7,8,9,
4,5,6,7,8,9,
5,6,7,8,9,
6,7,8,9,
7,8,9,
8,9,
9,
```

さらにワンポイント vectorクラスと異なり、要素数が0のリストに対してpop_frontメソッドを実行するとアプリケーションエラーになるので注意してください。

Tips 403 ▶Level ● ▶対応 C++ VC g++

要素を削除する

ここがポイントです! remove

removeは、リストから要素を指定して、値にマッチした要素をすべて削除します。
構文は、次のようになります。引数のTには「型」、valには「削除する要素」を指定します。

```
#include <remove>
void remove( const T& val );
```

戻り値はありません。
リスト1は、remove使って、要素を削除するプログラム例です。

リスト1 要素を削除する (ファイル名:stl403.cpp)

```
#include <iostream>
#include <list>
using namespace std;

void main( void )
{
```

```
    list <int> lst;
    for ( int i=0; i<10; i++ ) {
        lst.push_back( i );
    }
    lst.push_back(5);

    cout << "lst: " ;
    list <int>::iterator it;
    for ( it = lst.begin(); it != lst.end(); it++ ) {
        cout << *it << "," ;
    }
    cout << endl;
    // 要素「5」を割駆除する
    lst.remove(5);
    cout << "lst: " ;
    for ( it = lst.begin(); it != lst.end(); it++ ) {
        cout << *it << "," ;
    }
}
```

リスト2　実行結果

```
lst: 0,1,2,3,4,5,6,7,8,9,5,
lst: 0,1,2,3,4,6,7,8,9,
```

要素が見つからない場合は、何も動作しません。

先頭の逆イテレータを取得する

ここがポイントです！ rbegin

rbeginは、リストを逆向きに要素を得るための、先頭位置を示すイテレータを取得します。rbeginメソッドで取得したイテレータは、++演算子によって要素を逆向きに走査していきます。

構文は、次のようになります。引数はありません。

```
#include <list>
list<T>::reverse_iterator rbegin( void );
```

戻り値は、リストの先頭の逆向きアクセスイテレータを返します。
リスト1は、rbeginを使って、先頭の逆イテレータを取得するプログラム例です。

リスト1　先頭の逆イテレータを取得する（ファイル名：stl404.cpp）

```
#include <iostream>
#include <list>
using namespace std;

void main( void )
{
    list <int> lst;
    list <int>::iterator it;

    for ( int i=0; i<10; i++ ) {
        lst.push_back( i );
    }
    cout << "lst: " ;
    for ( it = lst.begin(); it != lst.end(); it++ ) {
        cout << *it << "," ;
    }
    cout << endl;

    cout << "lst: " ;
    for ( list<int>::reverse_iterator rit = lst.rbegin(); rit != lst.
rend(); rit++ ) {
        cout << *rit << "," ;
    }
    cout << endl;
}
```

リスト2　実行結果

```
lst: 0,1,2,3,4,5,6,7,8,9,
lst: 9,8,7,6,5,4,3,2,1,0,
```

逆向きであること以外は、beginメソッド、endメソッドで取得できるイテレータと同様に扱えます。

末尾の逆イテレータを取得する

rend

rendは、リストを逆向きに要素を得るための、先頭位置を示すイテレータを取得します。rendメソッドで取得したイテレータは、++演算子によって要素を逆向きに走査していきます。

構文は、次のようになります。引数はありません。

```
#include <list>
list<T>::reverse_iterator rend( void );
```

戻り値は、リストの末尾の逆向きアクセスイテレータを返します。

リスト1は、rendを使って、末尾の逆イテレータを取得するプログラム例です。

リスト1 末尾の逆イテレータを取得する（ファイル名：stl405.cpp）

```
#include <iostream>
#include <list>
using namespace std;

void main( void )
{
    list <int> lst;
    list <int>::iterator it;

    for ( int i=0; i<10; i++ ) {
        lst.push_back( i );
    }
    cout << "lst: " ;
    for ( it = lst.begin(); it != lst.end(); it++ ) {
        cout << *it << "," ;
    }
    cout << endl;

    cout << "lst: " ;
    list<int>::reverse_iterator rit = lst.rend();
    do {
        rit--;
        cout << *rit << "," ;
    } while ( rit != lst.rbegin() ) ;
    cout << endl;
}
```

実行結果

```
lst: 0,1,2,3,4,5,6,7,8,9,
lst: 0,1,2,3,4,5,6,7,8,9,
```

さらにワンポイント 逆向きであること以外は、beginメソッド、endメソッドで取得できるイテレータと同様に扱えます。

要素の数を取得する

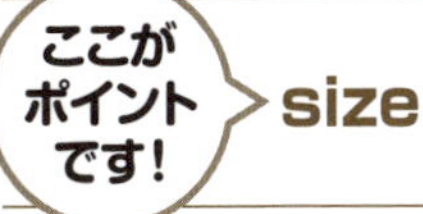

size

要素数を取得するには、sizeを使います。
構文は、次のようになります。引数はありません。

```
#include <vector>
size_type size( void );
```

戻り値は、リストの要素数を返します。
リスト1は、sizeを使って、要素の数を取得するプログラム例です。

リスト1 要素の数を取得する（ファイル名：stl406.cpp）

```
#include <iostream>
#include <list>
using namespace std;

void main( void )
{
    list <int> lst(5);

    cout << "size: " << lst.size() << endl;
    lst.clear();
    cout << "size: " << lst.size() << endl;
    lst.push_back('C');
    lst.push_back('+');
    lst.push_back('+');
    cout << "size: " << lst.size() << endl;
}
```

実行結果

```
size: 5
size: 0
size: 3
```

さらにワンポイント 空のlistオブジェクトを指定したときは、要素数が0になります。

要素を並べ直す

sort

リストを並び替えるには、sortを使います。並び替えをするときの比較関数を指定することができます。

構文は、次のようになります。引数のTには「型」、compには「比較関数」を指定します。

```
#include <list>
void sort( void );
void sort( comp );
template<T> bool comp( T left, T right );
```

戻り値はありません。

リスト1は、sortを使って、要素を並べ直すプログラム例です。

リスト1 要素を並べ直す（ファイル名：stl407.cpp）

```
#include <iostream>
#include <list>
#include <functional>
using namespace std;

void main( void )
{
    int i;
    list <int>::iterator it;
    list <int> lst1, lst2;

```

```
    for ( i=0; i<10; i++ ) lst1.push_back( 10-i );
    cout << "lst1: " ;
    for ( it = lst1.begin(); it != lst1.end(); it++ ) cout << *it << "," ;
    cout << endl;

    // ソートする
    lst1.sort();
    cout << "lst1: " ;
    for ( it = lst1.begin(); it != lst1.end(); it++ ) cout << *it << "," ;
    cout << endl;

    // 逆順でソートする
    lst1.sort( greater<int>() );
    cout << "lst1: " ;
    for ( it = lst1.begin(); it != lst1.end(); it++ ) cout << *it << "," ;
    cout << endl;
}
```

リスト2 実行結果

```
lst1: 10,9,8,7,6,5,4,3,2,1,
lst1: 1,2,3,4,5,6,7,8,9,10,
lst1: 10,9,8,7,6,5,4,3,2,1,
```

さらにワンポイント

独自の比較関数を作ることができます。左辺と右辺の変数を引数に持ち、bool値で比較の結果を返します。

```
bool comp( int left, int right )
{
  if ( left < right ) return true;
  return false;
}
...
lst.sort( comp );
```

Tips 408

別のリストを挿入する

▶Level ●●
▶対応 C++ VC g++

splice

spliceは、イテレータで挿入位置を指定して、別のリストを挿入します。挿入するときに、先頭や末尾のイテレータを設定することで、部分リストを挿入できます。
　挿入元のリストは、挿入した要素が削除されます。
　構文は、次のようになります。引数のTには「型」、lstには「挿入するリスト」、firstには「挿入するリストの先頭のイテレータ」、lastには「挿入するリストの末尾のイテレータ」を指定します。

```
#include <list>
void splice( iterator it, list<T> lst );
void splice( iterator it, list<T> lst, iterator first );
void splice( iterator it, list<T> lst, iterator first, iterator last );
```

　戻り値はありません。
　リスト1は、spliceを使って、別のリストを挿入するプログラム例です。

リスト1　別のリストを挿入する（ファイル名：stl408.cpp）

```
#include <iostream>
#include <list>
using namespace std;

void main( void )
{
    int i;
    list <int>::iterator it;
    list <int> lst1, lst2;

    for ( i=0; i<10; i++ ) lst1.push_back( i );
    for ( i=0; i<10; i++ ) lst2.push_back( i+5 );

    cout << "lst1: " ;
    for ( it = lst1.begin(); it != lst1.end(); it++ ) cout << *it << "," ;
    cout << endl;
    cout << "lst2: " ;
    for ( it = lst2.begin(); it != lst2.end(); it++ ) cout << *it << "," ;
    cout << endl;

    // 挿入する
    lst1.splice( lst1.begin(), lst2 );
    cout << "lst1: " ;
    for ( it = lst1.begin(); it != lst1.end(); it++ ) cout << *it << "," ;
    cout << endl;
    cout << "lst2: " ;
    for ( it = lst2.begin(); it != lst2.end(); it++ ) cout << *it << "," ;
    cout << endl;

    lst1.clear();
    lst2.clear();
    for ( i=0; i<10; i++ ) lst1.push_back( i );
    for ( i=0; i<10; i++ ) lst2.push_back( i+5 );
```

```
    // firstで指定した部分だけ挿入する
    lst1.splice( lst1.begin(), lst2, lst2.begin() );
    cout << "lst1: " ;
    for ( it = lst1.begin(); it != lst1.end(); it++ ) cout << *it << "," ;
    cout << endl;
    cout << "lst2: " ;
    for ( it = lst2.begin(); it != lst2.end(); it++ ) cout << *it << "," ;
    cout << endl;

    lst1.clear();
    lst2.clear();
    for ( i=0; i<10; i++ ) lst1.push_back( i );
    for ( i=0; i<10; i++ ) lst2.push_back( i+5 );

    // first ～ lastで指定した部分だけ挿入する
    lst1.splice( lst1.begin(), lst2, lst2.begin(), lst2.end() );
    cout << "lst1: " ;
    for ( it = lst1.begin(); it != lst1.end(); it++ ) cout << *it << "," ;
    cout << endl;
    cout << "lst2: " ;
    for ( it = lst2.begin(); it != lst2.end(); it++ ) cout << *it << "," ;
    cout << endl;
}
```

リスト2 実行結果

```
lst1: 0,1,2,3,4,5,6,7,8,9,
lst2: 5,6,7,8,9,10,11,12,13,14,
lst1: 5,6,7,8,9,10,11,12,13,14,0,1,2,3,4,5,6,7,8,9,
lst2:
lst1: 5,0,1,2,3,4,5,6,7,8,9,
lst2: 6,7,8,9,10,11,12,13,14,
lst1: 5,6,7,8,9,10,11,12,13,14,0,1,2,3,4,5,6,7,8,9,
lst2:
```

1つの要素を挿入するときは、insertメソッドを利用してください。先頭や末尾に要素を追加するときは、push_frontメソッドやpush_backメソッドを使うと便利です。

ユニークな要素のみ残す

unique

uniqueは、連続する要素を削除します。リストの中から重複する要素を削除することができます。このときに比較用の関数を指定できます。

構文は、次のようになります。引数のTには「型」、compには「比較関数」を指定します。

```
#include <list>
void unique( void );
void unique( comp );
template<T> bool comp( T left, T right );
```

戻り値はありません。

リスト1は、uniqueを使って、ユニークな要素のみ残すプログラム例です。

リスト1　ユニークな要素のみ残す（ファイル名：stl409.cpp）

```
#include <iostream>
#include <list>
using namespace std;

bool comp( int left, int right )
{
    if ( left == right ) return true;
    return false;
}

void main( void )
{
    int i;
    list <int>::iterator it;
    list <int> lst1, lst2;

    for ( i=0; i<10; i++ ) lst1.push_back( i );
    for ( i=0; i<10; i++ ) lst2.push_back( i+5 );
    lst1.merge( lst2 );

    cout << "lst1: " ;
    for ( it = lst1.begin(); it != lst1.end(); it++ ) cout << *it << "," ;
    cout << endl;

    // 重複した要素を削除する
```

```
    // lst1.unique();
    lst1.unique(  comp );

    cout << "lst1: " ;
    for ( it = lst1.begin(); it != lst1.end(); it++ ) cout << *it << "," ;
    cout << endl;
}
```


4-5 map

Tips 410 ▶Level ● ▶対応 C++ VC g++

マップを作成する

ここがポイントです！ **mapクラス、コントラクタ**

コンストラクタを使って、mapオブジェクトを作成します。キーをソートするための関数(comp)や初期値(init)を指定することができます。

構文は、次のようになります。引数のKには「キーとなる型」、Vには「値となる型」、compには「ソート関数」、initには「コピー元のマップ」を指定します。

```
#include <map>
map <K,V> m;
map <K,V> m( comp );
map <K,V> m( map<K,V> init );
```

リスト1は、マップを作成するプログラム例です。

リスト1　マップを作成する(ファイル名：stl410.cpp)

```
#include <iostream>
#include <map>
using namespace std;

void main( void )
{
    // 要素数を指定しないコンストラクタ
    map <char, int> m1;
    int i;

    for ( i=0; i<10; i++ ) {
        m1.insert( pair <char, int> ('A'+i, i) );
    }

```

```
    char ch = 'C';
    map <char, int>::iterator p;
    p = m1.find( ch );
    if ( p == m1.end() ) {
        cout << "cannot find '" << ch << "'" << endl;
    } else {
        cout << "found in m1 '" << ch << "'" << endl;
    }

    // あらかじめ定義されたマップを使って生成
    map <char, int> m2( m1 );
    p = m2.find( ch );
    if ( p == m2.end() ) {
        cout << "cannot find '" << ch << "'" << endl;
    } else {
        cout << "found in m2 '" << ch << "'" << endl;
    }

    for ( p = m1.begin(); p != m1.end(); p++ ) {
        cout << "key: " << p->first << " " << "val: " << p->second << 
endl;
    }
}
```

リスト2 実行結果

```
found in m1 'C'
found in m2 'C'
key: A val: 0
key: B val: 1
key: C val: 2
key: D val: 3
key: E val: 4
key: F val: 5
key: G val: 6
key: H val: 7
key: I val: 8
key: J val: 9
```

キーから値を得るためには、リスト1のようにfindメソッドを使います。マップに設定されているすべてのキーと値を得る場合は、for文でイテレータを使います。

マップをクリアする

clear

マップからすべての要素を削除するには、clearを使います。
構文は、次のようになります。引数はありません。

```
#include <map>
void clear( void );
```

戻り値はありません。
リスト1は、clearを使って、マップをクリアするプログラム例です。

リスト1 マップをクリアする(ファイル名:stl411.cpp)

```
#include <iostream>
#include <map>
using namespace std;

void main( void )
{
    // 要素数を指定しないコンストラクタ
    map <char, int> m1;
    int i;

    for ( i=0; i<10; i++ ) {
        m1.insert( pair <char, int> ('A'+i, i) );
    }

    char ch = 'C';
    map <char, int>::iterator p;
    p = m1.find( ch );
    if ( p == m1.end() ) {
        cout << "cannot find '" << ch << "'" << endl;
    } else {
        cout << "found in m1 '" << ch << "'" << endl;
    }

    // クリアする
    m1.clear();
    p = m1.find( ch );
    if ( p == m1.end() ) {
        cout << "cannot find '" << ch << "'" << endl;
    } else {
```

```
            cout << "found in m1 '" << ch << "'" << endl;
        }
}
```

リスト1のようにマップをクリア(clear)した後では、指定したキーは見つかりません。

要素の数を取得する

要素数を取得するには、sizeを使います。
構文は、次のようになります。引数はありません。

```
#include <map>
size_type size( void );
```

戻り値は、マップの要素数を返します。
リスト1は、sizeを使って、要素の数を取得するプログラム例です。

リスト1 要素の数を取得する(ファイル名:stl412.cpp)

```
#include <iostream>
#include <map>
#include <string>
using namespace std;

void main( void )
{
    map <string, int> m;

    m.insert( pair<string,int>(string("C"), 1 ));
    m.insert( pair<string,int>(string("C++"), 2 ));
    m.insert( pair<string,int>(string("C++"), 3 ));
    m.insert( pair<string,int>(string("Java"), 4 ));

    cout << "count: " << m.size() << endl;
}
```

実行結果

```
count: 3
```

リスト1のように、mapクラスでは同じキーを持つ要素は、上書きされます。同じキーを持てるようにする場合は、multimapクラスを利用してください。

Tips 413 ▶Level ●○○ ▶対応 C C++ VC g++

指定したキーにマッチする要素の数を取得する

ここがポイントです! count

countは、指定したキーを持つ要素の数を返します。mapクラスの場合は、重複したキーを許さないため、countメソッドは常に1を返します。

multimapクラスの場合は、重複したキーを調べるためにcountメソッドを使います。

構文は、次のようになります。引数のKには「キーとなる型」、keyには「検索するキー」を指定します。

```
#include <map>
size_type count( count K& key );
```

戻り値は、マッチする要素数を返します。

リスト1は、countを使って、指定したキーにマッチする要素の数を取得するプログラム例です。

リスト1 指定したキーにマッチする要素の数を取得する（ファイル名：stl413.cpp）

```
#include <iostream>
#include <map>
using namespace std;

void main( void )
{
    map <char, int> m1;
    int i;
    for ( i=0; i<10; i++ ) m1.insert( pair <char, int> ('A'+i, i) );

    char ch = 'C';
    cout << "key '" << ch << "' の要素数: " << m1.count( ch ) << endl;
    // map では重複した要素はないので常に1になる
```

```
    m1.insert(pair<char, int>('C',3));
    cout << "key '" << ch << "' の要素数: " << m1.count( ch ) << endl;


    // multimap の場合は、重複を許すので要素数が返る
    multimap<char, int> m2;
    for ( i=0; i<10; i++ ) m2.insert( pair <char, int> ('A'+i, i) );

    cout << "key '" << ch << "' の要素数: " << m2.count( ch ) << endl;
    m2.insert(pair<char, int>('C',3));
    cout << "key '" << ch << "' の要素数: " << m2.count( ch ) << endl;

}
```

マッチするキーが見つからない場合は、0を返します。

要素を削除する

ここがポイントです! **erase**

検索にマッチした要素を削除するには、eraseを使います。

構文は、次のようになります。引数のKには「キーとなる型」、keyには「検索するキー」を指定します。

```
#include <map>
void erase( count K& key );
```

戻り値はありません。

リスト1は、eraseを使って、要素を削除するプログラム例です。

リスト1 要素を削除する(ファイル名:stl414.cpp)

```
#include <iostream>
#include <map>
#include <string>
using namespace std;

void main( void )
```

```
{
    map <string, int> m;
    m.insert( pair<string,int>(string("C"), 1 ));
    m.insert( pair<string,int>(string("C++"), 2 ));
    m.insert( pair<string,int>(string("Java"), 3 ));

    cout << "count: " << m.size() << endl;
    // 要素を削除する
    m.erase(string("Java"));
    cout << "count: " << m.size() << endl;

    multimap <string, int> mm;
    mm.insert( pair<string,int>(string("C"), 1 ));
    mm.insert( pair<string,int>(string("C++"), 2 ));
    mm.insert( pair<string,int>(string("C++"), 3 ));
    mm.insert( pair<string,int>(string("Java"), 4 ));

    cout << "count: " << mm.size() << endl;
    // 要素を削除する
    mm.erase(string("C++"));
    cout << "count: " << mm.size() << endl;
}
```

multimapクラスの場合は複数の要素にマッチします。このとき、すべての要素が削除されます。

指定したキーを持つ範囲を返す

ここがポイントです! **equal_range**

equal_rangeは、指定されたキーにマッチする要素の上限と下限のイテレータを返します。

mapクラスでは、重複したキーを許さないために、上限と下限のイテレータの間は1つだけの要素が得られます。

multimapクラスでは、複数の要素にマッチした結果を取得します。

見つからなかった場合は、上限と下限のイテレータは等しくなります。あるいは、末尾のイテレータ(endメソッド)で比較することができます。

構文は、次のようになります。引数のKには「キーとなる型」、Vには「値となる型」、keyには「検索するキー」を指定します。

```
#include <map>
pair< map<K,V>::iterator, map<K,V>::iterator> equal_range( const K& key );
```

戻り値は、上限と下限のイテレータのペアを返します。
リスト1は、equal_rangeを使って、指定したキーを持つ範囲を返すプログラム例です。

リスト1　指定したキーを持つ範囲を返す（ファイル名：stl415.cpp）

```
#include <iostream>
#include <map>
using namespace std;

void main( void )
{
    map <char, int> m1;
    int i;
    for ( i=0; i<10; i++ ) m1.insert( pair <char, int> ('A'+i, i) );
    char ch = 'C';

    // map の場合は重複したキーを許さないので、常に1つのペアのみ返す
    pair < map<char, int>::iterator, map<char, int>::iterator> pa;
    pa = m1.equal_range( ch );
    map<char, int>::iterator j;
    for (  j = pa.first; j != pa.second; j++ ) {
        cout << "map key: '" << j->first << "' " << j->second << endl;
    }
    // 見つからない場合
    pa = m1.equal_range( '0' );
    if ( pa.first != m1.end() ) {
        cout << "map: not found" << endl;
    } else {
        cout << "map: found" << endl;
    }

    multimap<char, int> m2;
    for ( i=0; i<10; i++ ) m2.insert( pair <char, int> ('A'+i, i) );
    m2.insert(pair<char, int>('C',10));
    m2.insert(pair<char, int>('C',20));

    pair < multimap<char, int>::iterator, multimap<char, int>::iterator> pa2;
    pa2 = m2.equal_range( ch );
    multimap<char, int>::iterator k;
    for (  k = pa2.first; k != pa2.second; k++ ) {
        cout << "multimap key: '" << k->first << "' " << k->second << endl;
    }

    pa2 = m2.equal_range( '0' );
    if ( pa2.first == pa2.second ) {
        cout << "map: not found" << endl;
    } else {
```

```
            cout << "map: found" << endl;
        }
}
```

リスト2 実行結果

```
map key: 'C' 2
map: not found
multimap key: 'C' 2
multimap key: 'C' 10
multimap key: 'C' 20
map: not found
```

さらにワンポイント multimapクラスでは、上限のイテレータをupper_boundメソッド、下限のイテレータをlower_boundメソッドでも取得できます。

```
multimap<char, int>::iterator k;
multimap<char, int>::iterator up = m2.upper_bound( 'C' );
multimap<char, int>::iterator low = m2.lower_bound( 'C' );
for ( k = low; k != up; k++ ) {
  cout << "multimap key: '" << k->first << "' " << k->second << endl;
}
```

Tips 416 ▶Level ●○○ ▶対応 C C++ VC g++

キーを指定して要素を見つける

ここがポイントです! find

findは、指定したキーにマッチする要素を返します。

mapクラスでは、重複したキーを許さないために、1つの要素だけを返します。

multimapクラスでは、複数の要素にマッチするため、すべての要素を取得するためには、equal_rangeメソッドを使ってください。

構文は、次のようになります。引数のKには「キーとなる型」、keyには「検索するキー」を指定します。

```
#include <map>
map<K,V>::iterator find( const K& key );
```

戻り値は、指定したキーを持つイテレータを返します。見つからない場合は、endを返します。

リスト1は、findを使って、キーを指定して要素を見つけるプログラム例です。

リスト1 キーを指定して要素を見つける（ファイル名：stl416.cpp）

```
#include <iostream>
#include <map>
using namespace std;

void main( void )
{
    map <char, int> m1;
    int i;
    for ( i=0; i<10; i++ ) m1.insert( pair <char, int> ('A'+i, i) );
    char ch = 'C';

    // map の場合は重複したキーを許さないので、常に1つのペアのみ返す
    map<char, int>::iterator j;
    j = m1.find( ch );
    if ( j != m1.end() ) {
        cout << "見つかった '" << ch << "'" << endl;
    } else {
        cout << "見つからなかった '" << ch << "'" << endl;
    }

    ch = 'X';
    j = m1.find( ch );
    if ( j != m1.end() ) {
        cout << "見つかった '" << ch << "'" << endl;
    } else {
        cout << "見つからなかった '" << ch << "'" << endl;
    }
}
```

要素を追加する

ここがポイントです！ insert

insertは、指定したキーで値を挿入します。要素を挿入するときは、pairクラスを使って設定します。

構文は、次のようになります。引数のKには「キーとなる型」、Vには「値となる型」、itには「挿入先のイテレータ」、firstには「挿入する先頭のイテレータ」、lastには「挿入する末尾の

イテレータ」を指定します。

```
#include <map>
pair <iterator, bool> insert( const pair <K, V>( key, val ));
iterator insert( iterator it, const pair <K, V>( key, val ));
void insert( iterator first, iterator last );
```

戻り値は、挿入した結果をイテレータで返します。
リスト1は、insertを使って、要素を追加するプログラム例です。
リスト3は、重複可能なmultimapを使ったときの例です。

リスト1　要素を追加する（ファイル名：stl417.cpp）

```
#include <iostream>
#include <map>
using namespace std;

void main( void )
{
  map <char, int> m1;
  int i;
  for ( i=0; i<5; i++ ) {
    m1.insert( pair <char, int> ('A'+i, i) );
  }

  map <char, int>::iterator p;
  cout << "挿入前" << endl;
  for ( p = m1.begin(); p != m1.end(); p++ ) {
    cout << "key: " << p->first << " " << "val: " << p->second << endl;
  }

  m1.insert( pair<char, int>('C', 10) );
  // map の場合は重複したキーを許さないので、結果は同じ
  cout << "挿入後" << endl;
  for ( p = m1.begin(); p != m1.end(); p++ ) {
    cout << "key: " << p->first << " " << "val: " << p->second << endl;
  }
}
```

リスト2　実行結果

```
挿入前
key: A val: 0
key: B val: 1
key: C val: 2
key: D val: 3
key: E val: 4
挿入後
key: A val: 0
key: B val: 1
```

```
key: C val: 2
key: D val: 3
key: E val: 4
```

リスト3　重複可能な場合（ファイル名：stl417a.cpp）

```
#include <iostream>
#include <map>
using namespace std;

void main( void )
{
  multimap <char, int> m1;
  int i;
  for ( i=0; i<5; i++ ) {
    m1.insert( pair <char, int> ('A'+i, i) );
  }

  multimap <char, int>::iterator p;
  cout << "挿入前" << endl;
  for ( p = m1.begin(); p != m1.end(); p++ ) {
    cout << "key: " << p->first << " " << "val: " << p->second << endl;
  }

  m1.insert( pair<char, int>('C', 10) );
  // multimap の場合は重複したキーを許すので、1つ挿入される。
  cout << "挿入後" << endl;
  for ( p = m1.begin(); p != m1.end(); p++ ) {
    cout << "key: " << p->first << " " << "val: " << p->second << endl;
  }
}
```

mapクラスの場合は、挿入したキーが元のマップに存在するので、挿入前と挿入後のマップは同じになります。multimapクラスの場合は、重複が許可されているので、設定した要素が追加されています。

Tips 418

▶Level ●●○

▶対応 C++ VC g++

キーを検索する関数を設定する

ここがポイントです！ key_comp

key_compを使うと、マップの作成時に、キーのソート関数を設定できます。ソート関数を設定することで、独自のキー検索ができます。

構文は、次のようになります。引数のKには「キーとなる型」、Vには「値となる型」、compには「ソート関数」を設定します。

```
#include <map>
struct comp {
  bool opeator() ( const K& left, const K& right );
};
map <K, V, comp> m;
```

リスト1は、key_compを使って、キーを検索する関数を設定するプログラム例です。

リスト1 キーを検索する関数を設定する（ファイル名：stl418.cpp）

```
#include <iostream>
#include <map>
#include <string>
using namespace std;

void main( void )
{
    map <string, int> m1;
    m1.insert( pair<string,int>(string("C"), 1 ));
    m1.insert( pair<string,int>(string("C++"), 2 ));
    m1.insert( pair<string,int>(string("Java"), 3 ));
    m1.insert( pair<string,int>("c++", 2 ));
    // 大文字小文字を比較するために4要素になる
    cout << "count: " << m1.size() << endl;

    // 比較関数を作成
    struct comp {
        bool operator() ( const string& left, const string& right )
        {
            return stricmp( left.c_str(), right.c_str()) < 0;
        }
    };

    map <string, int, comp> m2;
```

```
    m2.insert( pair<string,int>(string("C"), 1 ));
    m2.insert( pair<string,int>(string("C++"), 2 ));
    m2.insert( pair<string,int>(string("Java"), 3 ));
    m2.insert( pair<string,int>("c++", 2 ));
    // 大文字小文字を区別しないため3要素になる
    cout << "count: " << m2.size() << endl;
}
```

Tips 419

2つのマップが等しいかをチェックする

▶Level ●

▶対応 C++ VC g++

ここがポイントです！ operator ==

マップを比較して、等しいかどうかを調べるには、operator ==を使います。マップの要素数と要素のキーと値のすべてが等しいときに、trueになります。

構文は、次のようになります。引数のKには「キーとなる型」、Vには「値となる型」、m1には「比較するマップ1」、m2には「比較するマップ2」を指定します。

```
#include <map>
bool operator ==( const map<K,V> &m1, const map<K,V> &m2 );
```

戻り値は、マップが等しい場合は、trueを返します。異なる場合は、falseを返します。

リスト1は、==を使って、2つのマップが等しいかをチェックするプログラム例です。

リスト1　2つのマップが等しいかをチェックする（ファイル名：stl419.cpp）

```
#include <iostream>
#include <map>
#include <string>
using namespace std;

void main( void )
{
    map <char, int> m1, m2;
    m1['A'] = 1; m1['B'] = 2; m1['C'] = 3;
    m2['A'] = 1; m2['B'] = 2; m2['C'] = 3;

    if ( m1 == m2 ) {
        cout << "m1 と m2 は等しい" << endl;
    } else {
        cout << "m1 と m2 は異なる" << endl;
    }
}
```

リスト2 実行結果

```
m1 と m2 は等しい
```

マップが完全に等しいときだけ、trueを返します。

Tips 420

2つのマップが異なるかをチェックする

▶Level ●○○
▶対応 C C++ VC g++

operator !=

マップを比較して、異なるかどうかを調べるには、operator !=を使います。マップの要素数と要素のキーと値のどれかが異なるときに、trueになります。

構文は、次のようになります。引数のKには「キーとなる型」、Vには「値となる型」、m1には「比較するマップ1」、m2には「比較するマップ2」を指定します。

```
#include <map>
bool operator !=( const map<K,V> &m1, const map<K,V> &m2 );
```

戻り値は、マップが異なる場合は、trueを返します。等しい場合は、falseを返します。

リスト1は、!=を使って、2つのマップが異なるかをチェックするプログラム例です。

リスト1 2つのマップが異なるかをチェックする（ファイル名：stl420.cpp）

```
#include <iostream>
#include <map>
#include <string>
using namespace std;

void main( void )
{
    map <char, int> m1, m2;
    m1['A'] = 1; m1['B'] = 2; m1['C'] = 3;
    m2['A'] = 1; m2['b'] = 2; m2['C'] = 3;

    if ( m1 != m2 ) {
        cout << "m1 と m2 は異なる" << endl;
    } else {
        cout << "m1 と m2 は等しい" << endl;
```

```
    }
}
```

リスト2　実行結果

```
m1 と m2 は異なる
```

キーあるいは値が異なる場合に、trueを返します。独自のクラスを使う場合には、==演算子や!=演算子を多重定義します。

マップが小さいかをチェックする

ここがポイントです！　operator <

マップの大小を比較するには、operator <を使います。要素それぞれについて値で比較し、マップ1(m1)が小さいときにtrueを返します。

構文は、次のようになります。引数のKには「キーとなる型」、Vには「値となる型」、m1には「比較するマップ1」、m2には「比較するマップ2」を指定します。

```
#include <map>
bool operator <( const map<K,V> &m1, const map<K,V> &m2 );
```

戻り値は、マップ1(m1)が、マップ2(m2)より小さい場合は、trueを返します。等しいか、大きい場合は、falseを返します。

リスト1は、<を使って、マップが小さいかをチェックするプログラム例です。

リスト1　マップが小さいかをチェックする（ファイル名：stl421.cpp）

```
#include <iostream>
#include <map>
#include <string>
using namespace std;

void main( void )
{
    map <char, int> m1, m2;
    m1['A'] = 1; m1['B'] = 2; m1['C'] = 3;
    m2['A'] = 1; m2['b'] = 2; m2['C'] = 3;

```

```
    if ( m1 < m2 ) {
        cout << "m1 は m2 より小さい" << endl;
    } else {
        cout << "m1 は m2 より大きい" << endl;
    }
}
```

リスト2 実行結果

```
m1 は m2 より小さい
```

さらにワンポイント マップの比較は、連想配列のデータ更新などで利用できます。

マップが大きいかをチェックする

ここがポイントです！ operator >

operator >は、マップの大小を比較します。要素それぞれについて値で比較し、マップ1(m1)が大きいときにtrueを返します。

構文は、次のようになります。引数のKには「キーとなる型」、Vには「値となる型」、m1には「比較するマップ1」、m2には「比較するマップ2」を指定します。

```
#include <map>
bool operator >( const map<K,V> &m1, const map<K,V> &m2 );
```

戻り値は、マップ1(m1)が、マップ2(m2)より大きい場合は、trueを返します。等しいか、小さい場合は、falseを返します。

リスト1は、>を使って、マップが大きいかをチェックするプログラム例です。

なお、リスト1のように、キーが同じであれば、値を比較してマップの大小が決まります。

リスト1 マップが大きいかをチェックする(ファイル名：stl422.cpp)

```
#include <iostream>
#include <map>
#include <string>
using namespace std;

void main( void )
```

```
{
    map <char, int> m1, m2;
    m1['A'] = 1; m1['B'] = 2; m1['C'] = 3;
    m2['A'] = 1; m2['b'] = 2; m2['C'] = 3;

    if ( m1 > m2 ) {
        cout << "m1 は m2 より大きい" << endl;
    } else {
        cout << "m1 は m2 より小さい" << endl;
    }

    m2.erase('b');
    if ( m1 > m2 ) {
        cout << "m1 は m2 より大きい" << endl;
    } else {
        cout << "m1 は m2 より小さい" << endl;
    }

    m2['B'] = 0;
    if ( m1 > m2 ) {
        cout << "m1 は m2 より大きい" << endl;
    } else {
        cout << "m1 は m2 より小さい" << endl;
    }
}
```

キーを指定して値を代入する

ここがポイントです! operator []

operator []は、キーで指定した要素を返します。文字列などの配列の括弧([])と同じように、指定した要素に値を設定することもできます。

構文は、次のようになります。引数のKには「キーとなる型」、Vには「値となる型」、keyには「検索するキー」を指定します。

```
#include <vector>
V& operator []( ocnst K& key );
```

戻り値は、指定した位置の要素の参照を返します。

リスト1は、[]を使って、キーを指定して値を代入するプログラム例です。

リスト1 キーを指定して値を代入する（ファイル名：stl423.cpp）

```
#include <iostream>
#include <map>
using namespace std;

void main( void )
{
    map <char, int> m1;
    int i;
    for ( i=0; i<5; i++ ) {
        m1.insert( pair <char, int> ('A'+i, i) );
    }

    map <char, int>::iterator p;
    cout << "挿入前" << endl;
    for ( p = m1.begin(); p != m1.end(); p++ ) {
        cout << "key: " << p->first << " " << "val: " << p->second << 
endl;
    }

    // キーがないときは挿入される。
    m1[ 'X' ] = 99 ;
    cout << "挿入後" << endl;
    for ( p = m1.begin(); p != m1.end(); p++ ) {
        cout << "key: " << p->first << " " << "val: " << p->second << 
endl;
    }

    // 既にキーがあるときは値が置き換わる
    m1[ 'C' ] = 100 ;
    cout << "挿入後" << endl;
    for ( p = m1.begin(); p != m1.end(); p++ ) {
        cout << "key: " << p->first << " " << "val: " << p->second << 
endl;
    }
}
```

リスト2 実行結果

```
挿入前
key: A val: 0
key: B val: 1
key: C val: 2
key: D val: 3
key: E val: 4
挿入後
key: A val: 0
key: B val: 1
key: C val: 2
key: D val: 3
```

```
key: E val: 4
key: X val: 99
挿入後
key: A val: 0
key: B val: 1
key: C val: 100
key: D val: 3
key: E val: 4
key: X val: 99
```

[]演算子で値を設定したときは、キーが見つかれば上書きします。見つからない場合は、要素を新しく挿入します。

検索後のイテレータを取得する

ここがポイントです！ upper_bound / lower_bound

upper_boundおよびlower_boundは、キーにマッチする要素を検索して、その先頭のイテレータ（lower_bound）あるいは末尾のイテレータ（upper_bound）を返します。

multimapクラスを使うと、キーの重複が許されるため、検索したときに複数の要素が返されます。これをチェックするときに使います。

構文は、次のようになります。引数のKには「キーとなる型」、Vには「値となる型」、keyには「検索するキー」を指定します。

```
#include <vector>
map<K,V>::iterator upper_bound( const K& key );
map<K,V>::iterator lower_bound( const K& key );
```

戻り値は、見つかった要素のイテレータを返します。見つからなかった場合は、末尾のイテレータ(end)を返します。

リスト1は、upper_boundを使って、検索後のイテレータを取得するプログラム例です。

リスト3は、multimapクラスを利用した例です。

リスト1　検索後のイテレータを取得する（ファイル名：stl424.cpp）

```
#include <iostream>
#include <map>
using namespace std;
```

```
void main( void )
{
    map <char, int> m1;
    int i;
    for ( i=0; i<10; i++ ) m1.insert( pair <char, int> ('A'+i, i) );
    char ch = 'C';

    // map の場合
    map<char, int>::iterator j;
    j = m1.upper_bound( ch );
    if ( j != m1.end() ) {
        cout << "見つかった '" << ch << "'" << endl;
    } else {
        cout << "見つからなかった '" << ch << "'" << endl;
    }

    ch = 'X';
    j = m1.upper_bound( ch );
    if ( j != m1.end() ) {
        cout << "見つかった '" << ch << "'" << endl;
    } else {
        cout << "見つからなかった '" << ch << "'" << endl;
    }
}
```

リスト2 実行結果

```
見つかった'C'
見つからなかった'X'
```

リスト3 重複可能なマップの場合（ファイル名：stl424a.cpp）

```
#include <iostream>
#include <map>
using namespace std;

void main( void )
{
    multimap <char, int> m1;
    int i;
    for ( i=0; i<10; i++ ) m1.insert( pair <char, int> ('A'+i, i) );
    m1.insert( pair <char, int> ( 'C', 10 ));
    m1.insert( pair <char, int> ( 'C', 20 ));

    char ch = 'C';

    // multimap の場合
    multimap<char, int>::iterator j1, j2;
    j1 = m1.lower_bound( ch );
    j2 = m1.upper_bound( ch );
```

```
        if ( j1 == m1.end() || j2 == m1.end() ) {
            cout << "見つからなかった '" << ch << "'" << endl;
        } else {
            multimap <char, int>::iterator j;
            for ( j = j1; j != j2; j++ ) {
                cout << "key: '" << j->first << "' " << j->second << endl;
            }
        }
}
```

リスト4　実行結果

```
key: 'C' 2
key: 'C' 10
key: 'C' 20
```

mapクラスを使った場合は、キーが重複しないために1つのみ要素を返します。このため、lower_boundメソッドとupper_boundメソッドは同じイテレータを返します。

4-6 algorithm

別のコンテナにコピーする

ここがポイントです！　copy

copyを使うと、別のコンテナに先頭から要素をコピーできます。

構文は、次のようになります。引数のfirstには「コピー元の先頭のイテレータ」、lastには「コピー元の末尾のイテレータ」、destには「コピー先のイテレータ」を指定します。

```
#include <algorithm>
iterator copy( iterator first, iterator last, iterator dest );
```

戻り値は、コピー先の末尾のイテレータを返します。

リスト1は、copyを使って、別のコンテナにコピーするプログラム例です。

リスト1　別のコンテナにコピーする（ファイル名：stl425.cpp）

```
#include <iostream>
#include <vector>
```

```
#include <algorithm>
using namespace std;

void main( void )
{
    vector <int> v1(10);
    vector <int> v2(10);
    int i;

    for ( i=0; i<v1.size(); i++ ) v1[i] = i;
    for ( i=0; i<v2.size(); i++ ) v2[i] = 90+i;

    for ( i=0; i<v1.size(); i++ ) {
        cout << v1[i] << ",";
    }
    cout << endl;

    // 先頭の要素だけコピーする
    copy ( v2.begin(), v2.begin()+1, v1.begin() );
    for ( i=0; i<v1.size(); i++ ) {
        cout << v1[i] << ",";
    }
    cout << endl;

    // 先頭3つだけコピーする
    copy ( v2.begin(), v2.begin()+3, v1.begin() );
    for ( i=0; i<v1.size(); i++ ) {
        cout << v1[i] << ",";
    }
    cout << endl;

    // 要素をすべてコピーする
    copy( v2.begin(), v2.end(), v1.begin() );
    for ( i=0; i<v1.size(); i++ ) {
        cout << v1[i] << ",";
    }
    cout << endl;
}
```

リスト2 実行結果

```
0,1,2,3,4,5,6,7,8,9,
90,1,2,3,4,5,6,7,8,9,
90,91,92,3,4,5,6,7,8,9,
90,91,92,93,94,95,96,97,98,99,
```

コピー先のコンテナは、vectorクラスやlistクラスなどを使うことができます。

別のコンテナに逆順でコピーする

ここがポイントです！ copy_backward

別のコンテナに要素を末尾からコピーするには、copy_backwardを使います。

構文は、次のようになります。引数のfirstには「コピー元の先頭のイテレータ」、lastには「コピー元の末尾のイテレータ」、destには「コピー先のイテレータ」を指定します。

```
#include <algorithm>
iterator copy_backward( iterator first, iterator last, iterator dest );
```

戻り値は、コピー先の先頭のイテレータを返します。

リスト1は、copy_backwardを使って、別のコンテナに逆順でコピーするプログラム例です。

リスト1 別のコンテナに逆順でコピーする（ファイル名：stl426.cpp）

```
#include <iostream>
#include <vector>
#include <algorithm>
using namespace std;

void main( void )
{
    vector <int> v1(10);
    vector <int> v2(10);
    int i;

    for ( i=0; i<v1.size(); i++ ) v1[i] = i;
    for ( i=0; i<v2.size(); i++ ) v2[i] = 90+i;

    for ( i=0; i<v1.size(); i++ ) {
        cout << v1[i] << ",";
    }
    cout << endl;

    // 終端の要素だけコピーする
    copy_backward( v2.end()-1, v2.end(), v1.end() );
    for ( i=0; i<v1.size(); i++ ) {
        cout << v1[i] << ",";
    }
    cout << endl;
```

```
    // 先頭3つだけコピーする
    copy_backward( v2.begin(), v2.begin()+3, v1.end() );
    for ( i=0; i<v1.size(); i++ ) {
        cout << v1[i] << ",";
    }
    cout << endl;

    // 要素をすべてコピーする
    copy_backward( v2.begin(), v2.end(), v1.end() );
    for ( i=0; i<v1.size(); i++ ) {
        cout << v1[i] << ",";
    }
    cout << endl;
}
```

リスト2 実行結果

```
0,1,2,3,4,5,6,7,8,9,
0,1,2,3,4,5,6,7,8,99,
0,1,2,3,4,5,6,90,91,92,
90,91,92,93,94,95,96,97,98,99,
```

さらにワンポイント 末尾から順番にコピーするときに使います。逆イテレータを使えるコンテナを指定します。

イテレータを交換する

ここがポイントです！ iter_swap

2つのイテレータの値を交換するには、iter_swapを使います。

構文は、次のようになります。引数のit1には「交換するイテレータ1」、it2には「交換するイテレータ2」を指定します。

```
#include <algorithm>
void iter_swap( iterator it1, iterator it2 );
```

戻り値はありません。

リスト1は、iter_swapを使って、イテレータを交換するプログラム例です。

リスト1 イテレータを交換する（ファイル名：stl427.cpp）

```
#include <iostream>
#include <vector>
#include <algorithm>
using namespace std;

void main( void )
{
    vector <int> v1(10);
    vector <int> v2(10);
    int i;

    for ( i=0; i<v1.size(); i++ ) v1[i] = i;
    for ( i=0; i<v2.size(); i++ ) v2[i] = 90+i;

    // 交換前
    for ( i=0; i<v1.size(); i++ ) {
        cout << v1[i] << ",";
    }
    cout << endl;
    for ( i=0; i<v2.size(); i++ ) {
        cout << v2[i] << ",";
    }
    cout << endl;

    // スワップする
    vector <int>::iterator it1, it2;
    for ( it1 = v1.begin(), it2 = v2.begin(); it1 != v1.end(); it1++,
it2++ ) {
        iter_swap ( it1, it2 );
    }

    // 交換後
    for ( i=0; i<v1.size(); i++ ) {
        cout << v1[i] << ",";
    }
    cout << endl;
    for ( i=0; i<v2.size(); i++ ) {
        cout << v2[i] << ",";
    }
    cout << endl;
}
```

リスト2 実行結果

```
0,1,2,3,4,5,6,7,8,9,
90,91,92,93,94,95,96,97,98,99,
90,91,92,93,94,95,96,97,98,99,
0,1,2,3,4,5,6,7,8,9,
```

すべての値を交換すると、vectorクラスやlistクラスのswapメソッドと同じ動作をします。

指定した要素ですべて設定する

fill

fillを使うと、範囲を指定して、値を設定できます。コンテナに対して初期値を設定するときに使います。

構文は、次のようになります。引数のTには「型」、firstには「設定する範囲の先頭のイテレータ」、lastには「設定する範囲の末尾のイテレータ」、valには「設定する値」を指定します。

```
#include <algorithm>
void fill( iterator first, iterator last, const T& val );
```

戻り値はありません。

リスト1は、fillを使って、指定した要素ですべて設定するプログラム例です。

リスト1 指定した要素ですべて設定する(ファイル名:stl428.cpp)

```
#include <iostream>
#include <vector>
#include <algorithm>
using namespace std;

void main( void )
{
    vector <int> v1(10);
    int i;

    for ( i=0; i<v1.size(); i++ ) v1[i] = i;

    // fill 前
    for ( i=0; i<v1.size(); i++ ) {
        cout << v1[i] << ",";
    }
    cout << endl;

```

```
        // 先頭の要素だけを設定する
        fill( v1.begin(), v1.begin()+1, 99 );
        for ( i=0; i<v1.size(); i++ ) {
            cout << v1[i] << ",";
        }
        cout << endl;

        // 特定の範囲を設定する
        fill( v1.begin(), v1.begin()+5, 99 );
        for ( i=0; i<v1.size(); i++ ) {
            cout << v1[i] << ",";
        }
        cout << endl;

        // 要素全体を設定する
        fill( v1.begin(), v1.end(), 99 );
        for ( i=0; i<v1.size(); i++ ) {
            cout << v1[i] << ",";
        }
}
```

リスト2 実行結果

```
0,1,2,3,4,5,6,7,8,9,
99,1,2,3,4,5,6,7,8,9,
99,99,99,99,99,5,6,7,8,9,
99,99,99,99,99,99,99,99,99,99,
```

すべての要素を指定する場合は、リスト1のように先頭のイテレータ（begin）と末尾のイテレータ（end）を指定します。

指定した要素で数を指定して設定する

ここがポイントです！ fill_n

要素数を指定して、値を設定するには、fill_nを使います。コンテナに対して初期値を設定するときに使います。

構文は、次のようになります。引数のTには「型」、firstには「設定する範囲の先頭のイテレータ」、sizeには「設定する要素数」、valには「設定する値」を指定します。

```
#include <algorithm>
void fill_n( iterator first, size_type size, const T& val );
```

戻り値はありません。
リスト1は、fill_nを使って、指定した要素で数を指定して設定するプログラム例です。

リスト1 指定した要素で数を指定して設定する（ファイル名：stl429.cpp）

```
#include <iostream>
#include <vector>
#include <algorithm>
using namespace std;

void main( void )
{
    vector <int> v1(10);
    int i;

    for ( i=0; i<v1.size(); i++ ) v1[i] = i;

    // fill 前
    for ( i=0; i<v1.size(); i++ ) {
        cout << v1[i] << ",";
    }
    cout << endl;

    // 先頭の要素だけを設定する
    fill_n( v1.begin(), 1, 99 );
    for ( i=0; i<v1.size(); i++ ) {
        cout << v1[i] << ",";
    }
    cout << endl;

    // 特定の範囲を設定する
    fill_n( v1.begin(), 5, 99 );
    for ( i=0; i<v1.size(); i++ ) {
        cout << v1[i] << ",";
    }
    cout << endl;

    // 要素全体を設定する
    fill_n( v1.begin(), v1.size(), 99 );
    for ( i=0; i<v1.size(); i++ ) {
        cout << v1[i] << ",";
    }
}
```

リスト2 実行結果

```
0,1,2,3,4,5,6,7,8,9,
99,1,2,3,4,5,6,7,8,9,
```

```
99,99,99,99,99,5,6,7,8,9,
99,99,99,99,99,99,99,99,99,99,
```

要素数を指定するときに、コンテナにある要素数よりも大きいときにはエラーが発生するので注意してください。

要素を交換する

2つの要素を交換するには、swapを使います。

構文は、次のようになります。引数のTには「型」、val1には「交換する要素1」、val2には「交換する要素2」を指定します。

```
#include <algorithm>
void swap( T& val1, T& val2 );
```

戻り値はありません。

リスト1は、swapを使って、要素を交換するプログラム例です。

リスト1 要素を交換する（ファイル名：stl430.cpp）

```
#include <iostream>
#include <vector>
#include <algorithm>
using namespace std;

void main( void )
{
    vector <int> v1(10);
    vector <int> v2(10);
    int i;

    for ( i=0; i<v1.size(); i++ ) v1[i] = i;
    for ( i=0; i<v2.size(); i++ ) v2[i] = 90+i;

    // 交換前
    for ( i=0; i<v1.size(); i++ ) {
        cout << v1[i] << ",";
```

```
    }
    cout << endl;
    for ( i=0; i<v2.size(); i++ ) {
        cout << v2[i] << ",";
    }
    cout << endl;

    // スワップする
    for ( i=0; i<v1.size(); i++ ) {
        swap( v1[i], v2[i] );
    }

    // 交換後
    for ( i=0; i<v1.size(); i++ ) {
        cout << v1[i] << ",";
    }
    cout << endl;
    for ( i=0; i<v2.size(); i++ ) {
        cout << v2[i] << ",";
    }
    cout << endl;
}
```

リスト2 実行結果

```
0,1,2,3,4,5,6,7,8,9,
90,91,92,93,94,95,96,97,98,99,
90,91,92,93,94,95,96,97,98,99,
0,1,2,3,4,5,6,7,8,9,
```

一時変数を使って、要素を交換する動作と同じになります。

範囲を指定して要素を交換する

ここがポイントです! swap_ranges

範囲を指定して、要素を交換するには、swap_rangesを使います。

構文は、次のようになります。引数のTには「型」、firstには「交換元の先頭のイテレータ」、lastには「交換元の末尾のイテレータ」、destには「交換先の先頭のイテレータ」、

```
#include <algorithm>
iterator swap_ranges( iterator first, iterator last, iterator dest );
```

戻り値は、交換した結果の末尾のイテレータを返します。

リスト1は、swap_rangesを使って、範囲を指定して要素を交換するプログラム例です。

リスト1 範囲を指定して要素を交換する(ファイル名:stl431.cpp)

```
#include <iostream>
#include <vector>
#include <algorithm>
using namespace std;

void main( void )
{
    vector <int> v1(10);
    vector <int> v2(10);
    int i;

    for ( i=0; i<v1.size(); i++ ) v1[i] = i;
    for ( i=0; i<v2.size(); i++ ) v2[i] = 90+i;

    for ( i=0; i<v1.size(); i++ ) {
        cout << v1[i] << ",";
    }
    cout << " <-> ";
    for ( i=0; i<v2.size(); i++ ) {
        cout << v2[i] << ",";
    }
    cout << endl;

    // 指定範囲だけ交換する
    swap_ranges( v2.begin(), v2.begin()+5, v1.begin() );
    for ( i=0; i<v1.size(); i++ ) {
        cout << v1[i] << ",";
```

```
    }
    cout << " <-> ";
    for ( i=0; i<v2.size(); i++ ) {
        cout << v2[i] << ",";
    }
    cout << endl;

    // 全てを交換する
    swap_ranges( v2.begin(), v2.end(), v1.begin() );
    for ( i=0; i<v1.size(); i++ ) {
        cout << v1[i] << ",";
    }
    cout << " <-> ";
    for ( i=0; i<v2.size(); i++ ) {
        cout << v2[i] << ",";
    }
    cout << endl;
}
```

リスト2 実行結果

```
0,1,2,3,4,5,6,7,8,9, <-> 90,91,92,93,94,95,96,97,98,99,
90,91,92,93,94,5,6,7,8,9, <-> 0,1,2,3,4,95,96,97,98,99,
0,1,2,3,4,95,96,97,98,99, <-> 90,91,92,93,94,5,6,7,8,9,
```

リスト2のように、vectorクラスとlistクラスとの異なるコンテナに対しても交換が可能です。この場合、値の型は同じでなければいけません。

コンテナから複数の要素を検索する

ここがポイントです! search

あるコンテナから、別のコンテナの要素が一致するかを検索するには、searchを使います。

構文は、次のようになります。引数のfirst1には「検索先のコンテナの先頭のイテレータ」、last1には「検索先のコンテナの末尾のイテレータ」、first2には「検索するコンテナの先頭のイテレータ」、last2には「検索するコンテナの末尾のイテレータ」、compには「比較関数」を指定します。

```
#include <algorithm>
iterator search( iterator first1, iterator last1, iterator first2,
iterator last2 );
iterator search( iterator first1, iterator last1, iterator first2,
iterator last2, comp );
```

戻り値は、検索して見つかった場合には、検索結果の先頭のイテレータを返します。見つからなかった場合は、検索先のコンテナの末尾のイテレータ（last）を返します。

リスト1は、searchを使って、コンテナから複数の要素を検索するプログラム例です。

リスト3は、比較関数を指定した例です。

リスト1 コンテナから複数の要素を検索する（ファイル名：stl432.cpp）

```
#include <iostream>
#include <vector>
#include <algorithm>
using namespace std;

void main( void )
{
    vector <int> v1(10);
    vector <int> v2(3);
    vector <int>::iterator it;
    int i;

    for ( i=0; i<v1.size(); i++ ) v1[i] = i;
    v2[0] = 3;
    v2[1] = 4;
    v2[2] = 5;

    for ( i=0; i<v1.size(); i++ ) {
        cout << v1[i] << "," ;
    }
    cout << endl;
    for ( i=0; i<v2.size(); i++ ) {
        cout << v2[i] << "," ;
    }
    cout << endl;


    // ベクタ v1 からベクタ v2 を探す
    it = search ( v1.begin(), v1.end(), v2.begin(), v2.end() );
    cout << "v1 内に v2 が" <<
        ((it == v1.end())? "見つからなかった": "見つかった") << endl;

    v2[0] = 3;
    v2[1] = 4;
    v2[2] = 100;
    for ( i=0; i<v2.size(); i++ ) {
```

```
            cout << v2[i] << "," ;
        }
        cout << endl;
        it = search ( v1.begin(), v1.end(), v2.begin(), v2.end() );
        cout << "v1 内に v2 が" <<
            ((it == v1.end())? "見つからなかった": "見つかった") << endl;
}
```

リスト2 実行結果1

```
0,1,2,3,4,5,6,7,8,9,
3,4,5,
v1 内に v2 が見つかった
3,4,100,
v1 内に v2 が見つからなかった
```

リスト3 比較関数を指定する（ファイル名：stl432a.cpp）

```
#include <iostream>
#include <vector>
#include <algorithm>
using namespace std;

class RGB {
public:
    int r, g, b ;
    RGB() : r(0),g(0),b(0) {};
    RGB( int _r, int _g, int _b ) {
        r = _r;
        g = _g;
        b = _b;
    }
};

bool comp( RGB& left, RGB &right )
{
    if ( left.r == right.r &&
         left.g == right.g &&
         left.b == right.b ) {
        return true;
    }
    return false;
}

void main( void )
{
    vector <RGB> v1, v2;
    vector <RGB>::iterator it;
    int i;
```

```
    for ( i=0; i<10; i++ ) {
        v1.push_back( RGB(i,i,i));
    }
    v2.push_back(RGB(3,3,3));
    v2.push_back(RGB(4,4,4));
    v2.push_back(RGB(5,5,5));
    // ベクタ v1 からベクタ v2 を探す
    it = search ( v1.begin(), v1.end(), v2.begin(), v2.end(), comp );
    cout << "v1 内に v2 が" <<
        ((it == v1.end())? "見つからなかった": "見つかった") << endl;

    v2.clear();
    v2.push_back(RGB(3,3,3));
    v2.push_back(RGB(4,4,4));
    v2.push_back(RGB(0,0,0));
    // ベクタ v1 からベクタ v2 を探す
    it = search ( v1.begin(), v1.end(), v2.begin(), v2.end(), comp );
    cout << "v1 内に v2 が" <<
        ((it == v1.end())? "見つからなかった": "見つかった") << endl;
}
```

リスト4 実行結果2

```
v1 内に v2 が見つかった
v1 内に v2 が見つからなかった
```

リスト2のように、比較関数を使って、独自のクラスを比較することができます。

コンテナから値を検索する

ここがポイントです! search_n

search_nは、あるコンテナから値を検索します。検索する数（size）に1以外を指定したときは、連続した並びを検索します。

構文は、次のようになります。引数のfirstには「検索先のコンテナの先頭のイテレータ」、lastには「検索先のコンテナの末尾のイテレータ」、sizeには「検索する数」、valには「検索する値」、compには「比較関数」を指定します。

```
#include <algorithm>
iterator search_n( iterator first, iterator last, size_type size, const T& val );
iterator search_n( iterator first, iterator last, size_type size, const T& val, comp );
```

戻り値は、検索して見つかった場合には、検索結果の先頭のイテレータを返します。見つからなかった場合は、検索先のコンテナの末尾のイテレータ（last）を返します。

リスト1は、search_nを使って、コンテナから値を検索するプログラム例です。

リスト2は、比較関数を指定した例です。

リスト1 コンテナから値を検索する（ファイル名：stl433.cpp）

```
#include <iostream>
#include <vector>
#include <algorithm>
using namespace std;

void main( void )
{
    vector <int> v1(10);
    vector <int>::iterator it;
    int val, i;

    for ( i=0; i<v1.size(); i++ ) v1[i] = i;

    for ( i=0; i<v1.size(); i++ ) {
        cout << v1[i] << "," ;
    }
    cout << endl;

    // ベクタ v1 から値 val を探す
    val = 5;
    it = search_n ( v1.begin(), v1.end(), 1, val );
    cout << "v1 内に val が" <<
        ((it == v1.end())? "見つからなかった": "見つかった") << endl;

    val = 99;
    it = search_n ( v1.begin(), v1.end(), 1, val );
    cout << "v1 内に val が" <<
        ((it == v1.end())? "見つからなかった": "見つかった") << endl;
}
```

リスト2 比較関数を指定（ファイル名：stl433a.cpp）

```
#include <iostream>
#include <vector>
#include <algorithm>
using namespace std;

```

```
class RGB {
public:
    int r, g, b ;
    RGB() : r(0),g(0),b(0) {};
    RGB( int _r, int _g, int _b ) {
        r = _r;
        g = _g;
        b = _b;
    }
};

bool comp( const RGB& left, const RGB& right )
{
    if ( left.r == right.r &&
         left.g == right.g &&
         left.b == right.b ) {
        return true;
    }
    return false;
}

void main( void )
{
    vector <RGB> v1;
    vector <RGB>::iterator it;
    int i;
    RGB val;

    for ( i=0; i<10; i++ ) {
        v1.push_back( RGB(i,i,i));
    }

    // ベクタ v1 から値 val を探す
    val = RGB(3,3,3);
    it = search_n ( v1.begin(), v1.end(), 1, val, comp );
    cout << "v1 内に val が" <<
        ((it == v1.end())? "見つからなかった": "見つかった") << endl;
}
```

リスト2のように、比較関数を使って、独自のクラスを検索することができます。

Tips 434 ▶Level ●○○ ▶対応 C++ VC g++

値を指定して要素を削除する

ここがポイントです！ remove

removeは、あるコンテナから、値を検索して削除します。削除対象の要素は、戻り値のイテレータの後ろに移動されるので、コンテナのeraseメソッドを使って削除します。

構文は、次のようになります。引数のfirstには「検索先のコンテナの先頭のイテレータ」、lastには「検索先のコンテナの末尾のイテレータ」、valには「削除する値」を指定します。

```
#include <algorithm>
iterator remove( iterator first, iterator last, const T& val );
```

戻り値は、要素が見つかって削除できたときは、変更したシーケンスの終端を示すイテレータを返します。削除できなかったときは、末尾を示すイテレータ（last）を返します。

リスト1は、removeを使って、値を指定して要素を削除するプログラム例です。

リスト1　値を指定して要素を削除する（ファイル名：stl434.cpp）

```
#include <iostream>
#include <vector>
#include <algorithm>
using namespace std;

void main( void )
{
    vector <int> v1(10);
    vector <int>::iterator it;
    int val, i;
    // 初期化する
    for ( i=0; i<v1.size(); i++ ) v1[i] = i;
    for ( i=0; i<v1.size(); i++ ) cout << v1[i] << ",";
    cout << endl;
    // v1 から値 val を削除する
    val = 5;
    it = remove ( v1.begin(), v1.end(), val );
    cout << "削除" << (( it != v1.end() )? "した": "しなかった") << endl;
    v1.erase( it, v1.end() );
    for ( i=0; i<v1.size(); i++ ) cout << v1[i] << ",";
    cout << endl;
    // v1 から値 val を削除する
    val = 99;
    it = remove ( v1.begin(), v1.end(), val );
    cout << "削除" << (( it != v1.end() )? "した": "しなかった") << endl;
```

```
    v1.erase( it, v1.end() );
    for ( i=0; i<v1.size(); i++ ) cout << v1[i] << ",";
    cout << endl;
}
```

条件にマッチした要素を削除する

ここがポイントです！ remove_if

remove_ifは、あるコンテナから、比較関数を使って要素を削除します。削除対象の要素は、戻り値のイテレータの後ろに移動されるので、コンテナのeraseメソッドを使って削除します。

構文は、次のようになります。引数のfirstには「検索先のコンテナの先頭のイテレータ」、lastには「検索先のコンテナの末尾のイテレータ」、compには「比較関数」を指定します。

```
#include <algorithm>
iterator remove_if( iterator first, iterator last, comp );
```

戻り値は、要素が見つかって削除できたときは、変更したシーケンスの終端を示すイテレータを返します。削除できなかったときは、末尾を示すイテレータ（last）を返します。

リスト1は、remove_ifを使って、条件にマッチした要素を削除するプログラム例です。

リスト1 条件にマッチした要素を削除する（ファイル名：stl435.cpp）

```
#include <iostream>
#include <vector>
#include <algorithm>
using namespace std;

// 比較関数
bool comp( int x )
{
    if ( x < 5 ) {
        return true;
    } else {
        return false;
    }
}

void main( void )
{
```

```
    vector <int> v1(10);
    vector <int>::iterator it;
    int i;
    // 初期化する
    for ( i=0; i<v1.size(); i++ ) v1[i] = i;
    for ( i=0; i<v1.size(); i++ ) cout << v1[i] << ",";
    cout << endl;
    // v1 から値 val を削除する
    it = remove_if ( v1.begin(), v1.end(), comp );
    cout << "削除" << (( it != v1.end() )? "した": "しなかった") << endl;
    v1.erase( it, v1.end() );
    for ( i=0; i<v1.size(); i++ ) cout << v1[i] << ",";
    cout << endl;
}
```

コピーしながら削除する

ここがポイントです! remove_copy

あるコンテナから、指定した値以外の要素をコピーするには、remove_copyを使います。コピー先のコンテナには、検索先のコンテナと同じだけの要素数を用意しておきます。コピー先の要素数は調節されないので、戻り値のイテレータを使って、eraseメソッドで削除します。

構文は、次のようになります。引数のfirstには「検索先のコンテナの先頭のイテレータ」、lastには「検索先のコンテナの末尾のイテレータ」、destには「コピー先のイテレータ」、valには「削除する値」を指定します。

```
#include <algorithm>
iterator remove_copy( iterator first, iterator last, iterator dest,
const T& val );
```

戻り値は、要素が見つかって削除できたときは、変更したシーケンスの終端を示すイテレータを返します。削除できなかったときは、末尾を示すイテレータ (last) を返します。

リスト1は、remove_copyを使って、コピーしながら削除するプログラム例です。

リスト1 コピーしながら削除する (ファイル名 : stl436.cpp)

```
##include <iostream>
#include <vector>
#include <algorithm>
```

```
using namespace std;

void main( void )
{
    vector <int> v1(10);
    int val, i;
    vector <int>::iterator it;
    // 初期化する
    for ( i=0; i<v1.size(); i++ ) v1[i] = i;
    for ( i=0; i<v1.size(); i++ ) cout << v1[i] << ",";
    cout << endl;
    // v1 から値 val を削除する
    vector <int> v2(10);
    val = 5;
    it = remove_copy( v1.begin(), v1.end(), v2.begin() , val );
    v2.erase( it, v2.end());
    for ( i=0; i<v2.size(); i++ ) cout << v2[i] << ",";
    cout << endl;
}
```

コピーする必要がない場合は、remove関数を使います。

条件にマッチした要素をコピーしながら削除する

ここがポイントです! **remove_copy_if**

remove_copy_ifは、あるコンテナから、比較関数を使って要素をコピーします。コピー先のコンテナには、検索先のコンテナと同じだけの要素数を用意しておきます。コピー先の要素数は調節されないので、戻り値のイテレータを使って、eraseメソッドで削除します。

構文は、次のようになります。引数のfirstには「検索先のコンテナの先頭のイテレータ」、lastには「検索先のコンテナの末尾のイテレータ」、destには「コピー先のイテレータ」、compには「比較関数」を指定します。

```
#include <algorithm>
iterator remove_copy_if( iterator first, iterator last, iterator dest,
comp );
```

戻り値は、要素が見つかって削除できたときは、変更したシーケンスの終端を示すイテレータを返します。削除できなかったときは、末尾を示すイテレータ（last）を返します。

リスト1は、remove_copy_ifを使って、条件にマッチした要素をコピーしながら削除するプログラム例です。

リスト1 条件にマッチした要素をコピーしながら削除する（ファイル名：stl437.cpp）

```
#include <iostream>
#include <vector>
#include <algorithm>
using namespace std;

// 比較関数
bool comp( int x )
{
    if ( x < 5 ) {
        return true;
    } else {
        return false;
    }
}

void main( void )
{
    vector <int> v1(10);
    vector <int>::iterator it;
    int i;
    // 初期化する
    for ( i=0; i<v1.size(); i++ ) v1[i] = i;
    for ( i=0; i<v1.size(); i++ ) cout << v1[i] << ",";
    cout << endl;
    // v1 から比較関数で削除する
    // あらかじめコピー先の v2 を用意する
    vector <int> v2(10);
    it = remove_copy_if( v1.begin(), v1.end(), v2.begin(), comp );
    v2.erase( it, v2.end());
    for ( i=0; i<v2.size(); i++ ) cout << v2[i] << ",";
    cout << endl;
}
```

リスト2 実行結果

```
0,1,2,3,4,5,6,7,8,9,
5,6,7,8,9,
```

コピーする必要がない場合は、remove_if関数を使います。

要素を置換する

ここがポイントです! replace

コンテナの特定の要素を置換するには、replaceを使います。

構文は、次のようになります。引数のfirstには「検索先のコンテナの先頭のイテレータ」、lastには「検索先のコンテナの末尾のイテレータ」、srcには「置換前の値」、destには「置換後の値」を指定します。

```
#include <algorithm>
void replace( iterator first, iterator last, const T& src, const T& dest );
```

戻り値はありません。

リスト1は、replaceを使って、要素を置換するプログラム例です。

リスト1 要素を置換する(ファイル名:stl438.cpp)

```
#include <iostream>
#include <vector>
#include <algorithm>
using namespace std;

void main( void )
{
    vector <int> v1(10);
    vector <int>::iterator it;
    int i;
    // 初期化する
    for ( i=0; i<v1.size(); i++ ) v1[i] = i;
    for ( i=0; i<v1.size(); i++ ) cout << v1[i] << ",";
    cout << endl;
    // 要素中にある i1 を i2 に置換する
    int i1 = 5;
    int i2 = 0;
    replace ( v1.begin(), v1.end(), i1, i2 );
    for ( it = v1.begin(); it != v1.end(); ++it ) cout << *it << ",";
    cout << endl;
}
```

リスト2 実行結果

```
0,1,2,3,4,5,6,7,8,9,
0,1,2,3,4,0,6,7,8,9,
```

置換した後のコンテナをコピーする場合は、replace_copy関数を使います。

条件にマッチした要素を置換する

ここがポイントです！ replace_if

replace_ifは、比較関数を指定して、コンテナの特定の要素を置換します。

構文は、次のようになります。引数のfirstには「検索先のコンテナの先頭のイテレータ」、lastには「検索先のコンテナの末尾のイテレータ」、compには「比較関数」、destには「置換後の値」を指定します。

```
#include <algorithm>
void replace_if( iterator first, iterator last, comp, const T& dest );
```

戻り値はありません。

リスト1は、replace_ifを使って、条件にマッチした要素を置換するプログラム例です。

リスト1　条件にマッチした要素を置換する（ファイル名：stl439.cpp）

```
#include <iostream>
#include <vector>
#include <algorithm>
using namespace std;

// 比較関数
bool comp( int x )
{
    if ( x < 5 ) {
        return true;
    } else {
        return false;
    }
}

void main( void )
{
    vector <int> v1(10);
    vector <int>::iterator it;
    int i;
    // 初期化する
```

```
    for ( i=0; i<v1.size(); i++ ) v1[i] = i;
    for ( i=0; i<v1.size(); i++ ) cout << v1[i] << ",";
    cout << endl;
    // ベクタ v1 から値 val を削除する
    replace_if ( v1.begin(), v1.end(), comp, -1 );
    for ( it = v1.begin(); it != v1.end(); ++it ) cout << *it << ",";
    cout << endl;
}
```

置換した後のコンテナをコピーする場合は、replace_copy_if関数を使います。

コピーしながら要素を置換する

ここがポイントです！ **replace_copy**

replace_copyは、コピー先のコンテナを指定して、特定の要素を置換します。コピー先のコンテナは、検索先のコンテナと同じ要素数を用意しておきます。

構文は、次のようになります。引数のfirstには「検索先のコンテナの先頭のイテレータ」、lastには「検索先のコンテナの末尾のイテレータ」、toには「コピー先のコンテナ」、srcには「置換後の値」、destには「置換後の値」を指定します。

```
#include <algorithm>
iterator replace_copy( iterator first, iterator last, iterator to, const
T& src, const T& dest );
```

戻り値は、コピー先のシーケンスの終端のイテレータを返します。

リスト1は、replace_copyを使って、コピーしながら要素を置換するプログラム例です。

リスト1 コピーしながら要素を置換する（ファイル名：stl440.cpp）

```
#include <iostream>
#include <vector>
#include <algorithm>
using namespace std;

void main( void )
{
```

```
    vector <int> v1(10);
    vector <int>::iterator it;
    int i;
    // 初期化する
    for ( i=0; i<v1.size(); i++ ) v1[i] = i;
    for ( i=0; i<v1.size(); i++ ) cout << v1[i] << ",";
    cout << endl;
    // 要素中にある i1 を i2 に置換する
    // このときコピー先は v2 になる
    int i1 = 5;
    int i2 = 0;
    vector <int> v2(10);
    replace_copy( v1.begin(), v1.end(), v2.begin(), i1, i2 );
    for ( it = v2.begin(); it != v2.end(); ++it ) cout << *it << ",";
    cout << endl;
}
```

リスト2 実行結果

```
0,1,2,3,4,5,6,7,8,9,
0,1,2,3,4,0,6,7,8,9,
```

置換した後のコンテナをコピーする必要がない場合は、replace関数を使います。

条件にマッチした要素をコピーしながら置換する

ここがポイントです！ replace_copy_if

replace_copy_ifは、コピー先のコンテナを指定して、比較関数を利用して要素を置換します。コピー先のコンテナは、検索先のコンテナと同じ要素数を用意しておきます。

構文は、次のようになります。引数のfirstには「検索先のコンテナの先頭のイテレータ」、lastには「検索先のコンテナの末尾のイテレータ」、toには「コピー先のコンテナ」、compには「比較関数」、destには「置換後の値」を指定します。

```
#include <algorithm>
iterator replace_copy_if( iterator first, iterator last, iterator to,
comp, const T& dest );
```

戻り値は、コピー先のシーケンスの終端のイテレータを返します。

リスト1は、replace_copy_ifを使って、条件にマッチした要素をコピーしながら置換するプログラム例です。

リスト1 条件にマッチした要素をコピーしながら置換する（ファイル名：stl441.cpp）

```
#include <iostream>
#include <vector>
#include <algorithm>
using namespace std;

// 比較関数
bool comp( int x )
{
    if ( x < 5 ) {
        return true;
    } else {
        return false;
    }
}

void main( void )
{
    vector <int> v1(10);
    vector <int>::iterator it;
    int i;
    // 初期化する
    for ( i=0; i<v1.size(); i++ ) v1[i] = i;
    for ( i=0; i<v1.size(); i++ ) cout << v1[i] << ",";
    cout << endl;
    // v1 から比較関数を使って置換する
    // このときコピー先は v2 になる
    vector <int> v2(10);
    replace_copy_if ( v1.begin(), v1.end(), v2.begin(), comp, 100 );
    for ( it = v2.begin(); it != v2.end(); ++it ) cout << *it << ",";
    cout << endl;
}
```

Tips 442

▶Level ●●○

▶対応 C++ VC g++

ユニークな要素のみ残す

unique

uniqueは、指定したコンテナから重複した要素を削除します。重複した要素は連続していなければなりません。削除する要素は末尾に残されるため、コンテナのeraseメソッドを使って削除します。

構文は、次のようになります。引数のfirstには「検索先のコンテナの先頭のイテレータ」、lastには「検索先のコンテナの末尾のイテレータ」、compには「比較関数」を指定します。

```
#include <algorithm>
iterator unique( iterator first, iterator last );
iterator unique( iterator first, iterator last, comp );
```

戻り値は、削除された要素があるときは、変更されたシーケンスの終端を示すイテレータを返します。削除する要素がなかったときは、末尾のイテレータ（last）を返します。

リスト1は、uniqueを使って、ユニークな要素のみ残すプログラム例です。

リスト3は、比較関数を指定した例です。

リスト1　ユニークな要素のみ残す（ファイル名：stl442.cpp）

```
#include <iostream>
#include <vector>
#include <algorithm>
using namespace std;

void main( void )
{
    vector <int> v1(10);
    vector <int>::iterator it;
    int val, i;
    // 初期化する
    for ( i=0; i<v1.size(); i++ ) v1[i] = i;
    v1.push_back( 5 );
    v1.push_back( 6 );
    // unique を使う前にソートする必要がある
    sort( v1.begin(), v1.end() );
    for ( i=0; i<v1.size(); i++ ) cout << v1[i] << ",";
    cout << endl;

    it = unique ( v1.begin(), v1.end() );
    v1.erase( it, v1.end() );
```

```
    for ( it = v1.begin(); it != v1.end(); ++it ) cout << *it << ",";
    cout << endl;
}
```

リスト2　実行結果1

```
0,1,2,3,4,5,5,6,6,7,8,9,
0,1,2,3,4,5,6,7,8,9,
```

リスト3　比較関数を指定（ファイル名：stl442a.cpp）

```
#include <iostream>
#include <vector>
#include <algorithm>
using namespace std;

// 比較関数
bool comp( int x, int y )
{
    if ( x == y ) {
        return true;
    } else {
        return false;
    }
}

void main( void )
{
    vector <int> v1(10);
    vector <int>::iterator it;
    int val, i;
    // 初期化する
    for ( i=0; i<v1.size(); i++ ) v1[i] = i;
    v1.push_back( 5 );
    v1.push_back( 6 );
    // unique を使う前にソートする必要がある
    sort( v1.begin(), v1.end() );
    for ( i=0; i<v1.size(); i++ ) cout << v1[i] << ",";
    cout << endl;

    it = unique ( v1.begin(), v1.end(), comp );
    v1.erase( it, v1.end() );
    for ( it = v1.begin(); it != v1.end(); ++it ) cout << *it << ",";
    cout << endl;
}
```

リスト4　実行結果2

```
0,1,2,3,4,5,5,6,6,7,8,9,
0,1,2,3,4,5,6,7,8,9,
```

リスト2のように、比較関数を指定することができます。独自関数を使う場合には、重複する場合はtrueを返す比較関数を作成します。

コピーしながらユニークな要素を残す

ここがポイントです！ unique_copy

unique_copyは、指定したコンテナから重複した要素を削除してコピーします。重複した要素は連続していなければなりません。コピー先のコンテナでは、検索元の要素数だけ用意してください。

また、削除する要素は末尾に残されるため、コンテナのeraseメソッドを使って削除します。

構文は、次のようになります。引数のfirstには「検索先のコンテナの先頭のイテレータ」、lastには「検索先のコンテナの末尾のイテレータ」、destには「コピー先のイテレータ」、compには「比較関数」を指定します。

```
#include <algorithm>
iterator unique_copy( iterator first, iterator last, iterator dest );
iterator unique_copy( iterator first, iterator last, iterator dest, comp );
```

戻り値は、削除された要素があるときは、変更されたシーケンスの終端を示すイテレータを返します。削除する要素がなかったときは、末尾のイテレータ（last）を返します。

リスト1は、unique_copyを使って、コピーしながらユニークな要素を残すプログラム例です。

リスト3は、比較関数を指定した例です。

リスト1 コピーしながらユニークな要素を残す（ファイル名：stl443.cpp）

```
#include <iostream>
#include <vector>
#include <algorithm>
using namespace std;

void main( void )
{
    vector <int> v1(10);
    vector <int>::iterator it;
    int val, i;
```

```
    // 初期化する
    for ( i=0; i<v1.size(); i++ ) v1[i] = i;
    v1.push_back( 5 );
    v1.push_back( 6 );
    // unique を使う前にソートする必要がある
    sort( v1.begin(), v1.end() );
    for ( i=0; i<v1.size(); i++ ) cout << v1[i] << ",";
    cout << endl;

    vector <int> v2(10);
    it = unique_copy( v1.begin(), v1.end(), v2.begin() );
    v2.erase( it, v2.end() );
    for ( it = v2.begin(); it != v2.end(); ++it ) cout << *it << ",";
    cout << endl;
}
```

リスト2 実行結果1

```
0,1,2,3,4,5,5,6,6,7,8,9,
0,1,2,3,4,5,6,7,8,9,
```

リスト3 比較関数を指定する（ファイル名：stl443a.cpp）

```
#include <iostream>
#include <vector>
#include <algorithm>
using namespace std;

// 比較関数
bool comp( int x, int y )
{
    if ( x == y ) {
        return true;
    } else {
        return false;
    }
}

void main( void )
{
    vector <int> v1(10);
    vector <int>::iterator it;
    int val, i;
    // 初期化する
    for ( i=0; i<v1.size(); i++ ) v1[i] = i;
    v1.push_back( 5 );
    v1.push_back( 6 );
    // unique を使う前にソートする必要がある
    sort( v1.begin(), v1.end() );
    for ( i=0; i<v1.size(); i++ ) cout << v1[i] << ",";
    cout << endl;
```

```
    vector <int> v2(10,-1);
    it = unique_copy( v1.begin(), v1.end(), v2.begin(), comp );
    v2.erase( it, v2.end() );
    for ( it = v2.begin(); it != v2.end(); ++it ) cout << *it << ",";
    cout << endl;
}
```

リスト4　実行結果

```
0,1,2,3,4,5,5,6,6,7,8,9,
0,1,2,3,4,5,6,7,8,9,
```

unique関数と同様の動きをします。検索対象のコンテナを直接操作する場合は、unique関数を利用してください。

要素を回転させる

rotateは、コンテナの特定範囲を、左方向に回転させます。先頭の要素が、末尾に追加される形になります。

構文は、次のようになります。引数のfirstには「回転するコンテナの先頭のイテレータ」、middleには「回転する要素の位置のイテレータ」、lastには「回転するコンテナの末尾のイテレータ」を指定します。

```
#include <algorithm>
void rotate( iterator first, iterator millde, iterator last );
```

戻り値はありません。

リスト1は、rotateを使って、要素を回転させるプログラム例です。

リスト1　要素を回転させる（ファイル名：stl444.cpp）

```
#include <iostream>
#include <vector>
#include <list>
#include <algorithm>
using namespace std;
```

```
void main( void )
{
    vector <int> v1(10);
    int i;

    for ( i=0; i<v1.size(); i++ ) {
        v1[i] = i;
        cout << v1[i] << ",";
    }
    cout << endl;

    // 先頭の2つを回転する
    rotate ( v1.begin(), v1.begin()+2, v1.end() );
    for ( i=0; i<v1.size(); i++ ) {
        cout << v1[i] << ",";
    }
    cout << endl;

    list<int> lst;
    for ( int i=0; i<10; i++ ) lst.push_back(i);
    list<int>::iterator it;

    rotate( lst.begin(), ++lst.begin(), lst.end());
    for ( it = lst.begin();  it != lst.end(); ++it ) {
        cout << *it << "," ;
    }
    cout << endl;
    rotate( lst.begin(), --lst.end(), lst.end());
    for ( it = lst.begin();  it != lst.end(); ++it ) {
        cout << *it << "," ;
    }
    cout << endl;

}
```

リスト2 実行結果

```
0,1,2,3,4,5,6,7,8,9,
2,3,4,5,6,7,8,9,0,1,
```

コピーしながら要素を回転させる

ここがポイントです！ rotate_copy

rotate_copyは、コンテナの特定範囲を、左方向に回転させてコピーします。rotate関数と同様に先頭の要素が、末尾に追加される形になります。

構文は、次のようになります。引数のfirstには「回転するコンテナの先頭のイテレータ」、middleには「回転する要素の位置のイテレータ」、lastには「回転するコンテナの末尾のイテレータ」、toには「コピー先のイテレータ」を指定します

```
#include <algorithm>
void rotate_copy( iterator first, iterator millde, iterator last,
iterator to );
```

戻り値はありません。

リスト1は、rotate_copyを使って、コピーしながら要素を回転させるプログラム例です。

リスト1 コピーしながら要素を回転させる（ファイル名：stl445.cpp）

```
#include <iostream>
#include <vector>
#include <algorithm>
using namespace std;

void main( void )
{
    vector <int> v1(10);
    int i;

    for ( i=0; i<v1.size(); i++ ) {
        v1[i] = i;
        cout << v1[i] << ",";
    }
    cout << endl;

    // 先頭の2つを回転する
    vector <int> v2(10,-1);
    rotate_copy ( v1.begin(), v1.begin()+2, v1.end(), v2.begin() );
    for ( i=0; i<v2.size(); i++ ) {
        cout << v2[i] << ",";
    }
    cout << endl;
}
```

リスト2　実行結果

```
0,1,2,3,4,5,6,7,8,9,
2,3,4,5,6,7,8,9,0,1,
```

直接、コンテナを操作する場合はrotate関数を使います。

要素をランダムに配置する

ここがポイントです！ random_shuffle

random_shuffleは、要素の順序をランダムに配置します。ランダム値を生成する関数を指定することもできます。生成関数は、配列の数が渡されるので、int型の値を返します。

構文は、次のようになります。引数のfirstには「ランダムに配置する先頭のイテレータ」、lastには「ランダムに配置する末尾のイテレータ」、funcには「ランダム値を返す関数」、sizeには「要素の数」を指定します。

```
#include <algorithm>
void random_shuffle( iterator first, iterator last );
void random_shuffle( iterator first, iterator last, func );
int func( size_type size );
```

戻り値はありません。

リスト1は、random_shuffleを使って、要素をランダムに配置するプログラム例です。

リスト3は、ランダム値を発生させる関数を指定した例です。

リスト1　要素をランダムに配置する（ファイル名：stl446.cpp）

```
#include <iostream>
#include <vector>
#include <algorithm>
using namespace std;

void main( void )
{
    vector <int> v1(10);
    int i;

```

```
    for ( i=0; i<v1.size(); i++ ) {
        v1[i] = i;
        cout << v1[i] << ",";
    }
    cout << endl;

    // 1回目
    random_shuffle ( v1.begin(), v1.end() );
    for ( i=0; i<v1.size(); i++ ) {
        cout << v1[i] << ",";
    }
    cout << endl;
    // 2回目
    random_shuffle ( v1.begin(), v1.end() );
    for ( i=0; i<v1.size(); i++ ) {
        cout << v1[i] << ",";
    }
    cout << endl;
}
```

リスト2 実行結果

```
0,1,2,3,4,5,6,7,8,9,
8,1,9,2,0,5,7,3,4,6,
7,0,6,3,2,8,1,4,5,9,
```

リスト3 ランダム値の発生関数を指定（ファイル名：stl441a.cpp）

```
#include <iostream>
#include <vector>
#include <algorithm>
using namespace std;

int func( int n )
{
    return rand() % n;
}

void main( void )
{
    vector <int> v1(10);
    int i;

    for ( i=0; i<v1.size(); i++ ) {
        v1[i] = i;
        cout << v1[i] << ",";
    }
    cout << endl;

    random_shuffle ( v1.begin(), v1.end(), func );
    for ( i=0; i<v1.size(); i++ ) {
```

```
        cout << v1[i] << ",";
    }
    cout << endl;
}
```

リスト4 実行結果2

```
0,1,2,3,4,5,6,7,8,9,
8,1,9,2,0,5,7,3,4,6,
```

さらにワンポイント ランダム値を生成する関数を指定することで、ランダムな配列を確定させたり、生成回数によって値を変えたりすることができます。

特定の要素をまとめる

partition

partitionは、指定したコンテナの要素を、比較関数で整列します。戻り値で返されたイテレータ以降を、コンテナのeraseメソッドで削除することで、比較関数にマッチした要素が得られます。

構文は、次のようになります。引数のfirstには「整列するコンテナの先頭のイテレータ」、lastには「整列するコンテナの末尾のイテレータ」、compには「比較関数」を指定します。

```
#include <algorithm>
iterator partition( iterator first, iterator last, comp );
```

戻り値は、比較関数が最初にfalseになるイテレータを返します。すべての要素の比較がtrueになるときは、末尾のイテレータ(end)が返されます。

リスト1は、partitionを使って、特定の要素をまとめるプログラム例です。

リスト1 特定の要素をまとめる(ファイル名:stl447.cpp)

```
#include <iostream>
#include <vector>
#include <algorithm>
using namespace std;

// 比較関数
bool comp( int x )
```

```
{
    if ( x % 2 ) {
        return true;
    } else {
        return false;
    }
}

void main( void )
{
    vector <int> v1(10);
    int i;
    // 初期化する
    for ( i=0; i<v1.size(); i++ ) v1[i] = i;
    for ( i=0; i<v1.size(); i++ ) cout << v1[i] << ",";
    cout << endl;
    // 整列する
    vector <int>::iterator it;
    it = partition ( v1.begin(), v1.end(), comp );
    v1.erase( it, v1.end() );
    for ( it = v1.begin(); it != v1.end(); ++it ) cout << *it << ",";
    cout << endl;
}
```

要素を逆順に並べる

ここがポイントです！ reverse

コンテナの要素を反転するには、reverseを使います。

構文は、次のようになります。引数のfirstには「反転するコンテナの先頭のイテレータ」、lastには「反転するコンテナの末尾のイテレータ」を指定します。

```
#include <algorithm>
void reverse( iterator first, iterator last );
```

戻り値はありません。

リスト1は、reverseを使って、要素を逆順に並べるプログラム例です。

リスト1 要素を逆順に並べる（ファイル名：stl448.cpp）

```
#include <iostream>
#include <vector>
```

```
#include <algorithm>
using namespace std;

void main( void )
{
    vector <int> v1(10);
    int i;

    for ( i=0; i<v1.size(); i++ ) {
        v1[i] = i;
        cout << v1[i] << ",";
    }
    cout << endl;

    reverse ( v1.begin(), v1.end() );
    for ( i=0; i<v1.size(); i++ ) {
        cout << v1[i] << ",";
    }
    cout << endl;
}
```

リスト2 実行結果

```
0,1,2,3,4,5,6,7,8,9,
9,8,7,6,5,4,3,2,1,0,
```

コピーしながら反転させる場合は、reverse_copy関数を使ってください。

コピーしながら要素を逆順に並べる

ここがポイントです！ reverse_copy

コンテナの要素を反転してコピーするには、reverse_copyを使います。コピー先のコンテナには、コピー元の要素数を用意しておきます。

構文は、次のようになります。引数のfirstには「反転するコンテナの先頭のイテレータ」、lastには「反転するコンテナの末尾のイテレータ」、destには「コピー先のイテレータ」を指定します。

```
#include <algorithm>
void reverse_copy( iterator first, iterator last, iterator dest );
```

戻り値はありません。

リスト1は、reverse_copyを使って、コピーしながら要素を逆順に並べるプログラム例です。

リスト1 コピーしながら要素を逆順に並べる(ファイル名:stl449.cpp)

```
#include <iostream>
#include <vector>
#include <algorithm>
using namespace std;

void main( void )
{
    vector <int> v1(10);
    int i;

    for ( i=0; i<v1.size(); i++ ) {
        v1[i] = i;
        cout << v1[i] << ",";
    }
    cout << endl;

    vector <int> v2(10);
    reverse_copy ( v1.begin(), v1.end(), v2.begin() );
    for ( i=0; i<v2.size(); i++ ) {
        cout << v2[i] << ",";
    }
    cout << endl;
}
```

リスト2 実行結果

```
0,1,2,3,4,5,6,7,8,9,
9,8,7,6,5,4,3,2,1,0,
```

直接コンテナを反転する場合は、reverse関数を使ってください。

並び順を保持して要素をまとめる

ここがポイントです! stable_partition

stable_partitionは、指定したコンテナの要素を、並び順を維持したままで比較関数で整列します。戻り値で返されたイテレータ以降を、コンテナのeraseメソッドで削除することで、比較関数にマッチした要素が得られます。

なお、partition関数を使った場合は、並び順が保持されません。元のコンテナの並び順にする場合には、stable_partition関数を使います。

構文は、次のようになります。引数のfirstには「整列するコンテナの先頭のイテレータ」、lastには「整列するコンテナの末尾のイテレータ」、compには「比較関数」を指定します。

```
#include <algorithm>
iterator stable_partition( iterator first, iterator last, comp );
```

戻り値は、比較関数が最初にfalseになるイテレータを返します。すべての要素の比較がtrueになるときは、末尾のイテレータ(end)が返されます。

リスト1は、stable_partitionを使って、並び順を保持して要素をまとめるプログラム例です。

リスト1 並び順を保持して要素をまとめる(ファイル名:stl450.cpp)

```
#include <iostream>
#include <vector>
#include <algorithm>
using namespace std;

// 比較関数
bool comp( int x )
{
    if ( x % 2 ) {
        return true;
    } else {
        return false;
    }
}

void main( void )
{
    vector <int> v1(10);
    int i;
    // 初期化する
```

```
    for ( i=0; i<v1.size(); i++ ) v1[i] = i;
    for ( i=0; i<v1.size(); i++ ) cout << v1[i] << ",";
    cout << endl;
    // 整列する
    vector <int>::iterator it;
    it = stable_partition ( v1.begin(), v1.end(), comp );
    v1.erase( it, v1.end() );
    for ( it = v1.begin(); it != v1.end(); ++it ) cout << *it << ",";
    cout << endl;
}
```

値の大小により位置を変更する

nth_elementは、指定した要素よりも小さい要素をすべて、要素の前に移動します。比較関数を指定して、大小を決めることもできます。

構文は、次のようになります。引数のfirstには「整列するコンテナの先頭のイテレータ」、lastには「整列するコンテナの末尾のイテレータ」、nthには「比較対象となる要素のイテレータ」、compには「比較関数」を指定します。

```
#include <algorithm>
void nth_element( iterator first, iterator nth, iterator last );
void nth_element( iterator first, iterator nth, iterator last, comp );
```

戻り値は、戻り値はありません。

リスト1は、nth_elementを使って、値の大小により位置を変更するプログラム例です。

リスト1 値の大小により位置を変更する（ファイル名：stl451.cpp）

```
#include <iostream>
#include <vector>
#include <algorithm>
using namespace std;

void main( void )
{
    vector <int> v1(10);
    int i;
    // 初期化する
    for ( i=0; i<v1.size(); i++ ) v1[i] = i;
```

```
    // シャッフルする
    random_shuffle( v1.begin(), v1.end() );
    for ( i=0; i<v1.size(); i++ ) cout << v1[i] << ",";
    cout << endl;
    // 3番目の要素を対象にする
    vector <int>::iterator nth = v1.begin() + 3;
    cout << "比較対象: " << *nth << endl;
    nth_element ( v1.begin(), nth, v1.end() );
    for ( i=0; i<v1.size(); i++ ) cout << v1[i] << ",";
    cout << endl;
}
```

リスト2　実行結果

```
8,1,9,2,0,5,7,3,4,6,
比較対象: 2
0,1,2,3,4,5,6,7,8,9,
```

指定した要素の大小に従って移動した後、ソートされるかどうかは処理系に依存します。

要素をソートする

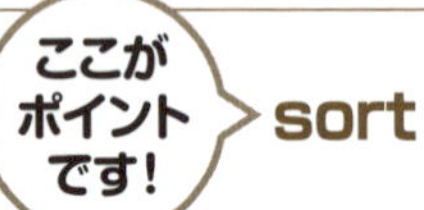

sort

sortは、指定したコンテナをソートします。並び替えをするときの比較関数を指定できます。

構文は、次のようになります。引数のfirstには「整列するコンテナの先頭のイテレータ」、lastには「整列するコンテナの末尾のイテレータ」、compには「比較関数」を指定します。

```
#include <algorithm>
void sort( iterator first, iterator last );
void sort( iterator first, iterator last, comp );
```

戻り値はありません。

リスト1は、sortを使って、要素をソートするプログラム例です。

リスト3は、比較関数を指定した例です。

リスト1 要素をソートする（ファイル名：stl452.cpp）

```
#include <iostream>
#include <vector>
#include <algorithm>
using namespace std;

void main( void )
{
    vector <int> v1(10);
    int i;
    // 初期化する
    for ( i=0; i<v1.size(); i++ ) v1[i] = i;
    // シャッフルする
    random_shuffle( v1.begin(), v1.end() );
    for ( i=0; i<v1.size(); i++ ) cout << v1[i] << ",";
    cout << endl;
    // ソートする
    sort ( v1.begin(), v1.end() );
    for ( i=0; i<v1.size(); i++ ) cout << v1[i] << ",";
    cout << endl;
}
```

リスト2 実行結果1

```
8,1,9,2,0,5,7,3,4,6,
0,1,2,3,4,5,6,7,8,9,
```

リスト3 比較関数を指定する（ファイル名：stl452a.cpp）

```
#include <iostream>
#include <vector>
#include <algorithm>
using namespace std;

// 比較関数
bool comp( int x, int y )
{
    if ( x > y ) {
        return true;
    } else {
        return false;
    }
}

void main( void )
{
    vector <int> v1(10);
    int i;
    // 初期化する
    for ( i=0; i<v1.size(); i++ ) v1[i] = i;
    // シャッフルする
```

```
    random_shuffle( v1.begin(), v1.end() );
    for ( i=0; i<v1.size(); i++ ) cout << v1[i] << ",";
    cout << endl;
    // ソートする
    sort ( v1.begin(), v1.end(), comp );
    for ( i=0; i<v1.size(); i++ ) cout << v1[i] << ",";
    cout << endl;
}
```

リスト4　実行結果2

```
8,1,9,2,0,5,7,3,4,6,
9,8,7,6,5,4,3,2,1,0,
```

独自のクラスをコンテナに指定したときは、比較関数を作成してソートをします。

並び順を保持して要素をソートする

stable_sortは、指定したコンテナを並び順を保持したままでソートします。並び替えをするときの比較関数を指定できます。

構文は、次のようになります。引数のfirstには「整列するコンテナの先頭のイテレータ」、lastには「整列するコンテナの末尾のイテレータ」、compには「比較関数」を指定します。

```
#include <algorithm>
void stable_sort( iterator first, iterator last );
void stable_sort( iterator first, iterator last, comp );
```

戻り値はありません。

リスト1は、stable_sortを使って、並び順を保持して要素をソートするプログラム例です。

リスト1　並び順を保持して要素をソートする（ファイル名：stl453.cpp）

```
#include <iostream>
#include <vector>
#include <algorithm>
```

```
using namespace std;

void main( void )
{
    vector <int> v1(10);
    int i;
    // 初期化する
    for ( i=0; i<v1.size(); i++ ) v1[i] = i;
    random_shuffle( v1.begin(), v1.end() );
    v1.push_back( 5 );
    v1.push_back( 6 );
    for ( i=0; i<v1.size(); i++ ) cout << v1[i] << ",";
    cout << endl;
    // ソートする
    stable_sort ( v1.begin(), v1.end() );
    for ( i=0; i<v1.size(); i++ ) cout << v1[i] << ",";
    cout << endl;
}
```

リスト2 実行結果

```
8,1,9,2,0,5,7,3,4,6,
0,1,2,3,4,5,6,7,8,9,
```

さらにワンポイント

sort関数との違いは、最初の並び順が保持されることです。それぞれの要素が異なる場合には、sort関数と結果は変わりません。重複する値がある場合、その値を持つ要素の順番が、stable_sort関数を使うとソート前とソート後で保持されます。

指定した要素の前のみをソートする

ここがポイントです！ partial_sort

partial_sortは、指定したコンテナをソートしますが、指定した要素の前を並び替えます。並び替えをするときの比較関数を指定できます。

構文は、次のようになります。引数のfirstには「整列するコンテナの先頭のイテレータ」、sortendには「整列する最後の要素のイテレータ」、lastには「整列するコンテナの末尾のイテレータ」、compには「比較関数」を指定します。

```
#include <algorithm>
void partial_sort( iterator first, iterator sortend, iterator last );
void partial_sort( iterator first, iterator sortend, iterator last, comp );
```

戻り値はありません。

リスト1は、partial_sortを使って、指定した要素の前のみをソートするプログラム例です。

リスト1 指定した要素の前のみをソートする（ファイル名：stl454.cpp）

```
#include <iostream>
#include <vector>
#include <algorithm>
using namespace std;

void main( void )
{
    vector <int> v1(10);
    int i;
    // 初期化する
    for ( i=0; i<v1.size(); i++ ) v1[i] = i;
    // シャッフルする
    random_shuffle( v1.begin(), v1.end() );
    for ( i=0; i<v1.size(); i++ ) cout << v1[i] << ",";
    cout << endl;
    // 部分ソートする
    partial_sort ( v1.begin(), v1.begin()+5, v1.end() );
    for ( i=0; i<v1.size(); i++ ) cout << v1[i] << ",";
    cout << endl;
}
```

リスト2 実行結果

```
8,1,9,2,0,5,7,3,4,6,
0,1,2,3,4,9,8,7,5,6,
```

別のコンテナにコピーする場合は、partial_sort_copy関数を使います。

Tips
455
▶Level ●●●
▶対応
C++ VC g++

指定した要素の前のみをソートしてコピーする

ここがポイントです！ partial_sort_copy

partial_sort_copyは、指定したコンテナをソートして、2番目のコンテナにコピーします。コピー先のコンテナの要素数は、整列元のコンテナと同じ要素数だけ用意しておきます。

なお、コピーが必要ない場合は、sort関数を使います。

構文は、次のようになります。引数のfirst1には「整列元の先頭のイテレータ」、last1には「整列元の末尾のイテレータ」、first2には「コピー先の先頭のイテレータ」、last2には「コピー先の末尾のイテレータ」、compには「比較関数」を指定します。

```
#include <algorithm>
iterator partial_sort_copy( iterator first1, iterator last1, iterator
first2, iterator last2 );
iterator partial_sort_copy( iterator first1, iterator last1, iterator
first2, iterator last2, comp );
```

戻り値は、コピー先の結果の先頭のイテレータを返します。

リスト1は、partial_sort_copyを使って、指定した要素の前のみをソートしてコピーするプログラム例です。

リスト1 指定した要素の前のみをソートしてコピーする（ファイル名：stl455.cpp）

```
#include <iostream>
#include <vector>
#include <algorithm>
using namespace std;

void main( void )
{
    vector <int> v1(10), v2(10,0);
    int i;
    // 初期化する
    for ( i=0; i<v1.size(); i++ ) v1[i] = i;
    random_shuffle( v1.begin(), v1.end() );
    // 初期表示
    cout << "v1: " ;
    for ( i=0; i<v1.size(); i++ ) cout << v1[i] << ",";
    cout << endl;
    cout << "v2: " ;
    for ( i=0; i<v2.size(); i++ ) cout << v2[i] << ",";
    cout << endl;
```

```
    // v1 を部分ソートして v2 にコピーする
    partial_sort_copy ( v1.begin(), v1.end(), v2.begin(), v2.end() );
    cout << "v1: " ;
    for ( i=0; i<v1.size(); i++ ) cout << v1[i] << ",";
    cout << endl;
    cout << "v2: " ;
    for ( i=0; i<v2.size(); i++ ) cout << v2[i] << ",";
    cout << endl;
}
```

バイナリサーチをする

ここがポイントです！ binary_search

binary_searchは、ソート済みのコンテナに対して、二分岐検索を行います。検索時に比較する関数を指定することができます。

構文は、次のようになります。引数のfirstには「検索するコンテナの先頭のイテレータ」、lastには「検索するコンテナの末尾のイテレータ」、valには「検索する値」、compには「比較関数」を指定します。

```
#include <algorithm>
bool binary_search( iterator first, iterator last, const T& val );
bool binary_search( iterator first, iterator last, const T& val, comp );
```

戻り値は、要素が見つかった場合は、trueを返します。見つからなかった場合は、falseを返します。

リスト1は、binary_searchを使って、バイナリサーチをするプログラム例です。

リスト3は、比較関数を指定した例です。

リスト1 バイナリサーチをする（ファイル名：stl456.cpp）

```
#include <iostream>
#include <vector>
#include <algorithm>
using namespace std;

void main( void )
{
    vector <int> v1(10);
    int i, val;
    // 初期化する
```

```
    for ( i=0; i<v1.size(); i++ ) v1[i] = i;
    // binary_search を使う前に sort しておく必要がある
    sort( v1.begin(), v1.end() );
    for ( i=0; i<v1.size(); i++ ) cout << v1[i] << ",";
    cout << endl;
    // 検索する
    val = 5;
    cout << "要素 " << val << " は、ベクタ v1 内に"
        << ((binary_search( v1.begin(), v1.end(), val ) == true )?
            "見つかった": "見つからなかった") << endl;
    val = 99;
    cout << "要素 " << val << " は、ベクタ v1 内に"
        << ((binary_search( v1.begin(), v1.end(), val ) == true )?
            "見つかった": "見つからなかった") << endl;
}
```

リスト2　実行結果1

```
要素 5 は、ベクタ v1 内に見つかった
要素 99 は、ベクタ v1 内に見つからなかった
```

リスト3　比較関数を利用する（ファイル名：stl456a.cpp）

```
#include <iostream>
#include <vector>
#include <algorithm>
using namespace std;

int comp( int x, int y )
{
    if ( x < y ) return -1;
    if ( x > y ) return 1;
    return 0;
}

void main( void )
{
    vector <int> v1(10);
    int i, val;
    // 初期化する
    for ( i=0; i<v1.size(); i++ ) v1[i] = i;
    // binary_search を使う前に sort しておく必要がある
    sort( v1.begin(), v1.end() );
    for ( i=0; i<v1.size(); i++ ) cout << v1[i] << ",";
    cout << endl;
    // 検索する
    val = 5;
    cout << "要素 " << val << " は、ベクタ v1 内に"
        << ((binary_search( v1.begin(), v1.end(), val, comp ) == true )?
            "見つかった": "見つからなかった") << endl;
    val = 99;
```

```
        cout << "要素 " << val << " は、ベクタ v1 内に"
             << ((binary_search( v1.begin(), v1.end(), val, comp ) == true )?
                 "見つかった": "見つからなかった") << endl;
}
```

リスト4 実行結果2

```
0,1,2,3,4,5,6,7,8,9,
要素 5 は、ベクタ v1 内に見つかった
要素 99 は、ベクタ v1 内に見つからなかった
```

さらにワンポイント 比較関数では、リスト1のように、左辺が小さい場合が負(-1)、右辺が小さい場合が正(1)、同じ場合は0を返すように作成します。

Tips 457 ▶Level ● ▶対応 C++ VC g++

最初にマッチした要素を返す

ここがポイントです! lower_bound

lower_boundは、コンテナから値を比較して、マッチする最後のイテレータを返します。なお、コンテナを比較する前に、ソートしておく必要があります。

構文は、次のようになります。引数のfirstには「検索するコンテナの先頭のイテレータ」、lastには「検索するコンテナの末尾のイテレータ」、valには「検索する値」、compには「比較関数」を指定します。

```
#include <algorithm>
iterator lower_bound( iterator first, iterator last, const T& val );
iterator lower_bound( iterator first, iterator last, const T& val, comp );
```

戻り値は、指定した値以下の要素の最後のイテレータを返します。指定した値が、すべての要素よりも大きいときは末尾のイテレータ(last)を返します。すべての要素よりも小さいときは先頭のイテレータ(first)を返します。

リスト1は、lower_boundを使って、最初にマッチした要素を返すプログラム例です。

リスト1 最初にマッチした要素を返す(ファイル名:stl457.cpp)

```
#include <iostream>
#include <vector>
#include <algorithm>
```

```
using namespace std;

void main( void )
{
    vector <int> v1(10);
    int i, val;
    // 初期化する
    for ( i=0; i<v1.size(); i++ ) v1[i] = i;
    v1.push_back(4);
    v1.push_back(5);
    v1.push_back(6);
    // lower_bound を使う前に sort しておく必要がある
    sort( v1.begin(), v1.end() );
    for ( i=0; i<v1.size(); i++ ) cout << v1[i] << ",";
    cout << endl;

    vector <int>::iterator it;
    // 途中にマッチする場合
    val = 5;
    it = lower_bound( v1.begin(), v1.end(), val );
    for ( ; it != v1.end(); it++ ) {
        cout << *it << ",";
    }
    cout << endl;

    // 最大値以上の場合
    val = 99;
    it = lower_bound( v1.begin(), v1.end(), val );
    cout << ((it != v1.end())? "マッチした": "マッチしなかった") << endl;
    for ( ; it != v1.end(); it++ ) {
        cout << *it << ",";
    }
    cout << endl;

    // 最小値以下の場合
    val = -1;
    it = lower_bound( v1.begin(), v1.end(), val );
    cout << ((it != v1.begin())? "マッチした": "マッチしなかった") << endl;
    for ( ; it != v1.end(); it++ ) {
        cout << *it << ",";
    }
    cout << endl;
}
```

リスト2 実行結果

```
0,1,2,3,4,4,5,5,6,6,7,8,9,
5,5,6,6,7,8,9,
マッチしなかった

マッチしなかった
0,1,2,3,4,4,5,5,6,6,7,8,9,
```

比較関数を利用する場合は、値を比較して小さい場合に真（true）を返すようにします。

最後にマッチした要素を探す

ここがポイントです！ upper_bound

upper_boundは、コンテナから値を比較して、マッチする最後のイテレータを返します。コンテナを比較する前に、ソートしておく必要があります。

構文は、次のようになります。引数のfirstには「検索するコンテナの先頭のイテレータ」、lastには「検索するコンテナの末尾のイテレータ」、valには「検索する値」、compには「比較関数」を指定します。

```
#include <algorithm>
iterator upper_bound( iterator first, iterator last, const T& val );
iterator upper_bound( iterator first, iterator last, const T& val, comp );
```

戻り値は、指定した値以下の要素の最後のイテレータを返します。指定した値が、すべての要素よりも大きいときは末尾のイテレータ（last）を返します。すべての要素よりも小さいときは先頭のイテレータ（first）を返します。

リスト1は、upper_boundを使って、最後にマッチした要素を探すプログラム例です。

リスト2は、比較関数を指定した例です。

リスト1 最後にマッチした要素を探す（ファイル名：stl458.cpp）

```
#include <iostream>
#include <vector>
#include <algorithm>
using namespace std;

void main( void )
{
    vector <int> v1(10);
    int i, val;

    for ( i=0; i<v1.size(); i++ ) v1[i] = i;
    v1.push_back(4);
    v1.push_back(5);
    v1.push_back(6);
```

```
    // upper_bound を使う前に sort しておく必要がある
    sort( v1.begin(), v1.end() );
    for ( i=0; i<v1.size(); i++ ) {
        cout << v1[i] << ",";
    }
    cout << endl;

    vector <int>::iterator it1, it2;

    val = 5;
    it1 = lower_bound( v1.begin(), v1.end(), val );
    it2 = upper_bound( v1.begin(), v1.end(), val );
    for ( vector <int>::iterator j=it1; j != it2; j++ ) {
        cout << *j << ",";
    }
    cout << endl;
}
```

リスト2　比較関数を指定（ファイル名：stl458a.cpp）

```
#include <iostream>
#include <vector>
#include <algorithm>
using namespace std;

bool comp( int x, int y )
{
    if ( x < y ) {
        return true;
    } else {
        return false;
    }
}

void main( void )
{
    vector <int> v1(10);
    int i, val;

    for ( i=0; i<v1.size(); i++ ) v1[i] = i;
    v1.push_back(4);
    v1.push_back(5);
    v1.push_back(6);

    // upper_bound を使う前に sort しておく必要がある
    sort( v1.begin(), v1.end() );
    for ( i=0; i<v1.size(); i++ ) {
        cout << v1[i] << ",";
    }
    cout << endl;
```

STLの極意

```
    vector <int>::iterator it1, it2;

    val = 5;
    it1 = lower_bound( v1.begin(), v1.end(), val, comp );
    it2 = upper_bound( v1.begin(), v1.end(), val, comp );
    for ( vector <int>::iterator j=it1; j != it2; j++ ) {
        cout << *j << ",";
    }
    cout << endl;
}
```

値を挿入できる位置を探す

ここがポイントです！ equal_range

equal_rangeは、コンテナの並びを乱すことなく、要素を挿入できる位置を探索します。

構文は、次のようになります。引数のfirstには「検索するコンテナの先頭のイテレータ」、lastには「検索するコンテナの末尾のイテレータ」、valには「挿入する値」、compには「比較関数」を指定します。

```
#include <algorithm>
pair<iterator, iterator> equal_range( iterator first, iterator last,
const T& val );
pair<iterator, iterator> equal_range( iterator first, iterator last,
const T& val, comp );
```

戻り値は、挿入できる場合は、pairクラスを返します。重複した要素がある場合は、連続した要素の先頭と終端のイテレータのペアを返します。

リスト1は、equal_rangeを使って、値を挿入できる位置を探すプログラム例です。

リスト1　値を挿入できる位置を探す（ファイル名：stl459.cpp）

```
#include <iostream>
#include <vector>
#include <algorithm>
using namespace std;

void main( void )
{
    vector <int> v1(10);
```

```
    int i, val;

    for ( i=0; i<v1.size(); i++ ) v1[i] = i;
    v1.push_back(4);
    v1.push_back(5);
    v1.push_back(5);
    v1.push_back(6);

    // equal_range を使う前に sort しておく必要がある
    sort( v1.begin(), v1.end() );
    for ( i=0; i<v1.size(); i++ ) {
        cout << v1[i] << ",";
    }
    cout << endl;

    pair < vector <int>::iterator,
           vector <int>::iterator > result;

    // 要素が見つかった場合
    val = 5;
    result = equal_range( v1.begin(), v1.end(), val );
    for ( auto j = result.first; j != result.second; j++ ) {
        cout << *j << ",";
    }
    cout << endl;

    // 要素が見つからない場合
    val = 99;
    result = equal_range( v1.begin(), v1.end(), val );
    for ( auto j = result.first; j != result.second; j++ ) {
        cout << *j << ",";
    }
    cout << endl;
}
```

リスト2 実行結果

```
0,1,2,3,4,4,5,5,5,6,6,7,8,9,
5,5,5,
```

既にソート済みのコンテナに対して、値を挿入するときに使います。末尾に追加したときは、再びソートしなければいけませんが、equal_range関数を使うことで、挿入後にソートせずに済む位置を取得できます。

連続した要素を検索する

ここがポイントです！ adjacent_find

隣接して同じ値を持つ要素を検索するには、adjacent_findを指定します。比較関数を指定して、同じ値であるかを独自に比較できます。

構文は、次のようになります。引数のfirstには「検索するコンテナの先頭のイテレータ」、lastには「検索するコンテナの末尾のイテレータ」、compには「比較関数」を指定します。

```
#include <algorithm>
iterator adjacent_find( iterator first, iterator last );
iterator adjacent_find( iterator first, iterator last, comp );
```

戻り値は、連続した要素が見つかった位置のイテレータを返します。見つからなかった場合は、末尾のイテレータ（last）を返します。

リスト1は、adjacent_findを使って、連続した要素を検索するプログラム例です。

リスト3は、比較関数を使った例です。

リスト1 連続した要素を検索する（ファイル名：stl460.cpp）

```
#include <iostream>
#include <vector>
#include <algorithm>
using namespace std;

void main( void )
{
    vector <int> v1(10);
    int i;

    for ( i=0; i<v1.size(); i++ ) v1[i] = i;
    v1.push_back(5);
    sort( v1.begin(), v1.end() );
    for ( i=0; i<v1.size(); i++ ) {
        cout << v1[i] << ",";
    }
    cout << endl;

    vector <int>::iterator it;
    // 連続した要素が見つかった場合
    it = adjacent_find( v1.begin(), v1.end());
    cout << "隣接した要素の値： " << *it << endl;
```

```
    vector <int> v2(10);
    for ( i=0; i<v2.size(); i++ ) v2[i] = i;
    for ( i=0; i<v2.size(); i++ ) {
        cout << v2[i] << ",";
    }
    cout << endl;
    // 連続した要素が見つからない場合
    it = adjacent_find( v2.begin(), v2.end());
    cout << "隣接した要素が"
        << ((it != v2.end())? "見つかった": "見つからなかった") << endl;
}
```


リスト2 実行結果1

```
0,1,2,3,4,5,5,6,7,8,9,
隣接した要素の値: 5
0,1,2,3,4,5,6,7,8,9,
隣接した要素が見つからなかった
```

リスト3 比較関数を利用した場合（ファイル名：stl460a.cpp）

```
#include <iostream>
#include <vector>
#include <algorithm>
using namespace std;

void main( void )
{
    vector <int> v1(10);
    int i;

    for ( i=0; i<v1.size(); i++ ) v1[i] = i;
    v1.push_back(5);
    sort( v1.begin(), v1.end() );
    for ( i=0; i<v1.size(); i++ ) {
        cout << v1[i] << ",";
    }
    cout << endl;

    vector <int>::iterator it;
    // 連続した要素が見つかった場合
    it = adjacent_find( v1.begin(), v1.end());
    cout << "隣接した要素の値: " << *it << endl;

    vector <int> v2(10);
    for ( i=0; i<v2.size(); i++ ) v2[i] = i;
    for ( i=0; i<v2.size(); i++ ) {
        cout << v2[i] << ",";
    }
    cout << endl;
    // 連続した要素が見つからない場合
```

```
    it = adjacent_find( v2.begin(), v2.end());
    cout << "隣接した要素が"
        << ((it != v2.end())? "見つかった": "見つからなかった") << endl;
}
```

リスト4　実行結果2

```
0,1,2,3,4,5,5,6,7,8,9,
隣接した要素の値： 5
```

重複を取り除く場合には、unique関数を使います。

2つのコンテナが等しいかをチェックする

ここがポイントです！　equal

2つのコンテナが等しいかを調べるには、equalを使います。コンテナの要素数は、コンテナ1の要素数だけが比較されます。

構文は、次のようになります。引数のfirst1には「比較するコンテナ1の先頭のイテレータ」、last1には「比較するコンテナ1の末尾のイテレータ」、first2には「比較するコンテナ2の先頭のイテレータ」、compには「比較関数」を指定します。

```
#include <algorithm>
bool equal( iterator first1, iterator last1, iterator first2 );
bool equal( iterator first1, iterator last1, iterator first2, comp );
```

戻り値は、2つのコンテナの要素がすべて等しい場合は、trueを返します。異なる要素がある場合は、falseを返します。

リスト1は、equalを使って、2つのコンテナが等しいかをチェックするプログラム例です。

リスト1　2つのコンテナが等しいかをチェックする（ファイル名：stl461.cpp）

```
#include <iostream>
#include <vector>
#include <algorithm>
using namespace std;

void main( void )
```

```
{
    vector <int> v1(10);
    int i;

    for ( i=0; i<v1.size(); i++ ) v1[i] = i;
    vector <int> v2( v1 );
    vector <int> v3( v1 );
    v3[5] = 99;


    for ( i=0; i<v1.size(); i++ ) {
        cout << v1[i] << ",";
    }
    cout << endl;
    for ( i=0; i<v2.size(); i++ ) {
        cout << v2[i] << ",";
    }
    cout << endl;
    for ( i=0; i<v3.size(); i++ ) {
        cout << v3[i] << ",";
    }
    cout << endl;

    cout << "v1 と v2 は "
         << ((equal(v1.begin(), v1.end(), v2.begin()) == true)?
           "等しい": "異なる") << endl;
    cout << "v1 と v3 は "
         << ((equal(v2.begin(), v2.end(), v3.begin()) == true)?
           "等しい": "異なる") << endl;
}
```

リスト2 実行結果

```
0,1,2,3,4,5,6,7,8,9,
0,1,2,3,4,5,6,7,8,9,
0,1,2,3,4,99,6,7,8,9,
v1 と v2 は 等しい
v1 と v3 は 異なる
```

比較するコンテナの要素数は同じでなければいけません。

先頭から要素を検索する

find

findは、指定したコンテナから、最初に値に等しい要素を返します。

構文は、次のようになります。引数のfirstには「検索するコンテナの先頭のイテレータ」、lastには「検索するコンテナの末尾のイテレータ」、valには「検索する値」を指定します。

```
#include <algorithm>
iterator find( iterator first, iterator last, const T& val );
```

戻り値は、見つかったときの要素のイテレータを返します。見つからなかったときは、末尾のイテレータ（last）を返します。

リスト1は、findを使って、先頭から要素を検索するプログラム例です。

リスト1　先頭から要素を検索する（ファイル名：stl462.cpp）

```
#include <iostream>
#include <vector>
#include <algorithm>
using namespace std;

void main( void )
{
    vector <int> v1(10);
    vector <int>::iterator it;
    int val, i;

    for ( i=0; i<v1.size(); i++ ) {
        v1[i] = i;
        cout << v1[i] << ",";
    }
    cout << endl;

    val = 5;
    it = find( v1.begin(), v1.end(), val );
    cout << "要素:" << val << " は" <<
        ((it != v1.end())? "見つかった": "見つからなかった") << endl;
    for ( vector <int>::iterator j = v1.begin(); j != v1.end(); j++ ) {
        if ( j == it ) {
            cout << "[" << *j << "],";
        } else {
            cout << *j << ",";
```

```
        }
    }
    cout << endl;

    val = 99;
    it = find( v1.begin(), v1.end(), val );
    cout << "要素:" << val << " は" <<
        ((it != v1.end())? "見つかった": "見つからなかった") << endl;
}
```

リスト2　実行結果

```
0,1,2,3,4,5,6,7,8,9,
要素:5 は見つかった
0,1,2,3,4,[5],6,7,8,9,
要素:99 は見つからなかった
```

リスト1では、見つかった要素を括弧で括って表示しています。

末尾から部分シーケンスを検索する

ここがポイントです！　find_end

find_endは、あるコンテナの末尾から、部分指定したコンテナを探します。独自クラスのコンテナを指定して、比較関数を利用することもできます。

構文は、次のようになります。引数のfirst1には「検索対象のコンテナの先頭のイテレータ」、last1には「検索対象のコンテナの末尾のイテレータ」、first2には「検索する部分コンテナの先頭のイテレータ」、last2には「検索する部分コンテナの末尾のイテレータ」、valには「検索する値」、compには「比較関数」を指定します。

```
#include <algorithm>
iterator find_end( iterator first1, iterator last1, iterator first2,
iterator last2, const T& val );
iterator find_end( iterator first1, iterator last1, iterator first2,
iterator last2, const T& val, comp );
```

戻り値は、見つかったときの要素のイテレータを返します。見つからなかったときは、末尾のイテレータ（last）を返します。

リスト1は、find_endを使って、末尾から部分シーケンスを検索するプログラム例です。

リスト1　末尾から部分シーケンスを検索する（ファイル名：stl463.cpp）

```
#include <iostream>
#include <vector>
#include <algorithm>
using namespace std;

void main( void )
{
    vector <int> v1(10);
    vector <int>::iterator it;
    int val, i;

    for ( i=0; i<v1.size(); i++ ) {
        v1[i] = i;
    }
    v1.push_back(4);
    v1.push_back(5);
    v1.push_back(6);
    for ( i=0; i<v1.size(); i++ ) {
        cout << v1[i] << ",";
    }
    cout << endl;

    vector <int> v2;
    v2.push_back(4);
    v2.push_back(5);
    v2.push_back(6);

    it = find_end ( v1.begin(), v1.end(), v2.begin(), v2.end() );
    cout << "シーケンス v2 は " <<
        ((it != v1.end())? "見つかった": "見つからなかった") << endl;
    for ( vector <int>::iterator j = v1.begin(); j != v1.end(); j++ ) {
        if ( j == it ) {
            cout << "[" << *j << "],";
        } else {
            cout << *j << ",";
        }
    }
    cout << endl;

    vector <int> v3;
    v3.push_back(5);
    v3.push_back(5);
    v3.push_back(6);
```

```
    it = find_end ( v1.begin(), v1.end(), v3.begin(), v3.end() );
    cout << "シーケンス v3 は " <<
        ((it != v1.end())? "見つかった": "見つからなかった") << endl;
}
```

リスト2 実行結果

```
0,1,2,3,4,5,6,7,8,9,4,5,6,
シーケンス v2 は 見つかった
0,1,2,3,4,5,6,7,8,9,[4],5,6,
シーケンス v3 は 見つからなかった
```

さらにワンポイント リスト1では、見つかった最初の要素を括弧で括って表示しています。連続した要素を見つける場合は、イテレータを要素数だけインクリメントするとよいでしょう。

Tips 464 ▶Level ●●○ ▶対応 C++ VC g++

比較関数を使って要素を検索する

ここがポイントです! find_if

find_ifは、指定したコンテナから、比較関数を使って要素を検索します。比較関数で、trueとなった要素を返します。

構文は、次のようになります。引数のfirstには「検索するコンテナの先頭のイテレータ」、lastには「検索するコンテナの末尾のイテレータ」、compには「比較関数」を指定します。

```
#include <algorithm>
iterator find_if( iterator first, iterator last, comp );
```

戻り値は、見つかったときの要素のイテレータを返します。見つからなかったときは、末尾のイテレータ（last）を返します。

リスト1は、find_ifを使って、比較関数を使って要素を検索するプログラム例です。

リスト1 比較関数を使って要素を検索する（ファイル名：stl464.cpp）

```
#include <iostream>
#include <vector>
#include <algorithm>
using namespace std;

bool comp( int x )
```

```
{
    if ( x == 5 ) {
        return true;
    } else {
        return false;
    }
}

void main( void )
{
    vector <int> v1(10);
    vector <int>::iterator it;
    int val, i;

    for ( i=0; i<v1.size(); i++ ) {
        v1[i] = i;
        cout << v1[i] << ",";
    }
    cout << endl;

    val = 5;
    it = find_if ( v1.begin(), v1.end(), comp );
    cout << "要素:" << val << " は" <<
        ((it != v1.end())? "見つかった": "見つからなかった") << endl;
    for ( vector <int>::iterator j = v1.begin(); j != v1.end(); j++ ) {
        if ( j == it ) {
            cout << "[" << *j << "],";
        } else {
            cout << *j << ",";
        }
    }
    cout << endl;
}
```

リスト2 実行結果

```
0,1,2,3,4,5,6,7,8,9,
要素:5 は見つかった
0,1,2,3,4,[5],6,7,8,9,
```

比較関数を指定できるために、find_if関数では自由に要素を見つけられます。例えば、独自に作成したデータクラスの識別子(ID)だけを比較し、要素を検索することが可能です。

Tips 465 ▶Level ●● ▶対応 C++ VC g++

先頭から部分シーケンスを検索する

ここがポイントです！ find_first_of

指定したコンテナから、部分コンテナを検索すには、find_first_ofを使います。

構文は、次のようになります。引数のfirst1には「検索対象のコンテナの先頭のイテレータ」、last1には「検索対象のコンテナの末尾のイテレータ」、first2には「検索する部分コンテナの先頭のイテレータ」、last2には「検索する部分コンテナの末尾のイテレータ」、compには「比較関数」を指定します。

```
#include <algorithm>
iterator find_first_of( iterator first1, iterator last1, iterator
first2, iterator last2 );
iterator find_first_of( iterator first1, iterator last1, iterator
first2, iterator last2, comp );
```

戻り値は、見つかったときの要素のイテレータを返します。見つからなかったときは、末尾のイテレータ（last）を返します。

リスト1は、find_first_ofを使って、先頭から部分シーケンスを検索するプログラム例です。

リスト1 先頭から部分シーケンスを検索する（ファイル名：stl465.cpp）

```
#include <iostream>
#include <vector>
#include <algorithm>
using namespace std;

void main( void )
{
    vector <int> v1(10);
    vector <int>::iterator it;
    int val, i;

    for ( i=0; i<v1.size(); i++ ) {
        v1[i] = i;
    }
    v1.push_back(4);
    v1.push_back(5);
    v1.push_back(6);
    for ( i=0; i<v1.size(); i++ ) {
        cout << v1[i] << ",";
```

```
    }
    cout << endl;

    vector <int> v2;
    v2.push_back(4);
    v2.push_back(5);
    v2.push_back(6);

    it = find_first_of ( v1.begin(), v1.end(), v2.begin(), v2.end());
    cout << "シーケンス v2 は " <<
        ((it != v1.end())? "見つかった": "見つからなかった") << endl;
    for ( vector <int>::iterator j = v1.begin(); j != v1.end(); j++ ) {
        if ( j == it ) {
            cout << "[" << *j << "],";
        } else {
            cout << *j << ",";
        }
    }
    cout << endl;

    vector <int> v3;
    v2.push_back(5);
    v2.push_back(5);
    v2.push_back(6);

    it = find_first_of ( v1.begin(), v1.end(), v3.begin(), v3.end());
    cout << "シーケンス v2 は " <<
        ((it != v1.end())? "見つかった": "見つからなかった") << endl;
}
```

リスト2 実行結果

```
0,1,2,3,4,5,6,7,8,9,4,5,6,
シーケンス v2 は 見つかった
0,1,2,3,[4],5,6,7,8,9,4,5,6,
シーケンス v2 は 見つからなかった
```

部分シーケンスを末尾から検索する場合は、find_end関数を使います。

Tips 466 ▶Level ●○○ ▶対応 C++ VC g++

2つのコンテナの異なる位置を取得する

ここがポイントです! mismatch

mismatchは、2つのコンテナの要素をチェックして、最初に異なる位置を見つけます。

構文は、次のようになります。引数のfirstには「検索対象のコンテナの先頭のイテレータ」、lastには「検索対象のコンテナの末尾のイテレータ」、itには「検索する先頭のイテレータ」、compには「比較関数」を指定します。

```
#include <algorithm>
pair<iterator, iterator> mismatch( iterator first, iterator last,
iterator it );
pair<iterator, iterator> mismatch( iterator first, iterator last,
iterator it, comp );
```

戻り値は、最初に異なる要素を見つけた場合は、イテレータのペアを返します。すべて同じ場合には、コンテナの終端(last)を返します。

リスト1は、mismatchを使って、2つのコンテナの異なる位置を取得するプログラム例です。

リスト1　2つのコンテナの異なる位置を取得する(ファイル名:stl466.cpp)

```
#include <iostream>
#include <vector>
#include <algorithm>
using namespace std;

void main( void )
{
    vector <int> v1(10);
    int i, val;

    for ( i=0; i<v1.size(); i++ ) v1[i] = i;
    for ( i=0; i<v1.size(); i++ ) {
        cout << v1[i] << ",";
    }
    cout << endl;

    pair < vector <int>::iterator,
           vector <int>::iterator > result;

    // すべての要素が同じ場合
    vector <int> v2( v1 );
```

```
    result = mismatch ( v1.begin(), v1.end(), v2.begin() );
    if ( result.first == v1.end() && result.second == v2.end() ) {
        cout << "要素がすべて同じ" << endl;
    } else {
        cout << "異なる要素を見つけた"
            << *(result.first) << "," << *(result.second) << endl;
    }

    // すべての要素が同じ場合
    vector <int> v3( v1 );
    v3[5] = 99;
    result = mismatch ( v1.begin(), v1.end(), v3.begin() );
    if ( result.first == v1.end() && result.second == v2.end() ) {
        cout << "要素がすべて同じ" << endl;
    } else {
        cout << "異なる要素を見つけた"
            << *(result.first) << "," << *(result.second) << endl;
    }
}
```

リスト2 実行結果

```
0,1,2,3,4,5,6,7,8,9,
要素がすべて同じ
異なる要素を見つけた5,99
```

先頭から要素をチェックしていきます。比較関数は、値が等しい場合はtrue、異なる場合はfalseで作成します。

コンテナをマージする①

ここがポイントです！ merge

mergeは、2つのコンテナの要素をマージします。出力結果はソートされています。

構文は、次のようになります。引数のfirst1には「マージするコンテナ1の先頭のイテレータ」、last1には「マージするコンテナ1の末尾のイテレータ」、first2には「マージするコンテナ2の先頭のイテレータ」、last2には「マージするコンテナ2の末尾のイテレータ」、destには「出力先のイテレータ」、compには「比較関数」を指定します。

```
#include <algorithm>
iterator merge( iterator first1, iterator last1, iterator first2,
iterator last2, iterator dest );
iterator merge( iterator first1, iterator last1, iterator first2,
iterator last2, iterator dest, comp );
```

戻り値は、出力先の末尾のイテレータを返します。
リスト1は、mergeを使って、コンテナをマージするプログラム例です。
リスト2は、比較関数を指定した例です。

リスト1 コンテナをマージする（ファイル名：stl467.cpp）

```
#include <iostream>
#include <vector>
#include <algorithm>
using namespace std;

void main( void )
{
    vector <int> v1(10), v2(8);
    int i;


    for ( i=0; i<v1.size(); i++ ) v1[i] = i;
    for ( i=0; i<v2.size(); i++ ) v2[i] = i+1;
    sort ( v1.begin(), v1.end() );
    sort ( v2.begin(), v2.end() );

    for ( i=0; i<v1.size(); i++ ) {
        cout << v1[i] << ",";
    }
    cout << endl;
    for ( i=0; i<v2.size(); i++ ) {
        cout << v2[i] << ",";
    }
    cout << endl;

    vector <int> v3( v1.size()+v2.size() );
    merge ( v1.begin(), v1.end(), v2.begin(), v2.end(), v3.begin() );
    for ( i=0; i<v3.size(); i++ ) {
        cout << v3[i] << "," ;
    }
    cout << endl;
}
```

リスト2 比較関数を指定する（ファイル名：stl467a.cpp）

```
#include <iostream>
#include <vector>
#include <algorithm>
```

```
using namespace std;

bool comp( int x, int y )
{
    if ( x > y ) {
        return true;
    } else {
        return false;
    }
}

void main( void )
{
    vector <int> v1(10), v2(8);
    int i;


    for ( i=0; i<v1.size(); i++ ) v1[i] = i;
    for ( i=0; i<v2.size(); i++ ) v2[i] = i+1;
    sort ( v1.begin(), v1.end(), comp );
    sort ( v2.begin(), v2.end(), comp );

    for ( i=0; i<v1.size(); i++ ) {
        cout << v1[i] << ",";
    }
    cout << endl;
    for ( i=0; i<v2.size(); i++ ) {
        cout << v2[i] << ",";
    }
    cout << endl;

    vector <int> v3( v1.size()+v2.size() );
    merge ( v1.begin(), v1.end(), v2.begin(), v2.end(), v3.begin(), comp );
    for ( i=0; i<v3.size(); i++ ) {
        cout << v3[i] << "," ;
    }
    cout << endl;
}
```

Tips
468 コンテナをマージする②

▶Level ●●○
▶対応 C++ VC g++

ここがポイントです！ inplace_merge

inplace_mergeは、ソート済みのシーケンスを最初のシーケンスにマージします。

構文は、次のようになります。引数のfirstには「コンテナの先頭のイテレータ」、middleには「コンテナの中間のイテレータ」、lastには「コンテナの末尾のイテレータ」、compには「比較関数」を指定します。

```
#include <algorithm>
void inplace_merge( iterator first, iterator middle, iterator last );
void inplace_merge( iterator first, iterator middle, iterator last, comp
);
```

戻り値はありません。

リスト1は、inplace_mergeを使って、コンテナをマージするプログラム例です。

リスト1　コンテナをマージする（ファイル名：stl468.cpp）

```
#include <iostream>
#include <vector>
#include <algorithm>
using namespace std;

void main( void )
{
    vector <int> v1(10);
    int i;

    for ( i=0; i<5; i++ ) v1[i] = i;
    for ( i=0; i<5; i++ ) v1[i+5] = i+1;
    for ( i=0; i<v1.size(); i++ ) {
        cout << v1[i] << ",";
    }
    cout << endl;

    inplace_merge ( v1.begin(), v1.begin()+5, v1.end());
    for ( i=0; i<v1.size(); i++ ) {
        cout << v1[i] << "," ;
    }
    cout << endl;
}
```

リスト2 実行結果

```
0,1,2,3,4,1,2,3,4,5,
0,1,1,2,2,3,3,4,4,5,
```

指定した部分シーケンスが含まれているかをチェックする

ここがポイントです！ includes

includesは、指定した部分シーケンスを完全に含むかどうかをチェックします。

構文は、次のようになります。引数のfirst1には「検索対象のコンテナ1の先頭のイテレータ」、last1には「検索対象のコンテナ1の末尾のイテレータ」、first2には「検索するコンテナ2の先頭のイテレータ」、last2には「検索するコンテナ2の末尾のイテレータ」、compには「比較関数」を指定します。

```
#include <algorithm>
bool includes( iterator first1, iterator last1, iterator first2,
iterator last2 );
bool includes( iterator first1, iterator last1, iterator first2,
iterator last2, comp );
```

戻り値は、部分シーケンスである場合は、trueを返します。それ以外の場合は、falseを返します。

リスト1は、includesを使って、指定した部分シーケンスが含まれているかをチェックするプログラム例です。

リスト2は、比較関数を利用した例です。

リスト1 指定した部分シーケンスが含まれているかをチェックする（ファイル名：stl469.cpp）

```
#include <iostream>
#include <vector>
#include <algorithm>
using namespace std;

void main( void )
{
    vector <int> v1(10);
    vector <int>::iterator it;
    int val, i;

    for ( i=0; i<v1.size(); i++ ) {
```

```
        v1[i] = i;
        cout << v1[i] << ",";
    }
    cout << endl;

    vector <int> v2;
    v2.push_back(4);
    v2.push_back(5);
    v2.push_back(6);

    includes ( v1.begin(), v1.end(), v2.begin(), v2.end() );
    cout << "シーケンス v2 は " <<
      ((includes ( v1.begin(), v1.end(), v2.begin(), v2.end() ) == true)?
      "見つかった": "見つからなかった") << endl;

    vector <int> v3;
    v3.push_back(5);
    v3.push_back(5);
    v3.push_back(6);

    cout << "シーケンス v3 は " <<
      ((includes ( v1.begin(), v1.end(), v3.begin(), v3.end() ) == true)?
      "見つかった": "見つからなかった") << endl;
}
```

リスト2 比較関数を利用する（ファイル名：stl469a.cpp）

```
#include <iostream>
#include <vector>
#include <algorithm>
using namespace std;

bool comp( int x, int y )
{
    if ( x == y ) {
        return true;
    } else {
        return false;
    }
}

void main( void )
{
    vector <int> v1(10);
    vector <int>::iterator it;
    int val, i;

    for ( i=0; i<v1.size(); i++ ) {
        v1[i] = i;
        cout << v1[i] << ",";
```

```
    }
    cout << endl;

    vector <int> v2;
    v2.push_back(4);
    v2.push_back(5);
    v2.push_back(6);

    includes ( v1.begin(), v1.end(), v2.begin(), v2.end() );
    cout << "シーケンス v2 は " <<
      ((includes ( v1.begin(), v1.end(), v2.begin(), v2.end(), comp ) == true)?
      "見つかった": "見つからなかった") << endl;
}
```

includes関数では、部分シーケンスの有無をチェックします。部分シーケンスの位置を取得する場合は、find_first_of関数やfind_end関数を使います。

2つのコンテナの異なる部分を取得する

ここがポイントです! set_difference

set_differenceは、2つのコンテナを比較して、コンテナ1(first1、last1)の異なる部分を結果のコンテナに書き出します。結果のコンテナは、コンテナ1の要素数と同じだけ用意しておく必要があります。

結果を取得する場合は、戻り値のイテレータを使ったeraseメソッドを呼び出して、末尾まで削除します。

構文は、次のようになります。引数のfirst1には「比較するコンテナ1の先頭のイテレータ」、last1には「比較するコンテナ1の末尾のイテレータ」、first2には「比較するコンテナ2の先頭のイテレータ」、last2には「比較するコンテナ2の末尾のイテレータ」、destには「結果の保存先のイテレータ」、compには「比較関数」を指定します。

```
#include <algorithm>
iterator set_difference( iterator first1, iterator last1, iterator
first2, iterator last2, iterator dest );
iterator set_difference( iterator first1, iterator last1, iterator
first2, iterator last2, iterator dest, comp );
```

戻り値は、比較した結果の終端のイテレータを返します。

リスト1は、set_differenceを使って、2つのコンテナの異なる部分を取得するプログラム例です。

リスト1 2つのコンテナの異なる部分を取得する（ファイル名：stl470.cpp）

```
#include <iostream>
#include <vector>
#include <algorithm>
using namespace std;

void main( void )
{
    vector <int> v1(10), v2(10);
    int i;

    for ( i=0; i<v1.size(); i++ ) v1[i] = i;
    for ( i=0; i<v2.size(); i++ ) v2[i] = i - 5;

    cout << "v1: ";
    for ( i=0; i<v1.size(); i++ ) cout << v1[i] << ",";
    cout << endl;
    cout << "v2: ";
    for ( i=0; i<v2.size(); i++ ) cout << v2[i] << ",";
    cout << endl;

    vector <int> v3(v1.size());
    vector <int>::iterator it, j;

    it = set_difference ( v1.begin(), v1.end(),
      v2.begin(), v2.end(), v3.begin() );
    v3.erase( it, v3.end());
    cout << "v3: ";
    for ( j = v3.begin(); j != v3.end(); j++ ) {
        cout << *j << ",";
    }
    cout << endl;

    // ひとつも重複していない場合
    vector <int> v4(5,-1);
    cout << "v4: ";
    for ( i=0; i<v4.size(); i++ ) cout << v4[i] << ",";
    cout << endl;
    vector <int> v5(v1.size());
    it = set_difference ( v1.begin(), v1.end(),
      v4.begin(), v4.end(), v5.begin() );
    v5.erase( it, v5.end());
    cout << "v5: ";
    for ( j = v5.begin(); j != v5.end(); j++ ) {
        cout << *j << ",";
```

```
    }
    cout << endl;

    // すべてが重複している場合
    vector <int> v6( v1 );
    cout << "v6: ";
    for ( i=0; i<v6.size(); i++ ) cout << v6[i] << ",";
    cout << endl;
    vector <int> v7( v1.size() );
    it = set_difference ( v1.begin(), v1.end(),
      v6.begin(), v6.end(), v7.begin() );
    v7.erase( it, v7.end());
    cout << "v7: ";
    for ( j = v7.begin(); j != v7.end(); j++ ) {
        cout << *j << ",";
    }
    cout << endl;

    vector <int> dest(v1.size()+v2.size());
    it = set_difference( v1.begin(), v1.end(),
     v2.begin(), v2.end(), dest.begin() );
   it = set_difference( v2.begin(), v2.end(),
     v1.begin(), v1.end(), it );
    dest.erase( it, dest.end());
    sort( dest.begin(), dest.end());
    for ( it = dest.begin(); it != dest.end(); ++it ) {
        cout << *it << "," ;
    }
    cout << endl;
}
```

set_difference関数は、片方の異なる部分のみ取り出します。両方の異なる部分を取り出すためには、set_symmetric_difference関数を使います。次のように、相互にコンテナを指定することもできます。

```
vector <int> dest(v1.size()+v2.size());
it = set_difference( v1.begin(), v1.end(), v2.begin(), v2.end(), dest.
begin() );
it = set_difference( v2.begin(), v2.end(), v1.begin(), v1.end(), it );
dest.erase( it, dest.end());
sort( dest.begin(), dest.end());
```

2つのコンテナの重複部分を取得する

ここがポイントです！ **set_intersection**

set_intersectionは、2つのコンテナを比較して、コンテナ1（first1、last1）とコンテナ2（first2、last2）の重複する部分を結果のコンテナに書き出します。結果のコンテナは、コンテナ1あるいはコンテナ2の要素数と同じだけ用意しておく必要があります。

結果を取得する場合は、戻り値のイテレータを使ったeraseメソッドを呼び出して、末尾まで削除します。

構文は、次のようになります。引数のfirst1には「比較するコンテナ1の先頭のイテレータ」、last1には「比較するコンテナ1の末尾のイテレータ」、first2には「比較するコンテナ2の先頭のイテレータ」、last2には「比較するコンテナ2の末尾のイテレータ」、destには「結果の保存先のイテレータ」、compには「比較関数」を指定します。

```
#include <algorithm>
iterator set_intersection( iterator first1, iterator last1, iterator
first2, iterator last2, iterator dest );
iterator set_intersection( iterator first1, iterator last1, iterator
first2, iterator last2, iterator dest, comp );
```

戻り値は、比較した結果の終端のイテレータを返します。

リスト1は、set_intersectionを使って、2つのコンテナの重複部分を取得するプログラム例です。

リスト1　2つのコンテナの重複部分を取得する（ファイル名：stl471.cpp）

```
#include <iostream>
#include <vector>
#include <algorithm>
using namespace std;

void main( void )
{
    vector <int> v1(10), v2(10);
    int i;

    for ( i=0; i<v1.size(); i++ ) v1[i] = i;
    for ( i=0; i<v2.size(); i++ ) v2[i] = i - 5;

    cout << "v1: ";
    for ( i=0; i<v1.size(); i++ ) cout << v1[i] << ",";
    cout << endl;
```

```
    cout << "v2: ";
    for ( i=0; i<v2.size(); i++ ) cout << v2[i] << ",";
    cout << endl;

    vector <int> v3( v1.size(), -1 );
    vector <int>::iterator it, j;

    it = set_intersection ( v1.begin(), v1.end(),
      v2.begin(), v2.end(), v3.begin() );
    v3.erase( it, v3.end() );
    cout << "v3: ";
    for ( j = v3.begin(); j != v3.end(); j++ ) {
        cout << *j << ",";
    }
    cout << endl;

    // ひとつも重複していない場合
    vector <int> v4(5,-1);
    cout << "v4: ";
    for ( i=0; i<v4.size(); i++ ) cout << v4[i] << ",";
    cout << endl;
    vector <int> v5( v1.size(), -1 );
    it = set_intersection ( v1.begin(), v1.end(),
      v4.begin(), v4.end(), v5.begin() );
    v5.erase( it, v5.end() );
    cout << "v5: ";
    for ( j = v5.begin(); j != v5.end() ; j++ ) {
        cout << *j << ",";
    }
    cout << endl;

    // すべてが重複している場合
    vector <int> v6( v1 );
    cout << "v6: ";
    for ( i=0; i<v6.size(); i++ ) cout << v6[i] << ",";
    cout << endl;
    vector <int> v7( v1.size(), -1 );
    it = set_intersection ( v1.begin(), v1.end(),
      v6.begin(), v6.end(), v7.begin() );
    v7.erase( it, v7.end() );
    cout << "v7: ";
    for ( j = v7.begin(); j != v7.end(); j++ ) {
        cout << *j << ",";
    }
    cout << endl;
}
```

リスト 2 実行結果

```
v1: 0,1,2,3,4,5,6,7,8,9,
```

```
v2: -5,-4,-3,-2,-1,0,1,2,3,4,
v3: 0,1,2,3,4,
v4: -1,-1,-1,-1,-1,
v5:
v6: 0,1,2,3,4,5,6,7,8,9,
v7: 0,1,2,3,4,5,6,7,8,9,
```

set_intersection関数は、2つのコンテナの論理積になります。論理和を計算する場合は、set_union関数を利用してください。

2つのコンテナで一方に含まれている部分を取得する

ここがポイントです！ set_symmetric_difference

set_symmetric_differenceは、2つのコンテナを比較して、コンテナ1（first1、last1）とコンテナ2（first2、last2）のどちらか一方に含まれる部分を結果のコンテナに書き出します。結果のコンテナは、コンテナ1とコンテナ2の要素の合計と同じだけ用意しておく必要があります。

結果を取得する場合は、戻り値のイテレータを使ったeraseメソッドを呼び出して、末尾まで削除します。

構文は、次のようになります。引数のfirst1には「比較するコンテナ1の先頭のイテレータ」、last1には「比較するコンテナ1の末尾のイテレータ」、first2には「比較するコンテナ2の先頭のイテレータ」、last2には「比較するコンテナ2の末尾のイテレータ」、destには「結果の保存先のイテレータ」、compには「比較関数」を指定します。

```
#include <algorithm>
iterator set_symmetric_difference( iterator first1, iterator last1,
iterator first2, iterator last2, iterator dest );
iterator set_symmetric_difference( iterator first1, iterator last1,
iterator first2, iterator last2, iterator dest, comp );
```

戻り値は、比較した結果の終端のイテレータを返します。

リスト1は、set_symmetric_differenceを使って、2つのコンテナで一方に含まれている部分を取得するプログラム例です。

リスト1　2つのコンテナで一方に含まれている部分を取得する（ファイル名：stl472.cpp）

```
#include <iostream>
#include <vector>
#include <algorithm>
using namespace std;

void main( void )
{
    vector <int> v1(10), v2(10);
    int i;

    for ( i=0; i<v1.size(); i++ ) v1[i] = i;
    for ( i=0; i<v2.size(); i++ ) v2[i] = i - 5;

    cout << "v1: ";
    for ( i=0; i<v1.size(); i++ ) cout << v1[i] << ",";
    cout << endl;
    cout << "v2: ";
    for ( i=0; i<v2.size(); i++ ) cout << v2[i] << ",";
    cout << endl;

    vector <int> v3( v1.size()+v2.size(), -1 );
    vector <int>::iterator it, j;

    it = set_symmetric_difference ( v1.begin(), v1.end(),
      v2.begin(), v2.end(), v3.begin() );
    v3.erase( it, v3.end());
    cout << "v3: ";
    for ( j = v3.begin(); j != v3.end(); j++ ) {
        cout << *j << ",";
    }
    cout << endl;

    // ひとつも重複していない場合
    vector <int> v4(5,-1);
    cout << "v4: ";
    for ( i=0; i<v4.size(); i++ ) cout << v4[i] << ",";
    cout << endl;
    vector <int> v5( v1.size() + v4.size(), -1 );
    it = set_symmetric_difference ( v1.begin(), v1.end(),
      v4.begin(), v4.end(), v5.begin() );
    v5.erase( it, v5.end());
    cout << "v5: ";
    for ( j = v5.begin(); j != v5.end(); j++ ) {
        cout << *j << ",";
    }
    cout << endl;

    // すべてが重複している場合
    vector <int> v6( v1 );
```

```
    cout << "v6: ";
    for ( i=0; i<v6.size(); i++ ) cout << v6[i] << ",";
    cout << endl;
    vector <int> v7( v1.size() + v6.size(), -1 );
    it = set_symmetric_difference ( v1.begin(), v1.end(),
      v6.begin(), v6.end(), v7.begin() );
    v7.erase( it, v7.end());
    cout << "v7: ";
    for ( j = v7.begin(); j != v7.end(); j++ ) {
        cout << *j << ",";
    }
    cout << endl;
}
```

リスト2　実行結果

```
v1: 0,1,2,3,4,5,6,7,8,9,
v2: -5,-4,-3,-2,-1,0,1,2,3,4,
v3: -5,-4,-3,-2,-1,5,6,7,8,9,
v4: -1,-1,-1,-1,-1,
v5: -1,-1,-1,-1,-1,0,1,2,3,4,5,6,7,8,9,
v6: 0,1,2,3,4,5,6,7,8,9,
v7:
```

set_intersection関数は、2つのコンテナの論理積になります。論理和を計算する場合は、set_union関数を利用してください。

2つのコンテナの和を得る

ここがポイントです！ set_union

set_unionは、2つのコンテナを比較して、コンテナ1（first1、last1）とコンテナ2（first2、last2）の論理和を結果のコンテナに書き出します。結果のコンテナは、コンテナ1とコンテナ2の要素の合計と同じだけ用意しておく必要があります。

結果を取得する場合は、戻り値のイテレータを使ったeraseメソッドを呼び出して、末尾まで削除します。

構文は、次のようになります。引数のfirst1には「比較するコンテナ1の先頭のイテレータ」、last1には「比較するコンテナ1の末尾のイテレータ」、first2には「比較するコンテナ2

の先頭のイテレータ」、last2には「比較するコンテナ2の末尾のイテレータ」、destには「結果の保存先のイテレータ」、compには「比較関数」を指定します。

```
#include <algorithm>
iterator set_union( iterator first1, iterator last1, iterator first2,
iterator last2, iterator dest );
iterator set_union( iterator first1, iterator last1, iterator first2,
iterator last2, iterator dest, comp );
```

戻り値は、比較した結果の終端のイテレータを返します。
リスト1は、set_unionを使って、2つのコンテナの和を得るプログラム例です。

リスト1 2つのコンテナの和を得る（ファイル名：stl473.cpp）

```
#include <iostream>
#include <vector>
#include <algorithm>
using namespace std;

void main( void )
{
    vector <int> v1(10), v2(10);
    int i;

    for ( i=0; i<v1.size(); i++ ) v1[i] = i;
    for ( i=0; i<v2.size(); i++ ) v2[i] = i - 5;

    cout << "v1: ";
    for ( i=0; i<v1.size(); i++ ) cout << v1[i] << ",";
    cout << endl;
    cout << "v2: ";
    for ( i=0; i<v2.size(); i++ ) cout << v2[i] << ",";
    cout << endl;

    vector <int> v3( v1.size()+v2.size(), -1 );
    vector <int>::iterator it, j;

    it = set_union( v1.begin(), v1.end(),
      v2.begin(), v2.end(), v3.begin() );
    v3.erase( it, v3.end());
    cout << "v3: ";
    for ( j = v3.begin(); j != v3.end(); j++ ) {
        cout << *j << ",";
    }
    cout << endl;

    // ひとつも重複していない場合
    vector <int> v4(5,-1);
    cout << "v4: ";
```

```
    for ( i=0; i<v4.size(); i++ ) cout << v4[i] << ",";
    cout << endl;
    vector <int> v5( v1.size() + v4.size(), -1 );
    it = set_union ( v1.begin(), v1.end(),
      v4.begin(), v4.end(), v5.begin() );
    v5.erase( it, v5.end());
    cout << "v5: ";
    for ( j = v5.begin(); j != v5.end(); j++ ) {
        cout << *j << ",";
    }
    cout << endl;

    // すべてが重複している場合
    vector <int> v6( v1 );
    cout << "v6: ";
    for ( i=0; i<v6.size(); i++ ) cout << v6[i] << ",";
    cout << endl;
    vector <int> v7( v1.size() + v6.size(), -1 );
    it = set_union ( v1.begin(), v1.end(),
      v6.begin(), v6.end(), v7.begin() );
    v7.erase( it, v7.end());
    cout << "v7: ";
    for ( j = v7.begin(); j != v7.end(); j++ ) {
        cout << *j << ",";
    }
    cout << endl;
}
```

リスト2 実行結果

```
v1: 0,1,2,3,4,5,6,7,8,9,
v2: -5,-4,-3,-2,-1,0,1,2,3,4,
v3: -5,-4,-3,-2,-1,0,1,2,3,4,5,6,7,8,9,
v4: -1,-1,-1,-1,-1,
v5: -1,-1,-1,-1,-1,0,1,2,3,4,5,6,7,8,9,
v6: 0,1,2,3,4,5,6,7,8,9,
v7: 0,1,2,3,4,5,6,7,8,9,
```

set_union関数は、2つのコンテナの論理和を計算します。論理積を計算する場合は、set_intersection関数を利用してください。

ヒープを構築する

ここがポイントです！ make_heap

指定したコンテナからヒープを構築するには、make_heapを使います。ヒープは、ルートを最初の要素とするツリー構造（二分木構造）のシーケンスです。

構文は、次のようになります。引数のfirstには「先頭のイテレータ」、lastには「末尾のイテレータ」、compには「比較関数」を指定します。

```
#include <algorithm>
void make_heap( iterator first, iterator last );
void make_heap( iterator first, iterator last, comp );
```

戻り値はありません。

リスト1は、make_heapを使って、ヒープを構築するプログラム例です。

リスト1 ヒープを構築する（ファイル名：stl474.cpp）

```
#include <iostream>
#include <vector>
#include <algorithm>
using namespace std;

void main( void )
{
    vector <int> v1(10);
    int i;

    for ( i=0; i<v1.size(); i++ ) v1[i] = i;
    random_shuffle ( v1.begin(), v1.end() );

    cout << "v1: ";
    for ( i=0; i<v1.size(); i++ ) cout << v1[i] << ",";
    cout << endl;

    make_heap ( v1.begin(), v1.end() );
    cout << "v1: ";
    for ( i=0; i<v1.size(); i++ ) cout << v1[i] << ",";
    cout << endl;
}
```

実行結果

```
v1: 8,1,9,2,0,5,7,3,4,6,
v1: 9,6,8,4,1,5,7,3,2,0,
```

さらにワンポイント ヒープソートを使う場合は、push_heap関数、pop_heap関数、sort_heap関数を使います。

ヒープに要素を追加する

ここがポイントです！ **push_heap**

要素をヒープに追加するには、push_heapを使います。

構文は、次のようになります。引数のfirstには「先頭のイテレータ」、lastには「末尾のイテレータ」、compには「比較関数」を指定します。

```
#include <algorithm>
void push_heap( iterator first, iterator last );
void push_heap( iterator first, iterator last, comp );
```

戻り値はありません。

リスト1は、push_heapを使って、ヒープに要素を追加するプログラム例です。

リスト3は、比較関数を利用した例です。

リスト1 ヒープに要素を追加する（ファイル名：stl475.cpp）

```
#include <iostream>
#include <vector>
#include <algorithm>
using namespace std;

void main( void )
{
    vector <int> v1(10);
    int i;

    for ( i=0; i<v1.size(); i++ ) v1[i] = i;
    random_shuffle ( v1.begin(), v1.end() );

```

```
    cout << "v1: ";
    for ( i=0; i<v1.size(); i++ ) cout << v1[i] << ",";
    cout << endl;

    make_heap ( v1.begin(), v1.end() );
    cout << "v1: ";
    for ( i=0; i<v1.size(); i++ ) cout << v1[i] << ",";
    cout << endl;

    v1.push_back( 100 );
    cout << "v1: ";
    for ( i=0; i<v1.size(); i++ ) cout << v1[i] << ",";
    cout << endl;

    push_heap( v1.begin(), v1.end() );
    cout << "v1: ";
    for ( i=0; i<v1.size(); i++ ) cout << v1[i] << ",";
    cout << endl;
}
```

リスト2 実行結果

```
v1: 8,1,9,2,0,5,7,3,4,6,
v1: 9,6,8,4,1,5,7,3,2,0,
v1: 9,6,8,4,1,5,7,3,2,0,100,
v1: 100,9,8,4,6,5,7,3,2,0,1,
```

リスト3 比較関数を利用する（ファイル名：stl475a.cpp）

```
#include <iostream>
#include <vector>
#include <algorithm>
using namespace std;

int comp( int x, int y )
{
    if ( x < y ) {
        return true;
    } else {
        return false;
    }
}

void main( void )
{
    vector <int> v1(10);
    int i;

    for ( i=0; i<v1.size(); i++ ) v1[i] = i;
    random_shuffle ( v1.begin(), v1.end() );

```

```
    cout << "v1: ";
    for ( i=0; i<v1.size(); i++ ) cout << v1[i] << ",";
    cout << endl;

    make_heap ( v1.begin(), v1.end(), comp );
    cout << "v1: ";
    for ( i=0; i<v1.size(); i++ ) cout << v1[i] << ",";
    cout << endl;

    v1.push_back( 100 );
    cout << "v1: ";
    for ( i=0; i<v1.size(); i++ ) cout << v1[i] << ",";
    cout << endl;

    push_heap( v1.begin(), v1.end(), comp );
    cout << "v1: ";
    for ( i=0; i<v1.size(); i++ ) cout << v1[i] << ",";
    cout << endl;
}
```

ヒープから要素を削除する場合は、pop_heap関数を使います。

ヒープから要素を削除する

ここがポイントです！ pop_heap

pop_heapは、先頭の要素をヒープから削除します。実際には、削除対象の要素は末尾に移動されるだけなので、pop_backメソッドなどで末尾の要素を削除します。

構文は、次のようになります。引数のfirstには「先頭のイテレータ」、lastには「末尾のイテレータ」、compには「比較関数」を指定します。

```
#include <algorithm>
void pop_heap( iterator first, iterator last );
void pop_heap( iterator first, iterator last, comp );
```

戻り値はありません。

なお、ヒープへ要素を追加する場合は、push_heap関数を使います。

リスト1は、pop_heapを使って、ヒープから要素を削除するプログラム例です。
リスト2は、比較関数を指定した例です。

リスト1 ヒープから要素を削除する（ファイル名：stl476.cpp）

```
#include <iostream>
#include <vector>
#include <algorithm>
using namespace std;

void main( void )
{
    vector <int> v1(10);
    int i;

    for ( i=0; i<v1.size(); i++ ) v1[i] = i;
    random_shuffle ( v1.begin(), v1.end() );

    cout << "v1: ";
    for ( i=0; i<v1.size(); i++ ) cout << v1[i] << ",";
    cout << endl;

    make_heap ( v1.begin(), v1.end() );
    cout << "v1: ";
    for ( i=0; i<v1.size(); i++ ) cout << v1[i] << ",";
    cout << endl;

    pop_heap( v1.begin(), v1.end() );
    cout << "v1: ";
    for ( i=0; i<v1.size(); i++ ) cout << v1[i] << ",";
    cout << endl;

    v1.pop_back();
    cout << "v1: ";
    for ( i=0; i<v1.size(); i++ ) cout << v1[i] << ",";
    cout << endl;
}
```

リスト2 比較関数を利用する（ファイル名：stl476a.cpp）

```
#include <iostream>
#include <vector>
#include <algorithm>
using namespace std;

int comp( int x, int y )
{
    if ( x < y ) {
        return true;
    } else {
        return false;
```

```
    }
}

void main( void )
{
    vector <int> v1(10);
    int i;

    for ( i=0; i<v1.size(); i++ ) v1[i] = i;
    random_shuffle ( v1.begin(), v1.end() );

    cout << "v1: ";
    for ( i=0; i<v1.size(); i++ ) cout << v1[i] << ",";
    cout << endl;

    make_heap ( v1.begin(), v1.end(), comp );
    cout << "v1: ";
    for ( i=0; i<v1.size(); i++ ) cout << v1[i] << ",";
    cout << endl;

    pop_heap( v1.begin(), v1.end(), comp );
    cout << "v1: ";
    for ( i=0; i<v1.size(); i++ ) cout << v1[i] << ",";
    cout << endl;

    v1.pop_back();
    cout << "v1: ";
    for ( i=0; i<v1.size(); i++ ) cout << v1[i] << ",";
    cout << endl;
}
```

ヒープをソートする

ここがポイントです! sort_heap

指定した範囲のヒープを再構築するには、sort_heapを使いします。

構文は、次のようになります。引数のfirstには「先頭のイテレータ」、lastには「末尾のイテレータ」、compには「比較関数」を指定します。

```
#include <algorithm>
void sort_heap( iterator first, iterator last );
void sort_heap( iterator first, iterator last, comp );
```

戻り値はありません。

リスト1は、sort_heapを使って、ヒープをソートするプログラム例です。

リスト1 ヒープをソートする（ファイル名：stl477.cpp）

```
#include <iostream>
#include <vector>
#include <algorithm>
using namespace std;

int comp( int x, int y )
{
    if ( x > y ) {
        return true;
    } else {
        return false;
    }
}

void main( void )
{
    vector <int> v1(10);
    int i;

    for ( i=0; i<v1.size(); i++ ) v1[i] = i;
    random_shuffle ( v1.begin(), v1.end() );

    cout << "v1: ";
    for ( i=0; i<v1.size(); i++ ) cout << v1[i] << ",";
    cout << endl;

    sort_heap ( v1.begin(), v1.end() );
    cout << "v1: ";
    for ( i=0; i<v1.size(); i++ ) cout << v1[i] << ",";
    cout << endl;

    sort_heap ( v1.begin(), v1.end(), comp );
    cout << "v1: ";
    for ( i=0; i<v1.size(); i++ ) cout << v1[i] << ",";
    cout << endl;
}
```

リスト2 実行結果

```
v1: 8,1,9,2,0,5,7,3,4,6,
v1: 0,1,2,3,4,5,6,7,9,8,
v1: 9,8,7,6,5,4,3,2,1,0,
```

リスト1のように、比較関数を指定することで逆順に並び替えることも可能です。

大きいほうを取得する

max

maxは、2つの要素のうち、大きいほうの要素を返します。

構文は、次のようになります。引数のTには「型」、xには「比較する要素1」、yには「比較する要素2」、compには「比較関数」を指定します。

```
#include <algorithm>
cosnt T& max( const T& x, const T& y );
cosnt T& max( const T& x, const T& y, comp );
```

戻り値は、大きいほうの要素を返します。

リスト1は、maxを使って、大きいほうを取得するプログラム例です。

リスト1 大きいほうを取得する（ファイル名：stl478.cpp）

```
#include <iostream>
#include <vector>
#include <algorithm>
using namespace std;

int comp( int x, int y )
{
    if ( x < y ) {
        return true;
    } else {
        return false;
    }
}

void main( void )
{
    int x, y;
    x = 10; y = 20;

    cout << "x: " << x << endl;
```

```
    cout << "y: " << y << endl;
    cout << "max: " << max( x, y ) << endl;

    cout << "x: " << x << endl;
    cout << "n: " << 0 << endl;
    cout << "max: " << max( x, 0 ) << endl;

    cout << "x: " << x << endl;
    cout << "y: " << y << endl;
    cout << "max: " << max( x, y, comp ) << endl;
}
```

コンテナの中で大きい要素を取得する

ここがポイントです! max_element

max_elementは、コンテナに含まれる最大値の要素を検索します。

構文は、次のようになります。引数のTには「型」、firstには「先頭のイテレータ」、lastには「末尾のイテレータ」、compには「比較関数」を指定します。

```
#include <algorithm>
iterator max_element( iterator first, iterator last );
iterator max_element( iterator first, iterator last, comp );
```

戻り値は、最大値の要素のイテレータを返します。

リスト1は、max_elementを使って、コンテナの中で大きい要素を取得するプログラム例です。

リスト1 コンテナの中で大きい要素を取得する（ファイル名：stl479.cpp）

```
#include <iostream>
#include <vector>
#include <algorithm>
using namespace std;

int comp( int x, int y )
{
    if ( x < y ) {
        return true;
    } else {
        return false;
```

```
    }
}

void main( void )
{
    vector <int> v1(10);
    int i;

    for ( i=0; i<v1.size(); i++ ) v1[i] = i;
    random_shuffle ( v1.begin(), v1.end() );

    cout << "v1: ";
    for ( i=0; i<v1.size(); i++ ) cout << v1[i] << ",";
    cout << endl;

    vector <int>::iterator it;
    it = max_element( v1.begin(), v1.end() );
    cout << "max: " << *it << endl;

    it = max_element( v1.begin(), v1.end(), comp );
    cout << "max: " << *it << endl;
}
```


リスト2 実行結果

```
v1: 8,1,9,2,0,5,7,3,4,6,
max: 9
max: 9
```

独自のクラスを指定する場合は、比較関数を利用します。

小さいほうを取得する

ここがポイントです! min

minは、2つの要素のうち、小さいほうの要素を返します。

構文は、次のようになります。引数のTには「型」、xには「比較する要素1」、yには「比較する要素2」、compには「比較関数」を指定します。

```
#include <algorithm>
cosnt T& min( const T& x, const T& y );
cosnt T& min( const T& x, const T& y, comp );
```

戻り値は、小さいほうの要素を返します。
リスト1は、minを使って、小さいほうを取得するプログラム例です。

リスト1 小さいほうを取得する（ファイル名：stl480.cpp）

```
#include <iostream>
#include <vector>
#include <algorithm>
using namespace std;

int comp( int x, int y )
{
    if ( x < y ) {
        return true;
    } else {
        return false;
    }
}

void main( void )
{
    int x, y;
    x = 10; y = 20;

    cout << "x: " << x << endl;
    cout << "y: " << y << endl;
    cout << "max: " << min( x, y ) << endl;

    cout << "x: " << x << endl;
    cout << "n: " << 0 << endl;
    cout << "min: " << min( x, 0 ) << endl;

    cout << "x: " << x << endl;
    cout << "y: " << y << endl;
    cout << "min: " << min( x, y, comp ) << endl;
}
```

コンテナの中で小さい要素を取得する

ここがポイントです！ min_element

min_elementは、コンテナに含まれる最小値の要素を検索します。

構文は、次のようになります。引数のTには「型」、firstには「先頭のイテレータ」、lastには「末尾のイテレータ」、compには「比較関数」を指定します。

```
#include <algorithm>
iterator min_element( iterator first, iterator last );
iterator min_element( iterator first, iterator last, comp );
```

戻り値は、最小値の要素のイテレータを返します。

リスト1は、min_elementを使って、コンテナの中で小さい要素を取得するプログラム例です。

リスト1 コンテナの中で小さい要素を取得する（ファイル名：stl481.cpp）

```
#include <iostream>
#include <vector>
#include <algorithm>
using namespace std;

int comp( int x, int y )
{
    if ( x < y ) {
        return true;
    } else {
        return false;
    }
}

void main( void )
{
    vector <int> v1(10);
    int i;

    for ( i=0; i<v1.size(); i++ ) v1[i] = i;
    random_shuffle ( v1.begin(), v1.end() );

    cout << "v1: ";
    for ( i=0; i<v1.size(); i++ ) cout << v1[i] << ",";
    cout << endl;
```

```
    vector <int>::iterator it;
    it = min_element( v1.begin(), v1.end() );
    cout << "min: " << *it << endl;

    it = min_element( v1.begin(), v1.end(), comp );
    cout << "min: " << *it << endl;
}
```

リスト2　実行結果

```
v1: 8,1,9,2,0,5,7,3,4,6,
min: 0
min: 0
```

独自のクラスを指定する場合は、比較関数を利用します。データクラスの比較関数を作ることで、簡易データベースを作成できます。

次の順列組み合わせを取得する

ここがポイントです！　next_permutation

next_permutationは、コンテナを指定して、順列組み合わせを取得します。戻り値が、falseになるまで繰り返すことにより、すべての順列組み合わせが取得できます。

構文は、次のようになります。引数のfirstには「先頭のイテレータ」、lastには「末尾のイテレータ」、compには「比較関数」を指定します。

```
#include <algorithm>
bool next_permutation( iterator first, iterator last );
bool next_permutation( iterator first, iterator last, comp );
```

戻り値は、次の順列を取得できた場合は、trueを返します。取得できなかった場合は、falseを返します。

リスト1は、next_permutationを使って、次の順列組み合わせを取得するプログラム例です。

リスト1　次の順列組み合わせを取得する（ファイル名：stl482.cpp）

```
#include <iostream>
```

```
#include <vector>
#include <algorithm>
using namespace std;

void main( void )
{
    vector <char> v;
    int i;

    v.push_back( 'A' );
    v.push_back( 'B' );
    v.push_back( 'C' );

    do {
        for ( i=0; i<v.size(); i++ ) cout << v[i] ;
        cout << endl;
    } while ( next_permutation( v.begin(), v.end() ));
}
```

リスト2　実行結果

```
ABC
ACB
BAC
BCA
CAB
CBA
```

リスト1では、「ABC」の3文字の順列組み合わせを取得しています。比較関数を指定することで、組み合わせの順序を変更できます。

前の順列組み合わせを取得する

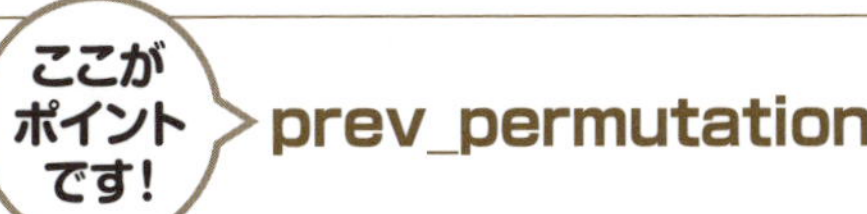

prev_permutationは、コンテナを指定して、順列組み合わせを取得します。next_permutation関数で得られる順列とは逆順になります。

戻り値が、falseになるまで繰り返すことにより、すべての順列組み合わせが取得できます。

構文は、次のようになります。引数のfirstには「先頭のイテレータ」、lastには「末尾のイテレータ」、compには「比較関数」を指定します。

```
#include <algorithm>
bool prev_permutation( iterator first, iterator last );
bool prev_permutation( iterator first, iterator last, comp );
```

戻り値は、前の順列を取得できた場合は、trueを返します。取得できなかった場合は、falseを返します。

リスト1は、prev_permutationを使って、前の順列組み合わせを取得するプログラム例です。

リスト1 前の順列組み合わせを取得する（ファイル名：stl483.cpp）

```
#include <iostream>
#include <vector>
#include <algorithm>
using namespace std;

void main( void )
{
    vector <char> v;
    int i;

    v.push_back( 'C' );
    v.push_back( 'B' );
    v.push_back( 'A' );

    do {
        for ( i=0; i<v.size(); i++ ) cout << v[i] ;
        cout << endl;
    } while ( prev_permutation( v.begin(), v.end() ));
}
```

リスト2 実行結果

```
CBA
CAB
BCA
BAC
ACB
ABC
```

リスト1では、「CBA」の3文字の順列組み合わせを取得しています。

生成関数を用いてコンテナの要素を設定する

ここがポイントです！ generate

generateを使うと、生成関数を用いて、コンテナの要素を設定できます。乱数で初期化したり、独自クラスのオブジェクトで初期化するときに使います。

構文は、次のようになります。引数のTには「型」、firstには「先頭のイテレータ」、lastには「末尾のイテレータ」、geneには「生成関数」を指定します。

```
#include <algorithm>
void generate( iterator first, iterator last, gene );
T gen( void );
```

戻り値はありません。

リスト1は、generateを使って、生成関数を用いて構築するプログラム例です。

リスト1 生成関数を用いて構築する（ファイル名：stl484.cpp）

```
#include <iostream>
#include <vector>
#include <algorithm>
using namespace std;

int gene( void )
{
    return rand() % 10;
}


void main( void )
{
    vector <int> v(10);
    int i;

    generate ( v.begin(), v.end(), gene );

    for ( i=0; i<v.size(); i++ ) cout << v[i] << "," ;
    cout << endl;
}
```

リスト2 実行結果

```
1,7,4,0,9,4,8,8,2,4,
```

リスト1では、rand関数を使って、ランダム値で配列を初期化しています。

生成関数を用いてコンテナを初期化する

ここがポイントです！ generate_n

generate_nを使うと、生成関数を用いて、要素数を指定してコンテナを初期化できます。

構文は、次のようになります。引数のTには「型」、firstには「先頭のイテレータ」、sizeには「設定する要素数」、geneには「生成関数」を指定します。

```
#include <algorithm>
void generate_n( iterator first, size_type size, gene );
T gen( void );
```

戻り値はありません。

リスト1は、generate_nを使って、コンテナを初期化するプログラム例です。

リスト1 生成関数を用いてコンテナを初期化する（ファイル名：stl485.cpp）

```
#include <iostream>
#include <vector>
#include <algorithm>
using namespace std;

int gene( void )
{
    return rand() % 10;
}


void main( void )
{
    vector <int> v(10);
    int i;

    generate_n ( v.begin(), v.size(), gene );

    for ( i=0; i<v.size(); i++ ) cout << v[i] << "," ;
    cout << endl;
}
```

実行結果

```
1,7,4,0,9,4,8,8,2,4,
```

配列の場合は、一致値で初期化するときは、コンストラクタで指定できます。

```
vector<int> vec(10,1);
```


Tips 486 ▶Level ●●● ▶対応 C++ VC g++

関数を適用して新しいコンテナを取得する

ここがポイントです！ transform

transformは、指定したコンテナに対して、関数を適用して新しいコンテナを作成します。

構文は、次のようになります。引数のfirstには「先頭のイテレータ」、lastには「末尾のイテレータ」、first2には「2つ目のコンテナのイテレータ」、destには「出力先のイテレータ」、gene1には「引数を1つ持つ生成関数」、gene2には「引数を2つ持つ生成関数」を指定します。

```
#include <algorithm>
iterator transform( iterator first, iterator last, iterator dest, gene1
);
iterator transform( iterator first, iterator last, iterator first2,
iterator dest, gene2 );
```

戻り値は、保存先の終端のイテレータを返します。

リスト1は、transformを使って、関数を適用して新しいコンテナを取得するプログラム例です。

リスト1 関数を適用して新しいコンテナを取得する（ファイル名：stl486.cpp）

```
#include <iostream>
#include <vector>
#include <algorithm>
using namespace std;

int func( int x )
{
    return x * x;
```

```
}

int func2( int x, int y )
{
    return x + y;
}

void main( void )
{
    vector <int> v1(10);
    int i;

    for ( i=0; i<v1.size(); i++ ) v1[i] = i;
    cout << "v1: ";
    for ( i=0; i<v1.size(); i++ ) cout << v1[i] << ",";
    cout << endl;

    vector <int> v2( v1.size() );
    transform ( v1.begin(), v1.end(), v2.begin(), func );
    cout << "v2: ";
    for ( i=0; i<v2.size(); i++ ) cout << v2[i] << ",";
    cout << endl;

    vector <int> v3( v1.size() );
    transform ( v1.begin(), v1.end(), v2.begin(), v3.begin(), func2 );
    cout << "v3: ";
    for ( i=0; i<v3.size(); i++ ) cout << v3[i] << ",";
    cout << endl;
}
```

リスト2 実行結果

```
v1: 0,1,2,3,4,5,6,7,8,9,
v2: 0,1,4,9,16,25,36,49,64,81,
v3: 0,2,6,12,20,30,42,56,72,90,
```

最初の生成関数では、配列v1を使って、2乗の値の配列v2を作成しています。次の生成関数では、v1とv2の2つの配列を指定して、加算した配列v3を作成しています。

値にマッチする要素数を取得する

ここがポイントです！ count

countを使うと、コンテナにある要素の値を比較して、等しい要素の数を取得できます。

構文は、次のようになります。引数のTには「型」、firstには「先頭のイテレータ」、lastには「末尾のイテレータ」、valには「比較する値」を指定します。

```
#include <algorithm>
size_t count( iterator first, iterator last, const T& val );
```

戻り値は、比較する値（val）に等しい、要素の数を返します。

リスト1は、countを使って、値にマッチする要素数を取得するプログラム例です。

リスト1　値にマッチする要素数を取得する（ファイル名：stl487.cpp）

```
#include <iostream>
#include <vector>
#include <algorithm>
using namespace std;

void main( void )
{
    vector <int> v(10);
    int i;

    for ( i=0; i<v.size(); i++ ) v[i] = i;
    v.push_back(5);
    for ( i=0; i<v.size(); i++ ) cout << v[i] << "," ;
    cout << endl;

    int n;
    n = count ( v.begin(), v.end(), 5 );
    cout << "5 に等しい要素数: " << n << endl;

    n = count ( v.begin(), v.end(), 99 );
    cout << "99 に等しい要素数: " << n << endl;
}
```

リスト2　実行結果

```
0,1,2,3,4,5,6,7,8,9,5,
5 に等しい要素数: 2
99 に等しい要素数: 0
```

比較関数を指定する場合は、count_if関数を使います。

比較関数を指定して要素数を取得する

ここがポイントです！ count_if

count_ifは、比較関数を指定して、マッチする要素の数を返します。比較関数は、マッチする場合にtrueを返すように作成します。

構文は、次のようになります。引数のfirstには「先頭のイテレータ」、lastには「末尾のイテレータ」、compには「比較関数」を指定します。

```
#include <algorithm>
size_t count_if( iterator first, iterator last, comp );
```

戻り値は、比較関数のマッチする要素の数を返します。

リスト1は、count_ifを使って、比較関数を指定して要素数を取得するプログラム例です。

リスト1 比較関数を指定して要素数を取得する（ファイル名：stl488.cpp）

```
#include <iostream>
#include <vector>
#include <algorithm>
using namespace std;

bool comp( int x )
{
    if ( x % 2 == 0 ) {
        return true;
    } else {
        return false;
    }
}

void main( void )
{
    vector <int> v(10);
    int i;

    for ( i=0; i<v.size(); i++ ) v[i] = i;
```

```
    for ( i=0; i<v.size(); i++ ) cout << v[i] << "," ;
    cout << endl;

    int n;
    n = count_if ( v.begin(), v.end(), comp );
    cout << "偶数の数：" << n << endl;
}
```

比較関数を指定できるので、独自に作成したクラスの比較も可能になります。

要素を繰り返し処理する

for_each

for_eachは、指定したコンテナの要素に対して、適用関数（func）を実行します。

構文は、次のようになります。引数のfirstには「先頭のイテレータ」、lastには「末尾のイテレータ」、funcには「適用する関数」を指定します。

```
#include <algorithm>
Func for_each( iterator first, iterator last, Func func );
```

戻り値は、適用関数の戻り値になります。

リスト1は、for_eachを使って、要素を繰り返し処理するプログラム例です。

リスト3は、適用クラスを指定した例です。

リスト1　要素を繰り返し処理する（ファイル名：stl489.cpp）

```
#include <iostream>
#include <vector>
#include <algorithm>
using namespace std;

void func( int x )
{
    cout << x << ",";
}


```

```
void main( void )
{
    vector <int> v(10);
    int i;

    for ( i=0; i<v.size(); i++ ) v[i] = i;
    for ( i=0; i<v.size(); i++ ) cout << v[i] << "," ;
    cout << endl;

    for_each ( v.begin(), v.end(), func );
    cout << endl;
}
```

リスト2　実行結果1

```
0,1,2,3,4,5,6,7,8,9,
0,1,2,3,4,5,6,7,8,9,
```

リスト3　適用クラスを指定する（ファイル名：stl489a.cpp）

```
#include <iostream>
#include <vector>
#include <algorithm>
using namespace std;

class Ave {
    int num;
    int sum;
public:
    Ave() : num(0), sum(0) {}
    void operator () ( int elem ) {
        num++;
        sum += elem;
    }
    operator double () {
        return (double)sum / (double)num;
    }
};

void main( void )
{
    vector <int> v(10);
    int i;

    for ( i=0; i<v.size(); i++ ) v[i] = i;
    for ( i=0; i<v.size(); i++ ) cout << v[i] << "," ;
    cout << endl;

    double d = for_each ( v.begin(), v.end(), Ave() );
    cout << "ave: " << d << endl;
}
```

リスト4　実行結果2

```
0,1,2,3,4,5,6,7,8,9,
ave: 4.5
```

リスト3のように、適用するクラスを作成して、平均値を計算することも可能です。

Tips 490 ▶Level ●● ▶対応 C++ VC g++

2つのコンテナを辞書順で比較する

ここがポイントです！ lexicographical_compare

lexicographical_compareは、辞書順で2つのコンテナを比較します。比較関数を利用することで、順序を制御できます。

構文は、次のようになります。引数のfirst1には「比較対象の先頭のイテレータ」、last1には「比較対象の末尾のイテレータ」、first2には「比較する先頭のイテレータ」、last2には「比較する末尾のイテレータ」、compには「比較関数」を指定します。

```
#include <algorithm>
bool lexicographical_compare( iterator first1, iterator last1, iterator first2, iterator last2 );
bool lexicographical_compare( iterator first1, iterator last1, iterator first2, iterator last2, comp );
```

戻り値は、比較対象のコンテナ（first1,last1）が小さい場合は、trueを返します。等しいか、大きい場合には、falseを返します。

リスト1は、lexicographical_compareを使って、2つのコンテナを辞書順で比較するプログラム例です。

リスト1　2つのコンテナを辞書順で比較する（ファイル名：stl490.cpp）

```
#include <iostream>
#include <vector>
#include <algorithm>
using namespace std;

void main( void )
{
```

```
    vector <char> v1,v2,v3;
    int i;

    v1.push_back('A');
    v1.push_back('B');
    v1.push_back('C');
    v2.push_back('A');
    v2.push_back('B');
    v2.push_back('D');
    v3.resize(3);
    copy ( v1.begin(), v1.end(), v3.begin() );

    cout << "v1: " ;
    for ( i=0; i<v1.size(); i++ ) cout << v1[i] << ",";
    cout << endl;
    cout << "v2: " ;
    for ( i=0; i<v2.size(); i++ ) cout << v2[i] << ",";
    cout << endl;
    cout << "v3: " ;
    for ( i=0; i<v3.size(); i++ ) cout << v3[i] << ",";
    cout << endl;

    bool b;
    b = lexicographical_compare ( v1.begin(), v1.end(),
      v2.begin(), v2.end() );
    cout << "v1 と v2 を比較: " << ((b)? "true": "false") << endl;
    b = lexicographical_compare ( v2.begin(), v2.end(),
      v1.begin(), v1.end() );
    cout << "v2 と v1 を比較: " << ((b)? "true": "false") << endl;
    b = lexicographical_compare ( v1.begin(), v1.end(),
      v3.begin(), v3.end() );
    cout << "v1 と v3 を比較: " << ((b)? "true": "false") << endl;
}
```

リスト2 実行結果

```
v1: A,B,C,
v2: A,B,D,
v3: A,B,C,
v1 と v2 を比較: true
v2 と v1 を比較: false
v1 と v3 を比較: false
```

2つのコンテナの比較では、要素数も同時に比較されます。最初のコンテナの要素数が小さいときに、trueを返します。

4-7 スマートポインタ

Tips 491 ▶Level ●○○ ▶対応 C++ VC g++

単一のリソースを扱う

ここがポイントです！ unique_ptr

メモリをnew演算子で取得した後は、delete演算子で解放する必要がありますが、これを自動化する機能がC++の**スマートポインタ**です。スマートポインタは、内部的に実際のポインタを持ち、これに対するアクセスを制御してくれます。

通常のポインタとは違い、スマートポインタにポインタの扱い方によっていくつかの種類があります。リソース（ポインタやメモリ）に対してアクセス権を1つだけに絞る場合は、unique_ptrを使います。

```
unique_ptr<型> 変数(ポインタ) ;
```

スマートポインタを宣言した後から、ポインタを設定する場合はstd::make_unique関数を使います。

```
unique_ptr<型> 変数 ;
変数 = std::make_unique(ポインタ) ;
```

リスト1は、unique_ptrでスマートポインタを作成しています。new/delete演算子を使った場合と異なり、スコープを抜けるときに自動的にデストラクタが呼ばれています。

リスト1 ポインタの扱いの比較（ファイル名：stl491.cpp）

```
#include <iostream>
#include <list>
#include <memory>
using namespace std;

class A {
private:
    int _n;
public:
    A(int n) {
        cout << "call constructor" << endl;
        _n = n ;
    }
    int getN() { return _n ; }
    ~A() {
        cout << "call destructor" << endl;
```

```
    }
};
int main( void )
{
    // use raw pointer
    A *a = new A(100);
    cout << "n: " << a->getN() << endl;
    delete a;
    // use smart pointor
    unique_ptr<A> p(new A(200));
    cout << "n: " << p->getN() << endl;
}
```

リスト2 実行結果

```
call constructor
n: 100
call destructor
call constructor
n: 200
call destructor
```

ポインタを共有する

ここがポイントです！ shared_ptr

スマートポインタを使うときに、リソースを共有したい場合は、shared_ptrを使います。unique_ptrで作成したスマートポインタとは違い、内部で持つポインタを共有できます。スマートポインタの解放は参照回数がチェックされ、最後のスマートポインタが解放されたときにデストラクタが呼び出されます。

```
shared_ptr<型> 変数(ポインタ) ;
```

スマートポインタを宣言した後から、ポインタを設定する場合はstd::make_shared関数を使います。

```
shared_ptr<型> 変数 ;
変数 = std::make_shared(ポインタ) ;
```

リスト1は、shared_ptrでスマートポインタを作成しています。unique_ptrではポインタを移動（move）したときに参照権が別のスマートポインタに移りますが、shared_ptrでは複数のスマートポインタで１つのポインタを共有して参照できています。

リスト1 ポインタを共有する（ファイル名：stl492.cpp）

```
#include <iostream>
#include <list>
#include <memory>
using namespace std;

class A {
private:
    int _n;
public:
    A(int n) {
        cout << "call constructor" << endl;
        _n = n ;
    }
    int getN() { return _n ; }
    void add( int x ) { _n += x; }
    ~A() {
        cout << "call destructor" << endl;
    }
};
int main( void )
{
    // use shared pointor
    shared_ptr<A> p1(new A(100));
    shared_ptr<A> p2 = p1;
    cout << "n: " << p1->getN() << "," << p2->getN() << endl;
    p1->add(10);
    cout << "n: " << p1->getN() << "," << p2->getN() << endl;
    // use uniqu pointor
    unique_ptr<A> q1(new A(200));
    // unique_ptr<A> q2 = q1; // compile error
    // unique_ptr<A> q2(q1);  // compile error
    unique_ptr<A> q2(std::move(q1));
    if ( q1 ) {
        cout << "n: " << q1->getN() << "," << q2->getN() << endl;
        q1->add(10);
        cout << "n: " << q1->getN() << "," << q2->getN() << endl;
    } else {
        cout << "cannot access q1" << endl;
    }
    return 0;
}
```

リスト2 実行結果

```
call constructor
n: 100,100
```

```
n: 110,110
call constructor
cannot access q1
call destructor
call destructor
```

ポインタの値のみ扱う

weak_ptr

内部のポインタにアクセスせず、ポインタのみ扱う場合は、weak_ptrを使います。

unique_ptrやshared_ptrで作成したスマートポインタを、weak_ptrに渡してポインタを保持します。このとき所有権は移りません。

```
weak_ptr<型> 変数(スマートポインタ) ;
```

weak_ptrは、参照先のポインタのメソッドを実行することはできません。あらかじめ、lockメソッドでshared_ptrを取得する必要があります。

リスト1は、shared_ptrでスマートポインタを作成した後に、weak_ptrで参照しています。参照先のポインタを得るためにlockメソッドを呼び出しています。

リスト1 ポインタの値のみ扱う(ファイル名:stl493.cpp)

```
#include <iostream>
#include <list>
#include <memory>
using namespace std;

class A {
private:
    int _n;
public:
    A(int n) {
        cout << "call constructor" << endl;
        _n = n ;
    }
    int getN() { return _n ; }
    void add( int x ) { _n += x; }
    ~A() {
        cout << "call destructor" << endl;
    }
```

```
};
int main( void )
{
    // use shared pointor
    shared_ptr<A> p1(new A(100));
    shared_ptr<A> p2 = p1;
    cout << "n: " << p1->getN() << "," << p2->getN() << endl;
    // use weak pointor
    shared_ptr<A> q1(new A(100));
    weak_ptr<A> q2(q1);
    // cout << "n: " << q1->getN() << "," << q2->getN() << endl;
    shared_ptr<A> q = q2.lock();
    cout << "n: " << q1->getN() << "," << q->getN() << endl;
    return 0;
}
```

リスト2 実行結果

```
call constructor
n: 100,100
call constructor
n: 100,100
call destructor
call destructor
```

weak_ptrで参照しているスマートポインタが解放されたかどうかをexpiredメソッドでチェックできます。

Column ポインタの勘所

初心者がC言語やC++で最初につまずくところは「ポインタ」と言われています。Visual BasicやJavaの場合には、ポインタがなく（JavaやC#の場合は、ポインタの概念を理解しないといけませんが）、「int n」と「int *n」の違いのようなものがありません。

ポインタを理解する場合、2種類の方法があります。

❶1つ目の方法は、具体的にメモリの配置を想像しながら、置き換えることです。例えば、「abc」という文字列は、3バイト（3文字）のメモリ領域を占めます。C言語のポインタは、この「abc」という文字列を示すために、「a」の文字が入っている場所（アドレス）を、記憶しておきます。これが「char *p = "abc";」で使われる、ポインタ p の意味です。int型の場合には、32ビット（4バイト）を占めるため、その先頭の位置をポインタで示すことができます。

❷もう1つの方法は、「示すもの＝ポインタ」、「示されるもの＝値」と分けて覚えてしまうことです。例えば、「int n」の場合、変数nは示されるものとして「値」になります。

この変数nの値、を示すものは「int *p = &n」のように、ポインタpで表すことができます。これが必ず対になっているのが、C言語やC++の値とポインタの特徴です。

どちらか、自分にあったものを選んで学ぶとよいでしょう。

通信の極意

5-1 ソケット関数

ソケット関数とは

ここがポイントです！ TCP、UDP、UNIXドメインソケット

ソケット関数は、複数のコンピューター間でのネットワーク通信やコンピューター内で行われるプロセス間通信に使われます。

インターネット上で扱われる通信プロトコルには、HTTPプロトコルやSMTPプロトコルなどがありますが、これらはTCP/IPのソケット関数を使って通信ができます。昨今では、それぞれのプロトコルに対してライブラリが用意されていることが多いのですが、C/C++の標準で用意してあるソケット関数を使ってもネットワーク通信を実現できます。

●TCP

TCPは、コネクションありのネットワーク通信です。socket関数でAF_INETあるいはAF_INET6を指定し、SOCK_STREAMでTCPソケットストリームであることを指定します。

```
int sock = socket( AF_INET, SOCK_STREAM, IPPROTO_TCP );
```

サーバーとのコネクションが必要なため、connect関数でコネクションを行い、close関数で通信を閉じる必要があります。

●UDP

UDPは、コネクションなしのネットワーク通信です。socket関数でAF_INETあるいはAF_INET6を指定し、SOCK_DGRAMでUDPデータグラムであることを指定します。

```
int sock = socket( AF_INET, SOCK_DGRAM, IPPROTO_UDP );
```

サーバーとのコネクションを必要としないため、いきなりsendto関数でデータを送信することができます。

●UNIXドメインソケット

UNIXドメインソケットは、単一のOS内でプロセス間通信を行うためのソケットです。TCPやUDPがネットワークを通じてIPアドレスとポート番号でアクセスするのに対して、UNIXドメインソケットはファイル名を媒介して通信を行います。

Windowsではパイプを使った処理に代替されていましたが、Windows 10のBuild 17063からUNIXドメインソケットを利用できます。

```
int sock = socket( AF_UNIX, SOCK_STREAM, IPPROTO_TCP );
```

```
int sock = socket( AF_UNIX, SOCK_DGRAM, IPPROTO_UDP );
```

相互に通信するプロセスは同じOS内で動作するために、TCPやUDPよりも高速に動作します。このためプロセス間通信やスレッド間通信でよく使われます。

通信ライブラリを初期化する

Windows Socketを初期化するには、WSAStartupを使います。すべてのソケット関数を使用する前に呼び出す必要があります。

構文は、次のようになります。引数のverには「要求するバージョン」、dataには「winsockの状態を受け取る構造体」を指定します。

```
#include <winsock2.h>
int WSAStartup( WORD ver, LPWSADATA data );
```

戻り値は、初期化に成功したときは、0を返します。要求されるバージョンに満たないなどで、初期化に失敗したときは、0以外の値を返します。

リスト1は、WSAStartupを使って、通信ライブラリを初期化する例です。

要求するバージョン（ver）の値

値	説明
0x0101	ver.1.1
0x0002	ver.2.0

リスト1　通信ライブラリを初期化する（ファイル名：net495.cpp）

```
#include <stdio.h>
#ifndef _MSC_VER
#error "this function only use in MS-C"
#endif
#include <winsock.h>

void main( void )
{
```

```
    WSADATA wsadata;
    if ( WSAStartup( 0x0002, &wsadata ) != 0 ) {
        printf( "WSAStartup の実行に失敗 %d¥n", WSAGetLastError());
    } else {
        printf( "WSAStartup の実行に成功¥n" );
    }

    char host[32];
    gethostname( host, sizeof host );
    printf( "hostname: %s¥n", host );

    WSACleanup();
}
```

リスト2 実行結果

```
WSAStartup の実行に成功
hostname: masuda-PC
```

Windows環境でのみ必要な処理です。Linux環境ではソケット関数を直接利用できます。

通信ライブラリの終了処理をする

ここがポイントです！ **WSACleanup**

Windows Socketの終了処理を行うには、WSACleanupを使います。
構文は、次のようになります。引数はありません。

```
#include <winsock2.h>
int WSACleanup( void );
```

戻り値は、終了処理に成功した場合は、0を返します。失敗した場合は、SOCKET_ERRORを返します。

リスト1は、WSACleanupを使って終了処理をするプログラム例です。

リスト1 通信ライブラリの終了処理をする（ファイル名：net496.cpp）

```
#include <stdio.h>
```

```
#ifndef _MSC_VER
#error "this function only use in MS-C"
#endif
#include <winsock.h>

void main( void )
{
    WSADATA wsadata;

    // winsock 2.0を要求するとき
    if ( WSAStartup( 0x0002, &wsadata ) != 0 ) {
        printf( "WSAStartup の実行に失敗 %d¥n", WSAGetLastError());
    } else {
        printf( "WSAStartup の実行に成功 %x %x¥n",
            wsadata.wVersion, wsadata.wHighVersion );
    char host[32];
    gethostname( host, sizeof host );
    printf( "hostname: %s¥n", host );

    WSACleanup();
    }
}
```

リスト2 実行結果

```
WSAStartup の実行に成功 2 202
hostname: masuda-PC
```

Windows環境でのみ必要な処理です。Linux環境では、終了処理は必要ありません。

Tips 497

ソケットを作成する

▶Level ●○○

▶対応 C C++ VC g++

ここがポイントです！ **socket関数**

ソケットを作成するには、socket関数を使います。

構文は、次のようになります。引数のafには「アドレスファミリ」、typeには「ソケット種別」、protocolには「プロトコル」を指定します。

```
#include <winsock2.h>     // VC++
#include <sys/socket.h>   // g++
int socket( int af, int type, int protocol );
```

戻り値は、作成したソケットを返します。
リスト1は、socket関数を使って、ソケットを作成するプログラム例です。

ソケット種別（type）の値

値	説明
SOCK_STREAM	TCPソケット
SOCK_DGRAM	UDPソケット

プロトコル（protocol）の値

値	説明
IPPROTO_IP	IPv4レベル
IPPROTO_IPV6	IPv6レベル
IPPROTO_RM	マルチキャスト
IPPROTO_TCP	TCPプロトコル
IPPROTO_UDP	UDPプロトコル
IPPROTO_ICMP	ICMPプロトコル

リスト1 ソケットを作成する（ファイル名：net497.cpp）

```
#include <stdio.h>
#ifdef _MSC_VER
#include <winsock2.h>
#else
#include <sys/unistd.h>
#include <sys/socket.h>
#include <netinet/in.h>
#endif

int main( void )
{
    int sock;

#ifdef _MSC_VER
{
    WSADATA wsadata;
    WSAStartup( 0x0002, &wsadata );
    }
#endif
    // TCPのソケットを作成
    sock = socket( AF_INET, SOCK_STREAM, IPPROTO_TCP );
    printf( "TCP socket: %x¥n", sock );
#ifdef _MSC_VER
```

```
    closesocket( sock );
#else
    close( sock );
#endif
    return 1;

    // UDPのソケットを作成
    sock = socket( AF_INET, SOCK_DGRAM, IPPROTO_UDP );
    printf( "UDP socket: %x¥n", sock );
#ifdef _MSC_VER
    closesocket( sock );
#else
    close( sock );
#endif
    return 1;
}
```


リスト2　実行結果

```
TCP socket: 44
```

通信ではsocket関数を使ってハンドルを作成します。このハンドルを利用して、接続（connect）を行います。

Tips 498 ▶Level ● ▶対応 C C++ VC g++

サーバーに接続する

ここがポイントです！　connect関数

ソケットを使用して、サーバーに接続するには、connect関数を使います。

構文は、次のようになります。引数のsockには「ソケット」、nameには「sockaddr構造体のポインタ」、lenには「sockaddr構造体の大きさ」を指定します。

```
#include <winsock2.h>     // VC++
#include <sys/socket.h>   // g++
int connect( int sock, const struct sockaddr *addr, int len );
```

戻り値は、接続できた場合は、0を返します。接続に失敗した場合は、SOCK_ERRORを返します。

リスト1は、connect関数を使って、サーバーに接続するプログラム例です。

リスト1 サーバーに接続する（ファイル名：net498.cpp）

```
#include <stdio.h>
#ifdef _MSC_VER
#include <winsock2.h>
#else
#include <sys/unistd.h>
#include <sys/socket.h>
#include <netinet/in.h>
#include <arpa/inet.h>
#include <netdb.h>
#endif

int main( void )
{
    int sock;
    struct sockaddr_in addr;
    int ret ;
    struct hostent *hostinfo;
    unsigned long inetaddress;
    char *hostname = "localhost";

#ifdef _MSC_VER
    {
    WSADATA wsadata;
    WSAStartup( 0x0002, &wsadata );
    }
#endif
    inetaddress = inet_addr( hostname );
    if ( inetaddress == INADDR_NONE ) {
        hostinfo = gethostbyname( hostname );
        if ( hostinfo == 0 ) {
            // ホスト名解決に失敗
            return -1;
        }
        inetaddress = *(unsigned long *)hostinfo->h_addr_list[0];
    }
    addr.sin_family = AF_INET;
    addr.sin_addr.s_addr = inetaddress;
    addr.sin_port = htons(80);

    sock = socket( AF_INET, SOCK_STREAM, IPPROTO_TCP );
    ret = connect( sock, (struct sockaddr *)&addr, sizeof addr );
    if ( ret < 0 ) {
        printf( "localhost 80 に接続できなかった" );
        return 0;
    }

    printf( "localhost 80 に接続できた" );
#ifdef _MSC_VER
```

```
        closesocket( sock );
#else
        close( sock );
#endif
        return 1;
}
```

リスト2　実行結果

```
localhost 80 に接続できた
```

さらにワンポイント　sockaddr構造体には、リスト1のように、アドレスとポート番号を設定します。アドレスの作成には、inet_addr関数や、gethostbyname関数を使います。ポート番号を指定するときは、htons関数を使いネットワークのバイトオーダーをビッグエンディアンに直します。

ソケットを閉じる

ここがポイントです！　**close / closesocket関数**

利用しているソケットを閉じるには、close関数、およびclosesocket関数を使います。

なお、closesocket関数は、VC++専用の関数です。構文は、次のようになります。引数のsockには「ソケット」を指定します。

```
#include <winsock2.h>
int closesocket( int sock );
```

g++の場合は、close関数を使います。

```
#include <sys/socket.h>
int close( int sock );
```

戻り値は、正常にクローズできた場合は、0を返します。クローズに失敗した場合は、SOCK_ERRORを返します。

リスト1は、closesocket関数を使って、ソケットを閉じるプログラム例です。

リスト1　ソケットを閉じる（ファイル名：net499.cpp）

```
#include <stdio.h>
```

```
#ifndef _MSC_VER
#error "this function only use in MS-C"
#endif
#include <winsock.h>

void main( void )
{
    int sock;

    WSADATA wsadata;

    if ( WSAStartup( 0x0101, &wsadata ) != 0 ) {
        printf( "WSAStartup の実行に失敗 %d¥n", WSAGetLastError());
        return ;
    }

    // TCPのソケットを作成
    sock = socket( AF_INET, SOCK_STREAM, IPPROTO_TCP );
    printf( "TCP socket: %x¥n", sock );
    closesocket( sock );

    // UDPのソケットを作成
    sock = socket( AF_INET, SOCK_DGRAM, IPPROTO_UDP );
    printf( "UDP socket: %x¥n", sock );
    closesocket( sock );

    WSACleanup();
}
```

ソケットをシャットダウンする

ここがポイントです！ **shutdown関数**

ソケットをシャットダウンするには、shutdown関数を使います。

socketclose関数やclose関数を使ってソケットを閉じる前に、データの送受信を拒否する状態にします。

構文は、次のようになります。引数のsockには「ソケット」、howには「閉じる方法」を指定します。

```
#include <winsock2.h>     // VC++
#include <sys/socket.h>   // g++
int shutdown( int sock, int how );
```

戻り値は、シャットダウンに成功した場合は、0を返します。失敗した場合は、SOCK_ERRORを返します。

リスト1は、shutdown関数を使ってシャットダウンを行う例です。

閉じる方法（how）の値

値	説明
SD_RECEIVE	受信を拒否
SD_SEND	送信を拒否
SD_BOTH	送受信の両方を拒否

リスト1　ソケットをシャットダウンする（ファイル名：net500.cpp）

```
#include <stdio.h>
#ifdef _MSC_VER
#include <winsock2.h>
#else
#include <sys/unistd.h>
#include <sys/socket.h>
#include <netinet/in.h>
#include <arpa/inet.h>
#include <netdb.h>
#endif

int main( void )
{
    int sock;
    struct sockaddr_in addr;
    int ret ;

#ifdef _MSC_VER
    {
    WSADATA wsadata;
    WSAStartup( 0x0101, &wsadata );
    }
#endif
    addr.sin_family = AF_INET;
    addr.sin_addr.s_addr = inet_addr("127.0.0.1");
    addr.sin_port = htons(80);

    sock = socket( AF_INET, SOCK_STREAM, IPPROTO_TCP );
    ret = connect( sock, (struct sockaddr *)&addr, sizeof addr );
    if ( ret < 0 ) {
        printf( "localhost 80 に接続できなかった" );
        return 0;
    }

    char get[] = "GET /index.html HTTP/1.0¥r¥n¥r¥n";
    send( sock, get, strlen(get), 0 );

```

```
    char buf[32+1];
    int n;

    printf( "recv data 32 bytes ¥n" );
    n = recv( sock, buf, sizeof( buf )- 1, 0 );
    buf[n] = '¥0';
    printf( buf );

    shutdown( sock, 2 );
#ifdef _MSC_VER
    closesocket( sock );
#else
    close( sock );
#endif
    return 1;
}
```

実行結果

```
recv data 32 bytes
HTTP/1.1 404 Not Found
Content-
```

さらにワンポイント リスト1では、HTTPサーバーに接続した後、32バイト受信してシャットダウンしています。

ソケットを選択する

ここがポイントです! select関数

複数のソケットに対して、受信や送信待ちをするときに、select関数を使います。

構文は、次のようになります。引数のnfdsには「取得するソケットの数」、readには「読み込み可能状態を調べるソケットの配列」、writeには「書き出し可能状態を調べるソケットの配列」、exには「エラー状態を調べるソケットの配列」、timeoutには「タイムアウトの時間」(0を指定した場合は無限に待つ)を指定します。

```
#include <winsock2.h>     // VC++
#include <sys/socket.h>   // g++
int select( int nfds, fd_set read, fd_set write, fd_set ex, const struct
timeval *timeout );
```

戻り値は、成功した場合は、ソケットの数を返します。タイムアウトの場合は、0を返します。エラーが発生した場合は、SOCK_ERRORを返します。

リスト1は、select関数を使って、複数のソケット待ちをする例です。

リスト1 ソケットを選択する（ファイル名：net501.cpp）

```
#include <stdio.h>
#ifdef _MSC_VER
#include <winsock2.h>
#else
#include <sys/unistd.h>
#include <sys/socket.h>
#include <netinet/in.h>
#include <arpa/inet.h>
#include <netdb.h>
#endif
#include <time.h>

int main( void )
{
    int sock;
    struct sockaddr_in addr;
    int ret ;
    struct hostent *hostinfo;
    unsigned long inetaddress;
    char *hostname = "localhost";

#ifdef _MSC_VER
    {
    WSADATA wsadata;
    WSAStartup( 0x0101, &wsadata );
    }
#endif
    addr.sin_family = AF_INET;
    addr.sin_addr.s_addr = INADDR_ANY;
    addr.sin_port = htons(8080);

    sock = socket( AF_INET, SOCK_STREAM, IPPROTO_TCP );
    ret = bind( sock, (struct sockaddr *)&addr, sizeof addr );
    if ( ret < 0 ) {
        printf( "bind で失敗¥n" );
        return 0;
    }
    ret = listen( sock, SOMAXCONN );
    if ( ret < 0 ) {
        printf( "listen で失敗¥n" );
        return 0;
    }

    int sockc[10];
```

```
    int i, max_fd;
    for ( i=0; i<10; i++ ) sockc[i] = -1;
    max_fd = sock;
    while ( 1 ) {
        fd_set rmask;

        FD_ZERO( &rmask );
        FD_SET( sock, &rmask );
        for ( i=0; i<10; i++ ) {
            if ( sockc[i] != -1 ) {
                FD_SET( sockc[i], &rmask );
            }
        }

        struct timeval timeout;
        timeout.tv_sec = 60;
        timeout.tv_usec = 0;
        printf( "select ...¥n" );
        ret = select( max_fd+1, &rmask, NULL, NULL, &timeout );
        printf( "select get %d¥n", ret );
        if ( ret == -1 ) {
            printf( "select error¥n" );
            break;
        } else if ( ret == 0 ) {
            printf( "select timeout¥n" );
            break;
        }

        if ( FD_ISSET( sock, &rmask ) ) {
            // listen ソケットの場合
            for ( i=0; i<10; i++ ) {
            if ( sockc[i] == -1 ) break;
        }
        if ( i < 10 ) {
            struct sockaddr_in addrc;
            int sockc_len;

            sockc_len = sizeof( addrc );
                sockc[i] = accept(
                  sock, (struct sockaddr *)&addrc, &sockc_len );
            max_fd = sockc[i];
            if ( sockc[i] < 0 ) {
                printf( "accept で失敗¥n" );
                continue;
            }

            char buf[256];
            int n;
            n = recv( sockc[i], buf, sizeof(buf)-1, 0 );
            if ( n <= 0 ) continue;
```

```
            buf[n] = '¥0';
            printf( "recv data¥n%s¥n", buf );

            struct tm *t;
            time_t tt;
            char bufout[256];

            time( &tt );
            t = localtime( &tt );
                sprintf( bufout,
                "HTTP/1.1 200 OK¥r¥n¥r¥nserver time: %s", asctime( t ));
            send( sockc[i], bufout, strlen( bufout ), 0 );
        }
    } else {
        // その他のソケットの場合
        for ( i=0; i<10; i++ ) {
            if ( sockc[i] != -1 ) {
                char buf[256];
                int n;
                n = recv( sockc[i], buf, sizeof(buf)-1, 0 );
                if ( n <= 0 ) goto end;
                buf[n] = '¥0';
                printf( "recv data¥n%s¥n", buf );

                char bufout[] = "server recve data: ";
                send( sockc[i], bufout, strlen(bufout), 0 );
                send( sockc[i], buf, strlen(buf), 0 );
            }
        }
    }
}
end:
    for ( i=0; i<10; i++ ) {
        if ( sockc[i] != -1 ) {
#ifdef _MSC_VER
            closesocket( sockc[i] );
#else
            close( sockc[i] );
#endif
        }
    }
#ifdef _MSC_VER
    closesocket( sock );
#else
    close( sock );
#endif
    return 1;
}
```

実行結果

```
$ net501
select ...
```

リスト1では、8080番ポートを使ってソケット待ちをしています。

Tips 502 ▶Level ●●○ ▶対応 C C++ VC g++

ソケットを割り当てる

ここがポイントです！ bind関数

対象のソケットに、ローカルアドレスを関連付けるには、bind関数を使います。

構文は、次のようになります。引数のsockには「ソケット」、nameには「sockaddr構造体のポインタ」、lenには「sockaddr構造体の大きさ」を指定します。

```
#include <winsock2.h>     // VC++
#include <sys/socket.h>   // g++
int bind( int sock, const struct sockaddr *name, int len );
```

戻り値は、成功した場合は、0を返します。失敗した場合は、SOCK_ERRORを返します。

リスト1は、bind関数を使って、ソケットを割り当てるプログラム例です。

リスト1 ソケットを割り当てる（ファイル名：net502.cpp）

```
#include <stdio.h>
#ifdef _MSC_VER
#include <winsock2.h>
#else
#include <sys/unistd.h>
#include <sys/socket.h>
#include <netinet/in.h>
#include <arpa/inet.h>
#include <netdb.h>
#endif
#include <time.h>

int main( void )
{
```

```
    int sock, ret, port;
    struct sockaddr_in addr;

#ifdef _MSC_VER
    {
    WSADATA wsadata;
    WSAStartup( 0x0101, &wsadata );
    }
#endif
    sock = socket( AF_INET, SOCK_STREAM, IPPROTO_TCP );

    // 80から89の間で空いているポートを探す
    for ( port = 80; port < 90; port++ ) {
        addr.sin_family = AF_INET;
        addr.sin_addr.s_addr = INADDR_ANY;
        addr.sin_port = htons(port);
        ret = bind( sock, (struct sockaddr *)&addr, sizeof addr );
        if ( ret == 0 ) break;
    }
    if ( ret < 0 ) {
        printf( "すべての bind で失敗¥n" );
        return 0;
    }
    printf( "bind port: %d¥n", port );

    ret = listen( sock, SOMAXCONN );
    if ( ret < 0 ) {
        printf( "listen で失敗¥n" );
        return 0;
    }

    while ( 1 ) {
        int sockc;
        struct sockaddr_in addrc;
        int sockc_len;

        sockc_len = sizeof( addrc );
        printf( "accept ...¥n" );
        sockc = accept( sock, (struct sockaddr *)&addrc, &sockc_len );
        if ( sockc < 0 ) {
            printf( "accept で失敗¥n" );
            continue;
        }

        char buf[256];
        int n;
        n = recv( sockc, buf, sizeof(buf)-1, 0 );
        if ( n <= 0 ) continue;
        buf[n] = '¥0';
        printf( "recv data¥n%s¥n", buf );
```

```
	struct tm *t;
	time_t tt;
	char bufout[256];

	time( &tt );
	t = localtime( &tt );
	sprintf( bufout, "HTTP/1.1 200 OK¥r¥n¥r¥nserver time: %s", asctime( t ));
	send( sockc, bufout, strlen( bufout ), 0 );
#ifdef _MSC_VER
	closesocket( sockc );
#else
	close( sockc );
#endif
	}
#ifdef _MSC_VER
	closesocket( sock );
#else
	close( sock );
#endif
	return 1;
}
```

リスト2　実行結果

```
$ net502
bind port: 81
accept ...
```

リスト1では、ローカルの80から89の間の空きポートを探してサーバーを作成しています。80番は既に利用されているため、81番が使われます。

Tips 503 ▶Level ●●● ▶対応 C C++ VC g++

コネクション待ちを作成する

ここがポイントです！ **listen関数**

クライアントからのコネクション待ちをするには、listen関数を使います。

構文は、次のようになります。引数のsockには「ソケット」、backには「コネクション待ちの最大数」を指定します。なお、backで0を指定したときは、最大値（SOMAXCONN）となります。

```
#include <winsock2.h>    // VC++
#include <sys/socket.h>  // g++
int listen( int sock, int back );
```

戻り値は、成功した場合は、0を返します。失敗した場合は、SOCK_ERRORを返します。
リスト1は、listen関数を使って、コネクション待ちを作成するプログラム例です。

リスト1 コネクション待ちを作成する（ファイル名：net503.cpp）

```
#include <stdio.h>
#include <time.h>
#include <winsock.h>

void main( void )
{
    WSADATA wsadata;

    if ( WSAStartup( 0x0101, &wsadata ) != 0 ) {
        printf( "WSAStartup の実行に失敗 %d¥n", WSAGetLastError());
    }

    int sock;
    struct sockaddr_in addr;
    int ret ;
    struct hostent *hostinfo;
    unsigned long inetaddress;
    char *hostname = "localhost";

    addr.sin_family = AF_INET;
    addr.sin_addr.s_addr = INADDR_ANY;
    addr.sin_port = htons(8080);

    sock = socket( AF_INET, SOCK_STREAM, IPPROTO_TCP );
    ret = bind( sock, (struct sockaddr *)&addr, sizeof addr );
    if ( ret < 0 ) {
        printf( "bind で失敗¥n" );
        return ;
    }
    ret = listen( sock, SOMAXCONN );

    if ( ret < 0 ) {
        printf( "listen で失敗¥n" );
        return ;
    }

    while ( 1 ) {
        int sockc;
        struct sockaddr_in addrc;
        int sockc_len;
```

```
        sockc_len = sizeof( addrc );
        printf( "accept ...¥n" );
        sockc = accept( sock, (struct sockaddr *)&addrc, &sockc_len );
        if ( sockc < 0 ) {
            printf( "accept で失敗¥n" );
            continue;
        }

        char buf[256];
        int n;
        n = recv( sockc, buf, sizeof(buf)-1, 0 );
        if ( n <= 0 ) continue;
        buf[n] = '¥0';
        printf( "recv data¥n%s¥n", buf );

        struct tm *t;
        time_t tt;
        char bufout[256];

        time( &tt );
        t = localtime( &tt );
        sprintf( bufout,
          "HTTP/1.1 200 OK¥r¥n¥r¥nserver time: %s", asctime( t ));
        send( sockc, bufout, strlen( bufout ), 0 );
        closesocket( sockc );
    }
    closesocket( sock );
    WSACleanup();
}
```

リスト2 実行結果

```
$ net503
accept ...
recv data
GET / HTTP/1.1
Accept: image/gif, image/jpeg, image/pjpeg, application/x-ms-
application, applic
ation/vnd.ms-xpsdocument, application/xaml+xml, application/x-ms-xbap,
applicati
on/vnd.ms-excel, application/vnd.ms-powerpoint, application/msword,
application
accept ...
```

リスト1では、ローカルの8080ポートでデータを待ちます。Internet Explorerから「http://localhost:8080/」で接続したときの出力結果を示します。

ソケットを受け付ける

ここがポイントです！ **accept関数**

listen関数で、クライアントから接続されるソケットを返すには、accept関数を使います。

構文は、次のようになります。引数のsockには「ソケット」、addrには「sockaddr構造体のポインタ」、lenには「長さのポインタ」を指定します。

```
#include <winsock2.h>     // VC++
#include <sys/socket.h>   // g++
int accept( int sock, struct sockaddr *addr, int *len );
```

戻り値は、ソケットを受け付けることができた場合は、ソケットを返します。失敗した場合は、INVALID_SOCKETを返します。

リスト1は、accept関数を使ってサーバーでソケットを受け付けるプログラム例です。

リスト1 ソケットを受け付ける（ファイル名：net504.cpp）

```
#include <stdio.h>
#include <time.h>
#include <winsock.h>

void main( void )
{
    WSADATA wsadata;

    if ( WSAStartup( 0x0101, &wsadata ) != 0 ) {
        printf( "WSAStartup の実行に失敗 %d¥n", WSAGetLastError());
    }

    int sock;
    struct sockaddr_in addr;
    int ret ;
    struct hostent *hostinfo;
    unsigned long inetaddress;
    char *hostname = "localhost";

    addr.sin_family = AF_INET;
    addr.sin_addr.s_addr = INADDR_ANY;
    addr.sin_port = htons(8080);
```

```
    sock = socket( AF_INET, SOCK_STREAM, IPPROTO_TCP );
    ret = bind( sock, (struct sockaddr *)&addr, sizeof addr );
    if ( ret < 0 ) {
        printf( "bind で失敗¥n" );
        return ;
    }
    ret = listen( sock, SOMAXCONN );
    if ( ret < 0 ) {
        printf( "listen で失敗¥n" );
        return ;
    }

    while ( 1 ) {
        int sockc;
        struct sockaddr_in addrc;
        int sockc_len;

        sockc_len = sizeof( addrc );
        printf( "accept ...¥n" );
        sockc = accept( sock, (struct sockaddr *)&addrc, &sockc_len );
        if ( sockc < 0 ) {
            printf( "accept で失敗¥n" );
            continue;
        }
        struct sockaddr_in addr = addrc;
        printf("accept port:%d addr:%d.%d.%d.%d¥n",
            addr.sin_port,
            addr.sin_addr.S_un.S_un_b.s_b1,
            addr.sin_addr.S_un.S_un_b.s_b2,
            addr.sin_addr.S_un.S_un_b.s_b3,
            addr.sin_addr.S_un.S_un_b.s_b4 );

        closesocket( sockc );
    }
    closesocket( sock );
    WSACleanup();
}
```

リスト2　実行結果

```
$ net504
accept ...
accept port:61379 addr:127.0.0.1
accept ...
```

リスト1では、ローカルの8080ポートでデータを待ちます。accept関数で取得した接続先のポートとIPアドレスを表示してます。

データを送信する

send関数

データを送信するには、send関数を使います。

構文は、次のようになります。引数のsockには「ソケット」、bufには「送信するデータバッファ」、lenには「送信するデータバッファのサイズ」、flagsには「フラグ」を指定します。

```
#include <winsock2.h>    // VC++
#include <sys/socket.h>  // g++
int send( int sock, const char *buf, int len, int flags );
```

戻り値は、送信できたデータの長さを返します。指定したデータよりも短いことがあります。

送信中にエラーが発生したときは、SOCKET_ERRORを返します。

リスト1は、send関数を使って、データを送信するプログラム例です。

フラグ（flags）の値

値	説明
MSG_DONTROUTE	routeに影響を受けない
MSG_OOB	帯域外データを送信する

リスト1 データを送信する（ファイル名：net505.cpp）

```
#include <stdio.h>
#ifdef _MSC_VER
#include <winsock2.h>
#else
#include <sys/unistd.h>
#include <sys/socket.h>
#include <netinet/in.h>
#include <arpa/inet.h>
#include <netdb.h>
#endif

int main( void )
{
    int sock, ret;
    struct sockaddr_in addr;

    addr.sin_family = AF_INET;
    addr.sin_addr.s_addr = inet_addr("127.0.0.1");
```

```
    addr.sin_port = htons(80);

#ifdef _MSC_VER
    {
    WSADATA wsadata;
    WSAStartup( 0x0101, &wsadata );
    }
#endif
    sock = socket( AF_INET, SOCK_STREAM, IPPROTO_TCP );
    ret = connect( sock, (struct sockaddr *)&addr, sizeof addr );
    if ( ret < 0 ) {
        printf( "localhost 80 に接続できなかった" );
        return 0;
    }

    char get[] = "GET /index.html HTTP/1.0¥r¥n¥r¥n";
    int n;
    n = send( sock, get, strlen(get), 0 );
    printf( "send: %d¥n", n );

    char buf[256];
    printf( "recv data¥n" );
    while ( 1 ) {
        n = recv( sock, buf, sizeof(buf)-1, 0 );
        if ( n <= 0 ) break;
        buf[ n ] = '¥0';
        printf( buf );
    }
#ifdef _MSC_VER
    closesocket( sock );
#else
    close( sock );
#endif
    return 1;
}
```

リスト2 実行結果

```
$ net505
send: 28
recv data
HTTP/1.1 404 Not Found
Content-Type: text/html
Server: Microsoft-IIS/7.0
X-Powered-By: ASP.NET
Date: Wed, 24 Jan 2018 06:32:29 GMT
Connection: close
Content-Length: 1283
```

リスト1では、HTTPサーバーに接続してGETコマンドを送信しています。

データを受信する

データを受信するには、recv関数を使います。

構文は、次のようになります。引数のsockには「ソケット」、bufには「受信するデータバッファ」、lenには「受信するデータバッファのサイズ」、flagsには「フラグ」を指定します。

```
#include <winsock2.h>    // VC++
#include <sys/socket.h>  // g++
int recv( int sock, const char *buf, int len, int flags );
```

戻り値は、受信したデータの長さを返します。受信中にエラーが発生したときは、SOCKET_ERRORを返します。

リスト1は、recv関数を使って、データを受信するプログラム例です。

フラグ(flags)の値

値	説明
MSG_DONTROUTE	routeに影響を受けない
MSG_OOB	帯域外データを送信する

リスト1 データを受信する(ファイル名:net506.cpp)

```
#include <stdio.h>
#include <winsock.h>

void main( void )
{
    WSADATA wsadata;

    if ( WSAStartup( 0x0101, &wsadata ) != 0 ) {
        printf( "WSAStartup の実行に失敗 %d¥n", WSAGetLastError());
    }

    int sock;
```

```
    struct sockaddr_in addr;
    int ret ;
    struct hostent *hostinfo;
    unsigned long inetaddress;
    char *hostname = "localhost";

    inetaddress = inet_addr( hostname );
    if ( inetaddress == INADDR_NONE ) {
        hostinfo = gethostbyname( hostname );
        if ( hostinfo == 0 ) {
            // ホスト名解決に失敗
            return ;
        }
        inetaddress = *(unsigned long *)hostinfo->h_addr_list[0];
    }
    addr.sin_family = AF_INET;
    addr.sin_addr.s_addr = inetaddress;
    addr.sin_port = htons(80);

    sock = socket( AF_INET, SOCK_STREAM, IPPROTO_TCP );
    ret = connect( sock, (struct sockaddr *)&addr, sizeof addr );
    if ( ret < 0 ) {
        printf( "localhost 80 に接続できなかった" );
        return ;
    }

    char get[] = "GET /index.html HTTP/1.0¥r¥n¥r¥n";
    send( sock, get, strlen(get), 0 );

    char buf[256];
    int n;
    printf( "recv data¥n" );
    while ( 1 ) {
        n = recv( sock, buf, sizeof(buf)-1, 0 );
        if ( n <= 0 ) break;
        buf[ n ] = '¥0';
        printf( buf );
    }
    closesocket( sock );

    WSACleanup();
}
```

リスト2 実行結果

```
$ net506
recv data
HTTP/1.1 404 Not Found
Content-Type: text/html
Server: Microsoft-IIS/7.0
X-Powered-By: ASP.NET
```

```
Date: Wed, 24 Jan 2018 06:36:36 GMT
Connection: close
Content-Length: 1283
...
```

リスト1では、HTTPサーバーに接続して、index.htmlを受信しています。

オプションを設定する

setsockopt関数

ソケットオプションを設定するには、setsockopt関数を使います。

構文は、次のようになります。引数のsockには「ソケット」、levelには「サポートレベル」、optnameには「オプション名」、optvalには「設定するオプションの変数」、optlenには「設定するオプションの変数の大きさ」を指定します。

```
#include <winsock2.h>    // VC++
#include <sys/socket.h>  // g++
int setsockopt( int sock, int level, int optname, const char *optval,
int optlen );
```

戻り値は、設定できた場合は、0を返します。失敗した場合は、SOCKET_ERRORを返します。

リスト1は、setsockopt関数を使って、オプションを設定する例です。

サポートレベル(level)の値

値	説明
SOL_SOCKET	ソケットレベル
IPPROTO_TCP	TCPプロトコルレベル)

オプション名(optname)の値

値	説明
SO_BROADCAST	ブロードキャスト用のソケット
SO_DONTLINGER	クローズ時に未送信データがあっても閉じる
SO_LINGER	クローズ時に未送信データがあれば待つ

SO_DONTROUTE	routeを使わない
SO_OOBINLINE	帯域外データ
SO_RCVBUF	受信バッファを設定
SO_SNDBUF	送信バッファを設定
SO_REUSEADDR	既に使われるポートを使用可能にする
SO_RCVTIMEO	受信タイムアウトを設定
SO_SNDTIMEO	送信タイムアウトを設定

リスト1 オプションを設定する(ファイル名：net507.cpp)

```
#include <stdio.h>
#ifdef _MSC_VER
#include <winsock2.h>
#else
#include <sys/unistd.h>
#include <sys/socket.h>
#include <netinet/in.h>
#include <arpa/inet.h>
#include <netdb.h>
#endif
#include <time.h>

int main( void )
{
    int sock;
    struct sockaddr_in addr;
    int ret ;
    struct hostent *hostinfo;
    unsigned long inetaddress;
    char *hostname = "localhost";

#ifdef _MSC_VER
    {
    WSADATA wsadata;
    WSAStartup( 0x0101, &wsadata );
    }
#endif
    addr.sin_family = AF_INET;
    addr.sin_addr.s_addr = INADDR_ANY;
    addr.sin_port = htons(8080);

    sock = socket( AF_INET, SOCK_STREAM, IPPROTO_TCP );
    // 既にポートが開いている場合でもbindできる
    char opt = 1;
    ret = setsockopt( sock, SOL_SOCKET, SO_REUSEADDR, &opt,
sizeof(opt));

    ret = bind( sock, (struct sockaddr *)&addr, sizeof addr );
    if ( ret < 0 ) {
```

```
        printf( "bind で失敗¥n" );
        return 0;
    }
    ret = listen( sock, SOMAXCONN );
    if ( ret < 0 ) {
        printf( "listen で失敗¥n" );
        return 0;
    }
        printf( "listen で成功¥n" );

#ifdef _MSC_VER
    closesocket( sock );
#else
    close( sock );
#endif
return 1;
}
```

リスト2　実行結果

```
$ net507
listen で成功
```

リスト1では、既にポートを開いているときにもポートを開けられるように「SO_REUSEADDR」を指定しています。

オプションを取得する

ここがポイントです！　**getsockopt関数**

ソケットオプションを取得するには、getsockopt関数を使います。

構文は、次のようになります。引数のsockには「ソケット」、levelには「サポートレベル」、optnameには「オプション名」、optvalには「設定するオプションの変数」、optlenには「設定するオプションの変数の大きさ」を指定します。

```
#include <winsock2.h>    // VC++
#include <sys/socket.h>  // g++
int getsockopt( int sock, int level, int optname, char *optval, int
*optlen );
```

戻り値は、取得できた場合は、0を返します失敗した場合は、SOCKET_ERRORを返します。

リスト1は、getsockopt関数を使って、設定済みのオプションを取得する例です。

リスト1 オプションを取得する（ファイル名：net508.cpp）

```
#include <stdio.h>
#ifdef _MSC_VER
#include <winsock2.h>
#else
#include <sys/unistd.h>
#include <sys/socket.h>
#include <netinet/in.h>
#include <arpa/inet.h>
#include <netdb.h>
#endif

int main( void )
{
    int sock, ret;
    struct sockaddr_in addr;

#ifdef _MSC_VER
    {
    WSADATA wsadata;
    WSAStartup( 0x0101, &wsadata );
    }
#endif
    addr.sin_family = AF_INET;
    addr.sin_addr.s_addr = inet_addr( "127.0.0.1" );
    addr.sin_port = htons(80);

    sock = socket( AF_INET, SOCK_STREAM, IPPROTO_TCP );
    // 送受信用のバッファサイズを設定
    char size1, size2;
    int sz;

    size1 = size2 = 0;
    getsockopt( sock, SOL_SOCKET, SO_SNDBUF, &size1, &sz);
    getsockopt( sock, SOL_SOCKET, SO_RCVBUF, &size2, &sz);
    printf( "送受信バッファ %d %d¥n", size1, size2 );

    size1 = size2 = 4000;
    setsockopt( sock, SOL_SOCKET, SO_SNDBUF, &size1, sizeof(size1));
    setsockopt( sock, SOL_SOCKET, SO_RCVBUF, &size2, sizeof(size2));

    size1 = size2 = 0;
    getsockopt( sock, SOL_SOCKET, SO_SNDBUF, &size1, &sz);
    getsockopt( sock, SOL_SOCKET, SO_RCVBUF, &size2, &sz);
    printf( "送受信バッファ %d %d¥n", size1, size2 );
```

```
    ret = connect( sock, (struct sockaddr *)&addr, sizeof addr );
    if ( ret < 0 ) {
        printf( "localhost 80 に接続できなかった" );
        return 0;
    }

    char get[] = "GET /index.html HTTP/1.0¥r¥n¥r¥n";
    send( sock, get, strlen(get), 0 );

    char buf[256];
    int n;
    printf( "recv data¥n" );
    while ( 1 ) {
        n = recv( sock, buf, sizeof(buf)-1, 0 );
        if ( n <= 0 ) break;
        buf[ n ] = '¥0';
        printf( buf );
    }
#ifdef _MSC_VER
    closesocket( sock );
#else
    close( sock );
#endif
    return 1;
}
```

リスト1では、送信と受信バッファの大きさを取得しています。

ホスト名を取得する

ここがポイントです！ **gethostname関数**

現在のホスト名（コンピューター名）を取得するには、gethostname関数を使います。

構文は、次のようになります。引数のnameには「ホスト名を受け取るバッファ」、lenには「バッファの大きさ」を指定します。

```
#include <winsock2.h>     // VC++
```

```
#include <sys/socket.h>  // g++
int gethostname( char *name, int len );
```

戻り値は、取得できた場合は、0を返します。失敗した場合は、SOCKET_ERRORを返します。

リスト1は、gethostname関数を使って、コンピューターのホスト名を取得するプログラム例です。

リスト1 ホスト名を取得する（ファイル名：net509.cpp）

```
#include <stdio.h>
#ifndef _MSC_VER
#error "this function only use in MS-C"
#endif
#include <winsock.h>

void main( void )
{
    WSADATA wsadata;
    if ( WSAStartup( 0x0101, &wsadata ) != 0 ) {
        printf( "WSAStartup の実行に失敗 %d¥n", WSAGetLastError());
    } else {
        printf( "WSAStartup の実行に成功¥n" );
    }

    char host[32];
    gethostname( host, sizeof host );
    printf( "hostname: %s¥n", host );

    WSACleanup();
}
```

リスト2 実行結果

```
WSAStartup の実行に成功
hostname: masuda-PC
```

ホスト名から、アドレスを取得する場合はgethostbyname関数を使います。

Tips 510

IPアドレスを取得する

▶Level ●○○
▶対応 C C++ VC g++

ここがポイントです！ gethostbyname関数

ホスト名からhostent構造体を取得するには、gethostbyname関数を使います。hostent構造体からIPアドレスを取得できます。

構文は、次のようになります。

```
#include <winsock2.h>     // VC++
#include <sys/socket.h>   // g++
struct hostent *gethostbyname( const char *name );
```

戻り値は、取得できた場合は、hostent構造体のポインタを返します。失敗した場合は、NULLを返します。

リスト1は、gethostbyname関数を使って、コンピューターのIPアドレスを取得するプログラム例です。

リスト1 IPアドレスを取得する（ファイル名：net510.cpp）

```
#include <stdio.h>
#ifndef _MSC_VER
#error "this function only use in MS-C"
#endif
#include <winsock.h>

void main( void )
{
    WSADATA wsadata;
    if ( WSAStartup( 0x0101, &wsadata ) != 0 ) {
        printf( "WSAStartup の実行に失敗 %d¥n", WSAGetLastError());
    } else {
        printf( "WSAStartup の実行に成功¥n" );
    }

    char host[32];
    struct hostent *ent = gethostbyname( "www.shuwasystem.co.jp" );
    unsigned char *addr = (unsigned char*)ent->h_addr_list[0];
    printf("ip: %d.%d.%d.%d¥n",
        addr[0], addr[1], addr[2], addr[3] );
    WSACleanup();
}
```

リスト2　実行結果

```
WSAStartup の実行に成功
ip: 220.111.38.121
```

さらにワンポイント
リスト1では、「www.shuwasystem.co.jp」のグローバルアドレスを取得しています。IPアドレスは、1つのホストに複数割り当てられることがあります。このため、h_addr_listは配列となっています。

5-2 プロトコル

HTTPプロトコルとは

ここがポイントです！　**HTTP、SMTP、POP3**

TCP/IPを使った通信プロトコルは、広くインターネットを通じて使われています。TCPを使ったネットワーク通信では、IPアドレスとポート番号を指定することでネットワーク上のコンピューターとデータのやり取りができるようになります。

相互にデータのやり取りを行うときに、どのような形式でデータのやり取りを行うのかを**プロトコル**として規定します。相互のコンピューター（サーバーとクライアント）が同じプロトコルを共有していれば、プログラム言語に関係なく通信が行えます。

例えば、Javaで書かれているHTTPサーバーに対して、C言語で書いたクライアントで通信を行えます。

●HTTPプロトコル

コンピューターのブラウザで閲覧するデータは**HTTPプロトコル**で規定されています。HTTPプロトコルは、データ形式や通信データの長さ/フォーマットなどが記述されているヘッダ部とデータそのものが記述されているボディ部があります。

HTTPプロトコルではブラウザで表示するHTML形式のほかにも、検索データなどを取得するためのXML形式やJSON形式、画像を取得するためのJPEGやPNGを扱うためのバイナリ形式があります。

RESTfulなWeb APIの呼び出しもHTTPプロトコルを利用しています。

●SMTPプロトコル

SMTPプロトコルは、メールを送信するためのプロトコルです。最近ではスパムメールの防止や暗号通信のために、直接C言語でSMTPプロトコルを触ることはないとは思いますが、Linux内部からメール送信するときに利用できます。

●POP3プロトコル

POP3プロトコルをメールを受信するためのプロトコルです。HTTPプロトコルと同じようにデータ形式を記述したヘッダ部とメール本文にあたるボディ部に分かれています。単純なメール受信チェックやタイトル一覧の取得などがC/C++でも比較的簡単にできます。

URLを指定して HTTPサーバーを呼び出す

ここがポイントです！ GETコマンド

HTTPサーバーに接続して、指定したURLのデータを取得するには、GETコマンドを使います。

構文は、次のようになります。引数のurlには「取得するurl」を指定します。

```
GET url HTTP/1.0
GET url HTTP/1.1
```

リスト1は、GETコマンドを使いHTTPサーバーに接続する例です。

リスト1 URLを指定してHTTPサーバーを呼び出す（ファイル名：net512.cpp）

```
#include <stdio.h>
#ifdef _MSC_VER
#include <winsock2.h>
#else
#include <sys/unistd.h>
#include <sys/socket.h>
#include <netinet/in.h>
#include <arpa/inet.h>
#include <netdb.h>
#endif

int main( void )
{
    int sock, ret;
    struct sockaddr_in addr;

#ifdef _MSC_VER
    {
    WSADATA wsadata;
    WSAStartup( 0x0101, &wsadata );
```

```
    }
#endif

    addr.sin_family = AF_INET;
    addr.sin_addr.s_addr = inet_addr("127.0.0.1");
    addr.sin_port = htons(80);

    sock = socket( AF_INET, SOCK_STREAM, IPPROTO_TCP );
    ret = connect( sock, (struct sockaddr *)&addr, sizeof addr );
    if ( ret < 0 ) {
        printf( "can't open http port¥n" );
        return 0;
    }

    char get[] = "GET /index.html HTTP/1.0¥r¥n¥r¥n";
    int n;
    n = send( sock, get, strlen(get), 0 );
    printf( "send: %d¥n", n );

    char buf[256];
    printf( "http recv data¥n" );
    printf(
    "=================================================================¥n" );
    while ( 1 ) {
        n = recv( sock, buf, sizeof(buf)-1, 0 );
        if ( n <= 0 ) break;
        buf[ n ] = '¥0';
        printf( buf );
    }
#ifdef _MSC_VER
    closesocket( sock );
#else
    close( sock );
#endif
}
```

リスト2 実行結果

```
$ net512
send: 28
http recv data
=================================================================
HTTP/1.1 404 Not Found
Content-Type: text/html
Server: Microsoft-IIS/7.0
X-Powered-By: ASP.NET
Date: Wed, 24 Jan 2018 07:53:27 GMT
Connection: close
Content-Length: 1283
...
```

リスト1では、ローカルのコンピューター (localhost) のIISに接続しています。

データをHTTPサーバーに送信する

ここがポイントです! POSTコマンド

POSTコマンドは、URLを指定してデータを送信します。
構文は、次のようになります。引数のurlには「取得するURL」を指定します。

```
POST url HTTP/1.0
POST url HTTP/1.1
```

リスト1は、POSTコマンドを使って、データをHTTPサーバーに送信するプログラム例です。

リスト1 データをHTTPサーバーに送信する (ファイル名:net513.cpp)

```
#include <stdio.h>
#ifdef _MSC_VER
#include <winsock2.h>
#else
#include <sys/unistd.h>
#include <sys/socket.h>
#include <netinet/in.h>
#include <arpa/inet.h>
#include <netdb.h>
#endif

int main( void )
{
    int sock, ret;
    struct sockaddr_in addr;

#ifdef _MSC_VER
    {
    WSADATA wsadata;
    WSAStartup( 0x0101, &wsadata );
    }
#endif
```

```
    addr.sin_family = AF_INET;
    addr.sin_addr.s_addr = inet_addr("127.0.0.1");
    addr.sin_port = htons(80);

    sock = socket( AF_INET, SOCK_STREAM, IPPROTO_TCP );
    ret = connect( sock, (struct sockaddr *)&addr, sizeof addr );
    if ( ret < 0 ) {
    printf( "can't open http port¥n" );
    return 0;
    }

    char body[] = "POST DATA¥r¥n";
    char head[] = "POST /post.cgi HTTP/1.0¥r¥n";
    char length[100];
    sprintf( length, "Content-Length: %d¥r¥n", strlen(body) );

    int n = 0;
    n += send( sock, head, strlen(head), 0 );
    n += send( sock, length, strlen(length), 0 );
    n += send( sock, "¥r¥n", 2, 0 );
    n += send( sock, body, strlen(body), 0 );
    printf( "send: %d¥n", n );

    char buf[256];
    printf( "http recv data¥n" );
    printf( "==============================¥n" );
    while ( 1 ) {
        n = recv( sock, buf, sizeof(buf)-1, 0 );
        if ( n <= 0 ) break;
        buf[ n ] = '¥0';
        printf( buf );
    }
#ifdef _MSC_VER
    closesocket( sock );
#else
    close( sock );
#endif
}
```

リスト2 実行結果

```
$ net513
send: 58
http recv data
==============================
HTTP/1.0 200 OK
Content-type: text/plain
post data
POST DATA
============================================================
```

リスト1では、perlで動作するCGIを利用しています。送信したデータそのものを、CGIスクリプトが返します。

ヘッダ部のみHTTPサーバーから取り出す

ここがポイントです！ **HEADコマンド**

HEADコマンドは、URLを指定してヘッダ部のみ取得します。指定したURLのファイルサイズ（Content-Length）や最終更新日（Last-Modified）を取得するために利用します。

構文は、次のようになります。引数のurlには「取得するURL」を指定します。

```
HEAD url HTTP/1.0
HEAD url HTTP/1.1
```

リスト1は、HEADコマンドを使って、ヘッダ部のみHTTPサーバーから取り出すプログラム例です。

リスト1 ヘッダ部のみHTTPサーバーから取り出す（ファイル名：net514.cpp）

```
#include <stdio.h>
#ifdef _MSC_VER
#include <winsock2.h>
#else
#include <sys/unistd.h>
#include <sys/socket.h>
#include <netinet/in.h>
#include <arpa/inet.h>
#include <netdb.h>
#endif

int main( void )
{
    int sock, ret;
    struct sockaddr_in addr;

#ifdef _MSC_VER
    {
    WSADATA wsadata;
    WSAStartup( 0x0101, &wsadata );
    }
```

```
#endif

    addr.sin_family = AF_INET;
    addr.sin_addr.s_addr = inet_addr("127.0.0.1");
    addr.sin_port = htons(80);

    sock = socket( AF_INET, SOCK_STREAM, IPPROTO_TCP );
    ret = connect( sock, (struct sockaddr *)&addr, sizeof addr );
    if ( ret < 0 ) {

        printf( "can't open http port¥n" );
        return 0;
    }

    // 先頭の100バイトのみ取得する
    char get[] =
        "GET /index.html HTTP/1.0¥r¥n"
        "Range: bytes=0-100¥r¥n¥r¥n";
    int n;
    n = send( sock, get, strlen(get), 0 );
    printf( "send: %d¥n", n );

    char buf[256];
    printf( "http recv data¥n" );
    printf( "==============================¥n" );
    while ( 1 ) {
        n = recv( sock, buf, sizeof(buf)-1, 0 );
        if ( n <= 0 ) break;
        buf[ n ] = '¥0';
        printf( buf );
    }
#ifdef _MSC_VER
    closesocket( sock );
#else
    close( sock );
#endif
}
```

リスト2 実行結果

```
$ net514
send: 29
http recv data
==============================
HTTP/1.1 200 OK
Content-Length: 20
Content-Type: text/html
Last-Modified: Wed, 24 Jan 2018 08:05:47 GMT
Accept-Ranges: bytes
ETag: "f0bb6588279fca1:0"
Server: Microsoft-IIS/7.0
```

```
X-Powered-By: ASP.NET
Date: Wed, 24 Jan 2018 08:07:17 GMT
Connection: close
```

最終時刻やデータサイズなどを確認することにより、無用なデータ転送を防ぐことができます。

範囲を指定してHTTPサーバーを呼び出す

ここがポイントです！ **RANGEコマンド**

RANGEコマンドは、取得する位置（開始位置、終了位置）をバイト単位で指定します。

構文は、次のようになります。引数には、取得する範囲を指定します。

```
RANGE bytes=100-999 ;   // 100バイトから999バイト目までを取得
RANGE bytes=100- ;      // 100バイト以降を取得
RANGE bytes=-100 ;      // 100バイト目までを取得
```

リスト1は、RANGEコマンドを使って、範囲を指定してHTTPサーバーを呼び出すプログラム例です。

リスト1 範囲を指定してHTTPサーバーを呼び出す（ファイル名：net515.cpp）

```
#include <stdio.h>
#ifdef _MSC_VER
#include <winsock2.h>
#else
#include <sys/unistd.h>
#include <sys/socket.h>
#include <netinet/in.h>
#include <arpa/inet.h>
#include <netdb.h>
#endif

int main( void )
{
    int sock, ret;
    struct sockaddr_in addr;
```

```
#ifdef _MSC_VER
    {
    WSADATA wsadata;
    WSAStartup( 0x0101, &wsadata );
    }
#endif

    addr.sin_family = AF_INET;
    addr.sin_addr.s_addr = inet_addr("127.0.0.1");
    addr.sin_port = htons(80);

    sock = socket( AF_INET, SOCK_STREAM, IPPROTO_TCP );
    ret = connect( sock, (struct sockaddr *)&addr, sizeof addr );
    if ( ret < 0 ) {
        printf( "can't open http port¥n" );
        return 0;
    }

    // 先頭の100バイトのみ取得する
    char get[] =
        "GET /iisstart.htm HTTP/1.0¥r¥n"
        "Range: bytes=0-100¥r¥n¥r¥n";
    int n;
    n = send( sock, get, strlen(get), 0 );
    printf( "send: %d¥n", n );

    char buf[256];
    printf( "http recv data¥n" );
    printf( "==============================¥n" );
    while ( 1 ) {
        n = recv( sock, buf, sizeof(buf)-1, 0 );
        if ( n <= 0 ) break;
        buf[ n ] = '¥0';
        printf( buf );
    }
#ifdef _MSC_VER
    closesocket( sock );
#else
    close( sock );
#endif
}
```

リスト2 実行結果

```
$ net515
send: 50
http recv data
==============================
HTTP/1.1 206 Partial Content
Content-Type: text/html
```

```
Content-Range: bytes 0-100/689
Last-Modified: Mon, 11 Aug 2016 06:32:38 GMT
Accept-Ranges: bytes
ETag: "db4b51c7cfbc81:0"
Server: Microsoft-IIS/7.0
X-Powered-By: ASP.NET
Date: Wed, 24 Jan 2018 08:13:19 GMT
Connection: close
Content-Length: 101
<!DOCTYPE html PUBLIC "-//W3C//DTD XHTML 1.0 Strict//EN" "http://www.
w3.org/TR/x
html1/DTD/xhtml1-stri
```

リスト1では、先頭の100バイトを取得しています。

SMTPサーバーの状態をチェックする

ここがポイントです！ **HELOコマンド**

SMTPサーバーとの接続を確認するには、HELOコマンドを使います。

構文は、次のようになります。引数のdomainには「ドメイン名」を指定します。

```
HELO domain
```

戻り値は、コマンドが成功した場合は「2xx」のように先頭が「2」である3桁の数字を返します。

リスト1は、HELOコマンドを使って、SMTPサーバーの状態をチェックするプログラム例です。

リスト1 SMTPサーバーの状態をチェックする（ファイル名：net516.cpp）

```
#include <stdio.h>
#ifdef _MSC_VER
#include <winsock2.h>
#else
#include <sys/unistd.h>
#include <sys/socket.h>
```

```
#include <netinet/in.h>
#include <arpa/inet.h>
#include <netdb.h>
#endif

int main( void )
{
    int sock, ret;
    struct sockaddr_in addr;

#ifdef _MSC_VER
    {
    WSADATA wsadata;
    WSAStartup( 0x0101, &wsadata );
    }
#endif
    addr.sin_family = AF_INET;
    addr.sin_addr.s_addr = inet_addr("127.0.0.1");
    addr.sin_port = htons(25);

    sock = socket( AF_INET, SOCK_STREAM, IPPROTO_TCP );
    printf( "connect smtp ...¥n" );
    ret = connect( sock, (struct sockaddr *)&addr, sizeof addr );
    if ( ret < 0 ) {
        printf( "can't open smtp port¥n" );
        return 0;
    }

    char buf[1000];
    int n;

    n = recv( sock, buf, sizeof(buf)-1, 0 );
    buf[n] = '¥0';
    printf( "S:%s", buf );

    sprintf( buf, "HELO %s¥r¥n", "localhost" );
    printf( "C:%s", buf );
    n = send( sock, buf, strlen(buf), 0 );

    n = recv( sock, buf, sizeof(buf)-1, 0 );
    buf[n] = '¥0';
    printf( "S:%s", buf );

    sprintf( buf, "QUIT¥r¥n" );
    printf( "C:%s", buf );
    n = send( sock, buf, strlen(buf), 0 );

    shutdown( sock, 2 );
#ifdef _MSC_VER
    closesocket( sock );
#else
```

```
    close( sock );
#endif
    return 1;
}
```

リスト2 実行結果

```
$ net516
connect smtp ...
S:220 masuda-PC PMailSrv(SMTP) Thu, 25 Jan 2018 09:45:07 +0900 (JST)
C:HELO localhost
S:250 Hello iomante-PC [127.0.0.1], pleased to meet you
C:QUIT
```

SMTPサーバーの接続を切断する

ここがポイントです！ QUITコマンド

SMTPサーバーとの接続を切断するには、QUITコマンドを使います。
構文は、次のようになります。引数はありません。

```
QUIT
```

戻り値は、ありません。
リスト1は、QUITコマンドを使って、SMTPサーバーの接続を切断するプログラム例です。

リスト1 SMTPサーバーの接続を切断する（ファイル名：net517.cpp）

```
#include <stdio.h>
#ifdef _MSC_VER
#include <winsock2.h>
#else
#include <sys/unistd.h>
#include <sys/socket.h>
#include <netinet/in.h>
#include <arpa/inet.h>
#include <netdb.h>
#endif

int main( void )
{
```

```
    int sock, ret;
    struct sockaddr_in addr;

#ifdef _MSC_VER
    {
    WSADATA wsadata;
    WSAStartup( 0x0101, &wsadata );
    }
#endif
    addr.sin_family = AF_INET;
    addr.sin_addr.s_addr = inet_addr("127.0.0.1");
    addr.sin_port = htons(25);

    sock = socket( AF_INET, SOCK_STREAM, IPPROTO_TCP );
    printf( "connect smtp ...¥n" );
    ret = connect( sock, (struct sockaddr *)&addr, sizeof addr );
    if ( ret < 0 ) {
        printf( "can't open smtp port¥n" );
        return 0;
    }

    char buf[1000];
    int n;

    sprintf( buf, "QUIT¥r¥n" );
    printf( "C:%s", buf );
    n = send( sock, buf, strlen(buf), 0 );

    shutdown( sock, 2 );
#ifdef _MSC_VER
    closesocket( sock );
#else
    close( sock );
#endif
    return 1;
}
```

リスト2　実行結果

```
$ net517
connect smtp ...
S:220 iomante-PC PMailSrv(SMTP) Thu, 25 Jan 2018 09:52:24 +0900 (JST)
C:QUIT
```

さらにワンポイント

接続を切るときに、closesocket関数やclose関数でソケットを切ることも可能ですが、サーバーに接続切れの待ち状態が発生してしまいます。このため、サーバーに負担がかかります。サーバーから接続を切るように、QUITコマンドを送信した後に、切断するようにしてください。

Tips 518

Level ●○○

対応 C C++ VC g++

送信元のアドレスを設定する

ここがポイントです！ MAIL FROMコマンド

送信元のメールアドレスを設定するには、MAIL FROMコマンドを使います。受信したメールの差出人(FROM)に対応します。

構文は、次のようになります。引数のaddrには「メールアドレス」を指定します。

```
MAIL FROM: <addr>
```

戻り値は、コマンドが成功した場合は「2xx」のように先頭が「2」である3桁の数字を返します。

リスト1は、MAIL FROMコマンドを使って、送信元のアドレスを設定するプログラム例です。

リスト1 送信元のアドレスを設定する（ファイル名：net518.cpp）

```
int main( void )
{
    // 略
    char buf[1000];
    int n;

    n = recv( sock, buf, sizeof(buf)-1, 0 );
    buf[n] = '¥0';
    printf( "S:%s", buf );

    senddata( sock, "HELO %s¥r¥n", "localhost" );
    n = recv( sock, buf, sizeof(buf)-1, 0 ); buf[n] = '¥0';
    printf( "S:%s", buf );

    senddata( sock, "MAIL FROM:<%s>¥r¥n", "masuda@local" );
    n = recv( sock, buf, sizeof(buf)-1, 0 ); buf[n] = '¥0';
    printf( "S:%s", buf );

    senddata( sock, "RCPT TO:<%s>¥r¥n", "yumi@local" );
    n = recv( sock, buf, sizeof(buf)-1, 0 ); buf[n] = '¥0';
    printf( "S:%s", buf );

    senddata( sock, "DATA¥r¥n" );
    n = recv( sock, buf, sizeof(buf)-1, 0 ); buf[n] = '¥0';
    printf( "S:%s", buf );
```

```
    time_t tt;
    struct tm *t;
    time( &tt );
    t = localtime( &tt );

    senddata( sock, "Message-ID: %08X@localhost¥r¥n", tt );
    strftime( buf, sizeof(buf), "Date: %a, %d %b %Y %H:%M:%S GMT¥r¥n", t );
    senddata( sock, buf );
    senddata( sock, "Subject: test mail¥r¥n" );
    senddata( sock, "From: masuda <masuda@local>¥r¥n" );
    senddata( sock, "¥r¥n" );
    senddata( sock, "Hi. This is test mail.¥r¥n" );
    senddata( sock, ".¥r¥n" );
    n = recv( sock, buf, sizeof(buf)-1, 0 ); buf[n] = '¥0';
    printf( "S:%s", buf );

    senddata( sock, "QUIT¥r¥n" );

    shutdown( sock, 2 );
#ifdef _MSC_VER
    closesocket( sock );
#else
    close( sock );
#endif
    return 1;
}
```

リスト2 実行結果

```
$ net518
connect smtp ...
S:220 iomante-PC PMailSrv(SMTP) Thu, 25 Jan 2018 10:00:31 +0900 (JST)
C:HELO localhost
S:250 Hello masuda-PC [127.0.0.1], pleased to meet you
C:MAIL FROM:<masuda@local>
S:250 <masuda@local>... Sender ok
C:RCPT TO:<yumi@local>
S:250 Recipient ok
C:DATA
S:354 Enter mail, end with "." on a line by itself
C:Message-ID: 4B60E1AF@localhost
C:Date: Thu, 25 Jan 2018 10:00:31 GMT
C:Subject: test mail
C:From: masuda <masuda@local>
C:
C:Hi. This is test mail.
C:.
S:250 3C3C500FB970 Message accepted for delivery
C:QUIT
```

送信元のアドレスと異なるメールを指定したい場合は、メールのヘッダ部に「Reply-To」を設定します。メーラーで返信をしたときに、Reply-Toのアドレスが優先的に使われます。

送信先のアドレス設定する

RCPT TOコマンド

送信先のメールアドレスを設定するには、RCPT TOコマンドを使います。受信したメールの送信先（TO、CC、BCC）に対応します。

構文は、次のようになります。引数のaddrには「メールアドレス」を指定します。

```
RCPT TO: <addr>
```

戻り値は、コマンドが成功した場合は「2xx」のように先頭が「2」である3桁の数字を返します。

リスト1は、RCPT TOコマンドを使って、送信先のアドレス設定するプログラム例です。

リスト1 送信先のアドレス設定する（ファイル名：net519.cpp）

```
int main( void )
{
    // 略
    char buf[1000];
    int n;

    n = recv( sock, buf, sizeof(buf)-1, 0 );
    buf[n] = '¥0';
    printf( "S:%s", buf );

    senddata( sock, "HELO %s¥r¥n", "localhost" );
    n = recv( sock, buf, sizeof(buf)-1, 0 ); buf[n] = '¥0';
    printf( "S:%s", buf );

    senddata( sock, "MAIL FROM:<%s>¥r¥n", "masuda@local" );
    n = recv( sock, buf, sizeof(buf)-1, 0 ); buf[n] = '¥0';
    printf( "S:%s", buf );

    senddata( sock, "RCPT TO:<%s>¥r¥n", "yumi@local" );
    n = recv( sock, buf, sizeof(buf)-1, 0 ); buf[n] = '¥0';
```

```
    printf( "S:%s", buf );

    senddata( sock, "RCPT TO:<%s>¥r¥n", "kaho@local" );
    n = recv( sock, buf, sizeof(buf)-1, 0 ); buf[n] = '¥0';
    printf( "S:%s", buf );

    senddata( sock, "DATA¥r¥n" );
    n = recv( sock, buf, sizeof(buf)-1, 0 ); buf[n] = '¥0';
    printf( "S:%s", buf );

    time_t tt;
    struct tm *t;
    time( &tt );
    t = localtime( &tt );

    senddata( sock, "Message-ID: %08X@localhost¥r¥n", tt );
    strftime( buf, sizeof(buf), "Date: %a, %d %b %Y %H:%M:%S GMT¥r¥n", t );
    senddata( sock, buf );
    senddata( sock, "Subject: test mail¥r¥n" );
    senddata( sock, "From: masuda <masuda@local>¥r¥n" );
    senddata( sock, "¥r¥n" );
    senddata( sock, "Hi. This is test mail.¥r¥n" );
    senddata( sock, ".¥r¥n" );
    n = recv( sock, buf, sizeof(buf)-1, 0 ); buf[n] = '¥0';
    printf( "S:%s", buf );

    senddata( sock, "QUIT¥r¥n" );

    shutdown( sock, 2 );
#ifdef _MSC_VER
    closesocket( sock );
#else
    close( sock );
#endif
    return 1;
}
```

リスト2　実行結果

```
$ net519
connect smtp ...
S:220 iomante-PC PMailSrv(SMTP) Thu, 25 Jan 2018 10:15:48 +0900 (JST)
C:HELO localhost
S:250 Hello iomante-PC [127.0.0.1], pleased to meet you
C:MAIL FROM:<masuda@local>
S:250 <masuda@local>... Sender ok
C:RCPT TO:<yumi@local>
S:250 Recipient ok
C:RCPT TO:<kaho@local>
S:250 Recipient ok
C:DATA
```

```
S:354 Enter mail, end with "." on a line by itself
C:Message-ID: 4B60E544@localhost
C:Date: Thu, 25 Jan 2018 10:15:48 GMT
C:Subject: test mail
C:From: masuda <masuda@local>
C:
C:Hi. This is test mail.
C:.
S:250 3C3C51F8EB6D Message accepted for delivery
C:QUIT
```

複数の送信先がある場合は、RCPT TOコマンドを複数回に渡って呼び出します。

メール本文を設定する

ここがポイントです！ **DATAコマンド**

送信するメール本文を設定するには、DATAコマンドを培います。

メール本文の終了は、「.」と「CRLF(¥r¥n)」で区切られます。行の先頭にピリオドそのものを送るときは、「..」のようにピリオドを2つ重ねます。

構文は、次のようになります。引数はありません。

```
DATA
メッセージ本文
```

戻り値は、コマンドが成功した場合は「2xx」のように先頭が「2」である3桁の数字を返します。作成されたメッセージIDを取得できます。

リスト1は、DATAコマンドを使って、メール本文を設定するプログラム例です。

リスト1 メール本文を設定する（ファイル名：net520.cpp）

```
int main( void )
{
    // 略
    senddata( sock, "Message-ID: %08X@localhost¥r¥n", tt );
    strftime( buf, sizeof(buf), "Date: %a, %d %b %Y %H:%M:%S GMT¥r¥n", t );
    senddata( sock, buf );
    senddata( sock, "Subject: test mail¥r¥n" );
```

```
    senddata( sock, "From: masuda <masuda@local>¥r¥n" );
    senddata( sock, "¥r¥n" );
    senddata( sock, "Hi. This is test mail.¥r¥n" );
    senddata( sock, "one line.¥r¥n" );
    senddata( sock, "two line.¥r¥n" );
    senddata( sock, ".¥r¥n" );
    n = recv( sock, buf, sizeof(buf)-1, 0 ); buf[n] = '¥0';
    printf( "S:%s", buf );

    senddata( sock, "QUIT¥r¥n" );

    shutdown( sock, 2 );
#ifdef _MSC_VER
    closesocket( sock );
#else
    close( sock );
#endif
    return 1;
}
```

リスト2 実行結果

```
$ net520
connect smtp ...
S:220 iomante-PC PMailSrv(SMTP) Thu, 25 Jan 2018 10:23:21 +0900 (JST)
C:HELO localhost
S:250 Hello iomante-PC [127.0.0.1], pleased to meet you
C:MAIL FROM:<masuda@local>
S:250 <masuda@local>... Sender ok
C:RCPT TO:<yumi@local>
S:250 Recipient ok
C:DATA
S:354 Enter mail, end with "." on a line by itself
C:Message-ID: 4B60E709@localhost
C:Date: Thu, 25 Jan 2018 10:23:21 GMT
C:Subject: test mail
C:From: masuda <masuda@local>
C:
C:Hi. This is test mail.
C:one line.
C:two line.
C:.
S:250 3C3C52EAF8BD Message accepted for delivery
C:QUIT
```

メールの本文には、ヘッダ部とボディ部があります。ヘッダ部のメッセージID(Message-ID)や送信日時(Date)、件名(Subject)を忘れずに記述してください。

話題ごとにメールをまとめる

ここがポイントです！ In-Reply-Toヘッダ

返信メールを話題ごとにまとめるには、In-Reply-Toヘッダを使います。俗に「スレッド」と呼ばれる機能を提供するために使われます。

メールのヘッダ部に記述し、返信メールの識別子（Message-ID）を指定することによって、関連のあるメールを1つにまとめて表示させます。

構文は、次のようになります。引数のmessage-idには「メッセージID」を指定します。

```
In-Reply-To: <message-id>
```

リスト1は、In-Reply-Toヘッダを使って、話題ごとにメールをまとめている例です。

リスト1 話題ごとにメールをまとめる（ファイル名：net521.cpp）

```
int main( void )
{
    // 略
    senddata( sock, "Message-ID: %08X@localhost¥r¥n", tt );
    senddata( sock, "Reply-To: <00000000@localhost>¥r¥n" );
    strftime( buf, sizeof(buf), "Date: %a, %d %b %Y %H:%M:%S GMT¥r¥n", t );
    senddata( sock, buf );
    senddata( sock, "Subject: test mail¥r¥n" );
    senddata( sock, "From: masuda <masuda@localhost>¥r¥n" );
    senddata( sock, "¥r¥n" );
    senddata( sock, "Hi. This is test mail.¥r¥n" );
    senddata( sock, ".¥r¥n" );
    n = recv( sock, buf, sizeof(buf)-1, 0 ); buf[n] = '¥0';
    printf( "S:%s", buf );

    senddata( sock, "QUIT¥r¥n" );

    shutdown( sock, 2 );
#ifdef _MSC_VER
    closesocket( sock );
#else
    close( sock );
#endif
    return 1;
}
```

リスト2　実行結果

```
$ net521
connect smtp ...
S:220 iomante-PC PMailSrv(SMTP) Thu, 25 Jan 2018 10:31:07 +0900 (JST)
C:HELO localhost
S:250 Hello iomante-PC [127.0.0.1], pleased to meet you
C:MAIL FROM:<masuda@local>
S:250 <masuda@local>... Sender ok
C:RCPT TO:<yumi@local>
S:250 Recipient ok
C:DATA
S:354 Enter mail, end with "." on a line by itself
C:Message-ID: 4B60E8DB@localhost
C:Reply-To: <00000000@localhost>
C:Date: Thu, 25 Jan 2018 10:31:07 GMT
C:Subject: test mail
C:From: masuda <masuda@localhost>
C:
C:Hi. This is test mail.
C:.
S:250 3C3C53E3F1A7 Message accepted for delivery
C:QUIT
```

同様の機能を提供する「References」もあります。メーラーによっては、どちらかのヘッダしか利用していないので、両方にメッセージIDを設定するとよいでしょう。

コンテンツタイプを設定する

ここがポイントです！　**Content-Typeヘッダ**

メール本文に使われるタイプと文字コードを指定するには、Content-Typeヘッダを使います。

通常のテキスト型のメールは「text/plain」で指定されています。文字コードは「charset=iso-2022-jp」としてJISコードが通常使われます。

HTML型のメールの場合は「multipart/mixed」で指定し、HTMLの記述とテキストの記述を並べて記述します。

構文は、次のようになります。引数のtypeには「メインのタイプ」、subtypeには「サブタイプ」、codeには「文字コード」を指定します。

```
Content-Type: type/subtype
Content-Type: type/subtype; charset=code
```

リスト1は、Content-Typeヘッダを使って、コンテンツタイプを設定するプログラム例です。

リスト1　コンテンツタイプを設定する（ファイル名：net522.cpp）

```
#include <stdio.h>
#ifdef _MSC_VER
#include <winsock2.h>
#else
#include <sys/unistd.h>
#include <sys/socket.h>
#include <netinet/in.h>
#include <arpa/inet.h>
#include <netdb.h>
#endif
#include <time.h>
#include <stdarg.h>

int senddata( int sock, char *format, ... )
{
    va_list ap;
    char buf[1024];
    int n;

    va_start( ap, format );
    vsprintf( buf, format, ap );
    printf( "C:%s", buf );
    n = send( sock, buf, strlen(buf), 0 );
    va_end( ap );
    return n;
}

#define ISKANJI(c) (0x81 <= (c) && (c) <= 0x9F || 0xE0 <= (c) && (c) <=
0xEF)
#define SJISTOJIS1(c0,c1) ((((c0)-((c0)<0xA0?0x70:0xB0))<<1)-
((c1)<0x9F?1:0))
#define SJISTOJIS2(c0,c1) ((c1)-((c1)<0x9F?((c1)>0x7F?0x20:0x1F):0x7E))
int sjis2jis( const char *bufin, char *bufout )
{
    unsigned char *pin = (unsigned char *)bufin;
    unsigned char *pout = (unsigned char *)bufout;
    bool state = false;

    while ( *pin != '¥0' ) {
        if ( ISKANJI(*pin) ) { // 漢字1バイト目
            if ( !state ) {
```

```
                *pout++ = '¥x1B';
                *pout++ = '$';
                *pout++ = 'B';
                state = true;
            }
            *pout++ = SJISTOJIS1(*pin,*(pin+1));
            *pout++ = SJISTOJIS2(*pin,*(pin+1));
            pin += 2;
        } else { // ASCII
            if ( state ) {
                *pout++ = '¥x1B';
                *pout++ = '(';
                *pout++ = 'B';
                state = false;
            }
            *pout++ = *pin++;
        }
    }
    if ( state ) {
        *pout++ = '¥x1B';
        *pout++ = '(';
        *pout++ = 'B';
    }
    *pout = '¥0';
    return strlen((char*)bufout);
}

int main( void )
{
    int sock, ret;
    struct sockaddr_in addr;

#ifdef _MSC_VER
    {
    WSADATA wsadata;
    WSAStartup( 0x0101, &wsadata );
    }
#endif
    addr.sin_family = AF_INET;
    addr.sin_addr.s_addr = inet_addr("127.0.0.1");
    addr.sin_port = htons(9025); // 通常は25

    sock = socket( AF_INET, SOCK_STREAM, IPPROTO_TCP );
    printf( "connect smtp ...¥n" );
    ret = connect( sock, (struct sockaddr *)&addr, sizeof addr );
    if ( ret < 0 ) {
        printf( "can't open smtp port¥n" );
        return 0;
    }
```

```
    char buf[1000];
    int n;

    n = recv( sock, buf, sizeof(buf)-1, 0 );
    buf[n] = '¥0';
    printf( "S:%s", buf );

    senddata( sock, "HELO %s¥r¥n", "localhost" );
    n = recv( sock, buf, sizeof(buf)-1, 0 ); buf[n] = '¥0';
    printf( "S:%s", buf );

    senddata( sock, "MAIL FROM:<%s>¥r¥n", "masuda@local" );
    n = recv( sock, buf, sizeof(buf)-1, 0 ); buf[n] = '¥0';
    printf( "S:%s", buf );

    senddata( sock, "RCPT TO:<%s>¥r¥n", "yumi@local" );
    n = recv( sock, buf, sizeof(buf)-1, 0 ); buf[n] = '¥0';
    printf( "S:%s", buf );

    senddata( sock, "DATA¥r¥n" );
    n = recv( sock, buf, sizeof(buf)-1, 0 ); buf[n] = '¥0';
    printf( "S:%s", buf );

    time_t tt;
    struct tm *t;
    time( &tt );
    t = localtime( &tt );

    senddata( sock, "Message-ID: %08X@localhost¥r¥n", tt );
    strftime( buf, sizeof(buf),
      "Date: %a, %d %b %Y %H:%M:%S GMT¥r¥n", t );
    senddata( sock, buf );
    senddata( sock, "Subject: test mail¥r¥n" );
    senddata( sock, "From: masuda <masuda@localhost>¥r¥n" );
    senddata( sock, "MIME-Version: 1.0¥r¥n" );
    senddata( sock,
      "Content-Type: text/plain; charset=iso-2022-jp¥r¥n" );
    senddata( sock, "¥r¥n" );

    sjis2jis( "こんにちは、これは test mail です¥r¥n", buf );
    senddata( sock, buf );
    senddata( sock, ".¥r¥n" );
    n = recv( sock, buf, sizeof(buf)-1, 0 ); buf[n] = '¥0';
    printf( "S:%s", buf );

    senddata( sock, "QUIT¥r¥n" );

    shutdown( sock, 2 );
#ifdef _MSC_VER
    closesocket( sock );
```

```
#else
    close( sock );
#endif
    return 1;
}
```

リスト2 実行結果

```
$ net522
connect smtp ...
S:220 iomante-PC PMailSrv(SMTP) Thu, 25 Jan 2018 10:43:10 +0900 (JST)
C:HELO localhost
S:250 Hello iomante-PC [127.0.0.1], pleased to meet you
C:MAIL FROM:<masuda@local>
S:250 <masuda@local>... Sender ok
C:RCPT TO:<yumi@local>
S:250 Recipient ok
C:DATA
S:354 Enter mail, end with "." on a line by itself
C:Message-ID: 4B60EBAE@localhost
C:Date: Thu, 25 Jan 2018 10:43:10 GMT
C:Subject: test mail
C:From: masuda <masuda@localhost>
C:MIME-Version: 1.0
C:Content-Type: text/plain; charset=iso-2022-jp
C:
C:^[$B$3$s$K$A$O!"$3$1$O^[(B test mail ^[$B$G$9^[(B
C:.
S:250 3C3C55659CCA Message accepted for delivery
C:QUIT
```

リスト1では、日本語混じりのメールを送信しています。文字コードにJISコードを使い、SJISコードからエンコードしています。

base64文字列へエンコードする

ここがポイントです！ base64

base64は、バイナリファイルなどを7ビットで表現するためのエンコード/デコード方式です。主に件名(Subject)の日本語表記や、添付ファイルのために使われます。

base64エンコードでは、まず3文字(3バイト=24ビット)を6ビット×4(24ビット)に変換します。この6ビットをエンコードデータのテーブルでアルファベットに変換します。

エンコード元のデータが3の倍数ではない場合は、エンコードの後にパディング文字として「=」が使われ、エンコード後のデータ長が4の倍数になるように調節されます。

リスト1は、データをbase64エンコードする例です。

▼base64エンコードの仕組み

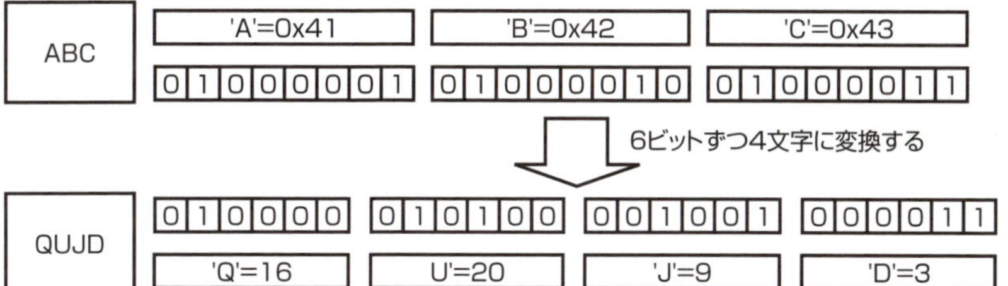

アルファベット変換

値	文字	値	文字	値	文字	値	文字
0	A	16	Q	32	g	48	w
1	B	17	R	33	h	49	x
2	C	18	S	34	i	50	y
3	D	19	T	35	j	51	z
4	E	20	U	36	k	52	0
5	F	21	V	37	l	53	1
6	G	22	W	38	m	54	2
7	H	23	X	39	n	55	3
8	I	24	Y	40	o	56	4
9	J	25	Z	41	p	57	5
10	K	26	a	42	q	58	6
11	L	27	b	43	r	59	7
12	M	28	c	44	s	60	8
13	N	29	d	45	t	61	9
14	O	30	e	46	u	6	空白
15	P	31	f	47	v	63	/
						(pad)	=

リスト1　base64でエンコードする（ファイル名：net523.cpp）

```
#include <stdio.h>

int encode_base64( char *bufin, int len, char *bufout )
{
    static unsigned char base64[] =
        "ABCDEFGHIJKLMNOPQRSTUVWXYZabcdefghijklmnopqrstuvwxyz0123456789+/=";
    unsigned char *pin = (unsigned char*)bufin;
```

```
    unsigned char *pout = (unsigned char*)bufout;

    for ( int i=0; i<len-2; i += 3 ) {
        *pout++ = base64[ pin[0] >> 2 ];
        *pout++ = base64[ 0x3F & ((pin[0] << 4) | (pin[1] >> 4)) ];
        *pout++ = base64[ 0x3F & ((pin[1] << 2) | (pin[2] >> 6)) ];
        *pout++ = base64[ 0x3F & pin[2] ];
        pin += 3;
    }
    if ( len % 3 == 1 ) {
        *pout++ = base64[ pin[0] >> 2 ];
        *pout++ = base64[ 0x3F & (pin[0] << 4) ];
        *pout++ = '=';
        *pout++ = '=';
    } else if ( len % 3 == 2 ) {
        *pout++ = base64[ pin[0] >> 2 ];
        *pout++ = base64[ 0x3F & ((pin[0] << 4) | (pin[1] >> 4)) ];
        *pout++ = base64[ 0x3F & ( pin[1] << 2) ];
        *pout++ = '=';
    }
    *pout = '¥0';
    return pout - (unsigned char*)bufout;
}

void main( void )
{
    char in[] = "ABC";
    char out[sizeof(in)*2+1];

    int size = encode_base64( in, sizeof(in)-1, out );

    printf("in: size:%d %s¥n", sizeof(in)-1, in );
    printf("out: size:%d %s¥n", size, out );
}
```

リスト2　実行結果

```
in: size:3 ABC
out: size:4 QUJD
```

リスト1では、encode_base64関数を作成して、base64エンコードを行っています。

Tips 524

Level ●●○

対応 C C++ VC g++

サブジェクトをエンコードする

ここがポイントです！ Subject

件名(Subject)のようにヘッダ部で日本語を扱う場合は、base64あるいはQuoted-Printableエンコードを使います。

ここでは、一般的に使われているbase64を利用して、Subjectで日本語が扱えるようにします。

構文は、次のようになります。

```
Subject: エンコードされた文字列
```

リスト1は、メールのサブジェクトをエンコードするプログラム例です。

リスト1 メールのサブジェクトをエンコードする（ファイル名：net524.cpp）

```
#define ISKIN(p) ( *(p)=='¥x1B' && *((p)+1)=='$' && (*((p)+2)=='B' ||
*((p)+2)=='@' ))
#define ISKOUT(p) ( *(p)=='¥x1B' && *((p)+1)=='(' && (*((p)+2)=='B' ||
*((p)+2)=='J' ))
int header_encode( char *bufin, char *bufout )
{
    // SJIS -> JIS 変換
    sjis2jis( bufin, bufout );
    bufin = new char[ strlen(bufout)+1 ];
    strcpy( bufin, bufout );

    const unsigned char base64[] = "ABCDEFGHIJKLMNOPQRSTUVWXYZabcdefghij
klmnopqrstuvwxyz0123456789+/=";
    char *pin = bufin;
    char *pout = bufout;
    char *pbase ;
    bool state = false;
    while ( *pin != '¥0' ) {
        if ( !state && ISKIN(pin) ) { // 漢字 IN 検出
            memcpy( pout, "=?ISO-2022-JP?B?", 16 );
            pout += 16;
            pbase = pin;
            pin += 3;
            state = true;
        } else if ( state && ISKOUT(pin) ) { // 漢字 OUT 検出
            pin += 3;
            while ( pin - pbase >= 3 ) {
```

```
                *pout++ = base64[ pbase[0] >> 2 ];
                *pout++ = base64[ 0x3F & ((pbase[0] << 4) | (pbase[1] >>
4)) ];
                *pout++ = base64[ 0x3F & ((pbase[1] << 2) | (pbase[2] >>
6)) ];
                *pout++ = base64[ 0x3F & pbase[2] ];
                pbase += 3;
            }
            if ( pin - pbase == 1 ) {
                *pout++ = base64[ pbase[0] >> 2 ];
                *pout++ = base64[ 0x3F & (pbase[0] << 4) ];
                *pout++ = '=';
                *pout++ = '=';
            } else if ( pin - pbase == 2 ) {
                *pout++ = base64[ pbase[0] >> 2 ];
                *pout++ = base64[ 0x3F & ((pbase[0] << 4) | (pbase[1] >>
4)) ];
                *pout++ = base64[ 0x3F & (pbase[1] << 2) ];
                *pout++ = '=';
            }
            *pout++ = '?';
            *pout++ = '=';
            state = false;
        } else if ( !state ) {
            if ( *pin == '¥n' ) {
                *pout++ = *pin++;
                if ( *pin != '¥0' && *pin != ' ' ) *pout++ = ' ';
            } else {
                *pout++ = *pin++;
            }
        } else {
            pin++;
        }
    }
    if ( *pout == ' ' ) pout--;
    *pout = '¥0';
    delete [] bufin ;
    return strlen( bufout );
}

int main( void )
{
    int sock, ret;
    struct sockaddr_in addr;

#ifdef _MSC_VER
    {
    WSADATA wsadata;
    WSAStartup( 0x0101, &wsadata );
    }
```

```
#endif
    addr.sin_family = AF_INET;
    addr.sin_addr.s_addr = inet_addr("127.0.0.1");
    addr.sin_port = htons(25);

    sock = socket( AF_INET, SOCK_STREAM, IPPROTO_TCP );
    printf( "connect smtp ...¥n" );
    ret = connect( sock, (struct sockaddr *)&addr, sizeof addr );
    if ( ret < 0 ) {
        printf( "can't open smtp port¥n" );
        return 0;
    }

    char buf[1000];
    int n;

    n = recv( sock, buf, sizeof(buf)-1, 0 );
    buf[n] = '¥0';
    printf( "S:%s", buf );

    senddata( sock, "HELO %s¥r¥n", "localhost" );
    n = recv( sock, buf, sizeof(buf)-1, 0 ); buf[n] = '¥0';
    printf( "S:%s", buf );

    senddata( sock, "MAIL FROM:<%s>¥r¥n", "masuda@local" );
    n = recv( sock, buf, sizeof(buf)-1, 0 ); buf[n] = '¥0';
    printf( "S:%s", buf );

    senddata( sock, "RCPT TO:<%s>¥r¥n", "yumi@local" );
    n = recv( sock, buf, sizeof(buf)-1, 0 ); buf[n] = '¥0';
    printf( "S:%s", buf );

    senddata( sock, "DATA¥r¥n" );
    n = recv( sock, buf, sizeof(buf)-1, 0 ); buf[n] = '¥0';
    printf( "S:%s", buf );

    time_t tt;
    struct tm *t;
    time( &tt );
    t = localtime( &tt );

    senddata( sock, "Message-ID: %08X@localhost¥r¥n", tt );
    strftime( buf, sizeof(buf),
      "Date: %a, %d %b %Y %H:%M:%S +0900¥r¥n", t );
    senddata( sock, buf );
    header_encode( "Subject: 日本語の件名¥r¥n", buf );
    senddata( sock, buf );
    senddata( sock, "From: masuda <masuda@localhost>¥r¥n" );
    senddata( sock, "MIME-Version: 1.0¥r¥n" );
    senddata( sock,
```

```
        "Content-Type: text/plain; charset=iso-2022-jp¥r¥n" );
    senddata( sock, "¥r¥n" );

    sjis2jis( "こんにちは、これは test mail です¥r¥n", buf );
    senddata( sock, buf );
    senddata( sock, ".¥r¥n" );
    n = recv( sock, buf, sizeof(buf)-1, 0 ); buf[n] = '¥0';
    printf( "S:%s", buf );

    senddata( sock, "QUIT¥r¥n" );

    shutdown( sock, 2 );
#ifdef _MSC_VER
    closesocket( sock );
#else
    close( sock );
#endif
    return 1;
}
```

リスト2 実行結果

```
$ net524
connect smtp ...
S:220 iomante-PC PMailSrv(SMTP) Thu, 25 Jan 2018 11:17:13 +0900 (JST)
C:HELO localhost
S:250 Hello iomante-PC [127.0.0.1], pleased to meet you
C:MAIL FROM:<masuda@local>
S:250 <masuda@local>... Sender ok
C:RCPT TO:<yumi@local>
S:250 Recipient ok
C:DATA
S:354 Enter mail, end with "." on a line by itself
C:Message-ID: 4B60F3A9@localhost
C:Date: Thu, 25 Jan 2018 11:17:13 +0900
C:Subject: =?ISO-2022-JP?B?GyRCRnxLXDhsJE43b0w+GyhC?=
C:From: masuda <masuda@localhost>
C:MIME-Version: 1.0
C:Content-Type: text/plain; charset=iso-2022-jp
C:
C:$B$3$s$K$A$O!"$3$1$O(B test mail $B$G$9(B
C:.
S:250 3C3C5A266FE7 Message accepted for delivery
C:QUIT
```

Subjectのエンコードでは「=?ISO-2022-JP?B?」で日本語を開始して、「?=」で日本語を終了します。エンコードをしない場合は、ASCII文字として扱われます。

Tips 525 ▶Level ●●● ▶対応 C C++ VC g++

メールにファイルを添付する

ここがポイントです! 添付ファイル

メールにファイルを添付する場合は、メールヘッダ部のContent-Typeフィールドに「multipart/mixed」を指定します。本文との区切りに「boundary」を指定します。

構文は、次のようになります。引数のcodeには「区切り文字列」を指定します。

```
Content-Type: multipart/mixed; boundary="code"
```

「区切り文字列」は、本文に出てこない文字列であれば何でもかまいません。実際の区切りには、次のように「区切り文字列」の前に「--」を付けます。

最後の区切りには「--」を両端に付けます。

▼添付ファイルの例

```
Content-Type: multipart/mixed; boundary="mailpart"
...
--mailpart ; 最初のパート(通常はメール本文)
Content-Type: text/plain

this is mail body.

--mailpart ; 添付ファイル1

Content-Type: application/octet-stream
Content-Transfer-Encoding: base64
...
--mailpart ; 添付ファイル2
Content-Type: application/octet-stream
Content-Transfer-Encoding: base64
...
--mailpart-- ; 終端
```

リスト1は、メールにファイルを添付するプログラム例です。

リスト1 メールにファイルを添付する(ファイル名:net525.cpp)

```
int encode_base64( char *bufin, int len, char *bufout )
{
    static unsigned char base64[] =
        "ABCDEFGHIJKLMNOPQRSTUVWXYZabcdefghijklmnopqrstuvwx
yz0123456789+/=";
```

```
    unsigned char *pin = (unsigned char*)bufin;
    unsigned char *pout = (unsigned char*)bufout;

    for ( int i=0; i<len-2; i += 3 ) {
        *pout++ = base64[ pin[0] >> 2 ];
        *pout++ = base64[ 0x3F & ((pin[0] << 4) | (pin[1] >> 4)) ];
        *pout++ = base64[ 0x3F & ((pin[1] << 2) | (pin[2] >> 6)) ];
        *pout++ = base64[ 0x3F & pin[2] ];
        pin += 3;
    }
    if ( len % 3 == 1 ) {
        *pout++ = base64[ pin[0] >> 2 ];
        *pout++ = base64[ 0x3F & (pin[0] << 4) ];
        *pout++ = '=';
        *pout++ = '=';
    } else if ( len % 3 == 2 ) {
        *pout++ = base64[ pin[0] >> 2 ];
        *pout++ = base64[ 0x3F & ((pin[0] << 4) | (pin[1] >> 4)) ];
        *pout++ = base64[ 0x3F & ( pin[1] << 2) ];
        *pout++ = '=';
    }
    *pout = '¥0';
    return pout - (unsigned char*)bufout;
}

int main( void )
{
    int sock, ret;
    struct sockaddr_in addr;

#ifdef _MSC_VER
{
    WSADATA wsadata;
    WSAStartup( 0x0101, &wsadata );
    }
#endif
    addr.sin_family = AF_INET;
    addr.sin_addr.s_addr = inet_addr("127.0.0.1");
    addr.sin_port = htons(25);

    sock = socket( AF_INET, SOCK_STREAM, IPPROTO_TCP );
    printf( "connect smtp ...¥n" );
    ret = connect( sock, (struct sockaddr *)&addr, sizeof addr );
    if ( ret < 0 ) {
        printf( "can't open smtp port¥n" );
        return 0;
    }

    char buf[1000];
    int n;
```

```
    n = recv( sock, buf, sizeof(buf)-1, 0 );
    buf[n] = '¥0';
    printf( "S:%s", buf );

    senddata( sock, "HELO %s¥r¥n", "localhost" );
    n = recv( sock, buf, sizeof(buf)-1, 0 ); buf[n] = '¥0';
    printf( "S:%s", buf );

    senddata( sock, "MAIL FROM:<%s>¥r¥n", "masuda@local" );
    n = recv( sock, buf, sizeof(buf)-1, 0 ); buf[n] = '¥0';
    printf( "S:%s", buf );

    senddata( sock, "RCPT TO:<%s>¥r¥n", "yumi@local" );
    n = recv( sock, buf, sizeof(buf)-1, 0 ); buf[n] = '¥0';
    printf( "S:%s", buf );

    senddata( sock, "DATA¥r¥n" );
    n = recv( sock, buf, sizeof(buf)-1, 0 ); buf[n] = '¥0';
    printf( "S:%s", buf );

    time_t tt;
    struct tm *t;
    time( &tt );
    t = localtime( &tt );
    char boundary[] = "THIS IS ATTACHMENT";
    senddata( sock, "Message-ID: %08X@localhost¥r¥n", tt );
    strftime( buf, sizeof(buf),
      "Date: %a, %d %b %Y %H:%M:%S GMT¥r¥n", t );
    senddata( sock, buf );
    senddata( sock, "Subject: attachment test¥r¥n", buf );
    senddata( sock, "From: masuda <masuda@localhost>¥r¥n" );
    senddata( sock, "MIME-Version: 1.0¥r¥n" );
    senddata( sock,
      "Content-Type: multipart/mixed; boundary=¥"%s¥"¥r¥n",
      boundary );
    senddata( sock, "¥r¥n" );
    senddata( sock, "--%s¥r¥n", boundary );
    senddata( sock, "This is multipart message.¥r¥n" );
    senddata( sock, "¥r¥n" );
    senddata( sock, "--%s¥r¥n", boundary );
    senddata( sock, "Content-Type: application/octet-stream¥r¥n" );
    senddata( sock, "Content-Transfer-Encoding: base64¥r¥n" );
    senddata( sock,
      "Content-Disposition: attachment; filename=¥"%s¥"¥r¥n",
      "net525.cpp" );
    senddata( sock, "¥r¥n" );

    FILE *fp = fopen("net525.cpp","r");
    char buffer[54];
```

```
    while ( (n=fread( buffer, 1, sizeof(buffer), fp ))>0 ) {
        n = encode_base64( buffer, n, buf );
        buf[n] = '¥r';
        buf[n+1] = '¥n';
        buf[n+2] = '¥0';
        senddata( sock, buf );
        if ( n < sizeof( buffer )) break;
    }
    fclose( fp );

    senddata( sock, "--%s--¥r¥n", boundary );

    senddata( sock, ".¥r¥n" );
    n = recv( sock, buf, sizeof(buf)-1, 0 ); buf[n] = '¥0';
    printf( "S:%s", buf );

    senddata( sock, "QUIT¥r¥n" );

    shutdown( sock, 2 );
#ifdef _MSC_VER
    closesocket( sock );
#else
    close( sock );
#endif
    return 1;
}
```

リスト2 実行結果

```
$ net525
connect smtp ...
S:220 iomante-PC PMailSrv(SMTP) Thu, 25 Jan 2018 11:29:11 +0900 (JST)
C:HELO localhost
S:250 Hello iomante-PC [127.0.0.1], pleased to meet you
C:MAIL FROM:<masuda@local>
S:250 <masuda@local>... Sender ok
C:RCPT TO:<yumi@local>
S:250 Recipient ok
C:DATA
S:354 Enter mail, end with "." on a line by itself
C:Message-ID: 4B60F677@localhost
C:Date: Thu, 25 Jan 2018 11:29:11 GMT
C:Subject: attachment test
C:From: masuda <masuda@localhost>
C:MIME-Version: 1.0
C:Content-Type: multipart/mixed; boundary="THIS IS ATTACHMENT"
C:
C:--THIS IS ATTACHMENT
C:This is multipart message.
C:
```

```
C:--THIS IS ATTACHMENT
C:Content-Type: application/octet-stream
C:Content-Transfer-Encoding: base64
C:Content-Disposition: attachment; filename="net525.cpp"
C:
C:I2luY2x1ZGUgPHN0ZGlvLmg+CiNpZmRlZiBfTVNDX1ZFUgojaW5jbHVkZSA8d2luc29jazIu
C:aD4KI2Vsc2UKI2luY2x1ZGUgPHN5cy91bmlzdGQuaD4KI2luY2x1ZGUgPHN5cy9zb2NrZXQu
C:aD4KI2luY2x1ZGUgPG51dGluZXQvaW4uaD4KI2luY2x1ZGUgPGFycGEvaW51dC5oPgojaW5j
略
C:Y2tldCggc29jayApOwojZWxzZQoJY2xvc2UoIHNvY2sgKTsKI2VuZGlmCglyZXR1cm4gMTsK
C:fQo=
C:--THIS IS ATTACHMENT--
C:.
S:250 3C3C5BA571FD Message accepted for delivery
C:QUIT
```

base64でエンコードしたときの1行の長さに注意してください。リスト1では、長くなりすぎないように72文字(エンコード前は54バイト)としています。

POP3サーバーにユーザー名を指定する

ここがポイントです! **USERコマンド**

POP3サーバーへログインするためのユーザー名を指定するには、USERコマンドを使います。

構文は、次のようになります。引数のnameには「ユーザー名」を指定します。

```
USER name
```

戻り値は、コマンドが成功した場合は「+OK」を返します。エラーの場合は「-ERR」を返します。

リスト1は、USERコマンドを使って、POP3サーバーにユーザー名を指定するプログラム例です。

リスト1 POP3サーバーにユーザー名を指定する(ファイル名:net526.cpp)

```
int main( void )
{
    int sock, ret;
```

```
    struct sockaddr_in addr;

#ifdef _MSC_VER
    {
    WSADATA wsadata;
    WSAStartup( 0x0101, &wsadata );
    }
#endif
    addr.sin_family = AF_INET;
    addr.sin_addr.s_addr = inet_addr("127.0.0.1");
    addr.sin_port = htons(110);

    sock = socket( AF_INET, SOCK_STREAM, IPPROTO_TCP );
    printf( "connect pop3 ...¥n" );
    ret = connect( sock, (struct sockaddr *)&addr, sizeof addr );
    if ( ret < 0 ) {
        printf( "can't open pop3 port¥n" );
        return 0;
    }

    char buf[1000];
    int n;

    n = recv( sock, buf, sizeof(buf)-1, 0 ); buf[n] = '¥0';
    printf( "S:%s", buf );

    senddata( sock, "USER %s¥r¥n", "tomoaki" );
    n = recv( sock, buf, sizeof(buf)-1, 0 ); buf[n] = '¥0';
    printf( "S:%s", buf );
    senddata( sock, "PASS %s¥r¥n", "masuda" );
    n = recv( sock, buf, sizeof(buf)-1, 0 ); buf[n] = '¥0';
    printf( "S:%s", buf );

    if ( buf[0] == '+' ) {
        printf( "ログイン成功¥n" );
    } else {
        printf( "ログイン失敗¥n" );
    }

    senddata( sock, "QUIT¥r¥n" );

    shutdown( sock, 2 );
#ifdef _MSC_VER
    closesocket( sock );
#else
    close( sock );
#endif
    return 1;
}
```

リスト2 実行結果

```
$ net526
connect pop3 ...
S:+OK Personal Mail Server (3.09.2[3.0.9.18]) at masuda-PC Starting.
C:USER tomoaki
S:+OK Password required for tomoaki.
C:PASS masuda
S:+OK tomoaki has 0 messages (0 octets).
ログイン成功
C:QUIT
```

リスト1では、ユーザー名「tomoaki」、パスワード「masuda」でPOP3サーバーにログインしています。

POP3サーバーにパスワードを指定する

ここがポイントです！ **PASSコマンド**

POP3サーバーへログインするためのパスワードを指定するには、PASSコマンドを使います。USERコマンドの後に実行します。

構文は、次のようになります。引数のpassには「パスワード」を指定します。

```
PASS pass
```

戻り値は、ログインに成功した場合は「+OK」を返します。ログインに失敗した場合は「-ERR」を返します。

リスト1は、PASSコマンドを使って、POP3サーバーにパスワードを指定するプログラム例です。

リスト1 POP3サーバーにパスワードを指定する（ファイル名：net527.cpp）

```
int main( void )
{
    int sock, ret;
    struct sockaddr_in addr;

#ifdef _MSC_VER
    {
    WSADATA wsadata;
```

```
        WSAStartup( 0x0101, &wsadata );
    }
#endif
    addr.sin_family = AF_INET;
    addr.sin_addr.s_addr = inet_addr("127.0.0.1");
    addr.sin_port = htons(110);

    sock = socket( AF_INET, SOCK_STREAM, IPPROTO_TCP );
    printf( "connect pop3 ...¥n" );
    ret = connect( sock, (struct sockaddr *)&addr, sizeof addr );
    if ( ret < 0 ) {
        printf( "can't open pop3 port¥n" );
        return 0;
    }

    char buf[1000];
    int n;

    n = recv( sock, buf, sizeof(buf)-1, 0 ); buf[n] = '¥0';
    printf( "S:%s", buf );

    senddata( sock, "USER %s¥r¥n", "tomoaki" );
    n = recv( sock, buf, sizeof(buf)-1, 0 ); buf[n] = '¥0';
    printf( "S:%s", buf );
    senddata( sock, "PASS %s¥r¥n", "error" ); // エラーにする
    n = recv( sock, buf, sizeof(buf)-1, 0 ); buf[n] = '¥0';
    printf( "S:%s", buf );

    if ( buf[0] == '+' ) {
        printf( "ログイン成功¥n" );
    } else {
        printf( "ログイン失敗¥n" );
    }

    senddata( sock, "QUIT¥r¥n" );

    shutdown( sock, 2 );
#ifdef _MSC_VER
    closesocket( sock );
#else
    close( sock );
#endif
    return 1;
}
```

リスト2 実行結果

```
$ net527
connect pop3 ...
S:+OK Personal Mail Server (3.09.2[3.0.9.18]) at iomante-PC Starting.
C:USER tomoaki
```

```
S:+OK Password required for tomoaki.
C:PASS error
S:-ERR Password supplied for 'tomoaki' is incorrect.
+OK Pop server at iomante-PC signing off.
ログイン失敗
C:QUIT
```

リスト1では、パスワードを間違えている場合を示しています。

メールボックス内のメールの数を取得する

ここがポイントです！ **STATコマンド**

メールボックス内のメールの数を調べるには、STATコマンドを使います。

構文は、次のようになります。引数はありません。

```
STAT
```

戻り値は、取得に成功した場合は「+OK n m」形式で値を返します。「n」はメールボックス内のメールの数です。「m」はメール全体の合計サイズになります。

取得に失敗した場合は「-ERR」を返します。

リスト1は、STATコマンドを使って、メールボックス内のメールの数を取得するプログラム例です。

リスト1 メールボックス内のメールの数を取得する（ファイル名：net528.cpp）

```
int main( void )
{
    int sock, ret;
    struct sockaddr_in addr;

#ifdef _MSC_VER
    {
    WSADATA wsadata;
    WSAStartup( 0x0101, &wsadata );
    }
#endif
    addr.sin_family = AF_INET;
```

```
    addr.sin_addr.s_addr = inet_addr("127.0.0.1");
    addr.sin_port = htons(110);

    sock = socket( AF_INET, SOCK_STREAM, IPPROTO_TCP );
    printf( "connect pop3 ...¥n" );
    ret = connect( sock, (struct sockaddr *)&addr, sizeof addr );
    if ( ret < 0 ) {
        printf( "can't open pop3 port¥n" );
        return 0;
    }

    char buf[1000];
    int n;

    n = recv( sock, buf, sizeof(buf)-1, 0 ); buf[n] = '¥0';
    printf( "S:%s", buf );

    senddata( sock, "USER %s¥r¥n", "tomoaki" );
    n = recv( sock, buf, sizeof(buf)-1, 0 ); buf[n] = '¥0';
    printf( "S:%s", buf );
    senddata( sock, "PASS %s¥r¥n", "masuda" );
    n = recv( sock, buf, sizeof(buf)-1, 0 ); buf[n] = '¥0';
    printf( "S:%s", buf );
    senddata( sock, "STAT¥r¥n" );
    n = recv( sock, buf, sizeof(buf)-1, 0 ); buf[n] = '¥0';
    printf( "S:%s", buf );

    senddata( sock, "QUIT¥r¥n" );

    shutdown( sock, 2 );
#ifdef _MSC_VER
    closesocket( sock );
#else
    close( sock );
#endif
    return 1;
}
```

リスト2 実行結果

```
$ net528
connect pop3 ...
S:+OK Personal Mail Server (3.09.2[3.0.9.18]) at iomante-PC Starting.
C:USER tomoaki
S:+OK Password required for tomoaki.
C:PASS masuda
S:+OK tomoaki has 2 messages (628 octets).
C:STAT
S:+OK 2 628
C:QUIT
```

リスト1では、2通のメールが着信していることを示しています。

Tips 529 ▶Level ● ▶対応 C C++ VC g++

メールの一覧を取得する①

メールボックス内にある各メールのサイズをリストで返すには、LISTコマンドを使います。構文は、次のようになります。引数はありません。

```
LIST
```

戻り値は、到着したメール順のIDと、メールのサイズをリストで返します。終端は、ピリオドだけの行を返します。

リスト1は、LISTコマンドを使って、メールの一覧を取得するプログラム例です。

リスト1　メールの一覧を取得する(ファイル名:net529.cpp)

```
int main( void )
{
    int sock, ret;
    struct sockaddr_in addr;

#ifdef _MSC_VER
    {
    WSADATA wsadata;
    WSAStartup( 0x0101, &wsadata );
    }
#endif
    addr.sin_family = AF_INET;
    addr.sin_addr.s_addr = inet_addr("127.0.0.1");
    addr.sin_port = htons(110);

    sock = socket( AF_INET, SOCK_STREAM, IPPROTO_TCP );
    printf( "connect pop3 ...¥n" );
    ret = connect( sock, (struct sockaddr *)&addr, sizeof addr );
    if ( ret < 0 ) {
        printf( "can't open pop3 port¥n" );
        return 0;
    }
```

```
    char buf[1000];
    int n;

    n = recv( sock, buf, sizeof(buf)-1, 0 ); buf[n] = '¥0';
    printf( "S:%s", buf );

    senddata( sock, "USER %s¥r¥n", "tomoaki" );
    n = recv( sock, buf, sizeof(buf)-1, 0 ); buf[n] = '¥0';
    printf( "S:%s", buf );
    senddata( sock, "PASS %s¥r¥n", "masuda" );
    n = recv( sock, buf, sizeof(buf)-1, 0 ); buf[n] = '¥0';
    printf( "S:%s", buf );
    senddata( sock, "LIST¥r¥n" );
    n = recv( sock, buf, sizeof(buf)-1, 0 ); buf[n] = '¥0';
    printf( "S:%s", buf );
    for (;;) {
        n = recv( sock, buf, sizeof(buf)-1, 0 ); buf[n] = '¥0';
        printf( "S:%s", buf );
        if ( n >= 3 ) {
            if ( buf[n-1] == '¥n' && buf[n-2] == '¥r' && buf[n-3] == '.' ) {
                break;
            }
        }
    }

    senddata( sock, "QUIT¥r¥n" );

    shutdown( sock, 2 );
#ifdef _MSC_VER
    closesocket( sock );
#else
    close( sock );
#endif
}
```

リスト2 実行結果

```
$ net529
connect pop3 ...
S:+OK Personal Mail Server (3.09.2[3.0.9.18]) at iomante-PC Starting.
C:USER tomoaki
S:+OK Password required for tomoaki.
C:PASS masuda
S:+OK tomoaki has 2 messages (628 octets).
C:LIST
S:+OK 2 messages (628 octets).
S:1 314
S:2 314
S:.
C:QUIT
```

リスト1では、2通のメールを着信し、サイズが314バイトであることを示しています。

Tips 530 ▶Level ●○○ ▶対応 C C++ VC g++

メールの一覧を取得する②

UIDLコマンド

UIDLコマンドを使うことで、メールごとのユニークなID(UIDL)を返します。メールクライアントでUIDLを保存しておくことにより、受信済みのメールのチェックが可能です。

構文は、次のようになります。引数はありません。

```
UIDL
```

戻り値は、到着メール順のIDと、UIDLリストで返します。終端は、ピリオドだけの行を返します。

リスト1は、UIDLコマンドを使って、メールの一覧を取得するプログラム例です。

リスト1 メールの一覧を取得する(ファイル名:net530.cpp)

```
int main( void )
{
    int sock, ret;
    struct sockaddr_in addr;

#ifdef _MSC_VER
    {
    WSADATA wsadata;
    WSAStartup( 0x0101, &wsadata );
    }
#endif
    addr.sin_family = AF_INET;
    addr.sin_addr.s_addr = inet_addr("127.0.0.1");
    addr.sin_port = htons(110);

    sock = socket( AF_INET, SOCK_STREAM, IPPROTO_TCP );
    printf( "connect pop3 ...¥n" );
    ret = connect( sock, (struct sockaddr *)&addr, sizeof addr );
    if ( ret < 0 ) {
        printf( "can't open pop3 port¥n" );
        return 0;
```

```
    }

    char buf[1000];
    int n;

    n = recv( sock, buf, sizeof(buf)-1, 0 ); buf[n] = '¥0';
    printf( "S:%s", buf );

    senddata( sock, "USER %s¥r¥n", "tomoaki" );
    n = recv( sock, buf, sizeof(buf)-1, 0 ); buf[n] = '¥0';
    printf( "S:%s", buf );
    senddata( sock, "PASS %s¥r¥n", "masuda" );
    n = recv( sock, buf, sizeof(buf)-1, 0 ); buf[n] = '¥0';
    printf( "S:%s", buf );
    senddata( sock, "UIDL¥r¥n" );
    n = recv( sock, buf, sizeof(buf)-1, 0 ); buf[n] = '¥0';
    printf( "S:%s", buf );
    for (;;) {
        n = recv( sock, buf, sizeof(buf)-1, 0 ); buf[n] = '¥0';
        printf( "S:%s", buf );
            if ( n >= 3 ) {
if ( buf[n-1] == '¥n' && buf[n-2] == '¥r' && buf[n-3] == '.' ) {
                break;
            }
        }
    }

    senddata( sock, "QUIT¥r¥n" );

    shutdown( sock, 2 );
#ifdef _MSC_VER
    closesocket( sock );
#else
    close( sock );
#endif
    return 1;
}
```

リスト2 実行結果

```
$ net530
connect pop3 ...
S:+OK Personal Mail Server (3.09.2[3.0.9.18]) at masuda-PC Starting.
C:USER tomoaki
S:+OK Password required for tomoaki.
C:PASS masuda
S:+OK tomoaki has 2 messages (628 octets).
C:UIDL
S:+OK uidl command accepted.
S:1 3c3c672ac276a79b179db60ce05b4241
S:2 3c3c67313d9c6d8890d0c7ad28799e66
```

```
S:.
C:QUIT
```

LISTコマンドの結果と比較することで、指定したUIDLのメールのサイズを取得できます。

指定したメールの先頭だけ取得する

TOPコマンドを使うと、LISTコマンドやUIDLコマンドで指定したメールIDを指定して、メールのヘッダ部を取得できます。行数を指定することで、ボディ部の先頭部分を取得できます。

構文は、次のようになります。引数のidには「メールID」、nには「取得する行数」を指定します。

```
TOP id n
```

戻り値は、指定したメールのヘッダ部とボディ部を取得します。行数(n)に「0」を指定したときは、ヘッダ部のみを取得します。

リスト1は、TOPコマンドを使って、指定したメールの先頭だけ取得するプログラム例です。

リスト1　指定したメールの先頭だけ取得する（ファイル名：net531.cpp）

```
int main( void )
{
        int sock, ret;
        struct sockaddr_in addr;

#ifdef _MSC_VER
    {
    WSADATA wsadata;
    WSAStartup( 0x0101, &wsadata );
    }
#endif
    addr.sin_family = AF_INET;
    addr.sin_addr.s_addr = inet_addr("127.0.0.1");
```

```
    addr.sin_port = htons(110);

    sock = socket( AF_INET, SOCK_STREAM, IPPROTO_TCP );
    printf( "connect pop3 ...¥n" );
    ret = connect( sock, (struct sockaddr *)&addr, sizeof addr );
    if ( ret < 0 ) {
        printf( "can't open pop3 port¥n" );
        return 0;
    }

    char buf[1000], buf2[1000];
    int n;

    n = recv( sock, buf, sizeof(buf)-1, 0 ); buf[n] = '¥0';
    printf( "S:%s", buf );

    senddata( sock, "USER %s¥r¥n", "tomoaki" );
    n = recv( sock, buf, sizeof(buf)-1, 0 ); buf[n] = '¥0';
    printf( "S:%s", buf );
    senddata( sock, "PASS %s¥r¥n", "masuda" );
    n = recv( sock, buf, sizeof(buf)-1, 0 ); buf[n] = '¥0';
    printf( "S:%s", buf );
    senddata( sock, "UIDL¥r¥n" );
    n = recv( sock, buf, sizeof(buf)-1, 0 ); buf[n] = '¥0';
    printf( "S:%s", buf );
    int id = 0;
    for (;;) {
        n = recv( sock, buf, sizeof(buf)-1, 0 ); buf[n] = '¥0';
        printf( "S:%s", buf );
        if ( n >= 3 ) {
            if ( buf[n-1] == '¥n' && buf[n-2] == '¥r' && buf[n-3] == '.' ) {
                break;
            }
        }
        id++;
    }
    if ( id != 0 ) {
        senddata( sock, "TOP %d 0¥r¥n", id );
        for (;;) {
            n = recv( sock, buf, sizeof(buf)-1, 0 ); buf[n] = '¥0';
            printf( "S:%s", buf );
            if ( strstr( buf, "¥r¥n.¥r¥n" ) != 0 ) break;
        }
    }
    senddata( sock, "QUIT¥r¥n" );

    shutdown( sock, 2 );
#ifdef _MSC_VER
    closesocket( sock );
#else
    close( sock );
```

```
#endif
    return 1;
}
```

出力の終端は、ピリオドと改行復帰「CRLF(¥r¥n)」で判断します。

メール本文を受信する

メールIDを指定して、メール全体を取得するには、RETRコマンドを使います。
構文は、次のようになります。引数のidには「メールID」を指定します。

```
RETR id
```

戻り値は、指定したメール全体を取得します。
リスト1は、RETRコマンドを使って、メール本文を受信するプログラム例です。

リスト1　メール本文を受信する（ファイル名：net532.cpp）

```
int main( void )
{
    int sock, ret;
    struct sockaddr_in addr;

#ifdef _MSC_VER
    {
    WSADATA wsadata;
    WSAStartup( 0x0101, &wsadata );
    }
#endif
    addr.sin_family = AF_INET;
    addr.sin_addr.s_addr = inet_addr("127.0.0.1");
    addr.sin_port = htons(110);

    sock = socket( AF_INET, SOCK_STREAM, IPPROTO_TCP );
    printf( "connect pop3 ...¥n" );
    ret = connect( sock, (struct sockaddr *)&addr, sizeof addr );
```

```
    if ( ret < 0 ) {
        printf( "can't open pop3 port¥n" );
        return 0;
    }

    char buf[1000];
    int n;

    n = recv( sock, buf, sizeof(buf)-1, 0 ); buf[n] = '¥0';
    printf( "S:%s", buf );

    senddata( sock, "USER %s¥r¥n", "tomoaki" );
    n = recv( sock, buf, sizeof(buf)-1, 0 ); buf[n] = '¥0';
    printf( "S:%s", buf );
    senddata( sock, "PASS %s¥r¥n", "masuda" );
    n = recv( sock, buf, sizeof(buf)-1, 0 ); buf[n] = '¥0';
    printf( "S:%s", buf );
    senddata( sock, "UIDL¥r¥n" );
    n = recv( sock, buf, sizeof(buf)-1, 0 ); buf[n] = '¥0';
    printf( "S:%s", buf );
    int id = 0;
    for (;;) {
        n = recv( sock, buf, sizeof(buf)-1, 0 ); buf[n] = '¥0';
        printf( "S:%s", buf );
        if ( n >= 3 ) {
            if ( buf[n-1] == '¥n' && buf[n-2] == '¥r' && buf[n-3] == '.' ) {
                break;
            }
        }
        id++;
    }
    if ( id != 0 ) {
        senddata( sock, "RETR %d¥r¥n", id );
        n = recv( sock, buf, sizeof(buf)-1, 0 ); buf[n] = '¥0';
        printf( "S:%s", buf );
        for (;;) {
            n = recv( sock, buf, sizeof(buf)-1, 0 ); buf[n] = '¥0';
            printf( "S:%s", buf );
            if ( buf[n-1] == '¥n' && buf[n-2] == '¥r' && buf[n-3] == '.' ) {
                break;
            }
        }
    }

    senddata( sock, "QUIT¥r¥n" );

    shutdown( sock, 2 );
#ifdef _MSC_VER
    closesocket( sock );
#else
    close( sock );
```

```
#endif
}
```

リスト2 実行結果

```
$ net532
connect pop3 ...
S:+OK Personal Mail Server (3.09.2[3.0.9.18]) at iomante-PC Starting.
C:USER tomoaki
S:+OK Password required for tomoaki.
C:PASS masuda
S:+OK tomoaki has 3 messages (942 octets).
C:UIDL
S:+OK uidl command accepted.
S:1 3c3c672ac276a79b179db60ce05b4241
2 3c3c67313d9c6d8890d0c7ad28799e66
3 3c3c6a30477f94926ab1b2df4cb3fe60
.
C:RETR 3
S:+OK 314 octets.
S:Received: from mailsample.net by iomante-PC (PMS 3.0.9.18) id
3C3C6A3095B7; Th
u, 25 Jan 2018 13:17:32 +0900 (JST)
Message-ID: 4B610FDC@localhost
Date: Thu, 25 Jan 2018 13:17:32 GMT
Subject: test mail
From: masuda <tomoaki@mailsample.net>
X-UIDL: 3c3c6a30477f94926ab1b2df4cb3fe60
Hi. This is test mail.
.
C:QUIT
```

リスト1では、最新のメールを受信しています。

サブジェクトをデコードする

ここがポイントです! **Subject**

件名(Subject)で日本語を扱う場合には、base64あるいはQuoted-Printableエンコードを使います。

```
Subject: エンコードされた文字列
```

リスト1は、サブジェクトをデコードするプログラム例です。

リスト1　サブジェクトをデコードする（ファイル名：net533.cpp）

```
int main( void )
{
    int sock, ret;
    struct sockaddr_in addr;

#ifdef _MSC_VER
    {
    WSADATA wsadata;
    WSAStartup( 0x0101, &wsadata );
    }
#endif
    addr.sin_family = AF_INET;
    addr.sin_addr.s_addr = inet_addr("127.0.0.1");
    addr.sin_port = htons(110);

    sock = socket( AF_INET, SOCK_STREAM, IPPROTO_TCP );
    printf( "connect pop3 ...¥n" );
    ret = connect( sock, (struct sockaddr *)&addr, sizeof addr );
    if ( ret < 0 ) {
        printf( "can't open pop3 port¥n" );
        return 0;
    }

    char buf[1000];
    int n;

    n = recv( sock, buf, sizeof(buf)-1, 0 ); buf[n] = '¥0';
    printf( "S:%s", buf );

    senddata( sock, "USER %s¥r¥n", "tomoaki" );
    n = recv( sock, buf, sizeof(buf)-1, 0 ); buf[n] = '¥0';
    printf( "S:%s", buf );
    senddata( sock, "PASS %s¥r¥n", "masuda" );
    n = recv( sock, buf, sizeof(buf)-1, 0 ); buf[n] = '¥0';
    printf( "S:%s", buf );
    senddata( sock, "UIDL¥r¥n" );
    n = recv( sock, buf, sizeof(buf)-1, 0 ); buf[n] = '¥0';
    printf( "S:%s", buf );
    int id = 0;
    for (;;) {
        n = recv( sock, buf, sizeof(buf)-1, 0 ); buf[n] = '¥0';
        printf( "S:%s", buf );
```

```
        if ( n >= 3 ) {
            if ( buf[n-1] == '¥n' && buf[n-2] == '¥r' && buf[n-3] == '.' ) {
                break;
            }
        }
        id++;
    }
    if ( id != 0 ) {
        senddata( sock, "RETR %d¥r¥n", id );
        n = recv( sock, buf, sizeof(buf)-1, 0 ); buf[n] = '¥0';
        printf( "S:%s", buf );
        for (;;) {
            n = recv( sock, buf, sizeof(buf)-1, 0 ); buf[n] = '¥0';
            printf( "S:%s", buf );
            if ( buf[n-1] == '¥n' && buf[n-2] == '¥r' && buf[n-3] == '.' ) {
                break;
            }
        }
    }

    senddata( sock, "QUIT¥r¥n" );

    shutdown( sock, 2 );
#ifdef _MSC_VER
    closesocket( sock );
#else
    close( sock );
#endif
}
```

リスト2 実行結果

```
$ net533
connect pop3 ...
S:+OK Personal Mail Server (3.09.2[3.0.9.18]) at iomante-PC Starting.
C:USER tomoaki
S:+OK Password required for tomoaki.
C:PASS masuda
S:+OK tomoaki has 4 messages (1374 octets).
C:UIDL
S:+OK uidl command accepted.
S:1 3c3c672ac276a79b179db60ce05b4241
S:2 3c3c67313d9c6d8890d0c7ad28799e66
S:3 3c3c6a30477f94926ab1b2df4cb3fe60
S:4 3c3c6c285d51091dd438a5963f3517f3
S:.
C:RETR 4
S:+OK 432 octets.
S:Received: from mailsample.net by iomante-PC (PMS 3.0.9.18) id
3C3C6C284CD2; Th
u,S: 25 Jan 2018 13:33:16 +0900 (JST)
```

```
S:Message-ID: 4B61138C@localhost
S:Date: Thu, 25 Jan 2018 13:33:16 +0900
S:Subject: 日本語の件名
S:From: masuda <masuda@localhost>
S:MIME-Version: 1.0
S:Content-Type: text/plain; charset=iso-2022-jp
S:X-UIDL: 3c3c6c285d51091dd438a5963f3517f3
S:
S:こんにちは、これは test mail です
S:.
C:QUIT
```

リスト1では、件名だけでなく本文のエンコードも行っています。

base64文字列をデコードする

ここがポイントです！ base64

添付ファイルなどでbase64エンコードされたデータを、デコードします（詳しいbase64に関しては、base64エンコードを参照してください）。

リスト1は、base64でデコードするプログラム例です。

リスト1 base64をデコードする（ファイル名：net534.cpp）

```
int decode_base64( char *bufin, int len, char *bufout )
{
    unsigned char *pin = (unsigned char *)bufin;
    unsigned char *pout = (unsigned char *)bufout;
    static unsigned char base64[] = {
        0, 0, 0, 0, 0, 0, 0, 0, 0, 0, 0, 0, 0, 0, 0, 0,
        0, 0, 0, 0, 0, 0, 0, 0, 0, 0, 0, 0, 0, 0, 0, 0,
        0, 0, 0, 0, 0, 0, 0, 0, 0, 0, 0,62, 0, 0, 0,63,
        52,53,54,55,56,57,58,59, 60,61, 0, 0, 0, 0, 0, 0, // = は0扱い
        0, 0, 1, 2, 3, 4, 5, 6, 7, 8, 9,10,11,12,13,14,
        15,16,17,18,19,20,21,22, 23,24,25, 0, 0, 0, 0, 0,
        0,26,27,28,29,30,31,32, 33,34,35,36,37,38,39,40,
        41,42,43,44,45,46,47,48, 49,50,51, 0, 0, 0, 0, 0,
```

```
        0, 0, 0, 0, 0, 0, 0, 0, 0, 0, 0, 0, 0, 0, 0, 0,
        0, 0, 0, 0, 0, 0, 0, 0, 0, 0, 0, 0, 0, 0, 0, 0,
        0, 0, 0, 0, 0, 0, 0, 0, 0, 0, 0, 0, 0, 0, 0, 0,
        0, 0, 0, 0, 0, 0, 0, 0, 0, 0, 0, 0, 0, 0, 0, 0,
        0, 0, 0, 0, 0, 0, 0, 0, 0, 0, 0, 0, 0, 0, 0, 0,
        0, 0, 0, 0, 0, 0, 0, 0, 0, 0, 0, 0, 0, 0, 0, 0,
        0, 0, 0, 0, 0, 0, 0, 0, 0, 0, 0, 0, 0, 0, 0, 0,
        0, 0, 0, 0, 0, 0, 0, 0, 0, 0, 0, 0, 0, 0, 0, 0, };

    for ( int i=0; i<len; i += 4 ) {
        *pout++ = (base64[pin[0]]<<2) | (base64[pin[1]]>>4);
        *pout++ = (base64[pin[1]]<<4) | (base64[pin[2]]>>2);
        *pout++ = (base64[pin[2]]<<6) | (base64[pin[3]]);
        pin += 4;
    }
    if ( len >= 4 ) {
        pin -= 4;
        if ( pin[3] == '=' ) pout--;
        if ( pin[2] == '=' ) pout--;
    }
    return pout - (unsigned char *)bufout;
}

void main( void )
{
    char in[] = "QUJD";
    char out[sizeof(in)] = {0};

    int size = decode_base64( in, sizeof(in)-1, out );

    printf("in: size:%d %s¥n", sizeof(in)-1, in );
    printf("out: size:%d %s¥n", size, out );
}
```

リスト2　実行結果

```
in: size:4 QUJD
out: size:3 ABC
```

リスト1では、dencode_base64関数を作成して、base64デコードを行っています。

Column 静的型付き言語と動的型付け言語

C/C++やC#、Javaのようにコンパイル時に「型」が決定するプログラム言語を「静的型付き言語」と言います。コードをコンパイル、あるいはビルドすることによって、使われている型が合致しているかどうかをチェックします。

これに対してPythonやRuby、JavaScriptのように実行時に型をチェックするものが「動的型付け」になります。

インタープリターを使った動的型付けは、動的なメソッドの呼び出しや、ダックタイピングを使ったメソッド名称による共通化のような煩雑な型指定をしなくて良いというメリットがあります。

ただし、昨今では、C++ではautoやラムダ式のように、うまく推論を使った文法を組み込み煩雑な型指定をコンパイラに任せることができるようになっています。これらの静的/動的型付けの差は少なくなっていると言えるでしょう。

統合開発環境（IDE）の発展により、動的型付き言語の弱点であった型やメソッドのチェックや補完ができるようになってきています。

CppUnitの極意

6-1 ユニットテスト

Tips 535 ▶Level ●○○ ▶対応 C C++ VC g++

CppUnitとは

ここがポイントです! ユニットテスト

アジャイル開発のXP（エクストリームプログラミング）で活用されるTDD（テスト駆動開発）では自動化されるユニットテストの仕組みが使われています。

単体テストでは、プログラムコードを設計書通りに組んであるかどうかをチェックするのではなく、コードをコンパイルし動作させてチェックをします。このチェックを、1つ1つ手動で確認するのではなく、チェック自体を自動化させます。

自動化したユニットテストで修正のサイクルを作ることにより、次のコードの記述と修正のサイクルを早く廻すことができます。

❶コードを書く
❷コードをコンパイルする
❸ユニットテストを行い正しく動作することを確認する
❹間違っている場合は1に戻りコードを修正する

C/C++では、このユニットテストを自動化するためにCppUnitやGoogleTestを使います。このテストツールを効率よく使うためは、コーディングをしたクラスやライブラリを最終的な製品に組み込む前にテストを行います。

完全に製品に組み込み、製品のUIをマウスなどで操作するよりも、コマンドラインで自動化したユニットテストを使うほうがテストの効率は良くなります。

Tips 536 ▶Level ●○○ ▶対応 C++ VC g++

テストフィクスチャを作成する

ここがポイントです! CppUnit::TestFixture

CppUnit::TestFixtureは、テストクラスを作成するときの継承元にするクラスです。

CPPUNIT_TEST_SUITE_REGISTRATIONマクロを使って登録しておくことによって、試験実行時にテストクラス/テストメソッドを呼び出すことができます。

構文は、次のようになります。引数のtestclassには「テストクラス」を指定します。

```
#include <cppunit/TestCase.h>
class testclass : public CppUnit::TestFixture
```

リスト1は、CppUnit::TestFixtureを使って、テストフィクスチャを作成するプログラム例です。

リスト1 テストフィクスチャを作成する（ファイル名：test536.cpp）

```
#include <cppunit/TestCase.h>
#include <cppunit/extensions/HelperMacros.h>

class TestSample : public CppUnit::TestFixture
{
    CPPUNIT_TEST_SUITE( TestSample );
    CPPUNIT_TEST( testMethod );
    CPPUNIT_TEST_SUITE_END();
public:

protected:
    void testMethod();
};

CPPUNIT_TEST_SUITE_REGISTRATION( TestSample );

void TestSample::testMethod()
{

}
```

リスト2 実行結果

```
$ test536
.

OK (1 tests)
```

テストクラスを使うときは、必ずTestFixtureクラスをpublicで継承します。テストメソッドは、privateメソッドにしてもよいのですが、さらに継承することを考慮してprotectedメソッドにしておくとよいでしょう。

テストスイートの登録を開始する

ここがポイントです！ CPPUNIT_TEST_SUITE

CPPUNIT_TEST_SUITEは、テストスイートにテストクラスを登録するためのマクロです。テストメソッドを追加する前に定義します。

テストクラスを直接TestFixtureクラスから継承しない場合は、登録する継承先のテストクラスと継承元のクラスの両方を記述します。

構文は、次のようになります。引数のtestclassには「テストクラス」、testclasssubには「継承先のテストクラス」、testclassbaseには「継承先のテストクラス」を指定します。

```
#include <cppunit/extensions/HelperMacros.h>
CPPUNIT_TEST_SUITE( testclass );
CPPUNIT_TEST_SUITE( testclasssub, testclassbase );
```

リスト1は、CPPUNIT_TEST_SUITEを使って、テストスイートを開始するプログラム例です。

リスト1 テストスイートを開始する（ファイル名：test537.cpp）

```
#include <cppunit/TestCase.h>
#include <cppunit/extensions/HelperMacros.h>

class TestSample2 : public CppUnit::TestFixture
{
    CPPUNIT_TEST_SUITE( TestSample2 ); // テストクラスを登録
    CPPUNIT_TEST( testMethod );         // テストメソッドを登録
    CPPUNIT_TEST_SUITE_END();
public:

protected:
    void testMethod(); // テストメソッド
};

// テストスイートに登録
CPPUNIT_TEST_SUITE_REGISTRATION( TestSample2 );

// テストメソッド
void TestSample2::testMethod()
{
    // ここにテストを書く
}
```

```
class TestSubSample2 : public TestSample2
{
    // テストクラスを登録
    CPPUNIT_TEST_SUB_SUITE( TestSubSample2, TestSample2 );
    CPPUNIT_TEST( testSubMethod ); // テストメソッドを登録
    CPPUNIT_TEST_SUITE_END();
public:

protected:
    void testSubMethod(); // テストメソッド
};

CPPUNIT_TEST_SUITE_REGISTRATION( TestSubSample2 );

// テストメソッド
void TestSubSample2::testSubMethod()
{
    ;
}
```

リスト2 実行結果

```
$ test537
...

OK (3 tests)
```

テストの実行は、CPPUNIT_TEST_SUITEマクロで登録した順序に実行されます。

Tips 538 ▶Level ● ▶対応 C++ VC g++

テストスイートの登録を終了する

ここがポイントです！ CPPUNIT_TEST_SUITE_END

CPPUNIT_TEST_SUITE_ENDは、テストスイートにテストクラスの登録を終了するためのマクロです。テストメソッドを追加した後に定義します。

構文は、次のようになります。引数はありません。

```
#include <cppunit/extensions/HelperMacros.h>
CPPUNIT_TEST_SUITE_END() ;
```

リスト1は、CPPUNIT_TEST_SUITE_ENDを使って、テストスイートの範囲を終了するプログラム例です。

リスト1 テストスイートの範囲を終了する（ファイル名：test538.cpp）

```
#include <cppunit/TestCase.h>
#include <cppunit/extensions/HelperMacros.h>

class TestSample : public CppUnit::TestFixture
{
    CPPUNIT_TEST_SUITE( TestSample ); // テストクラスを登録
    CPPUNIT_TEST( testMethod1 );      // テストメソッドを登録
    CPPUNIT_TEST( testMethod2 );      // テストメソッドを登録
    CPPUNIT_TEST_SUITE_END();
public:

protected:
    void testMethod1(); // テストメソッド
    void testMethod2(); // テストメソッド
};

// テストスイートに登録
CPPUNIT_TEST_SUITE_REGISTRATION( TestSample );

// テストメソッド
void TestSample::testMethod1()
{
    // ここにテストを書く
}

// テストメソッド
void TestSample::testMethod2()
{
    // ここにテストを書く
}
```

テストの実行は、CPPUNIT_TEST_SUITEマクロを実行した後の、登録するメソッドの順番になります。

Tips 539

Level ●○○

対応 C++ VC g++

テストメソッドを指定する

ここがポイントです！ CPPUNIT_TEST

テストメソッドを追加するには、CPPUNIT_TESTを使います。

テストメソッドは、戻り値と引数を持たないメソッドとして定義する必要があります。CPPUNIT_TEST_SUITEマクロに続いて複数行にわたってメソッドを定義します。

構文は、次のようになります。引数のmethodには「テストメソッド」を指定します。

```
#include <cppunit/extensions/HelperMacros.h>
CPPUNIT_TEST( method );
```

リスト1は、CPPUNIT_TESTを使って、テストメソッドを指定するプログラム例です。

リスト1 テストメソッドを指定する（ファイル名：test539.cpp）

```
#include <cppunit/TestCase.h>
#include <cppunit/extensions/HelperMacros.h>

class TestSample : public CppUnit::TestFixture
{
    CPPUNIT_TEST_SUITE( TestSample ); // テストクラスを登録
    CPPUNIT_TEST( testMethod );
    CPPUNIT_TEST_SUITE_END();
public:

protected:
    void testMethod(){
        CPPUNIT_ASSERT( true ); // 正常終了
    }
};

// テストスイートに登録
CPPUNIT_TEST_SUITE_REGISTRATION( TestSample );
```

リスト2 実行結果1

```
$ test539
.

OK (1 tests)
```

リスト3　実行結果2

```
$ test539
.F


!!!FAILURES!!!
Test Results:
Run: 1 Failures: 1 Errors: 0


1) test: TestSample::testMethod (F) line: 13 test539.cpp
assertion failed
- Expression: false
```

テストを実行すると、ピリオド(「.」)が表示されます。テストに成功すると、出力1のように示されます。失敗すると、出力2のように「F」が表示されます。

テストメソッドの例外を指定する

ここがポイントです！　CPPUNIT_TEST_EXCEPTION

CPPUNIT_TEST_EXCEPTIONを使うと、例外が発生しても通過できるテストメソッドを追加できます。

構文は、次のようになります。引数のmethodには「テストメソッド」、exには「例外の型」を指定します。

```
#include <cppunit/extensions/HelperMacros.h>
CPPUNIT_TEST_EXCEPTION( method, ex );
```

リスト1は、CPPUNIT_TEST_EXCEPTIONを使って、テストメソッドの例外を指定するプログラム例です。

リスト1　テストメソッドの例外を指定する（ファイル名：test540.cpp）

```
#include <cppunit/TestCase.h>
#include <cppunit/extensions/HelperMacros.h>

class TestSampleException : public CppUnit::TestFixture
```

```
{
    CPPUNIT_TEST_SUITE( TestSampleException ); // テストクラスを登録
    CPPUNIT_TEST_EXCEPTION( testMethodException, int );
    CPPUNIT_TEST_SUITE_END();
public:

protected:
    void testMethodException(){
        throw -1; // 例外が発生する場合
    }
};

// テストスイートに登録
CPPUNIT_TEST_SUITE_REGISTRATION( TestSampleException );
```

リスト2 実行結果

```
$ test540
.

OK (1 tests)
```

リスト3 実行結果2

```
$ test540
.F
!!!FAILURES!!!
Test Results:
Run: 1 Failures: 1 Errors: 0
1) test: TestSampleException::testMethodException (F)
expected exception not thrown
- Expected exception type: int
```

例外が発生した場合は、実行結果1のようにテストが成功します。例外が発生しない場合は、実行結果2のようにテストが失敗します。

テストメソッドの失敗を指定する

ここがポイントです！ CPPUNIT_FAIL

CPPUNIT_FAILは、テストが失敗したときに通過できるテストメソッドを追加します。構文は、次のようになります。引数のmethodには「テストメソッド」を指定します。

```
#include <cppunit/extensions/HelperMacros.h>
CPPUNIT_FAIL( method );
```

リスト1は、CPPUNIT_FAILを使って、テストメソッドの失敗を指定するプログラム例です。

リスト1 テストメソッドの失敗を指定する（ファイル名：test541.cpp）

```
#include <cppunit/TestCase.h>
#include <cppunit/extensions/HelperMacros.h>

class TestSample : public CppUnit::TestFixture
{
    CPPUNIT_TEST_SUITE( TestSample ); // テストクラスを登録
    CPPUNIT_TEST_FAIL( testMethodFail );
    CPPUNIT_TEST_SUITE_END();
public:

protected:
    void testMethodFail(){
        CPPUNIT_ASSERT( false ); // 異常
    }
};

// テストスイートに登録
CPPUNIT_TEST_SUITE_REGISTRATION( TestSample );
```

リスト2 実行結果1

```
$ test541
.

OK (1 tests)
```

リスト3 実行結果2

```
$ test541
```

```
.F


!!!FAILURES!!!
Test Results:
Run: 1 Failures: 1 Errors: 0


1) test: TestSample::testMethodFail (F)
expected exception not thrown
- Expected exception type: CppUnit::Exception
```

さらにワンポイント　テストが失敗した場合は、実行結果1のように表示され、テストが成功したことを示します。テストが成功した場合は、実行結果2のように表示され、テストが失敗したことを示します。

Tips 542 ▶Level ●○○ ▶対応 C++ VC g++

テストスイートに登録する

ここがポイントです！ **CPPUNIT_SUITE_REGISTRATION**

指定したテストクラスをレジストレーションに登録するには、CPPUNIT_SUITE_REGISTRATIONを使います。テストクラスを登録した後に1度だけ実行します。

構文は、次のようになります。引数のtestclassには「テストクラス」を指定します。

```
#include <cppunit/extensions/HelperMacros.h>
CPPUNIT_SUITE_REGISTRATION( testclass );
```

リスト1は、CPPUNIT_SUITE_REGISTRATIONを使って、テストスイートに登録するプログラム例です。

リスト1　テストスイートに登録する（ファイル名：test542.cpp）

```
#include <cppunit/TestCase.h>
#include <cppunit/extensions/HelperMacros.h>

class TestSample : public CppUnit::TestFixture
{
    CPPUNIT_TEST_SUITE( TestSample ); // テストクラスを登録
    CPPUNIT_TEST( testMethod );
```

```
    CPPUNIT_TEST_EXCEPTION( testMethodException, int );
    CPPUNIT_TEST_FAIL( testMethodFail );
    CPPUNIT_TEST_SUITE_END();
public:

protected:
    void testMethod(){
        CPPUNIT_ASSERT( true ); // 正常終了
    }

    void testMethodException(){
        throw -1; // 例外が発生する場合
    }
    void testMethodFail(){
        CPPUNIT_ASSERT( false ); // 異常
    }
};

// テストスイートに登録
CPPUNIT_TEST_SUITE_REGISTRATION( TestSample );
```

実行結果

```
$ test542
...

OK (3 tests)
```

さらにワンポイント

レジストレーションに登録することで、指定したクラスがTestFactoryRegistryクラスで実行されます。

テスト開始時に実行するメソッドを記述する

ここがポイントです! setUp

テストメソッドを実行するときの前処理を記述するには、setUpを使います。テストクラスでオーバーライドして使います。

構文は、次のようになります。引数はありません。

```
void setUp( void );
```

戻り値は、ありません。

リスト1は、setUpを使って、テスト開始時に実行するメソッドを記述するプログラム例です。

リスト1　テスト開始時に実行するメソッドを記述する（ファイル名：test543.cpp）

```
#include <cppunit/TestCase.h>
#include <cppunit/extensions/HelperMacros.h>

class SampleVal
{
    int m_val;
public:
    SampleVal() { m_val = 0; }

    int get() { return m_val; }
    int set( int val ) { return m_val = val; }
    int mul( int val ) { return m_val *= val; }
};

class TestSampleVal : public CppUnit::TestFixture
{
    CPPUNIT_TEST_SUITE( TestSampleVal ); // テストクラスを登録
    CPPUNIT_TEST( testSet );
    CPPUNIT_TEST( testMul );
    CPPUNIT_TEST_SUITE_END();

    SampleVal *val;
public:
    // テストメソッド実行時の前処理
    void setUp() { val = new SampleVal(); }
    // テストメソッド実行時の後処理
    void tearDown() { delete val; }

protected:
    void testSet()
    {
        CPPUNIT_ASSERT_EQUAL( val->get(), 0 );
        val->set( 10 );
        CPPUNIT_ASSERT_EQUAL( val->get(), 10 );
    }
    void testMul()
    {
        CPPUNIT_ASSERT_EQUAL( val->get(), 0 );
        CPPUNIT_ASSERT_EQUAL( val->set(10), 10 );
        CPPUNIT_ASSERT_EQUAL( val->mul(2), 20 );
    }
};

// テストスイートに登録
CPPUNIT_TEST_SUITE_REGISTRATION( TestSampleVal );
```

リスト2　実行結果

```
$ test543
..

OK (2 tests)
```

それぞれのテストメソッドで共通な前処理を記述します。リスト1のように、クラスのインスタンスを作成したり、データベースの初期化などを行います。

テスト終了時に実行するメソッドを記述する

ここがポイントです！　tearDown

テストメソッドを実行するときの後処理を記述するには、tearDownを使います。テストクラスでオーバーライドして使います。

構文は、次のようになります。引数はありません。

```
void tearDown( void );
```

戻り値は、ありません。

リスト1は、tearDownを使って、テスト終了時に実行するメソッドを記述するプログラム例です。

リスト1　テスト終了時に実行するメソッドを記述する（ファイル名：test544.cpp）

```
#include <cppunit/TestCase.h>
#include <cppunit/extensions/HelperMacros.h>

class SampleVal
{
    int m_val;
public:
    SampleVal() { m_val = 0; }

    int get() { return m_val; }
    int set( int val ) { return m_val = val; }
    int mul( int val ) { return m_val *= val; }
};
```

```
class TestSampleVal : public CppUnit::TestFixture
{
    CPPUNIT_TEST_SUITE( TestSampleVal ); // テストクラスを登録
    CPPUNIT_TEST( testSet );
    CPPUNIT_TEST( testMul );
    CPPUNIT_TEST_SUITE_END();

    SampleVal *val;

public:
    // テストメソッド実行時の前処理
    void setUp() { val = new SampleVal(); }
    // テストメソッド実行時の後処理
    void tearDown() { delete val; }

protected:

    void testSet()
    {
        CPPUNIT_ASSERT_EQUAL( val->get(), 0 );
        val->set( 10 );
        CPPUNIT_ASSERT_EQUAL( val->get(), 10 );
    }
    void testMul()
    {
        CPPUNIT_ASSERT_EQUAL( val->get(), 0 );
        CPPUNIT_ASSERT_EQUAL( val->set(10), 10 );
        CPPUNIT_ASSERT_EQUAL( val->mul(2), 20 );
    }
};

// テストスイートに登録
CPPUNIT_TEST_SUITE_REGISTRATION( TestSampleVal );
```

リスト2 実行結果

```
$ test544
..

OK (2 tests)
```

それぞれのテストメソッドで共通な後処理を記述します。リスト1のように、クラスのインスタンスを解放したり、データベースに書き込んだデータを削除したりします。

式を評価する

CPPUNIT_ASSERT

指定された式をテストするには、CPPUNIT_ASSERTを使います。

値が真（0以外,true）の場合に、テストが成功します。値が偽（0,false）の場合に、テストが失敗します。

構文は、次のようになります。引数のcondには「テストする式」を指定します。

```
#include <cppunit/extensions/HelperMacros.h>
CPPUNIT_ASSERT( cond );
```

戻り値は、ありません。

リスト1は、CPPUNIT_ASSERTを使って、式を評価するプログラム例です。

リスト1　式を評価する（ファイル名：test545.cpp）

```
#include <cppunit/TestCase.h>
#include <cppunit/extensions/HelperMacros.h>

class Sample
{
    int m_val;
public:
    Sample() { m_val = 0; }

    int set( int val ) { return m_val = val; }
    int get() { return m_val; }
    int add( int val ) { return m_val += val; }
};

class TestSample : public CppUnit::TestFixture
{
    CPPUNIT_TEST_SUITE( TestSample ); // テストクラスを登録
    CPPUNIT_TEST( testSet );
    CPPUNIT_TEST( testAdd );
    CPPUNIT_TEST_SUITE_END();
protected:
    void testSet(); // Sample::setのテスト
    void testAdd(); // Sample::addのテスト
};
// テストスイートに登録
CPPUNIT_TEST_SUITE_REGISTRATION( TestSample );
```

```
void TestSample::testSet()
{
    Sample a;
    // 初期値が0であること
    CPPUNIT_ASSERT( a.get() == 0 );
    // 値を設定
    a.set(1);
    CPPUNIT_ASSERT( a.get() == 1 );

    // 別のインスタンスを作成しても他へ影響しないこと
    Sample b;
    CPPUNIT_ASSERT( b.get() == 0 );
    CPPUNIT_ASSERT( a.get() == 1 );
}

void TestSample::testAdd()
{
    Sample a;
    // 初期値が0であること
    CPPUNIT_ASSERT( a.get() == 0 );
    // 値を
    a.set(1);
    CPPUNIT_ASSERT( a.get() == 1 );
    a.add(1);
    CPPUNIT_ASSERT( a.get() == 2 );

    a.add(1);
    CPPUNIT_ASSERT( a.get() != 3 ); // 失敗させてみる
}
```

リスト2 実行結果

```
$ test545
..F


!!!FAILURES!!!
Test Results:
Run: 2 Failures: 1 Errors: 0


1) test: TestSample::testAdd (F) line: 56 test518.cpp
assertion failed
- Expression: a.get() != 3
```

リスト1では、1つのテストに失敗しています。テストに失敗したときは、失敗したときのメソッド名と、失敗したときの行番号が出力されます。

メッセージ付きで式を評価する

ここがポイントです！ CPPUNIT_ASSERT_MESSAGE

指定された式をテストするには、CPPUNIT_ASSERT_MESSAGEを使います。

構文は、次のようになります。引数のmsgには「メッセージ」、condには「テストする式」を指定します。

```
#include <cppunit/extensions/HelperMacros.h>
CPPUNIT_ASSERT_MESSAGE( msg, cond );
```

値が真（0以外,true）の場合に、テストが成功します。値が偽（0,false）の場合に、テストが失敗し、メッセージを表示します。

戻り値は、ありません。

リスト1は、CPPUNIT_ASSERT_MESSAGEを使って、メッセージ付きで式を評価するプログラム例です。

リスト1 メッセージ付きで式を評価する（ファイル名：test546.cpp）

```
#include <cppunit/TestCase.h>
#include <cppunit/extensions/HelperMacros.h>

class Sample
{
    int m_val;
public:
    Sample() { m_val = 0; }

    int set( int val ) { return m_val = val; }
    int get() { return m_val; }
    int add( int val ) { return m_val += val; }
};

class TestSample : public CppUnit::TestFixture
{
    CPPUNIT_TEST_SUITE( TestSample ); // テストクラスを登録
    CPPUNIT_TEST( testSet );
    CPPUNIT_TEST_SUITE_END();
protected:
    void testSet(); // Sample::setのテスト
};

// テストスイートに登録
```

```
CPPUNIT_TEST_SUITE_REGISTRATION( TestSample );

void TestSample::testSet()
{
     Sample a;
     CPPUNIT_ASSERT( a.get() == 0 );
     CPPUNIT_ASSERT_MESSAGE( "要チェック", a.set(1) != 1 ); // 失敗させる
}
```

実行結果

```
$ test546
.F


!!!FAILURES!!!
Test Results:
Run: 1 Failures: 1 Errors: 0


1) test: TestSample::testSet (F) line: 30 test522.cpp
assertion failed
- Expression: a.set(1) != 1
- 要チェック
```

さらにワンポイント
リスト1では、1つのテストに失敗しています。テストに失敗したときは、失敗したときのメソッド名と、失敗したときの行番号以外にメッセージが出力されます。

テストを失敗させる

ここがポイントです! **CPPUNIT_FAIL**

CPPUNIT_FAILを使うと、常にテストを失敗させます。未実装のテストメソッドを実行させたときに使います。

構文は、次のようになります。引数のmsgには「メッセージ」を指定します。

```
#include <cppunit/extensions/HelperMacros.h>
CPPUNIT_FAIL( msg );
```

戻り値は、ありません。

リスト1は、CPPUNIT_FAILを使って、テストを失敗させるプログラム例です。

リスト1 テストを失敗させる（ファイル名：test547.cpp）

```
#include <cppunit/TestCase.h>
#include <cppunit/extensions/HelperMacros.h>

class Sample
{
    int m_val;
public:
    Sample() { m_val = 0; }

    int set( int val ) { return m_val = val; }
    int get() { return m_val; }
    int add( int val ) { return m_val += val; }
};

class TestSample : public CppUnit::TestFixture
{
    CPPUNIT_TEST_SUITE( TestSample ); // テストクラスを登録
    CPPUNIT_TEST( testSet );
    CPPUNIT_TEST( testAdd );
    CPPUNIT_TEST_SUITE_END();
protected:
    void testSet();
    void testAdd();
};

// テストスイートに登録
CPPUNIT_TEST_SUITE_REGISTRATION( TestSample );

void TestSample::testSet()
{
    Sample a;
    CPPUNIT_ASSERT( a.get() == 0 );
    CPPUNIT_ASSERT( a.set(1) == 1 );
}
void TestSample::testAdd()
{
    CPPUNIT_FAIL("未実装");
}
```

リスト2 実行結果

```
$ test547
..F

!!!FAILURES!!!
Test Results:
```

```
Run: 2 Failures: 1 Errors: 0

1) test: TestSample::testAdd (F) line: 36 test547.cpp
forced failure
- 未実装
```

リスト1のように、未実装のメソッドに記述しておきます。こうすることにより、どのテストが実装していないかが分かります。

期待値と比較する

CPPUNIT_ASSERT_EQUAL

期待値 (expected) と実行値 (actual) とを比較するには、CPPUNIT_ASSERT_EQUALを使います。

構文は、次のようになります。引数のexpectedには「期待値」、actualには「実行値」を指定します。

```
#include <cppunit/extensions/HelperMacros.h>
CPPUNIT_ASSERT_EQUAL( expected, actual );
```

「期待値」には、成功させる値を記述します。「実行値」を比較して、テスト結果を出力します。

戻り値は、ありません。

リスト1は、CPPUNIT_ASSERT_EQUALを使って、期待値と比較するプログラム例です。

リスト2は、std::stringで文字列を比較する例です。

リスト3は、charを使った文字列を比較する例です。

リスト1 期待値と比較する (ファイル名 : test548.cpp)

```
#include <cppunit/TestCase.h>
#include <cppunit/extensions/HelperMacros.h>

class SampleVal
{
    int m_val;
public:
```

```
    SampleVal() { m_val = 0; }

    int get() { return m_val; }
    int set( int val ) { return m_val = val; }
    int mul( int val ) { return m_val *= val; }
};

class TestSampleVal : public CppUnit::TestFixture
{
    CPPUNIT_TEST_SUITE( TestSampleVal ); // テストクラスを登録
    CPPUNIT_TEST( testSet );
    CPPUNIT_TEST( testMul );
    CPPUNIT_TEST_SUITE_END();
protected:
    void testSet()
    {
        SampleVal a;
        CPPUNIT_ASSERT_EQUAL( a.get(), 0 );
        a.set( 10 );
        CPPUNIT_ASSERT_EQUAL( a.get(), 10 );
    }
    void testMul()
    {
        SampleVal a;
        CPPUNIT_ASSERT_EQUAL( a.get(), 0 );
        CPPUNIT_ASSERT_EQUAL( a.set(10), 10 );
        CPPUNIT_ASSERT_EQUAL( a.mul(2), 20 );
    }
};

// テストスイートに登録
CPPUNIT_TEST_SUITE_REGISTRATION( TestSampleVal );
```

リスト2 string型の文字列をテストする（ファイル名：test548a.cpp）

```
#include <string>
#include <cppunit/TestCase.h>
#include <cppunit/extensions/HelperMacros.h>
using namespace std;

class SampleStr
{
    string m_val;
public:
    SampleStr() { m_val = ""; }

    string get() { return m_val; }
    string set( string s ) { return m_val = s; }
    string set( char *s ) { m_val = s; return m_val; }
    string add( string s ) { m_val += s; return m_val; }
    string add( char *s ) { m_val += s; return m_val; }
```

```
};

class TestSampleStr : public CppUnit::TestFixture
{
    CPPUNIT_TEST_SUITE( TestSampleStr ); // テストクラスを登録
    CPPUNIT_TEST( testSet );
    CPPUNIT_TEST( testAdd );
    CPPUNIT_TEST_SUITE_END();
protected:
    void testSet()
    {
        SampleStr a;
        CPPUNIT_ASSERT_EQUAL( string("hello"), a.set("hello"));
        CPPUNIT_ASSERT_EQUAL( string("world"), a.set("world"));
    }
    void testAdd()
    {
        SampleStr a;
        CPPUNIT_ASSERT_EQUAL( string("hello"), a.add("hello"));
        CPPUNIT_ASSERT_EQUAL( string("hello "), a.add(" "));
        CPPUNIT_ASSERT_EQUAL( string("hello world"), a.add("world"));
    }
};

// テストスイートに登録
CPPUNIT_TEST_SUITE_REGISTRATION( TestSampleStr );
```

リスト3 char*型の文字列をテストする（ファイル名：atest520b.cpp）

```
#include <string>
#include <cppunit/TestCase.h>
#include <cppunit/extensions/HelperMacros.h>
using namespace std;

class SampleChar
{
    string m_val;
public:
    SampleChar() { m_val = ""; }

    const char *get() { return m_val.c_str(); }
    const char *set( char *s ) { m_val = s; return m_val.c_str(); }
    const char *add( char *s ) { m_val += s; return m_val.c_str(); }
};

class TestSampleChar : public CppUnit::TestFixture
{
    CPPUNIT_TEST_SUITE( TestSampleChar ); // テストクラスを登録
    CPPUNIT_TEST( testSet );
    CPPUNIT_TEST( testAdd );
    CPPUNIT_TEST_SUITE_END();
```

```
protected:
    void testSet()
    {
        SampleChar a;
        CPPUNIT_ASSERT( strcmp( "", a.get()) == 0 );
        CPPUNIT_ASSERT( strcmp( "hello", a.set("hello")) == 0 );
        CPPUNIT_ASSERT( strcmp( "world", a.set("world")) == 0 );
    }
    void testAdd()
    {
        SampleChar a;
        CPPUNIT_ASSERT( strcmp( "", a.get()) == 0 );
        CPPUNIT_ASSERT( strcmp( "hello", a.add("hello")) == 0 );
        CPPUNIT_ASSERT( strcmp( "hello world", a.add(" world")) == 0 );
    }
};

// テストスイートに登録
CPPUNIT_TEST_SUITE_REGISTRATION( TestSampleChar );
```

さらにワンポイント

リスト1のように、期待値と実行値を記述します。CPPUNIT_ASSERT_EQUALマクロでは、数値の比較は期待通り行われますが、文字列の場合はポインタの比較になり、期待通りの動きをしません。指定した文字列を比較したい場合は、リスト2のようにstringクラスを利用するか、リスト3のようにstrcmp関数を使います。

Tips 549

▶Level ●●○

▶対応 C++ VC g++

メッセージ付きで期待値と比較する

ここがポイントです！ CPPUNIT_ASSERT_EQUAL_MESSAGE

期待値（expected）と実行値（actual）とを比較してメッセージを出力するには、CPPUNIT_ASSERT_EQUAL_MESSAGEを使います。

構文は、次のようになります。引数のmsgには「メッセージ」、expectedには「期待値」、actualには「実行値」を指定します。

```
#include <cppunit/extensions/HelperMacros.h>
CPPUNIT_ASSERT_EQUAL_MESSAGE( msg, expected, actual );
```

「期待値」には、成功させる値を記述します。失敗したときにはメッセージを表示します。
戻り値は、ありません。

リスト1は、CPPUNIT_ASSERT_EQUAL_MESSAGEを使って、メッセージ付きで期待値と比較するプログラム例です。

リスト1 メッセージ付きで期待値と比較する（ファイル名：test549.cpp）

```
#include <cppunit/TestCase.h>
#include <cppunit/extensions/HelperMacros.h>

class SampleVal
{
    int m_val;
public:
    SampleVal() { m_val = 0; }

    int get() { return m_val; }
    int set( int val ) { return m_val = val; }
    int mul( int val ) { return m_val *= val; }
};

class TestSampleVal : public CppUnit::TestFixture
{
    CPPUNIT_TEST_SUITE( TestSampleVal ); // テストクラスを登録
    CPPUNIT_TEST( testSet );
    CPPUNIT_TEST_SUITE_END();
protected:
    void testSet()
    {
        SampleVal a;
        CPPUNIT_ASSERT_EQUAL( a.get(), 0 );
        a.set( 10 );
        CPPUNIT_ASSERT_EQUAL_MESSAGE( "要注意項目", a.get(), 0 );
    }
};

// テストスイートに登録
CPPUNIT_TEST_SUITE_REGISTRATION( TestSampleVal );
```

リスト2 実行結果

```
$ test549
.F


!!!FAILURES!!!
Test Results:
Run: 1 Failures: 1 Errors: 0

```

```
1) test: TestSampleVal::testSet (F) line: 26 test521.cpp
equality assertion failed
- Expected: 10
- Actual : 0
- 要注意項目
```

リスト1のように、期待値と実行値、メッセージを記述します。失敗した場合には詳しいメッセージを表示できます。

実数で期待値と比較する

ここがポイントです！ **CPPUNIT_ASSERT_DOUBLES_EQUAL**

期待値（expected）と実行値（actual）を実数で比較するには、CPPUNIT_ASSERT_DOUBLES_EQUALを使います。

double型やfloat型で実数を計算する場合は、コンピュータによる計算誤差が発生するので、有効誤差範囲（delta）を指定して、その範囲内であれば成功とみなすことができます。

構文は、次のようになります。引数のexpectedには「期待値」、actualには「実行値」、deltaには「有効誤差範囲」を指定します。

```
#include <cppunit/extensions/HelperMacros.h>
CPPUNIT_ASSERT_DOUBLES_EQUAL( expected, actual, delta );
```

戻り値は、ありません。

リスト1は、CPPUNIT_ASSERT_DOUBLES_EQUALを使って、実数で期待値と比較するプログラム例です。

リスト1 実数で期待値と比較する（ファイル名：test550.cpp）

```
#include <cppunit/TestCase.h>
#include <cppunit/extensions/HelperMacros.h>

class SampleVal
{
    double m_val;
public:
    SampleVal() { m_val = 0; }

```

```
    double get() { return m_val; }
    double set( double val ) { return m_val = val; }
    double div( double val ) { return m_val /= val; }
};

class TestSampleVal : public CppUnit::TestFixture
{
    CPPUNIT_TEST_SUITE( TestSampleVal ); // テストクラスを登録
    CPPUNIT_TEST( testSet );
    CPPUNIT_TEST( testDiv );
    CPPUNIT_TEST_SUITE_END();
protected:
    void testSet()
{
        SampleVal a;
        CPPUNIT_ASSERT_DOUBLES_EQUAL( 0, a.get(), 0 );
        a.set( 10 );
        CPPUNIT_ASSERT_DOUBLES_EQUAL( 10, a.get(), 0 );
    }
    void testDiv()
    {
        SampleVal a;
        CPPUNIT_ASSERT_DOUBLES_EQUAL( 0, a.get(), 0 );
        CPPUNIT_ASSERT_DOUBLES_EQUAL( 10, a.set(10), 0 );
        CPPUNIT_ASSERT_DOUBLES_EQUAL( 3.33, a.div(3), 0.01 );
    }
};

// テストスイートに登録
CPPUNIT_TEST_SUITE_REGISTRATION( TestSampleVal );
```

リスト2 実行結果

```
$ test550
..

OK (2 tests)
```

リスト1のように、割りきれない割り算（10/3など）を行ったときの数値を比較します。

コマンドラインでテストを実行する

ここがポイントです！ CppUnit::TextUi::TestRunner

CppUnit::TextUi::TestRunnerを使うと、テストの結果がコンソールに表示されます。
構文は、次のようになります。引数はありません。

```
#include <cppunit/ui/text/TestRunner.h>
CppUnit::TextUi::TestRunner runner;
```

戻り値は、ありません。

リスト1は、CppUnit::TextUi::TestRunnerを使って、コマンドラインでテストを実行するプログラム例です。

リスト1 コマンドラインでテストを実行する（ファイル名：test551.cpp）

```
#include <cppunit/ui/text/TestRunner.h>
#include <cppunit/extensions/TestFactoryRegistry.h>

void main( void ) {
    CppUnit::TextUi::TestRunner runner;
        runner.addTest(
            CppUnit::TestFactoryRegistry::getRegistry().makeTest());
    runner.run();
}
```

コマンドラインで実行すると自動実行が可能になります。runメソッドの、戻り値をチェックして、テストの成功/失敗を判断できます。

Windowsアプリケーションでテストを実行する

ここがポイントです！ CppUnit::MfcUi::TestRunner

CppUnit::MfcUi::TestRunnerを使うと、テストの結果がコンソールに表示されます。
構文は、次のようになります。引数はありません。

```
#include <cppunit/ui/text/TestRunner.h>
CppUnit::MfctUi::TestRunner runner;
```

戻り値は、ありません。

リスト1は、CppUnit::MfcUi::TestRunnerを使って、Windowsアプリケーションでテストを実行するプログラム例です。

▼CppUnitのダウンロード

```
http://sourceforge.net/apps/mediawiki/cppunit/
```

リスト1　Windowsアプリケーションでテストを実行する（ファイル名：test552.cpp）

```
#include <afxwin.h>
#include <cppunit/ui/mfc/TestRunner.h>
#include <cppunit/extensions/TestFactoryRegistry.h>

class CTestApp : public CWinApp
{
public:
    CTestApp(){;}
public:
    virtual BOOL InitInstance();
};

CTestApp theApp;
BOOL CTestApp::InitInstance()
{
    CppUnit::MfcUi::TestRunner runner;
        runner.addTest(
            CppUnit::TestFactoryRegistry::getRegistry().makeTest());
    runner.run();
    return FALSE;
}
```

Column C/C++を学ぶ利点

最近では、高度なグラフィック表現のAPIや人工知能を用いたWeb APIの呼び出し、並列動作するプログラムや機械学習のツールを動かすために、PythonやJavascript（nodejs）などのスクリプト言語が使われるようになりました。

既存のライブラリを利用するのであれば、特にスピードを要求されるわけではないので、スクリプト言語のようなCPUに直結していない言語でも実運用でも問題なく動作します。

ただし、逆に言えば、ライブラリの中身を作成するような専門性の高いところがC/C++の機能が必要なところになります。単純な高速化に限らず、ハードウェアに直接アクセスできる利点や動作メモリを小さくできる利点も活用できます。多少コード量が多くなっても、CPUやメモリの動作を制御できるC/C++はGC（ガベージコレクション）を利用したJavaやC#とは違った細かな制御が可能になります。

また、ロボット制御やIoTなどの組み込みシステムではOS自体がないことが多いので、この分野でC言語は必須になります。

動作環境の極意

C/C++の開発環境

ここがポイントです！ コンパイラ、エディタ、統合開発環境

C/C++を開発する環境には、ソースコードをコンパイルするための **コンパイラ**、ソースコードをキーボードで打ち込むための **エディタ**、これらの開発環境を1つにまとめた **統合開発環境 (IDE)** が必要です。

IDEは、C/C++で開発するのに必須ではありませんが、複数のソースコードをまとめて扱ったり、コンパイル時のエラーを修正する効率はかなり違います。

また、IDEにはデバッガが付属するものが多く、プログラムを実行しながら内部の変数をチェックすることができます。

●コンパイラ

コンパイラには、GNUコンパイラ群のgccやg++、Microsoft社のVisual Studioに含まれるclコンパイラ、LLVMを利用するclangなどがあります。ほかにも有償ではありますが、Intel C++コンパイラもあります。

大抵のコンパイラは、コンパイルするOSとコンパイル&リンクした実行ファイルを動作させるOS（あるいはCPU）が同じものになりますが、**クロスコンパイラ**と呼ばれる双方が異なるOS/CPUで動かすためのコンパイラがあります。

例えば、Androidを動作させるARM CPUで動作させる実行ファイルを、WindowsやLinux上のIntel CPU上でコンパイルすることもあります。

●エディタ

C/C++のコードは、テキスト形式なので、シンプルなメモ帳（notepad）やvi、emacsなどでもコーディングが可能です。vi/vimやemacsであれば、コードを打つだけでなく、C/C++のキーワードに色を付けて区別をしたり、補完機能を使い楽にコーディングができるようになっています。

ほかにもVisual Studio Code（画面1）やAtomによって、C/C++のコーディングをスムースにできます。エディタの場合、さまざまなOS（Linux/Windows/macOS）に移植されているものが多いため、異なるOSでも同じ開発環境を整えることができます。

●統合開発環境（IDE）

統合開発環境（IDE）としては、Visual Studio（画面2）やEclipseなどがあります。単純なテキストエディタとは異なり、プログラムを実行しながら一時停止を行えるデバッグ実行の機能などを持っています。

OS特有の機能を使っている場合が多いため、ほかのOSでは動作しないことが多いのですが、ほかのプログラム言語を同時に使える利点もあり、コンパイル/ビルド/デバッグなどをまとめて扱えます。

▼画面1 Visual Studio Code

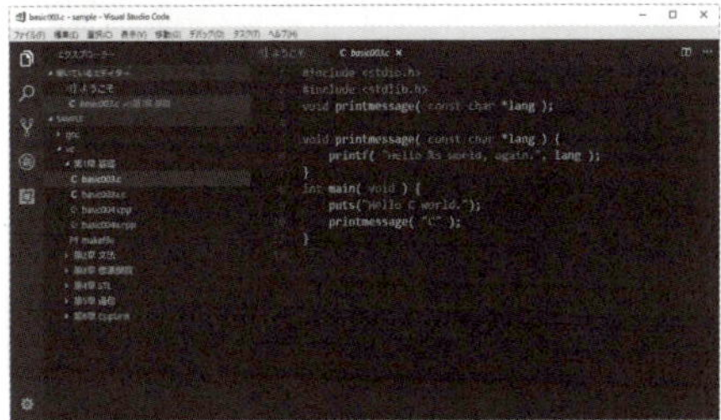

▼画面2 Visual Studio 2017

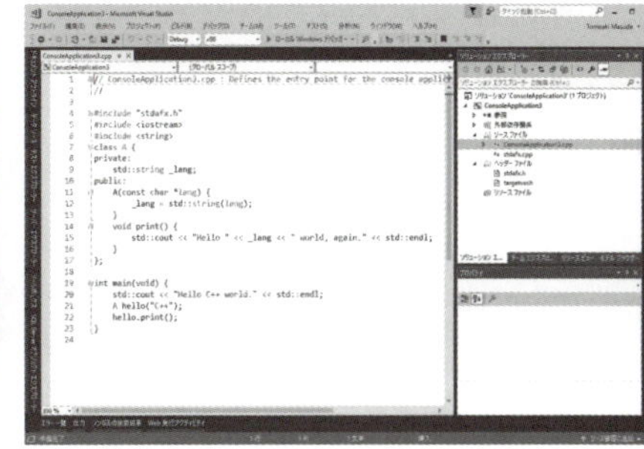

Ubuntuでg++を使う

ここがポイントです！ Ubuntuでの実行

Ubuntuは、Linuxのディストリビューションで、主にデスクトップユーザー向けにまとめられたものです。画面操作がMicrosoft Windowsと非常に良く似ており、WindowsからLinuxへの移行が比較的容易になっています。

執筆時点（2018年3月）では、17.10が配布されています。インストーラはデスクトップ版とサーバー版がありますが、どちらも最初の状態では、gcc/g++はインストールされません。

次のコマンドを実行してインターネットからインストールします。

```
$ sudo apt-get install g++
```

▼Ubuntuの画面

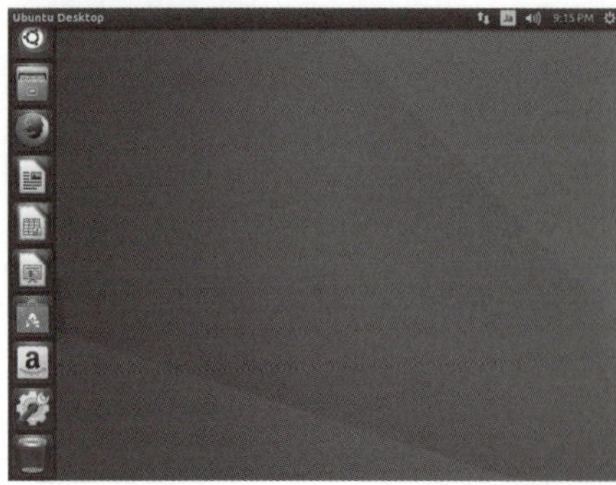

▼ターミナル

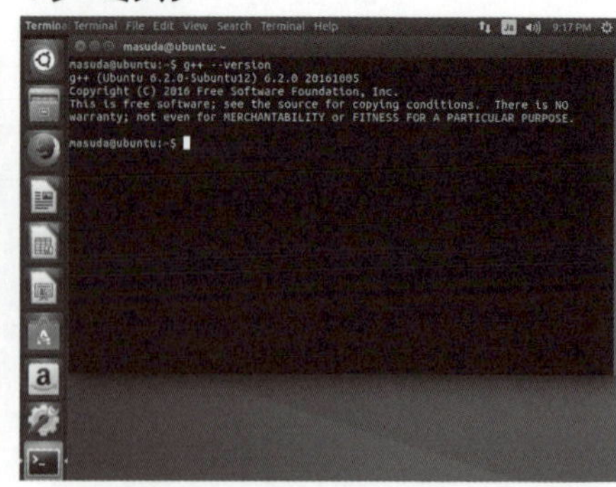

Tips 555 ▶Level ● ▶対応 C C++ VC g++

Windowsでgcc（cygwin）を使う

ここがポイントです！ Windowsでの実行（gcc）

Windowsでgcc/g++を利用する場合は、cygwinを使うとよいでしょう。g++とVisual C++では、若干コンパイラやライブラリの動きに違いがあります。Linux環境で確認する事前作業としてもcygwinを使うと便利です。

cygwinをデフォルトでインストールした状態では、gcc/g++はインストールされません。Develパッケージの中に「gcc-c++」があるので、これにチェックを入れます。

cygwinのコマンドラインを開くとgcc/g++が使えます。

ただし、初期状態では日本語が文字化けをするので、次のようにLANG環境変数を設定しておきます。

```
export LANG=ja_JP.SJIS
```

▼cygwinのインストール

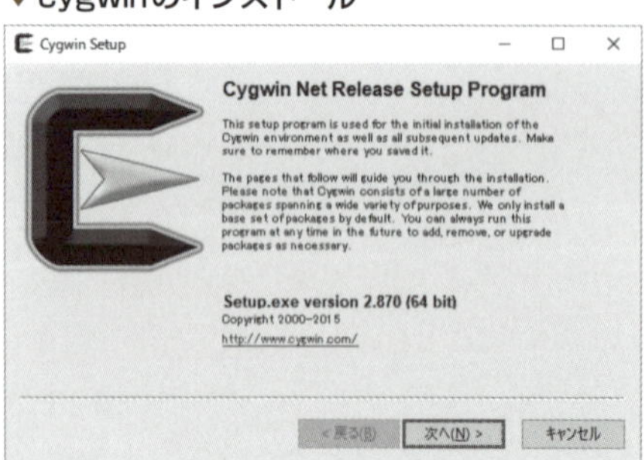

▼gcc-c++をチェック

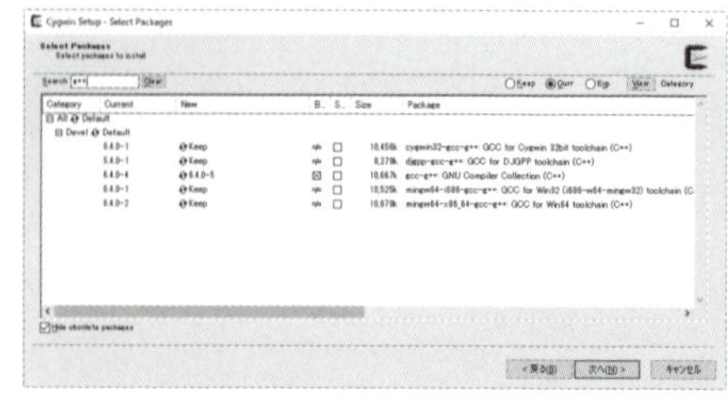

▼cygwinのコマンドライン

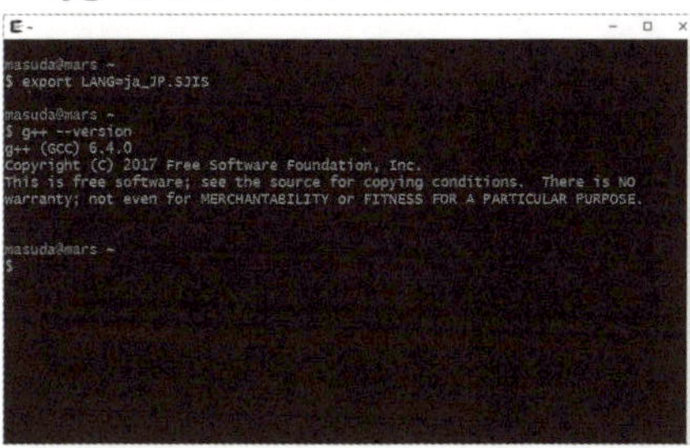

Windows で VC++ を使う

Windows での実行 (VC++)

Windows環境では、有償/無償のVisual Studio 2017があります。Enterprise版やProfessional版は有償ですが、Community版が無償で提供されています。

コマンドプロンプトを使ってC言語やC++のソースをコンパイルするためには、環境変数が設定されている「VS 2017 用 x64_x86 Cross Tools コマンド プロンプト」を使うと便利です。

実行すると、次の画面のようになります。

▼コマンドプロンプトを検索

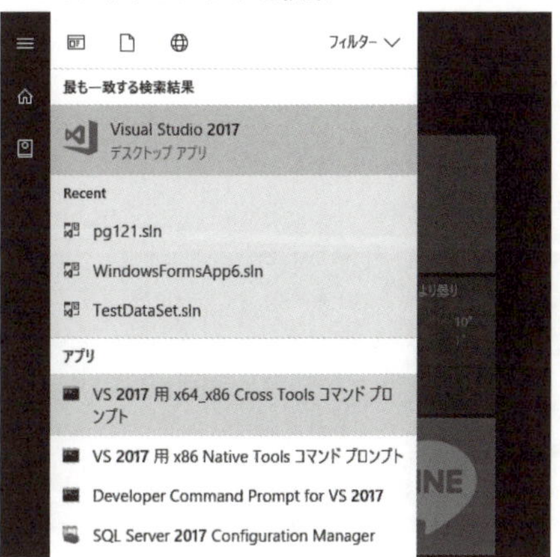

▼コマンドプロンプトを起動

Windows上で Linux Subsystemを使う

ここがポイントです!

Windows Subsystem for Linuxで実行

コンピューターのWindows内でLinuxを利用する場合、Hyper-VやVMWareを使って仮想環境を作成するほかにも、Windows Subsystem for Linux(WSL)を使う方法もあります。仮想環境とは異なり、同じLinuxを複数動かすことはできませんが、Windows上のソースコードをそのままWSL内で利用できます。

手順は次のようになります。

❶Windows 10で[Windowsの機能の有効化または無効化]を開き、[Windows Subsystem for Linux]を有効にします(画面1)。

❷この後、WindowsストアでUbuntuをインストールすることで、Ubuntuのコマンドラインが使えるようになります(画面2)。

❸通常のUbuntuのように「apt-get install g++」とすることで、画面3のようにgcc/g++が利用できます。

▼画面1 Windowsの機能の有効化または無効化

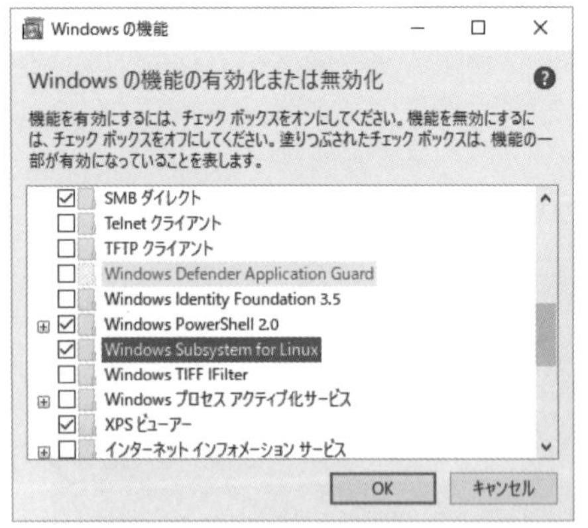

▼画面2 Windowsストア

▼画面3 Ubuntu

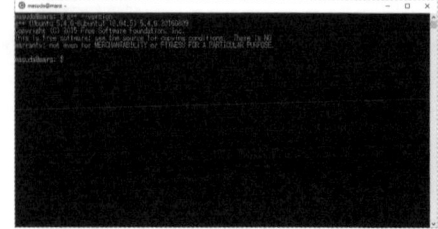

Tips 558

Raspberry Pi上でg++を構築する

▶Level ●●○

▶対応 C C++ VC g++

ここがポイントです！ Raspberry Piでの実行

Raspberry Pi（ラズパイ）は、手軽に組み込みシステムを構築できる環境です。PCからハードウェアを制御するときにはシリアルポートや特定のボードが必要になりますが、ラズパイを利用するとGPIOやI2C通信など使い数々のセンサーを手軽に利用できます。

ラズパイのOSは、主にRaspbianというLinuxが使われています。Debianベースなので、通常のPCにDebianを入れたときと同じように使えます。ほかにも、UbuntuやWidows IoT Core、Android ThingsなどのOSが動作できます。

g++は、DebianやUbuntuと同じように、次のコマンドを実行してインターネットからインストールします。

```
$ sudo apt-get install g++
```

モニタを使わない場合は、画面2のようにTera Termなどのターミナルソフトを使って操作できます。

▼画面1 Raspberry Pi

▼画面2 Tera Term

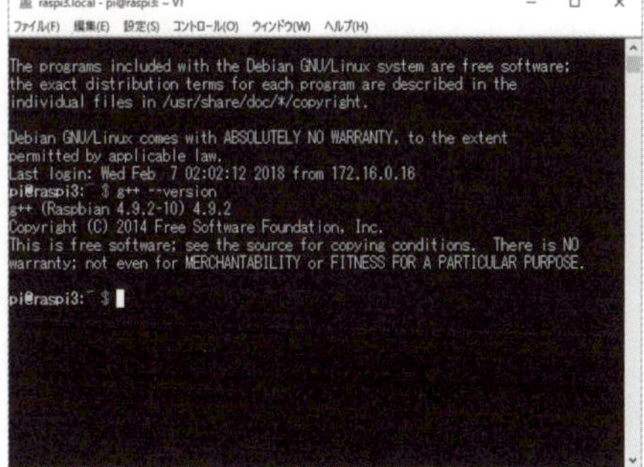

gcc makeのオプションを使う

ここがポイントです！ gcc makeのオプション

makeコマンドは、gccやg++のコンパイル環境に付随するmakefileの実行コマンドです。複数のソースファイルから実行ファイルを作成したり、依存関係を考慮しながらコンパイルするときに必須なコマンドです。

makefileの基本的な構造は、次の構文を使います。

```
ターゲット名： 依存ファイル1 依存ファイル2 ...
    コマンド1
    コマンド2
```

「ターゲット名」は、makeコマンドから利用する名前になります。

「ALL」や「TARGET」のような単語を使う場合や、「sample」のようにファイル名を直接書くこともできます。

「依存ファイル」は、ターゲットを作成するため依存する名前です。実行ファイルやオブジェクトファイル、ソースファイルなどを記述します。

「コマンド」は、ターゲットを作成するためのコマンドです。コマンドの先頭にはタブを記述します。g++コマンドなどのC/C++のソースファイルをコンパイルするコマンドのほかに、rmコマンドなどのコマンドラインで使えるコマンドも利用できます。

リスト1のmakefileの例1は、func1.cppとfunc2.cppをコンパイルして、sampleを作成しています。

●マクロ

makefileでは、マクロを使うことができます。ファイル名やコマンド名を直接記述する変わりに、CXXやOBJSなどの名前を使って定義して、makefileの可読性や可搬性を良くします。

```
# マクロの設定
マクロ名 = 文字列

# マクロの参照
$(マクロ名)
${マクロ名}
```

先のmakefileの内容を、実行ファイルやclコマンドを書き換えたのがリスト2です。

このほかにも、主要なコンパイルスイッチを設定することで、後からの改変を楽にできます。

●特殊マクロ

自分で定義するマクロのほかに、すでにnamkeコマンドが実行するときに、ファイル名などから生成するマクロがあります。これを特殊マクロと呼びます。nmakeで使える特殊マクロには、次のようなものがあります。

特殊マクロ

マクロ名	説明
$@	ターゲットのフルファイル名
$<	先頭の依存ファイル
$?	ターゲットよりも新しい依存ファイル
$^	すべての依存ファイル

先のmakefileの内容を特殊マクロを使って書き換えたのがリスト3です。

●サフィックス

サンプルのmakefileのように、拡張子cppのファイルをコンパイルして拡張子oのファイルを常に作成するときは、推論規則（サフィックスルール）利用すると便利です。C++のファイルをコンパイルしてオブジェクトファイル（.oファイル）を作成する場合は、次のように記述します。

```
.SUFFIXES: .o .cpp

.cpp.o:
  g++ -c $<
```

amkeでは、.cpp.oの推論がすでに「$(CPP) $(CPPFLAGS) /c $<」として定義されているため、自動的に、C++のソースファイルからオブジェクトファイルが作成されます。

リスト4では、サフィックスを利用しています。

リスト1 makefileの例1

```
ALL: sample

sample: main.o func1.o func2.o
    g++ -o sample main.o func1.o func2.o
main.o: main.cpp func1.h func2.h
    g++ -c main.cpp
func1.o: func1.cpp
    g++ -c func1.cpp
func2.o: func2.cpp
    g++ -c func2.cpp
clean:
    rm -f sample *.o
```

リスト2 makefileの例2

```
target = sample
cxx = g++
objs = main.o func1.o func2.o
all: $(target)

$(target): $(objs)
	$(cxx) -o $(target) $(objs)
main.o: main.cpp func1.h func2.h
	$(cxx) -c main.cpp
func1.o: func1.cpp
	$(cxx) -c func1.cpp
func2.o: func2.cpp
	$(cxx) -c func2.cpp

clean:
	rm -f *.o sample
```

リスト3 makefileの例3

```
target = sample
cxx = g++
objs = main.o func1.o func2.o

all: $(target)

$(target): $(objs)
	$(cxx) -o $(target) $^
main.o: main.cpp func1.h func2.h
	$(cxx) -c $<
func1.o: func1.cpp
	$(cxx) -c $<
func2.o: func2.cpp
	$(cxx) -c $<
clean:
	rm -f *.o sample
```

リスト4 makefileの例4

```
target = sample
cxx = g++
objs = main.o func1.o func2.o

all: $(target)

$(target): $(objs)
	$(cxx) -o $(target) $^
main.o: main.cpp func1.h func2.h

.SUFFIXES: .o .cpp
.cpp.o:
```

```
	$(cxx) -c $<

clean:
	rm -f *.o sample
```

nmakeのオプションを使う

nmakeコマンドは、VC++に付属するmakefileの実行コマンドです。通常、複数ファイルをコンパイルするときは、Visual Studioのような統合開発環境を利用しますが、本書のようなコマンドラインを利用したテストツールを動かす場合には、makefileを作成します。

makefileの基本的な構造は、次の構文を使います。

```
ターゲット名: 依存ファイル1 依存ファイル2 ...
	コマンド1
	コマンド2
	...
```

「ターゲット名」は、nmakeコマンドから利用する名前になります。

「ALL」や「TARGET」のような単語を使う場合や、「sample.exe」のようにファイル名を直接書くこともできます。

「依存ファイル」は、ターゲットを作成するため依存する名前です。実行ファイルやオブジェクトファイル、ソースファイルなどを記述します。

「コマンド」は、ターゲットを作成するためのコマンドです。コマンドの先頭にはタブを記述します。clコマンドなどのC/C++のソースファイルをコンパイルするコマンドのほかに、DELコマンドなどのコマンドラインで使えるコマンドも利用できます。

リスト1のmakefileの例は、func1.cppとfunc2.cppをコンパイルして、sample.exeを作成します。

●マクロ

makefileでは、マクロを使うことができます。ファイル名やコマンド名を直接記述する変わりに、CXXやOBJSなどの名前を使って定義して、makefileの可読性や可搬性を良くします。

```
# マクロの設定
マクロ名 = 文字列
```

```
# マクロの参照
$(マクロ名)
```

先のmakefileの内容を、実行ファイルやclコマンドを書き換えたのがリスト2です。

このほかにも、主要なコンパイルスイッチを設定することで、後からの改変を楽にできます。

●特殊マクロ

自分で定義するマクロのほかに、すでにnamkeコマンドが実行するときに、ファイル名などから生成するマクロがあります。これを特殊マクロと呼びます。
nmakeで使える特殊マクロには次のようなものがあります。

▨特殊マクロ

マクロ名	説明
$@	ターゲットのフルファイル名
$$@	ターゲットのフルファイル名(依存関係でのみ指定可能)
$*	ターゲットのパスとベース名(拡張子は含まず)
$**	ターゲットのすべての依存ファイル
$?	ターゲットよりもタイムスタンプの新しい依存ファイル
$<	ターゲットよりもタイムスタンプの新しい依存ファイル(推論規則でのみ指定可能)

先のmakefileの内容を特殊マクロを使って書き換えたのがリスト3です。

●サフィックス

サンプルのmakefileのように、拡張子cppのファイルをコンパイルして拡張子objのファイルを常に作成するときは、推論規則(サフィックスルール)利用すると便利です。
c++のファイルをコンパイルしてオブジェクトファイル(.objファイル)を作成する場合は、次のように記述します。

```
.cpp.obj:
cl /c $<
```

namkeでは、.cpp.objの推論がすでに「$(CPP) $(CPPFLAGS) /c $<」として定義されているため、自動的に、C++のソースファイルからオブジェクトファイルが作成されます。

リスト4の例では、サフィックスを利用しています。

リスト1 makefileの例1(ファイル名:env560.cpp)

```
ALL: sample.exe

sample.exe: main.obj func1.obj func2.obj
    cl /Fesample.exe main.obj func1.obj func2.obj
main.obj: main.cpp func1.h func2.h
    cl /c /EHsc main.cpp
```

```
func1.obj: func1.cpp
    cl /c /EHsc func1.cpp
func2.obj: func2.cpp
    cl /c /EHsc func2.cpp
```

リスト2　makefileの例2（ファイル名：env560a.cpp）

```
CXX = cl
TARGET = sample.exe
OBJS = main.obj func1.obj func2.obj
CPPFLAGS = /EHsc

ALL: $(TARGET)

$(TARGET): $(OBJS)
    $(CXX) /Fe$(TARGET) $(OBJS)
main.obj: main.cpp func1.h func2.h
    $(CXX) /c $(CPPFLAGS) main.cpp
func1.obj: func1.cpp
    $(CXX) /c $(CPPFLAGS) func1.cpp
func2.obj: func2.cpp
     $(CXX) /c $(CPPFLAGS) func2.cpp
```

リスト3　makefileの例3（ファイル名：env560b.cpp）

```
CXX = cl
TARGET = sample.exe
OBJS = main.obj func1.obj func2.obj
CPPFLAGS = /EHsc

ALL: $(TARGET)

$(TARGET): $(OBJS)
    $(CXX) /Fe$(TARGET) $(OBJS)
main.obj: main.cpp func1.h func2.h
    $(CXX) /c $(CPPFLAGS) main.cpp
func1.obj: $*.cpp
    $(CXX) /c $(CPPFLAGS) $**
func2.obj: $*.cpp
    $(CXX) /c $(CPPFLAGS) $**
```

リスト4　makefileの例4（ファイル名：env560c.cpp）

```
CXX = cl
TARGET = sample.exe
OBJS = main.obj func1.obj func2.obj
CPPFLAGS = /EHsc

ALL: $(TARGET)

$(TARGET): $(OBJS)
```

```
    (CXX) /Fe$(TARGET) $(OBJS)
main.obj: main.cpp func1.h func2.h

.cpp.obj:
cl /c $(CPPFLAGS) $<
```

index 索引

数字・記号 Tips No.

A Tips No.

B　Tips No.

C　Tips No.

D　Tips No.

E　Tips No.

F　Tips No.

G Tips No.

H Tips No.

I Tips No.

K Tips No.

L Tips No.

M Tips No.

N Tips No.

O Tips No.

P Tips No.

Q Tips No.

R Tips No.

S Tips No.

T　Tips No.

U　Tips No.

V　Tips No.

W　Tips No.

あ行 Tips No.

か行 Tips No.

さ行 Tips No.

た行 Tips No.

な行　Tips No.

は行　Tips No.

ま行　Tips No.

や行　Tips No.

ら行　Tips No.

わ行　Tips No.

サンプルプログラムの使い方

サポートサイトからダウンロードできるファイルには、本書で紹介したサンプルプログラムを収録しています。

1.サンプルプログラムのダウンロードと解凍

❶ Webブラウザで、本書のサポートサイト(http://www.shuwasystem.co.jp/support/7980html/5427.html)に接続します。

▼本書のサポートサイト

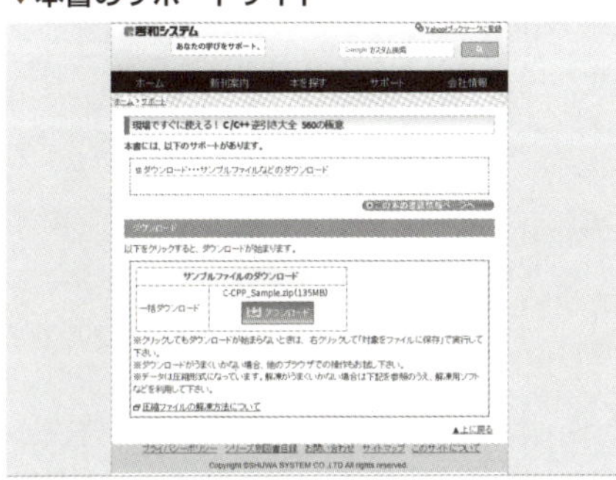

❷ ダウンロードボタンをクリックして、ダウンロードします。

▼ダウンロードボタンをクリック

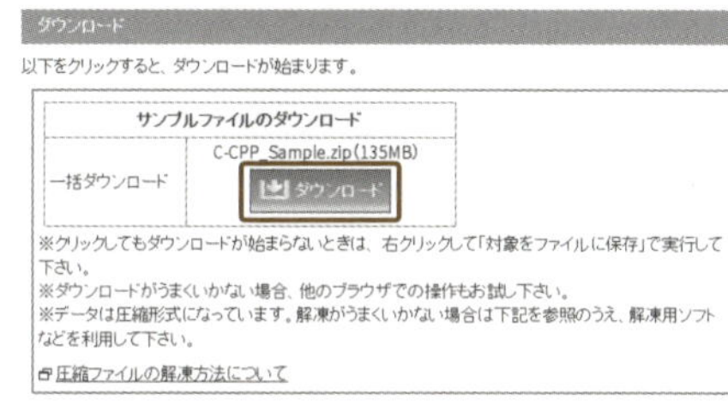

❸ ダウンロードしたファイル(C-CPP_Sample.zip)を任意のフォルダに移動して解凍して読み込みます。

2.実行上の注意

●実行上の注意

サンプルプログラムの中には、ファイルやデータベースのテーブルを書き変えたり削除したりするものなども含まれています。サンプルプログラムを実行する前に、必ず本文をよく読み、動作内容をよく理解してから、各自の責任において実行してください。

実行の結果、お使いのマシンやデータベースなどに不具合が生じたとしても著者および出版元では一切の責任を負いかねます。あらかじめご了承ください。

【著者紹介】

増田 智明（ますだ ともあき）

東京都板橋区在住。得意言語はC/C++/C#/F#。昔ならばC言語の関数はすべてヘルプなしで打てたものの、便利さには勝てず、C++ではVisual Studio Codeのインテリセンスが手放せません。外部記憶はブログ（http://moonmile.net/blog）やTwitter（@moonmile）で保管していきましょう、という訳でぼちぼちと更新中。保育園へ送り迎えしていた子供は既に中2、小2となり彼らの言語能力に自分のプログラミング能力が追い付いているのか追い付いていないのか。ArduinoとRaspberry Piを駆使しロボットアームと画像認識の組み合わせを模索中です。

主な著書
『現場ですぐに使える！Visual C# 2017逆引き大全』（共著、秀和システム）
『成功するチームの作り方 オーケストラに学ぶプロジェクトマネジメント』（秀和システム）
『Xamarinプログラミング入門 C#によるiOS、Androidアプリケーション開発の基本』（日経BP社）など

現場ですぐに使える！
C/C++逆引き大全
560の極意

発行日 2018年 4月 1日 第1版第1刷
2021年 6月16日 第1版第2刷

著　者 増田　智明

発行者 斉藤　和邦
発行所 株式会社　秀和システム
〒135-0016
東京都江東区東陽2-4-2　新宮ビル2F
Tel 03-6264-3105（販売）　Fax 03-6264-3094
印刷所 三松堂印刷株式会社　Printed in Japan

ISBN978-4-7980-5427-8 C3055